건축, 경계를 넘나들다

CROSSOVER

Cecil Balmond / 남수현 · 김정수 공역

Spacetime

서언PREFACE

이 책은 세실 발몽 개인에 대한 책이 아니다. 물론 그가 그린 평면, 스케치, 텍스트와 자세한 이론적 여정excursion이 소개되어 있기는 하지만, 개략적인 요약본이라든가 독본이라기 보다는 독립적으로 존재하는 세실 발몽의 또 다른 프로젝트라고 할 수 있다. 발몽은 세계적으로 유명한 엔지니어면서 건축가이지만, 그는 또한 책의 형식, 매체로서의 책의 의미에 대해 깊은 관심을 가지고 있다. 그의 철학은 매우 실험적이고 탐험적이며—이는 예술, 디자인, 엔지니어링, 물리, 생물 그리고 수학을 넘나들고 통합하는 정신이라고 할 수 있는데—그의 다양한 활동 중에 중요한 한 축이 책 자체의 매체적 특성에 대한 관심이라는 것은 당연하다고 할 수 있다.

이 책은 아주 명확한 내용의 선택 및 이 내용들을 무리 없이 자연스럽게 펼쳐나감으로써, 새로운 아이디어와 교감이 생길 수 있는 실험실, 무대, 장소가 된다. 발몽과 나와 대화를 인용하자면, ‘생각들의 연금술’이 일어날 수 있는 발사대이다. 실험은 결국 여러 가지 물질을 합쳐 무엇이 일어나는지 살펴보는 것이 아니던가.

발몽이 이미 발간한 여러 책들 — *숫자 9* Number9, *비형식* informal *그리고 요소* Element —은 아니쉬 카푸어Anish Kappor부터 올라퍼 엘리아손Olafur Eliasson, 그리고 구정아Koo Jeong-A같은 예술가들에게 영감을 부여하였으며 이는 아마도 많은 부분 그의 책이 페이지 사이에서 아이디어가 생겨나는 것을 생생하게 느낄 수 있는 만질 듯 한 감성이 느껴지기 때문이라고 생각한다. 책의 흰 페이지 흰 페이지는 단순함이 만나 합성되는 장소이며, 이렇게 얻어지는 복합성complexity은 발몽의 사고와 미학의 가장 중요한 요소이다: 그는 나에게 말하길 “나는 흐름flux의 현대적인 느낌, 즉 복합성이 까다로운 조건을 가지지 않고서도 만들어지는 실험에 대해 지속적인 관심을 가지고 있다”라고 털어 놓았다.

발몽에게, 책들은 그의 생각을 통해 만들어진 결과물이지만, 또 한편으론 다른 실무자practitioner들을 위한 연장통이기도 하다. 그의 책들은 미셸 푸코가 자신의 책을 통해 실현하려는 상태를 보여준다. ‘나는 내 책들이 다른 이들이 언제나 뒤져 보면서 자신이 필요한 도구들을 찾을 수 있는 연장통이기를 바란다… 나는 독자를 위해 쓰는 것이 아니라, 사용자들을 위해 글을 쓴다.'

책이라는 매체는 바로 이런 실험적이고 소통적communicative 특성, 즉 담론적 가치 때문에 발몽에게 특별하다. 그에게 가장 중요한 상위매체meta-medium은 중재 그 자체이다. '나는 조직organization의 깊숙한 섬유조직fibres과 구조를 탐사하고 싶다'라고 그는 나에게 설명한다. '공명resonance'과 '유의synonymity'는 그가 자주 쓰는 단어들이며, 이는 '복합성은 단순화irreducible될 수 없다'라는 것에서 기인한다:

'유형화하거나, 분리해서 생각compartmentalise할 수 없다. 전체를 안아야 한다.'

발몽은 공간적, 지리적, 통계적, 생물적 그리고 경제적인 요구로 가득 찬 현실과 상상 사이를 넘나든다. 그는 2차원, 3차원, 4차원 그리고 초끈이론의 11차원 사이를, 또 실제적인 작업과 종이 위 작업 사이를 중재한다. 이는 결국 규범discipline 사이의 중재이며, 각 규범에 대한 그의 이해는 점점 전문화되는 이 시대이나, 자기만의 것을 찾아 그것만을 추구하며 안전하게 생활하려는 시대에 맞서는 놀라운 수준의 경지에 이르러 있다.

발몽은 여러 개의 평행 현실을 산다. 엔지니어링은 건축과 공간적 상상력에 대한 단순한 '현실적 대안'reality check이 아니다. 그의 작업은 구조엔지니어링이 단순한 이성적인, '창의성이 없는', 건축 예술성에 대한 대응물counterpart이 아니라는 것을 보여주었다.

그는 얘기한다: '가장 근본적인 문제는 엔지니어링이 발명이나 창의성과는 관계없이, 기술적인 단순한 계산으로 가능하다고 간주되는 것이다. 이는 틀렸다. 구조공학이란 단어는 너무나 생동감un-intimate이 없어 난 구조라는 단어를 더 선호한다. 구조는 공간의 리듬, 변동fluctuations 그리고 발현episode이다: 이것이 구조가 하는 일이다… 구조 그 자체가 건축을 만드는 추진력이다.'

아직도 인류지식의 범주spectrum는 대부분 '예술'과 '과학'으로 나뉘어져 가르쳐 지고 있다. 발몽은 누구나 당연시하는 이 구분에 의문을 제기한다. '나는 예술과 과학이 겹쳐지는 영역에 관심이 있다'고 그는 말한다.

90년대 후반 렘 콜하스와 함께 발몽을 만난 후, 우린 수많은 대화를 나누었다. 그가 말하는 것을 지켜보는 것은 영감이 솟아오르는 장면을 직접 목격하는 것 같았으며 그 영감은 수 많은 창의적인 영역—철학, 물리, 음악—이 합쳐진 커다란 영역에서 발현된다: '난 비트겐쉬타인을 읽고 나서 괴델을 읽기 시작했다… 괴델은 나를 완전히 해방시켰다. 바흐도 마찬가지였고…'

한스 울리히 오브리스트 Hans Ulrich Obrist

서문 introduction

미지는 어둡지만 가능성으로 가득 차 있으며, 비어있는 듯 보이지만 아주 가는 실로 만들어진 실마리들로 뭉쳐있다. 여기에 손을 뻗어 발명invention이라는 실 하나를 뽑아내어, 이해의 빛으로—물론 그 빛이 닿는 범위는 제한적이다—형태와 윤곽contour를 만들어fabricate 낸다. 그러나 이 생산의 과정에서 잊혀지는 것은 어두운 근원의 실마리trace들이며, 이는 현실 속에 숨어있는 비합리성irrational이다.

우리는 이 점을 인식하여 일상을 다양한 각도에서 의미를 찾아야 할 필요가 있다.

보와 기둥으로 만들어지는 선의 선형골격framework는 (단순히 구조가 아니라) 충격 완화 물체이기도 하지만 동시에 다양한 흐름current과 지형countour의 지도이기도 하다. 유리, 콘크리트, 철steel도 건축의 흔한 재료이지만 제대로 해석되어 쓰여진다면 투명성, 인장 영역 tension field 그리고 파괴적인 힘crushing force가 모여 만들어지는 이야기가 된다. 구조 또한 공간의 문법punctuation안에서 에피소드를 만들어내고 외피enclosure에 스킨skin, 뼈대 그리고 근육을 부여한다. 프로젝트들은 공간에 대한 탐구가 되고 실험의 의미를 가지는 실용철학philosophy of practice이 된다. 정적인 세계의 객체objecthood로서의 건축은 중요성이 떨어지며 건축가는 예술가가 아닌 연구원researcher이 된다: 이런 태도를 통하면 현재 활용되는 재료, 그 연결과정 그리고 본유적innate 신비에 집중할 수 있게 된다.

아이디어의 종류는 끝도 없이 많지만, 만들어 낼 수 있는 수단과 방법은 제한되어 있다. 몇 안되는 재료, 제품 카탈로그, 엔지니어링 매뉴얼과 평범한 설계… 관습에 의존해 대충 디자인 하기에 좋은 환경이며 또 반대로 컴퓨터에 의존해 모든 해답을 찾을 수 있다는 믿음을 갖기도 쉽다. 디자인은 과학이나 예술 한쪽에 의존하지 않는다. 디자인의 과정은 특이성singularity과 적절한 임기응변opportunism으로 결정된다.

이상과 현실의 대립은 필자가 "미학적인 수사forensic"라고 부르는 영역을 탐구하게 하고 이를 위한 증거를 남기고 있다. 이는 시적 영역poetic과 본질 사이의 균형을 연마하는 도구이다. 이런 위험을 기꺼이 감수한다면 아름다움은 이 둘 사이의 경계에서 생겨난다. 반복되는 공식을 가지고 안전하게 작업한다면 누구에게나 쉽게 받아들일 수 있는 정도의 가치만이 남는다. 공간과 형태에 대한 새로운 통찰intuition은 없으며, 반복은 공간과 형태를 부패시킨다. 그러나 실험(시도)experiment는 이들을 소생시킨다.

실무와 이론이 겹쳐지는 그 영역에 막연한 것intangible 이 있다. 필자는 이를 비형식적 informal 근본radical이라고 부른다. 한계를 밀어붙여 경계에 닿아, 기준에 의존한 양식 symmetry을 불변invariance으로, 합리를 불합리로, 균형을 불균형number으로 변형하는 순간, 크로스오버crossover가 형성되기 시작된다. 이들이 프로젝트를 완성시킨다.

아이디어가 현실이 되고 은유가 물질이 되면서, 각각의 프로젝트는 안전함과 위험 그리고 모험적 특징을 내포한다.

이 책은 이전에 발간된 저서 비형식informal의 마지막 페이지에서부터 계속 이어진다. 마지막 페이지에 있던 다이어그램에서 은유와 물질이 패턴pattern의 절충negotiation을 통해 이어져 있는데, 이는 장식적인 의미의 패턴이 아니라 조직하는데 필요한 실제적인 동력organizing powers 으로서의 패턴을 의미한다.

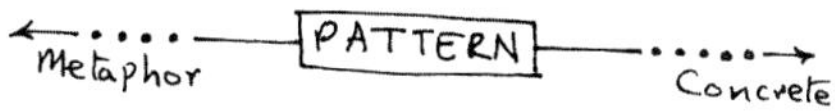

*크로스오버*crossover는 이 현실의 허구fiction of reality와 고찰의 사실fact of speculation를 넘나들며 탐구한다.

건축과 엔지니어링은 그 자신들이 만든 규범의 가면 뒤에 숨어있다. 그러나 예술, 수학 그리고 신화는 상징과 코드를 통해 이 가면을 뚫고 들어가 현실계real는 상상계imaginary로 가득 차 있음을 보여준다.

세실 발몽
런던, 8월, 2013

여기에 작업이 소개된 아니쉬 카푸어Anish Kapoor, 토요 이토Toyo Ito, 렘 콜하스Rem Koolhaas, 다니엘 리베스킨트Daniel Libeskind, 알바로 시저Álvaro Siza, 에두와르도 소토 드 무라Eduardo Souto de Moura에게 많은 빚을 졌다. 이 디자이너들과 그들의 작업inventions은 초기 대화를 만들어준 동력이었으며 이 후 나는 것을 가능케 해주었다. 그들은 엔지니어링과 건축, 그리고 예술 사이의 탐구를 적극적으로 도모하였으며 그들의 의견은 '크로스오버'를 가능하게 만든 비옥한 대지였다. 모든 창작creativity이 경계를 그어놓고 시작하지 않기 때문에, 그들의 디자인 상상은 공간, 물질, 조직organization 그리고 결과에 대한 나의 탐구에 직접적으로 영향을 주었다.

MARSYAS LONDON UK

MAR
SYA
S

늘려지고 당겨진 고막 — 지속적 역전 혹은 신비로운 제작

hic fabrication 인가?

테이트 모던 터바인 홀
유니레버 시리즈, 2002
미술가: 아니쉬 카푸어 Anish Kapoor

마르시아스Marsyas는 공간 속에서 회전하고 휘어지며 깔때기처럼 좁아지다가 다시 확장되고, 허공을 뛰어넘고 가로질러, 다시 땅으로 뻗친다. 지속span과 닫힘closure의 이야기는 모든 것을 흡수한다: 구조는 땅속 지류처럼 숨어서 움직인다.

힘의 흐름line이 힘줄이나 근육이 될 수 있을까? 이를 추측하는 게임은 모양shape과 형태form, 물질과 은유 사이에 존재한다. 그 상상력은 허공void의 현실, 물질substance의 가상fiction사이에 실현되어진다.

이 작업의 자재는 철일까? 천일까, 혹은
피로 얼룩진 강이던가? 천 조각이 이런
상상의 나래[levitation]를 가능케 만드는 것은
놀랍다. 구조는 사라졌으며[forgotten],
관습적 의미의 조각[sculpture]도 사라졌다.
예술, 건축 그리고 엔지니어링은
하나로 정밀하게 합쳐졌다.

보이지 않는 힘들이 공중을 가른다.
미르시아스는 테이트 모던 미술관을
가득 채우고 예술은 공간의 발현[emergence]
을 위한 미지의 근원[primary]임을
음울한 분위기로 보여주고 있다.

GLASGOW
20 TONS ON MAIN HOOK
5 TONS ON AUXILIARY HOOK

마치 천으로
만든 강철같다.

카푸어와 나는 '모양shape'과 '형태form'의 차이에 대해 수 많은 대화를 나누었다. 두 단어는 어찌보면 같은 의미—우리가 보거나see 응시하는look 이미지—를 가진다. 하지만 '보거나' '쳐다보는' 행위도 차이가 있다. 본다는 행위는 연속을 의미하며,

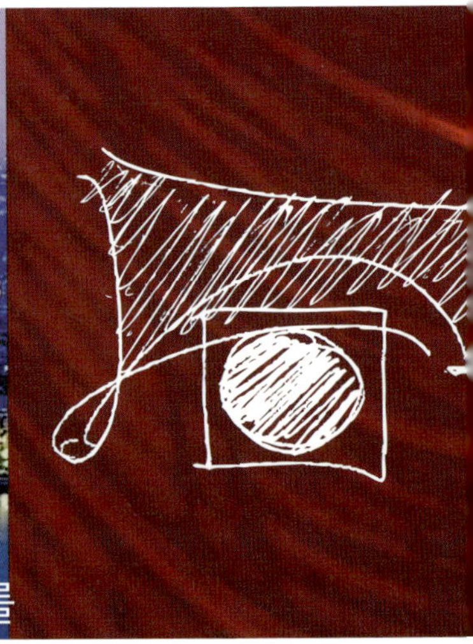

배우고자 하는 욕망, 비평적인 평가를 내리는 의미를 내포하기도 한다. 응시하는 행위는 한시적이고, 좀 더 조심스럽다. 외부의 윤곽contour이 모양을 규정하지만, 기하학적 모양을 넘어 숨겨진 규준order을 느낄 수 있다. 이로 인해 깊은 영감을 받고 실제 모양을

넘어 시적인 원리를 느낄 수 있는 '형태'를 인지하게 만든다. 모양은 그 외관을 넘는 깊이가 없지만 형태는 내면 구조의 그림자를 보여주며, 이는 시각화보다는 본능instinct과 더 연관된다. 하지만 탐구search는 우선이를 기술하는 언어descriptor 를 지나 형태의 부호code와 성질attribute이 나타날 때 우리는 아이디어가 강건한robust 지 아니면 하찮은 것trivial인지 판단할 수 있다.

뇌리를 떠나지 않는 집착 haunting obsessions

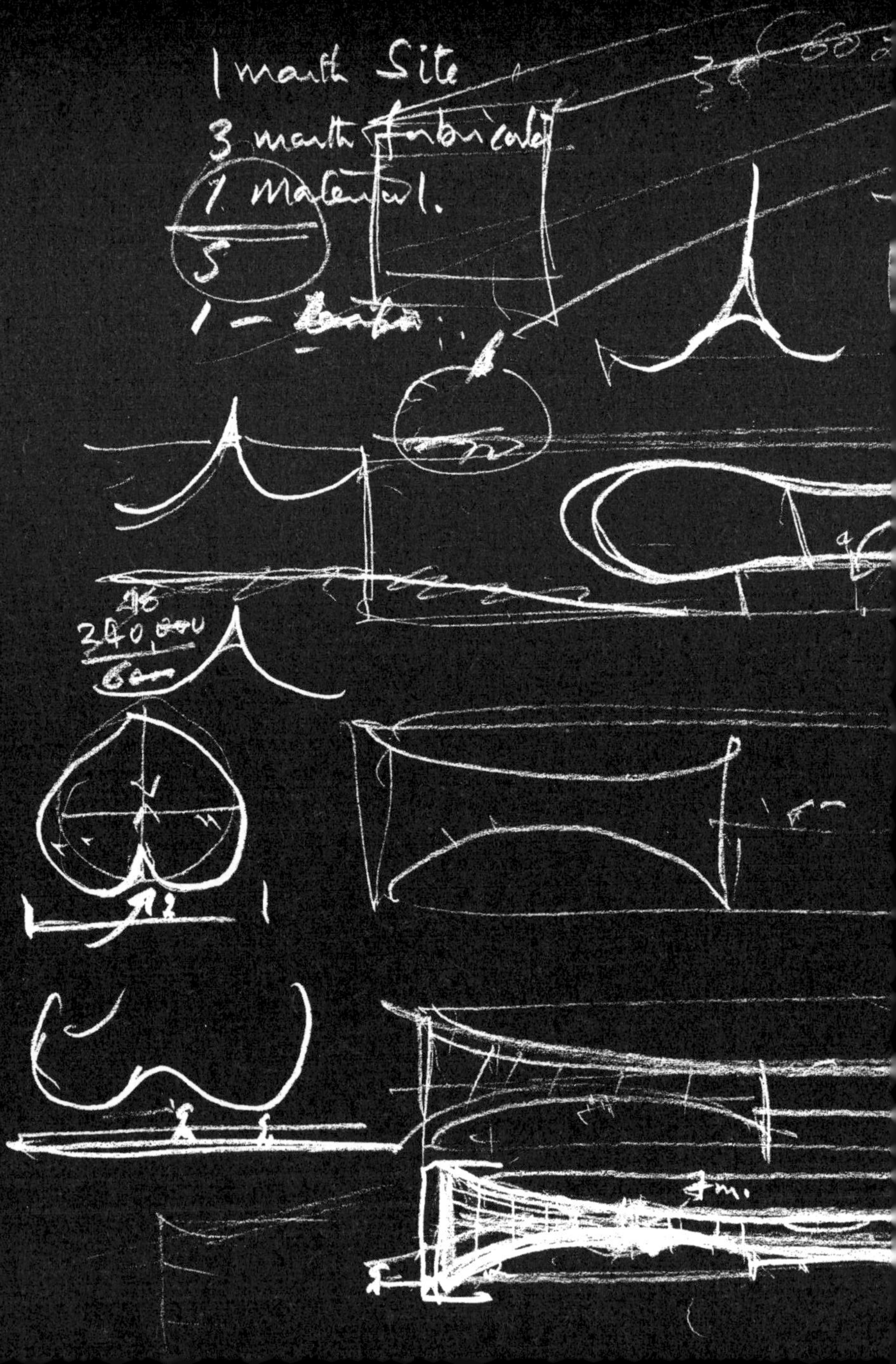

1 month Site
3 month fabricate
240,000
7m.

10/4/02

프로토타입

아마도 현존하는 세계에서 가장 큰 조각이면서 옷감구조로서는 가장 경간[span]이 긴 이 작업을 현실화시키기 위해 예술과 구조 사이의 경계가 허물어졌다. 카푸어와 나는 같은 생각의 조류를 타고 사고하며 영감을 얻으려 했으며, 동시에 가혹한 현실을 극복하기 위해 끝없는 대화를 나누었다. (녹음이 되었더라면 얼마나 좋았을까)

'진실[truth]'이나 '아름다움'같이 유행이 지난 단어가 이런

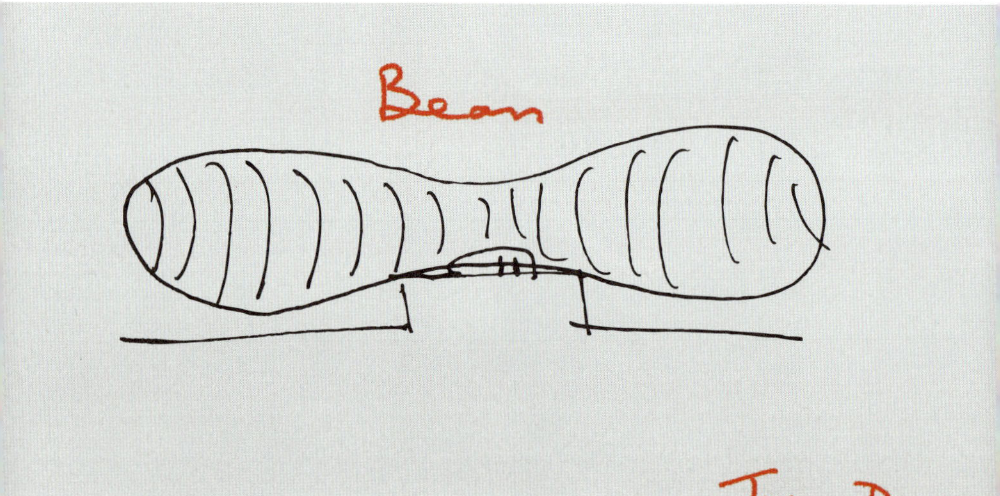

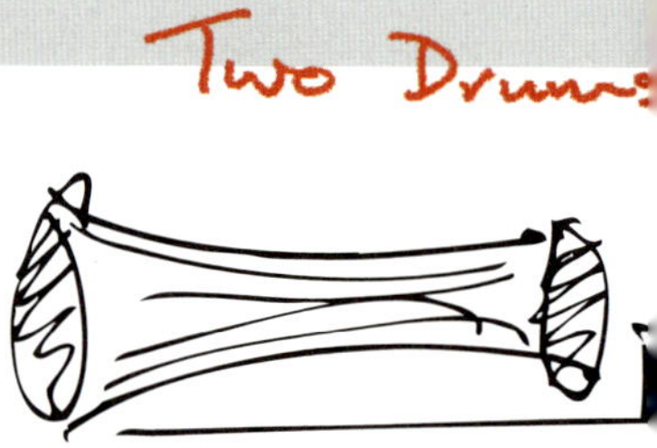

논의에 스며들어 색을 띄게 하고 직감적인 느낌[gut instinct]를 점검하기 위해 사용되어, 뻔한 것[obvious]이나 편의적인 것[expedient]들을 사라지게 하고, 안을 발전시키는 등의 리트머스 시험지로 사용된다. 종국에는 신비하게도, 무엇인가 그럴 듯한 것이 발현되기 시작한다.

골치 아픈 것은, 처음 생각한 대부분의 아이디어들도 초기에는 명확한 확신을 주기 때문이다. 그러나 얼마 지나지 않아 확신은 사라지고 의심의 촉수가 모델 주위를 싸고 돌기 시작한다. 신처럼 한 번에 완전한 결과를 만든다면 얼마나 행복할 것인가!

처음 우리는 세 가지의 모양을 생각하고 있었다. 나는 이들을 콩bean, 두 개의 원통drum, 그리고 긴 척추spine 라고 별명 지웠다. 콩은 터바인 홀 테이트 미술관은 예전의 발전소를 레노베이션 한 건물로, 내부에 커다란 4층 높이의 터바인 홀이 있다:옮긴이 의 중이층을 기점으로 양쪽으로 튀어나가는 구조로, 약 120m 길이가 되었다. 터바인 홀의 길이는 약 150m 정도이다:옮긴이 카푸어는 중이층 레벨에서 관람자가 콩 안으로 들어갈 수 있게 하여, 외부와 내부가 뒤바뀌는 경험을 주고 싶다고 하였다.

다음 아이디어인 두 개의 통drum도 이와 유사한

제안이었다. 이는 발트해에서 카푸어가 실행한 프로젝트와 유사하였다. 원통형의 모양을 수평으로 중이층 레벨의 양쪽으로 위치시켜, 두 개의 부분이 서로 당기고 빨아들이는 느낌을 주지만 하나의 구성으로 보이게 만드는 것이었다.

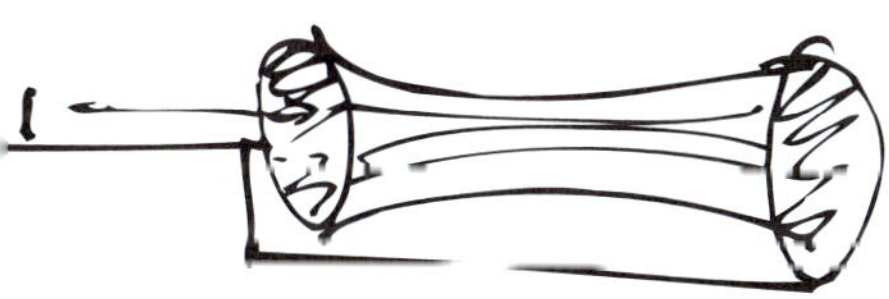

두 개의 통이 우리가 원하는 대로 터바인 홀을 가득 채우기는 하지만, 반복적으로 보인다는 단점이 있어 우리는 다시 콩으로 돌아가 더 고민하였다.

그런데 전체 모양의 피복cladding은 (구조의) 어느 쪽에 둘 것인가? 안쪽으로 천을 설치하면 처음에 방문객은 밖에서 외부골격exoskeleton을 보게 될 것이다. 반대로 천을 밖에 두고 구조를 안에 둔다면? 이 경우 구조는 드러나지 않고 산발적으로 균일하게 퍼져 있는 듯이 느껴질 것이며 구조는 불분명fuzz 해 질 것이다.

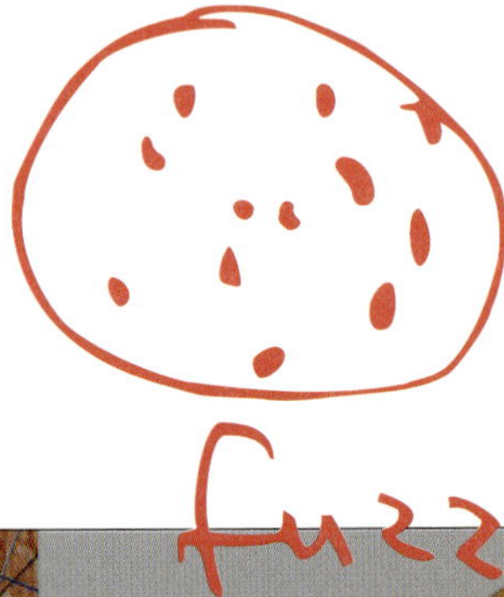

혹은 만약 이 외부의 표피를 단단하게 하면 어떨까? 내부의 스페이스 프레임 구조가 볼트로 결합되어 전체 모양을 형성하고, 외부로 잘게 나눈 메쉬mesh를 씌운 후 발포 재료를 뿌려 마감한다면? 이런 테크닉을 사용해

외부는 손질해 매끈하게 하고 안쪽은 마감을 하지 않은 상태로 유지하면, 너무 거칠까?

하지만 표피를 안쪽에 배치하고 외부에 철구조물을 위치시키면 표면 위의 광륜halo이 빛나는 효과를 거둘 수도 있다. 만약 표면을 매끈한 곡면으로 제작할 필요가 없다면, 편편한 메탈 패널을 틈을 두고 설치하는 방법으로 곡면 기하학을 표현할 수도 있다. 문제는 이 각각의 면의 크기에 따라 전체 윤곽이 너무 거칠게 표현될 수도 있고, 매끈함을 표현하지 못 할 수도 있다는 것이다.

불분명함Fuzz과 광륜halo의 은유는 중요했다. 이들은 우리가 목표로 삼을 수 있는 표식등beacon으로 역할하여 탐구search를 계속할 수 있게 하였다. 이런 목표가 없었다면 우리의 작업은 단순히 막대, 패널 그리고 볼트의 조합밖에 되지 않았을 것이다.

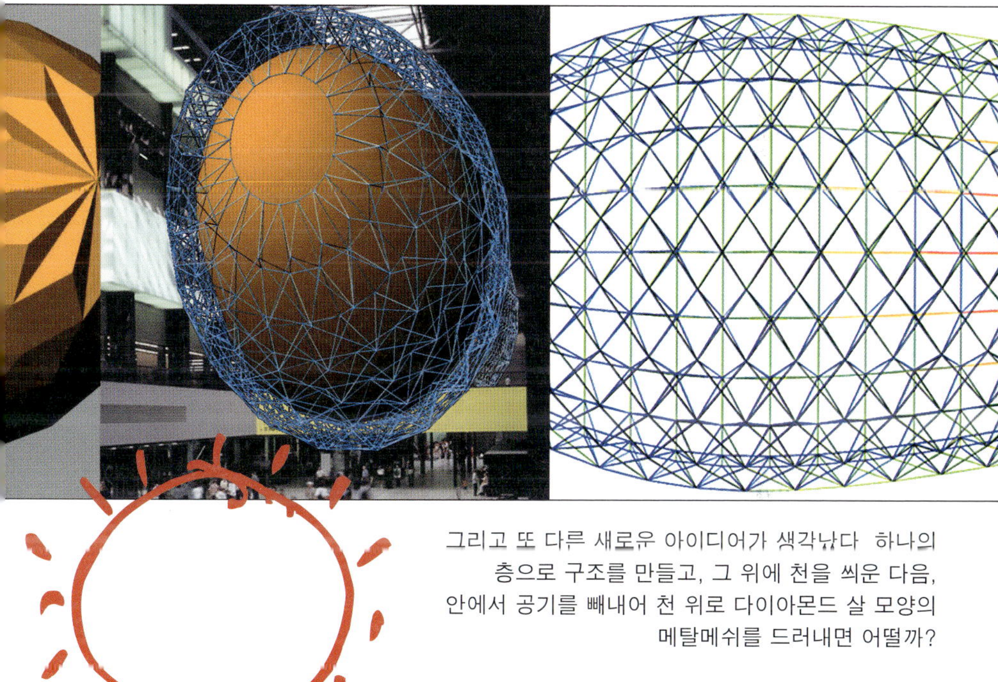

그리고 또 다른 새로운 아이디어가 생각났다. 하나의 층으로 구조를 만들고, 그 위에 천을 씌운 다음, 안에서 공기를 빼내어 천 위로 다이아몬드 살 모양의 메탈메쉬를 드러내면 어떨까?

우리는 이를 고치cocoon이라고 불렀다. 모두가 이 대안을 좋아했다. 이는 앞으로 우리가 콩을 더 발전시킬 수 있는 올바른 방향이라고 생각되었다.

응력모델

고치 – 내부의 철구조 위로 천이 당겨진 작업

외부 '광륜' 방식

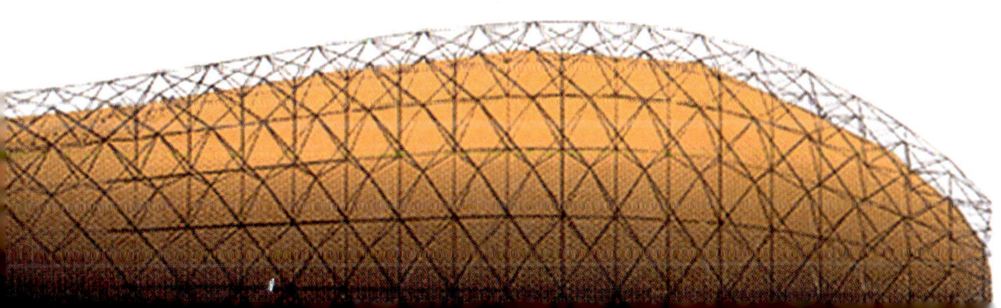

그리고 또 긴 척추 대안이 있었다. 마치 척추 같은 형태로 터바인홀의 에너지를 막는 듯한 마개의 느낌. 필자가 특히 흥미를 느꼈던 부분은 그 대비였다. 상부의 현수catenary적 늘어짐sag과 두 개의 아치 아래의 곡선의 대비.

첫 스케치와 모델에서는 '척추'는 중이층 공간을 덮어 고정되었다. 터바인홀을 지나 중이층으로 향하는 계단을 올라 내부의 빈 배꼽부위 공간을 감상할 수 있는 것이다. 역시 계속해서 물체로서 바라보고 다시 내부에서 내러티브를 찾을 수 있는 의도가 있었다.

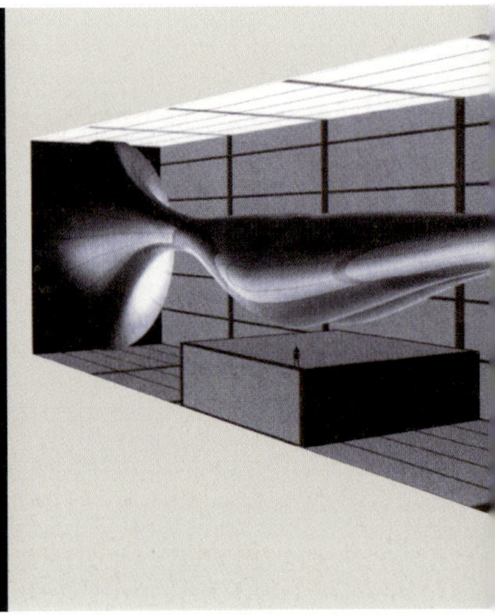

전체적인 느낌으로는 천으로 마감된 이 긴 척추는 테이트 미술관의 기계적이고 네모난 인테리어와 대비되는 조형적 왜곡plastic warp일 것이다. 초기의 두 개의 통은 이제 잊혀졌다. 콩과 고치도 흥미롭기는 했지만, 나중에 쓰기로 하고 역시 잊혀진다.

하지만 만약 이 긴 척추가 더 발전하여 중이층에서 분리되어 공간 안에 전체가 매달릴 수 있다면 어떨까?

중이층 위로 부풀어 지나가는 형태는 이제 관람객 머리 바로 위에 있을 것이다. 게다가 이 부분이 횡방향[lateral direction]으로 두 갈래로 갈라져 새로운 지평[horizon]를 만들어 낼 것이다. 즉 축 늘어진 모양[sag]이 세로방향을 강조하고, 옴폭 들어간 배 부분이 가로방향을 강조한다.

이 옴폭한 부분[cleavage](유방 사이 오목한 부분을 얘기하기도 한다)은 터바인홀의 전체길이에 걸쳐 이어진다. 컴퓨터 렌더링을 보니 상당히 놀랍고 섹시하다.

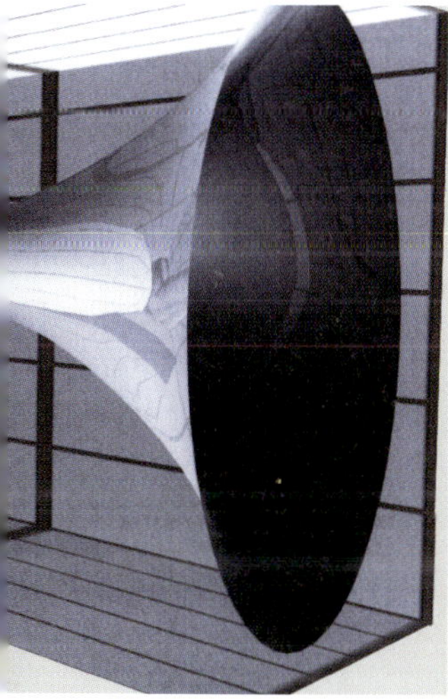

카푸어는 이 천이 거울 같은 반사면[mirror]이라고 생각했다. 그렇게 된다면 표면은 반사되는 면에 의해 물러나고[recede] 펼쳐지는[unravel] 것처럼 보일 것이다. 실제 모양을 넘은 차원이 보일 것이고, 상당히 근사했을 것이다.

하지만 거울표면은 어떤 오류[blemish]도 용납하지 않는다. 스튜디오에서 샘플을 만들어 보니 주름이 너무 잡혔다. 그래서 거울 아이디어는 완벽한 매끈함을 만들 수 없다면 위험하다고 여겨졌다.

천의 한계를 시험해보고자 하는 욕망은 터바인홀 전체 길이에 걸쳐 떠 있는 모양을 만들어 냈다. 그런데 어떻게 이 표피를 부풀어 올려 동그라면서도 옴폭하게 만들 수 있을까?

처음 생각은 구조물의 내부에 텐션 케이블을 이용, 내부로 끌어당겨 옴폭함 bifurcation을 만드는 것이었다..

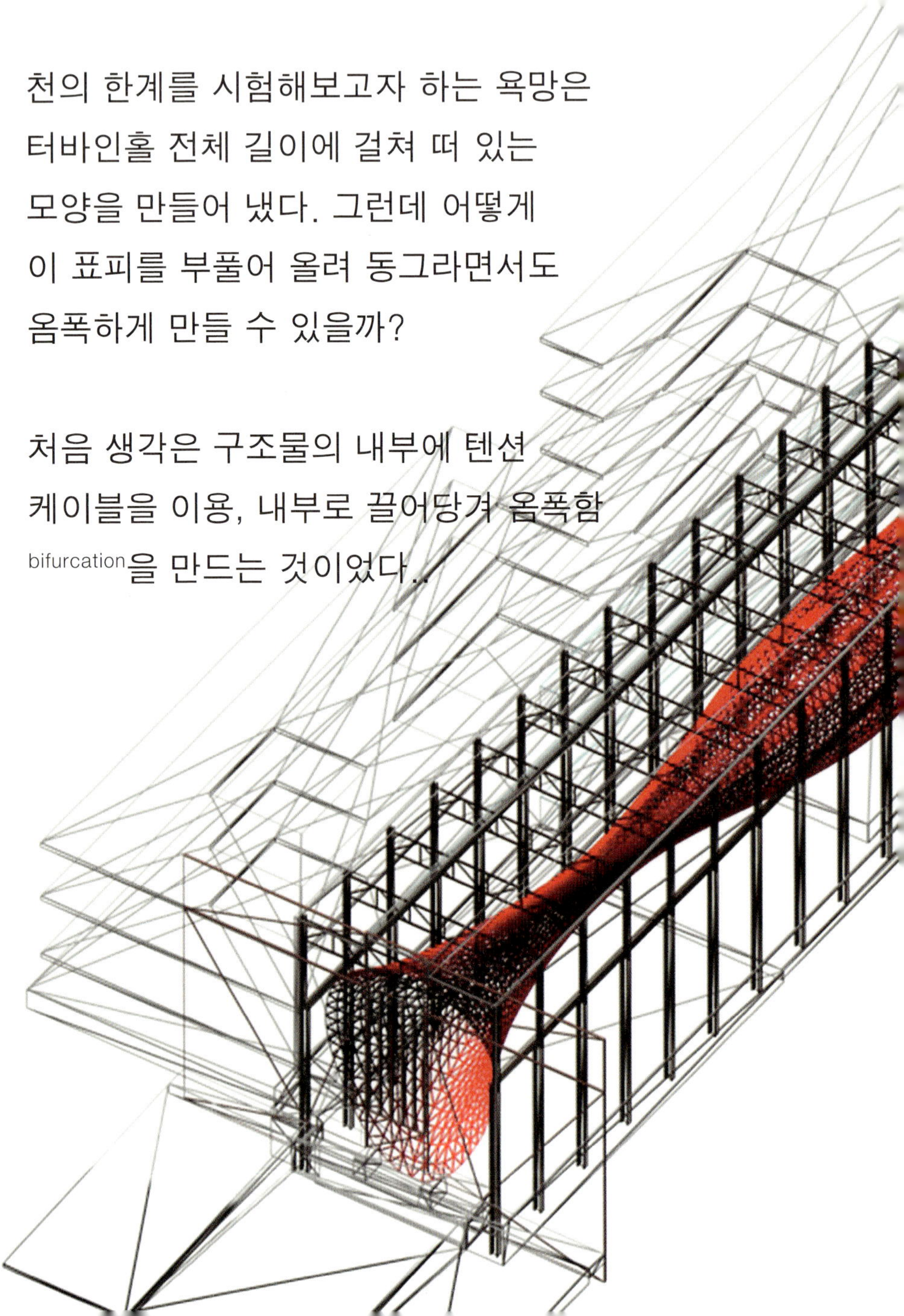

이는 마치 생물체 세포의 벽이 장력 섬유질[fibre]를 이용해 세포막을 안으로 끌어당겨 유사분열[mitosis]이나 세포분열을 하는 방식과 같다.

형태의 팽창[bulge]를 유지하기 위해서 우리는 밸러스트 배나 열기구에 무게를 주고 중심을 잡기 위해 바닥에 놓는 무거운 물건;옮긴이의 역할로 8톤 정도의 폴리우레탄 알갱이를 넣어 윤곽[profile]을 잡을 수 있다고 생각하였다.

하지만 문제는 남아있다. 옴폭한 부분은 부드러운 곡면으로 들어갈 것인가, 아니면 날카롭게 들어갈 것인가. 예상은 얼마나 정확할 것인가, 밸러스트로 쓸 알갱이들이 한쪽으로 쳐져 엉뚱한 곳이 튀어나오면 어떡할 것인가?

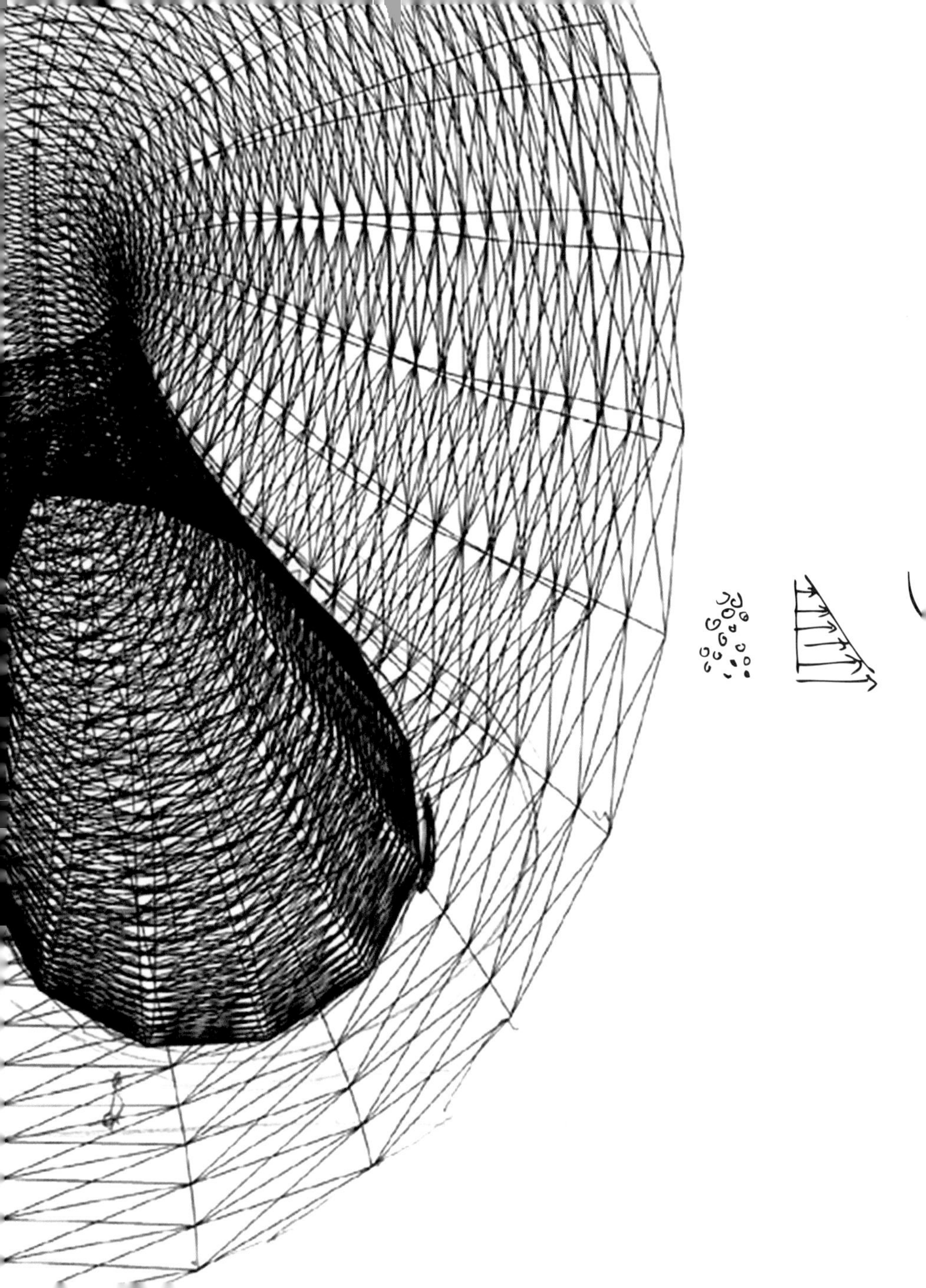

그래서 우리는 다른 방식으로 형태를 팽창시키는 방법을 생각해 보기 시작하였다. 그러나 생각대로 되지 않았다. 문제는 주머니 속에 무게를 넣으면 전체적인 모양이 콩팥모양으로 쳐지기 때문이다. 우리가 생각했던 모양은 좀 더 부드러운 둥근 모양이었다.

밸러스트는 수압처럼 작용하기 때문에 깊이가 깊어질수록 일정하게 늘어가는 방식으로 커지며, 당연히 용기의 옆면에 압력을 행사한다. 이런 삼각형 모양의 수직적인 힘의 분배는 윤곽의 형태를 편향되게 팽창시킨다. (물건을 넣은 부대자루sack를 생각해 보면

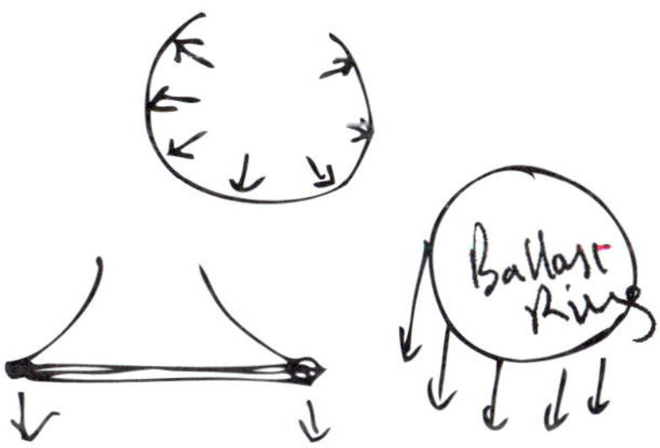

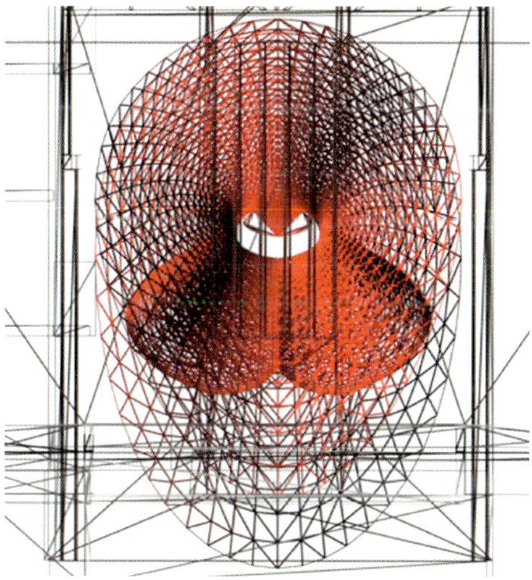

쉽다. 동그랗지 않고 아래쪽이 더 큰 덩어리의 형태다.) 나는 잘못 생각하고 있었다.

마지막 방법으로 우리는 균일한 곡선—통통하고 부드러운 원만함—을 만들기 위해 내부로 공기를 불어넣는pump 방법을 생각해 냈다. 그러나 이 방법이 옳을까? 밖에서 보면 어떻게 그 모양이 유지되는지 모른다는 것—구조가 보이지 않는 것—은 '조형을 구성하는 방식'forming의 아이디어를 숨기는 것은 아닐까?

우리는 이 작업을 좀 더 명쾌하게 이해해야 한다고 생각했다.

만약 중이층 바로 위에서 이 형태가 잘려져 밸러스트
공간chamber은 사라지게 된다. 대신 중심 주위로 균일한 무게
밖인지 모호한 공간적 느낌도 다시 생긴다. 관람객은 작업
펼쳐져 닫힌 방식보다 느낌은 더 강조되어 무서울 것이다. 마

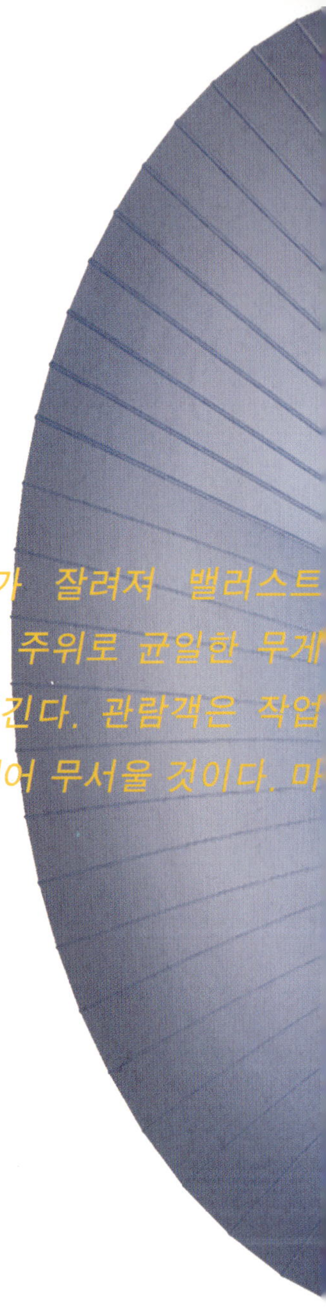

원형의 고리주위로 무게를 실으면 공기로 채워 넣을 닫힌
리게 되어 가장자리를 자연스럽게 당기게 된다. 또한 안인지
꼽부분을 안쪽에서 볼 수 있다. 이 공간은 관람객의 머리 위에
을 쩍 벌리고 공허를 향해 외치고 있는 듯한 트럼펫처럼.

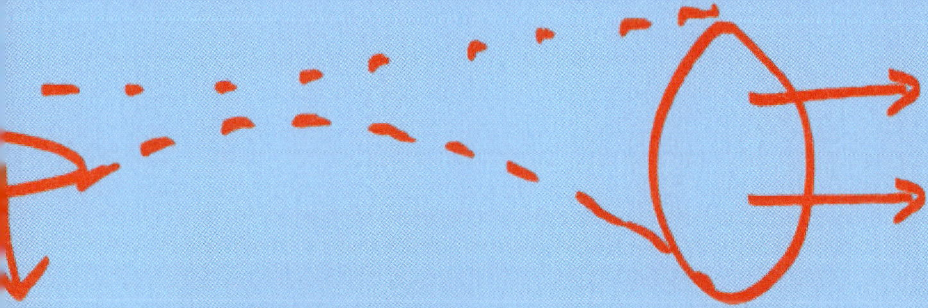

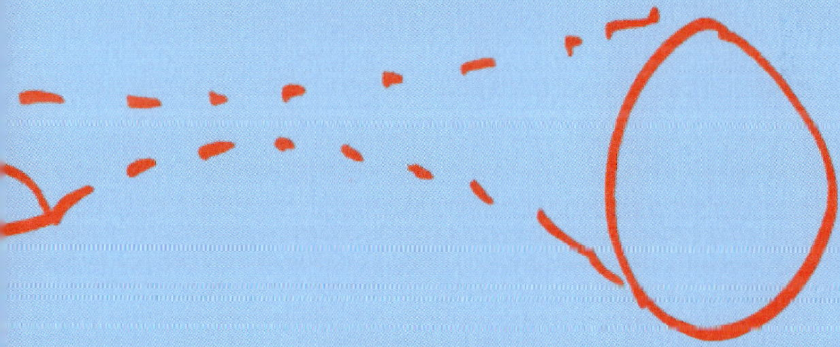

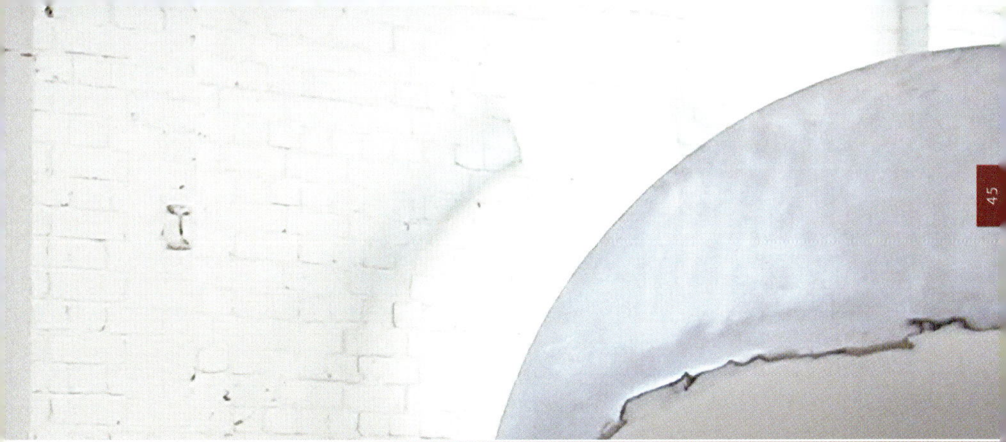

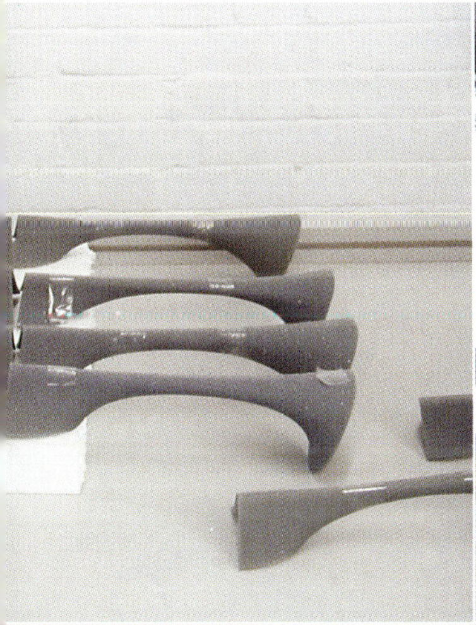

분석

명확한 모양이 쉽게 만들어 지지 않는 천을 재료로 삼아 작업하며 원하는right 형태를 만드는 것은 힘든 작업이다. 섬세하고 복잡한 시행착오를 거치지 않을 수 없다.

이를 위해 특별히 만든 컴퓨터 프로그램은 우선 하나의 윤곽을 전제로 작업하고, 그 후 실제적인 모양의 하중을 입력하고, 형태를 고정시키기 위해 프리스트레스prestress를 부가해 어떻게 모양이 바뀌는 지를 실험한다. 구조가 부여된 힘을 받아 균형을 잡으려고 할 때 마다 모양

geometry은 변한다. 그리고 또 다시 반복한다. 새로운 하중load를 걸면 천은 펴지면서 모양은 바뀐다.

우리가 찾는 것은 수렴점convergence이였다. 하지만 이 모델에 작은 변형만 주어도 컴퓨터가 계산하는데 한참이 걸린다. 결국 이 변형된deflected 모양이 안정되고 나서야, 재단작업fabrication이 시작된다.

재단되는 천은 당겨졌을 때 주름이나 굴곡ridge이 없이 매끄럽게 될 수 있도록 횡으로 펼쳐지는 긴 띠strip의 연속으로 만들어진다.

물론 이는 이상적인 이론적 가정이다. 현실에서는 허용오차tolerance가 필요하고, 고정장치fastening에 구속될 때 부분적인 추가 장력에 의해 원하지 않는 주름이 생기는 경우 이를 조정할 수 있는 여유가 필요하다. 분석 시에 항구적인constant 인장력tension과 내력밀도force density를 고려해야만, 각각의 면이 곡면의 전체적인 모양에 적합하게 조정될 수 있다. 궁극적으로는 면의

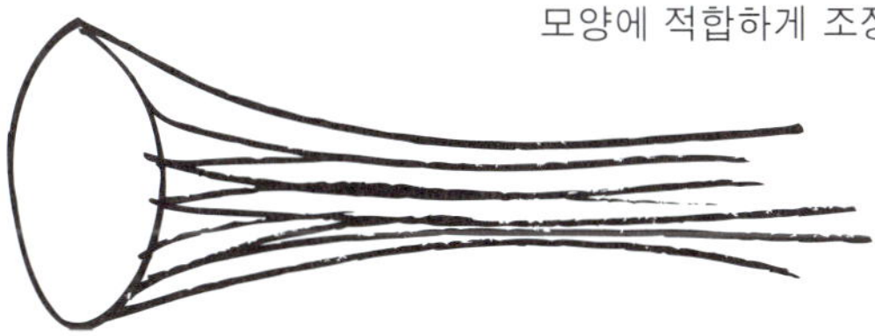

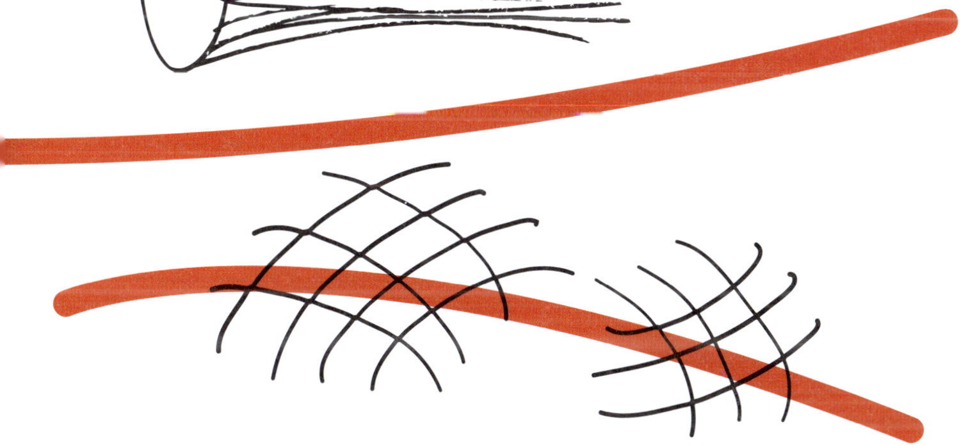

응력stress은 균일하게, 끊이지 않고 흘러야 하며, 이는 마치 양쪽에 고정된 와이어를 늘어뜨린 것과 같아야 한다.

하지만 중앙의 중이층 부분의 구멍부분에서 생기는 하단부로부터의 호의 상승은 종단면의 폭을 줄이기 때문에 최상부에 다다르면 거의 임계점breaking point에 이르게 된다. 최상부에서는 당기는 힘이 10톤 가까이나 된다.

기술적 사항

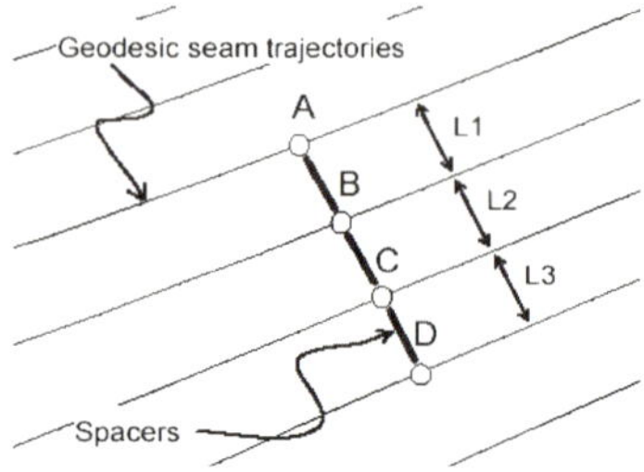

전체모양이 천으로 만들어진 띠[fabric strip]로 만들어지기 때문에, 그 연결부위인 솔기[seam] 또한 디자인의 일부가 된다. 곡률이 바뀌기 때문에 측지선의 뒤틀어지는 선[geodesic warp lines]을 따라 비평행적인 솔기들이 생긴다. 아래 쪽에선 솔기들이 링에서부터 부채꼴 모양으로 모아져 끝에선 목처럼 만난다.

페브윈[Fabwin]이라는 비선형의 형태를 조절하는 프로그램을 사용해도 충분하지 않아 동시에 높은 곡률

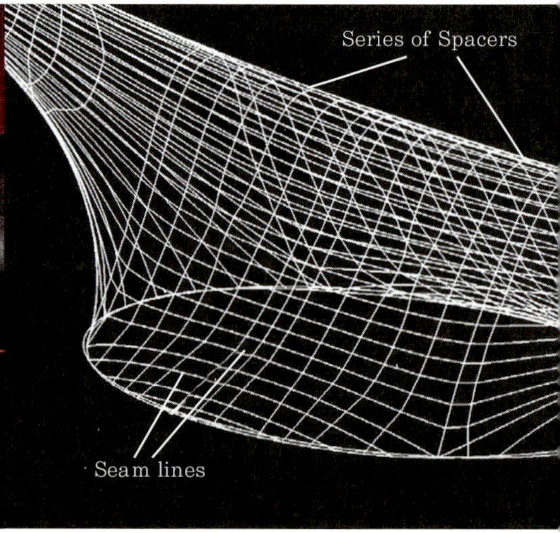

[ratio]의 곡면을 계산하기 위한 새로운 프로그램을 만들어 적용해, 배사곡률[anticlastic]과 전면 볼록 (곡률 중심이 항상 면의 한쪽에 있는) [synclastic]을 결합하였다.

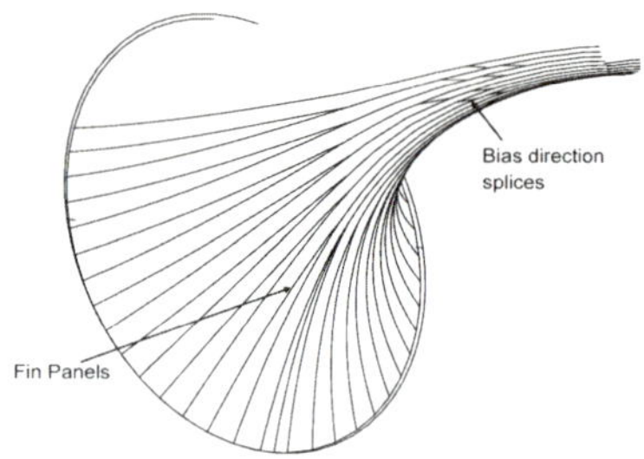

노트: 비누방울[soap film] 막의 방법을 이용하여 찾아낸 형태는 모든 방향으로 같은 곡면을 가지는데, 이는 마치 균일한 면장력 [surface tension]을 지녀 균형 잡힌 유체 정역학적인 압력[hydrostatic pressures]을 유지하는 생물학적 형태와 유사하다.

마르시아스의 경우, 씨줄weft과 날줄warp에 걸리는 힘의 비율은 30:1 정도가 되었다. 주름이 잡히지 않게 하기 위해 천에 걸리는 응력stress은 0.5kN/m로 제한되었다. 목처럼 좁은 부위의 모양을 잡기 위해서는 15kN/m가 필요하였다. 솔기에서 고정하기 위해 이어지는 띠 벨트webbing belts들은 30kN까지 힘을 받아 높은 횡력longitudinal force를 견디고 천에 걸리는 응력을 낮추어 주었다. 또한 주변의 띠에 나타나는 큰 부등장력에 대한 보정differential extension을 통해 주름이 잡히지 않도록 교정해 주었다.

천은 프랑스 Serge Ferrari 사에서 제작되었다. 패턴에

맞추기 위한 띠는 Tensys 사에서 디자인되었다. 천은 그 후 헝가리로 보내져 초음파 용접ultrasonic welding 을 하였다.

영국 쪽에서는 800mm 지름의 강철튜브들을 인덕션 굽힘induction bonding기법으로 직선에서 곡선으로 천천히 구부렸다. (튜브 주위에 강력한 힘의 자석들을 휘감으면 기전력electromotive force이 생겨 열이 발생하고, 이는 주위의 철을 녹인다. 그 후 외부의 힘으로 파이프를 구부린다.)

시공

몇 개의 큰 부분들로 나누어진 링은 현장으로 옮겨져서 볼트로 조립된다. 횡적 안정성lateral stability을 얻기 위해 Boiler House테이트모던의 대형공간의 크레인 레일rail에 고정되어 링이 비틀어 지지 않게 한다.

위치를 결정하기 위한 장부촉접합용으로 금속을 못같이 만든 부분만이 하부에 있는 유일한 교정점이며 또한 중력하중(무게)를 전달하는 단 하나의 지점이다. 무게를 느끼게 할 수 있는 커다란 앵커나 클램프

플레이트는 쓰이지 않는다. 링이 모든 무게를 흡수한다. 천은 중력과는 상관없이 떠 있는 듯 보인다.

각각의 링 상부에는 두 개의 짧은 수직 바bar들이 천정에서 전체 터바인홀을 가로지르는 횡 지지보struts에 연결된다. 천의 장력tension은 지붕의 압축력을 담당하는 응력이 전달되는 선에 의해 저항resist된다. 중이층 부분에서는 타원모양의 링이 밸러스트의 역할을 한다. 마르시아스는 중앙부분에서 아래로 당겨지고 양쪽 끝단 앵커 링에서 위로 당겨져 그 형태가 유지된다.

위에 기술된 재료와 형태 만들기는 그 자체로도 복잡하고 난해하지만, 이로서 작업이 끝난 것은 아니다. 색의 선택에 의해 생기가 생겨난다. 카푸어는 진한 빨강을 선택하였다. 색조는 마치 피가 응고된 듯한 끈적거림이 느껴졌다.

문제는 이 색 락커가 구조 PVC 천 위에 필름처럼 완전히 입혀져야 한다는 것이었다. 아니면 색은 천 substrate에서 박리되어 부서질 것이다. 이를 실험하기

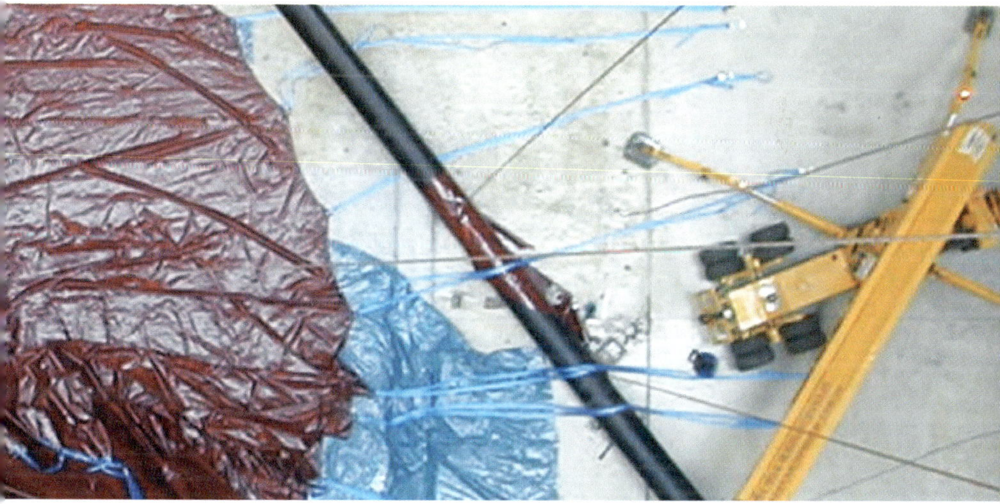

위해 특별한 실험trial이 필요했다. 초기에는 원하던 깊은 색을 얻을 수 없었지만, 몇 번 해보니 놀라운 음영shades이 생기는 색상이 얻어졌다. 천의 곡면이 바뀌면 표피는 적색 락카색 밑으로 살을 키우는 듯한 느낌이 들었다.

구조를 느끼지 않게 힘겹게 해결했던 기술적인 노력은 성공해 구조는 인지되지 않는다. 그리 중요하다고 생각지 않았던 색상이 전면으로 나타나 가장 강력한 힘을 발휘하고 있었다.

사양

마르시아스를 이루는 천의 전체 표면적은 3,500m^2였고 1.2m 폭으로 된 5km 길이의 롤에서 잘라 제작되었다.

천은 두께 1mm, 양쪽 끝 단 사이 전체길이는 135m였다. 양쪽 끝 단의 링의 지름은 25m였다. 중이층 상부의 타원형 링은 장축을 기준으로 28m였다.

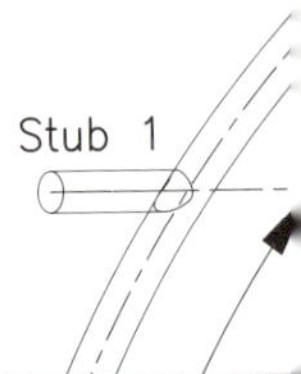

PVC 타입2 멤브레인 천은 같은 힘으로 당겼을 때stretch 길이방향 변동variation이 거의 없었으며 각 생산분의 길이

차이가 적도록 조정되었기 때문에, 현장 설치시에도 인접한 띠 사이의 변위를 최소화 할 수 있었다. 이런 변위 오차들이 모여 큰 오차를 만들었다면, 전체의 처짐을 더 키웠을 것이고, 이는 결국 더 큰 수직 링을 필요로 했을 것이다.

양방향으로 하중을 가해 얻어진 천의 인장 데이터로부터 천의 강성stiffness에 대한 변수parameter를 결정하였다.

Stub 2
Stub 2
Segment A
Stub 1 level
20.690 (t.b.c.)
Stub 1
Segment B

느낌

14130

마르시아스는 어딘가 고정되어 있지 않은 채, 혼자 떠 있는 듯 하다. 이 작업은 서커스 텐트에서보이는 돛을 세워 매달고, 케이블로 땅에 고정하는 흔한 구조적 관습에서 벗어나 있다. 철의 모양을 유지시키는 복잡한 철 접합물steel webs도 없다.

혹은 버팀대로 지그재그로 지상에 연결되어 있지도 않다. 열려진 입(링)들은 그냥 그렇게 자연스럽게 작품의 모양을 유지시켜 주는 듯 하다.

흠잡을 데 없는 표피는 구김살이나 주름도 없다.

정확한 재단패턴과 진보된 예측해석prediction analysis은 실체가 없던 천을 명확한 물체로 변신시켰다. 천은 마치 철처럼 보인다. 어떤 관람객들은 실제 이 천이 철이라고 여긴 이들도 있다. 방문객들은 천을 툭 쳐보고는 웃었다. —와, 이건 천이잖아!

느슨한 천drape이 터바인홀

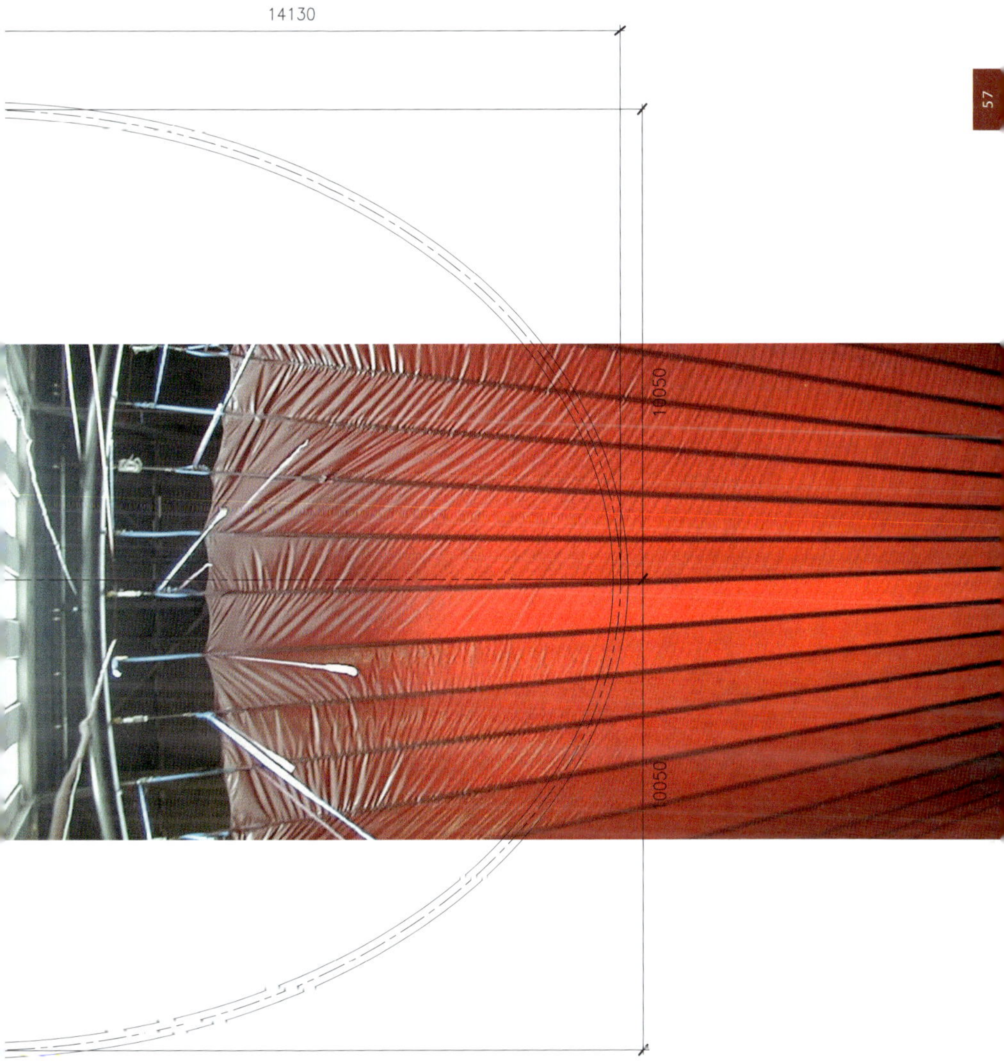

독 채울 수 있을 만큼 단단한 갑옷이 되었다.

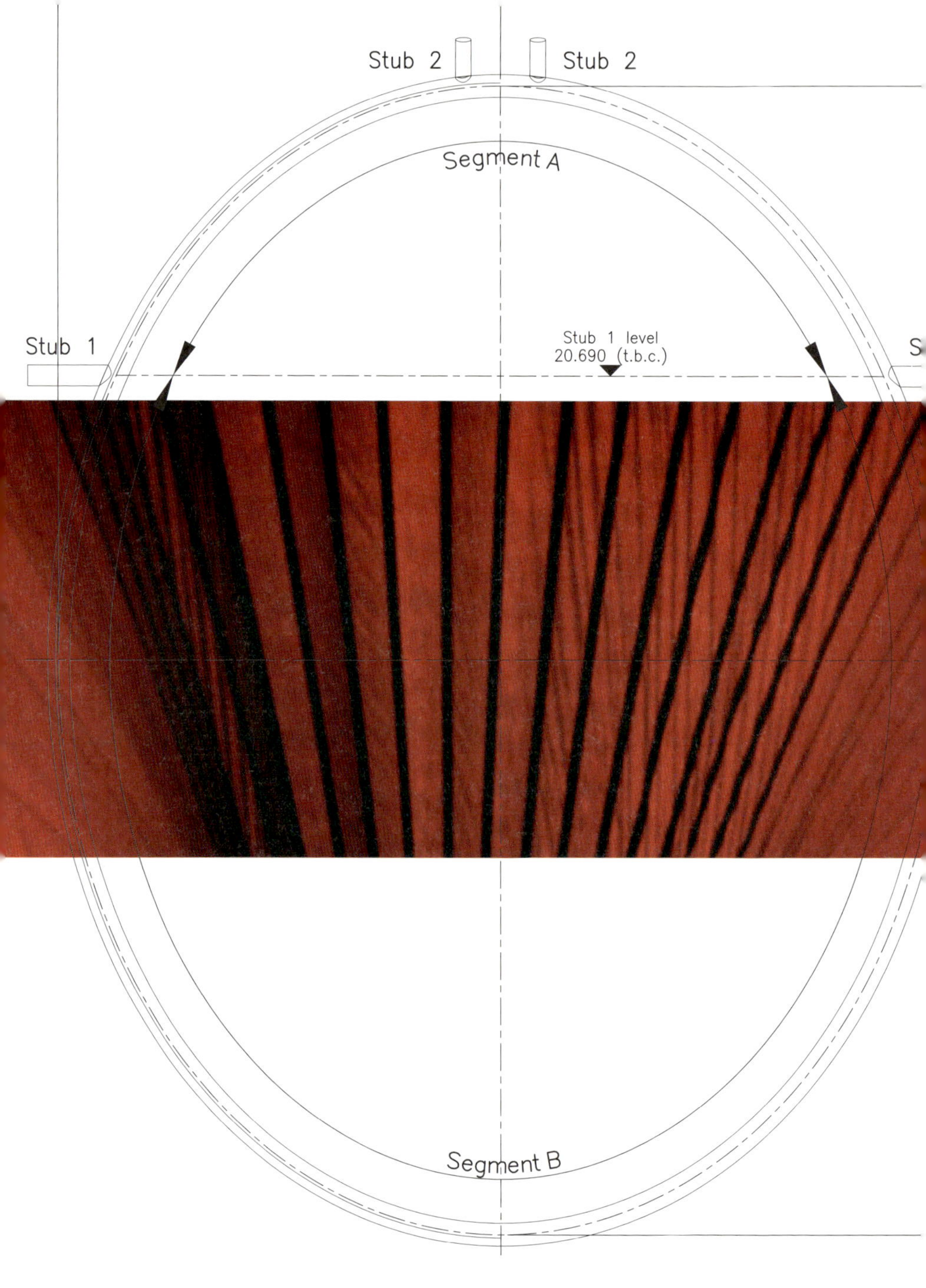

Stub 2
Stub 2
Segment A
Stub 1
Stub 1 level
20.690 (t.b.c.)
Segment B

상상을 입히다.

입구에서 거대한 지름의 구멍이 시선을 빨아들이고, 그 구멍은 점점 멀어지면서 급격히 상승하며 좁아진다. 관람객의 시선은 내부를 간신히 볼 수 있다. 중이층에서는 커다란 입이 어둠을 토해낸다. 관람객의 시선은 여기서 뛰어오른 뒤 가장 먼 쪽까지 쫓아가고 다시 땅으로 돌아온다. 이 시선의 착륙은 대칭에서 약간 벗어나 설치된 링에 의해 실제 깊이보다 단축된다. 다시 뒤를 돌아보며 생각한다. 마르시아스는 무엇이며 터바인 홀은 어디에 있는가? 장력에 의해 이 물체는

찢겨지고 있는가, 아니면 육중한 에워쌈[enclosure]은 그대로 던져져 있는 것인가? 공중을 가르는 곡선과 포화된[saturated] 색의 강렬함[intensities]과 전도[inversion]에 의해 예상은 빗나간다.

뭔가 강력하고 단호하면서도, 몹시 불안한 무언가가 형태를 형성한다. 우리의 기억과, 우리가 여기서 보고 있는 공허 사이에 관해 우린 대화한다. 그냥 느껴진다. 본능적 상상[visceral imagination]은 핏덩어리를 드러낸다.

상상을 통해 또 다른 현실이 실현되었다.

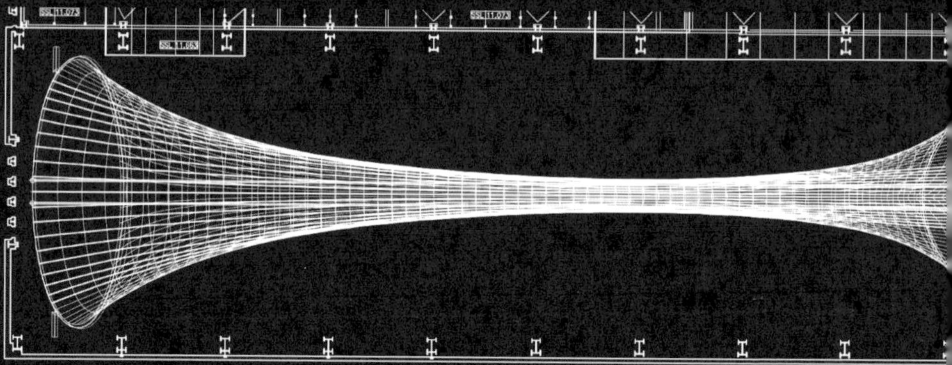

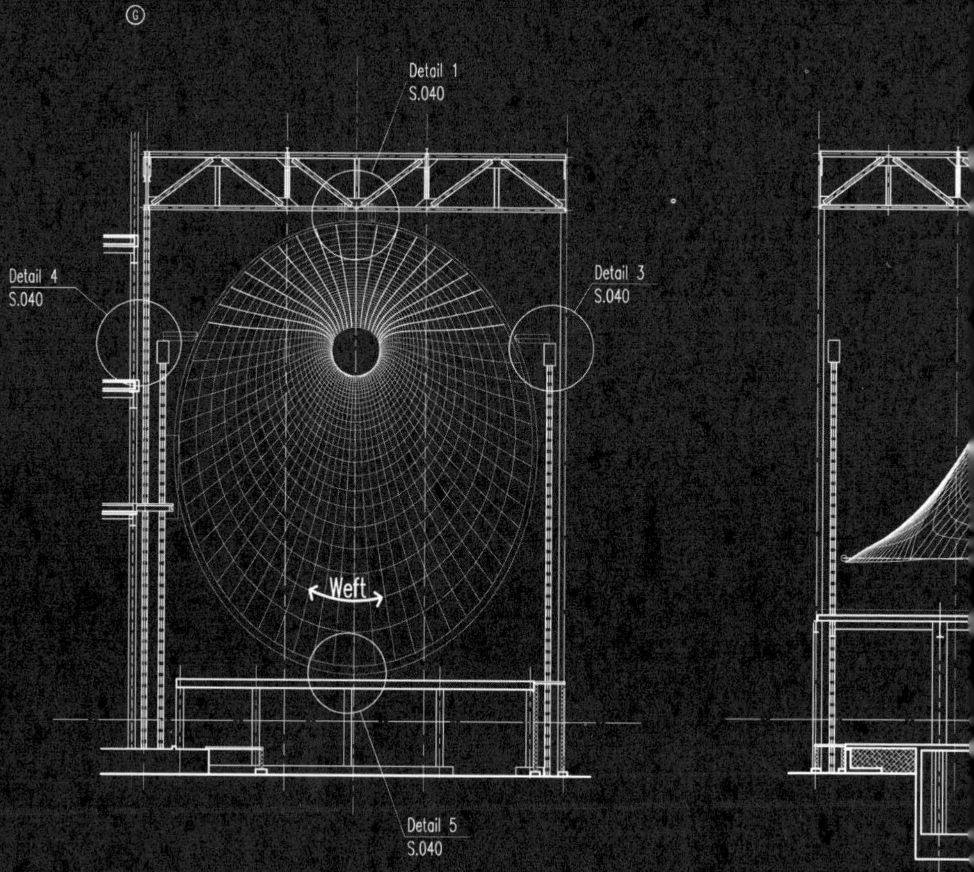
G
Detail 1
S.040
Detail 4
S.040
Detail 3
S.040
Weft
Detail 5
S.040

G
G
Detail 1
S.040
Detail 4
S.040
Detail 4
S.040
Weft
Detail 6
S.040

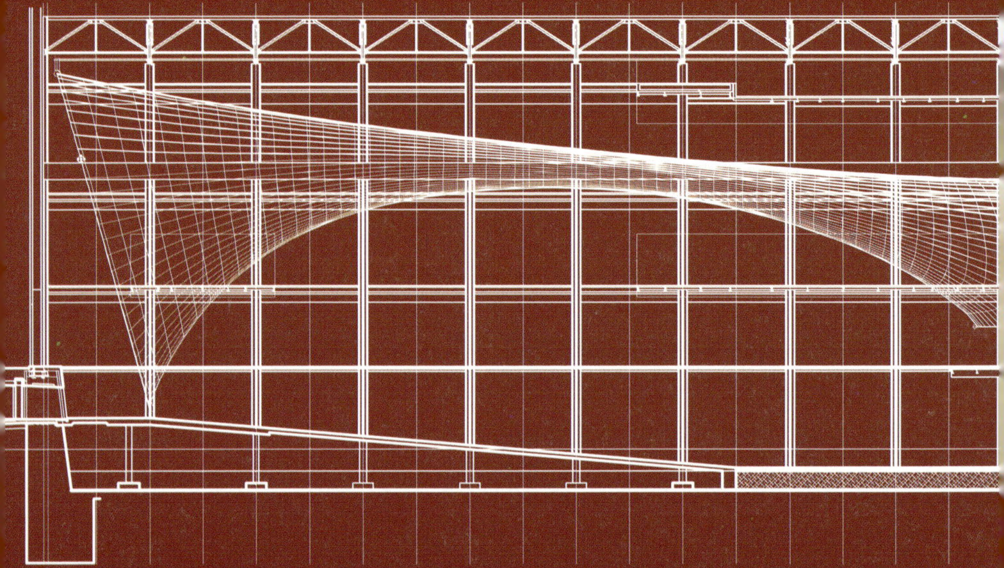

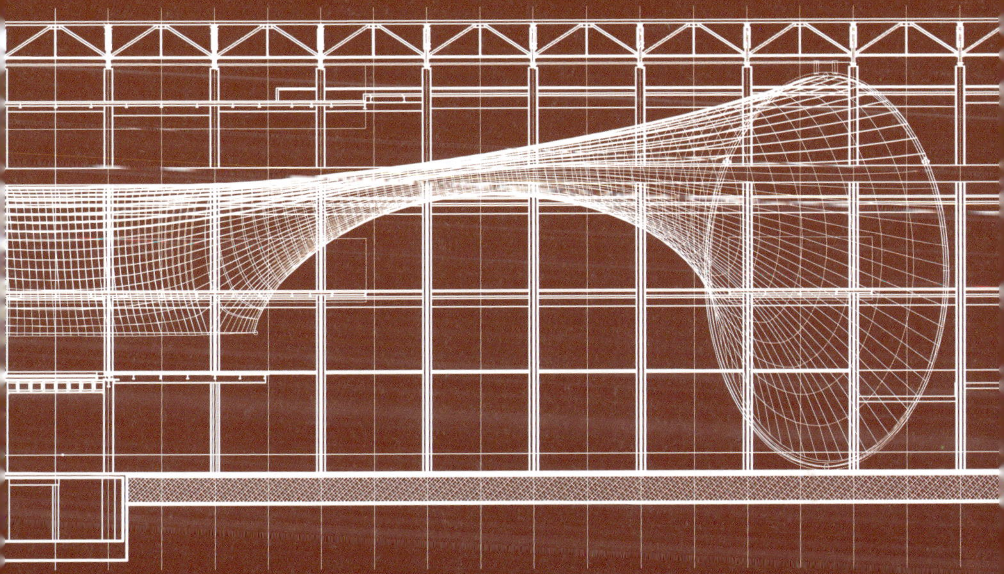

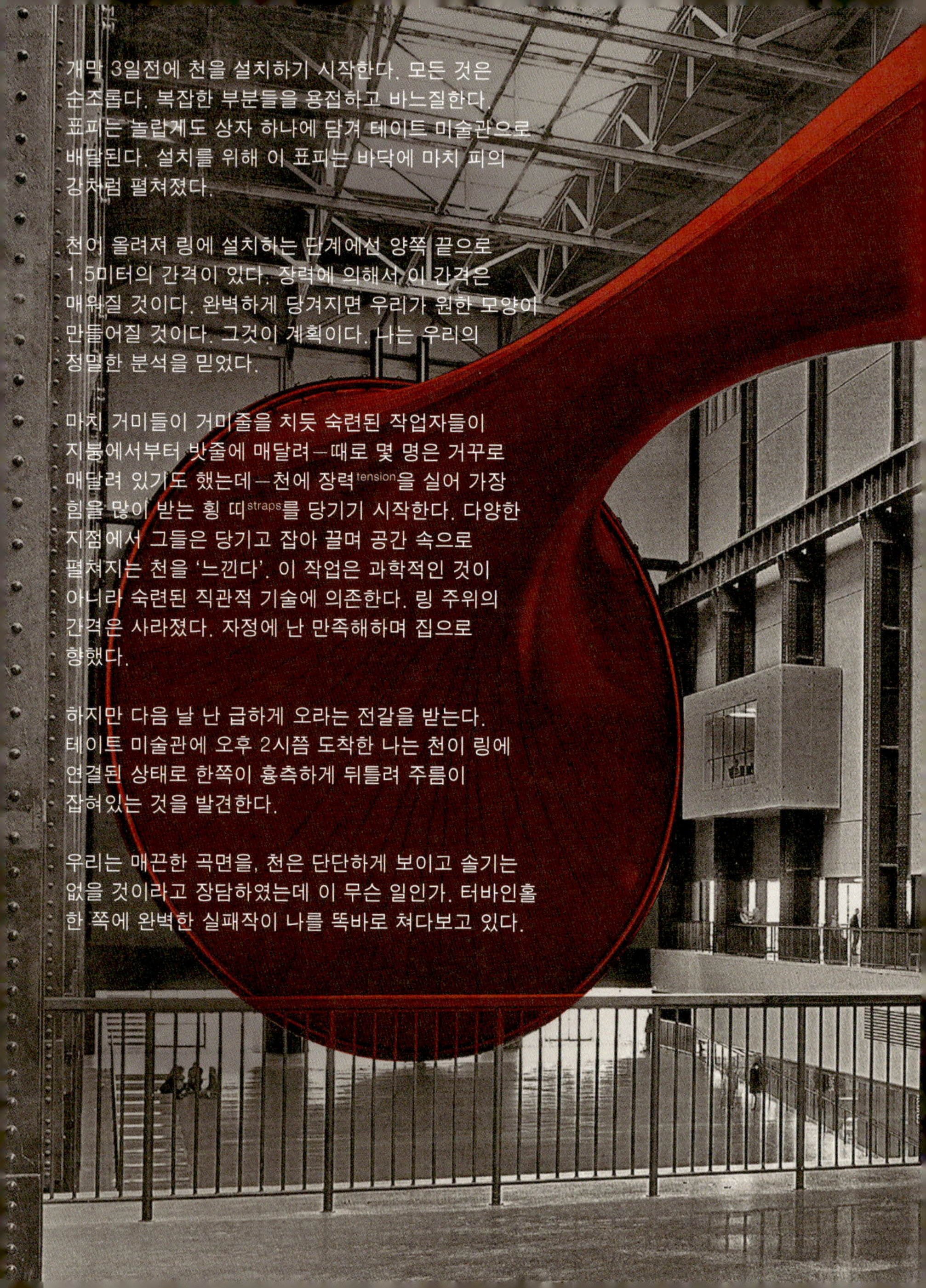

개막 3일전에 천을 설치하기 시작한다. 모든 것은 순조롭다. 복잡한 부분들을 용접하고 바느질한다. 표피는 놀랍게도 상자 하나에 담겨 테이트 미술관으로 배달된다. 설치를 위해 이 표피는 바닥에 마치 피의 강처럼 펼쳐졌다.

천이 올려져 링에 설치하는 단계에선 양쪽 끝으로 1.5미터의 간격이 있다. 장력에 의해서 이 간격은 메워질 것이다. 완벽하게 당겨지면 우리가 원한 모양이 만들어질 것이다. 그것이 계획이다. 나는 우리의 정밀한 분석을 믿었다.

마치 거미들이 거미줄을 치듯 숙련된 작업자들이 지붕에서부터 밧줄에 매달려—때로 몇 명은 거꾸로 매달려 있기도 했는데—천에 장력tension을 실어 가장 힘을 많이 받는 횡 띠straps를 당기기 시작한다. 다양한 지점에서 그들은 당기고 잡아 끌며 공간 속으로 펼쳐지는 천을 '느낀다'. 이 작업은 과학적인 것이 아니라 숙련된 직관적 기술에 의존한다. 링 주위의 간격은 사라졌다. 자정에 난 만족해하며 집으로 향했다.

하지만 다음 날 난 급하게 오라는 전갈을 받는다. 테이트 미술관에 오후 2시쯤 도착한 나는 천이 링에 연결된 상태로 한쪽이 흉측하게 뒤틀려 주름이 잡혀있는 것을 발견한다.

우리는 매끈한 곡면을, 천은 단단하게 보이고 솔기는 없을 것이라고 장담하였는데 이 무슨 일인가. 터바인홀 한 쪽에 완벽한 실패작이 나를 똑바로 쳐다보고 있다.

개막까지 남은 시간은 24시간. 전시회 감독도 옆에 심각하게 서 있다. 상상했던 곡면은 온데 간데 없다. 신화 속의 불가능한 과제들이 머릿속을 지나간다.—프로메테우스, 시지프스, 탄탈루스… 신화 속 인물들처럼 모두가 장렬하게 한계를 넘기 위해 시도하고 있다.

나는 바닥에 앉아 뒤틀어진 천을 바라 본다. 이 순간은 모든 디자이너가 두려워하는 순간이다. 창의적이고 탐험적으로 새로운 가능성을 만들려는 노력은 사라지고, 꿈은 악몽으로 변했다.

아직 중앙의 수평 링은 받침대 위에 놓여있다. 이를 치우는 순간 더 나쁜 일이 벌어질까? 대실패! 피할 수 없는 생각이 머리를 감싼다—이보다 더 엉망일 수 있을까?

동료인 트리스탄 시몬즈 Tristan Simmonds와 함께 우리는 이제까지의 분석을 검토한다. 아무 것도 이상은 없다. 또 다시, 또 다시. 분명히 이상은 없어야 한다. 도면을 확인한다. 모든 것이 도면대로다.

그렇다면 문제는 재료나 시공에 있다. 그 때 생각이 번뜩인다. 말도 안 되는 생각—수직 링의 구멍들이 잘못 뚫렸다면? 도면을 검토해보니 천과 관계된 고정 핀들이 잘못된 위치에 시공될 수 있는 가능성이 보인다.

잘못된 피팅. 그렇다면 말이 된다. 시공 회사에 통보한다. 우리는 다시 천을 내릴 수 있게 인부[crew]를 불러달라고 한다. 천 끝의 천공구멍들을 다시 제 위치에 뚫어야 한다. 18시간 안에 말이다.

기적적으로 피팅팀을 찾았다. 그들은 오후 7시에 도착했다. (만약 피팅팀이 오지 않았다면 어떻게 될 뻔 했을까.)

천은 내려졌다. 내가 느끼기엔 억겁의 시간이 흘러 새로운 구멍들이 뚫렸다. 시간은 가고 있다. 새로운 연결 핀들이 설치되었다. 모두 한 마디도 하지 않는다. 다시 걸어보니 아까보다는 나은 듯 하다. 큰 주름들이 없어졌다. 밤을 세워 작업을 한다. 좀 더 팽팽해 졌다. 우리는 새벽에 잠깐 눈을 붙였지만, 피팅팀은 밤을 세워 작업을 한다.

시간이 지나간다. 고문[torture]이다. 이른 오후부터, 우리와는 상관없이 저녁 개막식을 위한 직원들이 나와 준비를 시작한다. 오후 4시가 되어서야 천은 다시 제대로 당겨졌다. 중앙의 타원 링을 지지하던 버팀대도 제거된다. 한쪽 입(링)쪽의 모양이 살짝 틀어졌을 뿐, 이제 심각한 변형은 없다. 제대로 피팅이 된 것이다.

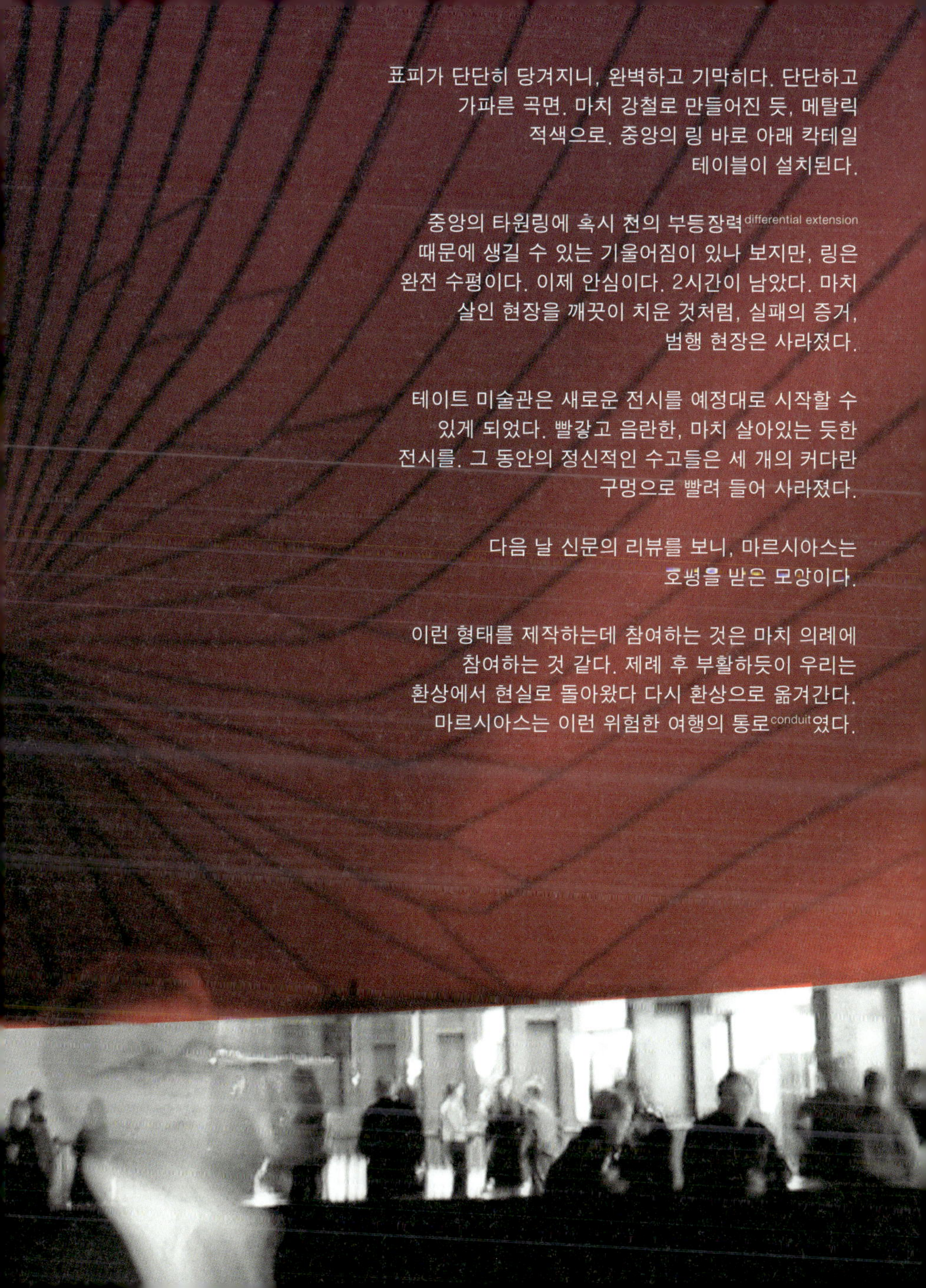

표피가 단단히 당겨지니, 완벽하고 기막히다. 단단하고 가파른 곡면. 마치 강철로 만들어진 듯, 메탈릭 적색으로. 중앙의 링 바로 아래 칵테일 테이블이 설치된다.

중앙의 타원링에 혹시 천의 부등장력differential extension 때문에 생길 수 있는 기울어짐이 있나 보지만, 링은 완전 수평이다. 이제 안심이다. 2시간이 남았다. 마치 살인 현장을 깨끗이 치운 것처럼, 실패의 증거, 범행 현장은 사라졌다.

테이트 미술관은 새로운 전시를 예정대로 시작할 수 있게 되었다. 빨갛고 음란한, 마치 살아있는 듯한 전시를. 그 동안의 정신적인 수고들은 세 개의 커다란 구멍으로 빨려 들어 사라졌다.

다음 날 신문의 리뷰를 보니, 마르시아스는 호평을 받은 모양이다.

이런 형태를 제작하는데 참여하는 것은 마치 의례에 참여하는 것 같다. 제례 후 부활하듯이 우리는 환상에서 현실로 돌아왔다 다시 환상으로 옮겨간다. 마르시아스는 이런 위험한 여행의 통로conduit였다.

신화

목동인 마르시아스는 디오니소스의 집을 방문하였다가 아폴로를 만난다. 그는 아폴로가 악기 리라에 능숙하다는 얘기를 듣는다. 마르시아스 자신도 플루트를 잘 불었기 때문에, 도전을 한다. 뮤즈들이 심판을 보기로 하였다. 마르시아스가 이길 듯 했지만 아폴로는 리라를 거꾸로 들고 아름답게 연주하였다. 어떤 이들은 아폴로가 노래도 곁들였다고 한다. 뮤즈들은 어쩔 수 없이 아폴로를 승자로 꼽았다. 승리자의 어떤 요구에도 따라야 하였기 때문에, 아폴로는 마르시아스를 나무에 거꾸로 매달아

온몸의 가죽을 벗겨 버린다. 그의 피는 눈물의 바다에 뿌려졌다. 그의 죽음을 슬퍼하는 이들은 이 강을 '마르시아스 강'이라고 명명했다. 어떤 이들은 이 피로 생긴 강이 메안러 강을 만나 사라졌다고도 한다. 아폴로는 곧 자신의 잘못을 뉘우치고 슬퍼하며 자신의 리라를 부셨다. 하지만 이미 늦은 뒤였다.

The Flaying of Marsyas
c.1575 by Titian

주기

□ 해는 7월 21일(하지)에 가장 길고, 그 후 6개월 후 겨울까지 계속 짧아진다. 조도의 지역이 점점 줄어든다. 만약 기간을 하루하루의 시퀀스에 빗대어 그리면 바코드가 생긴다. 점점 줄었다가 길어지는 이 모양은 수평으로 누운 모래시계의 모양이 된다. 만약 그 위를 걷는다면 여정은 경사지를 내려갔다가 올라가는 모양이 된다.

□ 곡선 위에서의 여정은 벡터이지만 중앙에서 수평이동을 할 때의 진행은 스칼라scalar이다. 중앙에서는 시간이 흐를 때 가능성 만을 축적한다. 반면 면 위에서 속도와 방향을 바꾸는 벡터는 에너지를 소멸시키며, 빛과 시야를 얻는다.

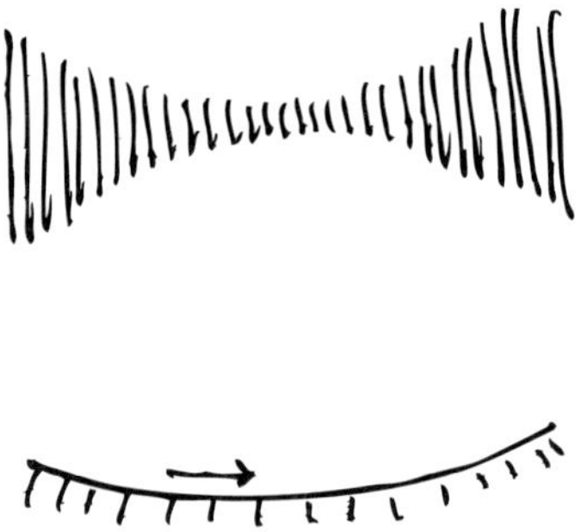

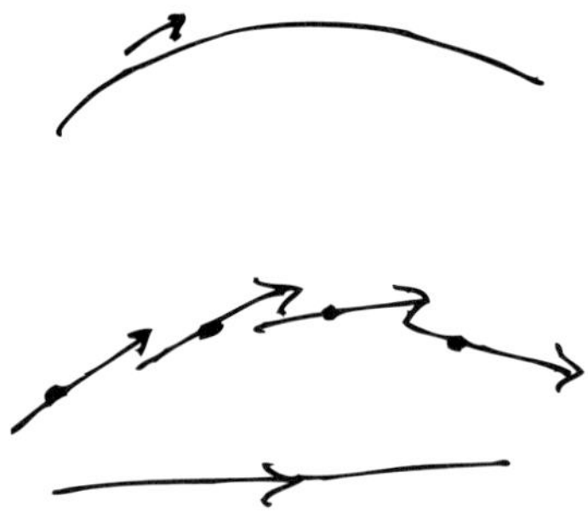

반대로 아래쪽에서는 점점 올라갔다가 내려온다. 올라갔다가 내려오는 혹은 내려갔다가 올라가는 그 변화점이 가장 높거나 낮은 점이 된다. 방향이 바뀌는 이 극점에서의 변화량은 0이다. 열망 또한 마찬가지이다. ―세상은 벡터도 아니고 스칼라도 아니다.―언제나 허공을 맴도는 정지상태이다.

□ 빛에서 어둠으로의 변화는 열린 지평에서 동굴로 향하는 것과 같으며, 이 여정은 이동하거나 관찰한 길이length 그리고 상상하고 눈으로 본 형태에 대해 몰입하고 드러낼 때에만 정확한 묘사가 가능하다.

용기

□ 항아리jar의 입에서 배 부위로 가기 위해선 목 부분을 통과해야 한다. 입에서 목, 그리고 배에 이르는 부분은 비례적으로 날씬할 수도 있고 뭉툭할 수도 있으며 이는 항아리의 미적 특징을 결정하고 또한 내용물이 얼마나 빨리 나오는가 하는 기능과 연결된다. □ 만약 빈 항아리의 바닥에 구멍을 뚫으면, 안에 있던 어둠은 밖으로 쏟아진다. 만약 평면상으로 두 항아리의 바닥을 맞대면, 닫혀진 볼륨volume이 깨어져서 암흑 에너지dark energy를 지속적으로 발산하는 듯 하다. 커다란 입(충돌해서 생긴 구멍을 뜻함)을 통해 흘러나온 에너지는 둥근 체적을 가득 채우거나, 혹은 좁은 목을 통해 밖으로 쏟아져 나온다. □ 초기의 성전sanctuary의 구성은 전실이나 좁은 통로로 된 수축된 전이공간을 통해 안쪽 깊숙한 곳에 위치한 은밀한 방에 도착한다. 밖에서 안으로 이동할 때 공간의 질은 반전된다. 깔때기 같은 좁은 공간을 통해 방에 도착하는 것은 궁금함이 가득한 추측에서 신비스러운 수수께끼들이 쌓여있는 공간으로의 전이인 것이다. □ 유사하게 신체의 입도 닫힌 위장에 연결되어 있다. 귀는 고막의 떨림을 수신하는 두뇌와 연결되어 있다 입에서 위장의 연결은 양방향적이며 느린 반면에, 귀에서 두뇌는 일방향이며 신속하다. 전이되는 시간이 길고 거리가 멀수록 불확실성은 높아진다.

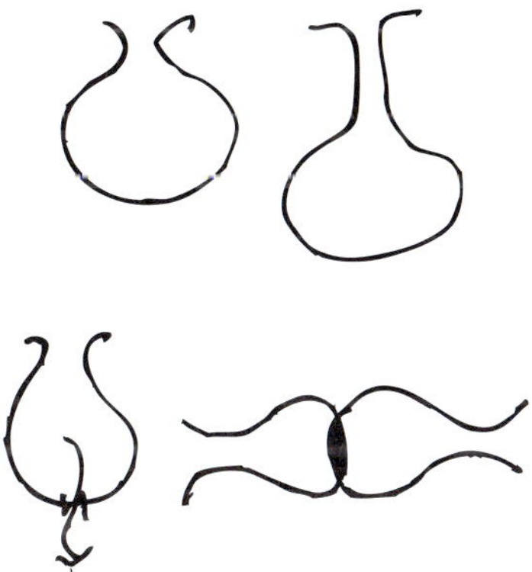

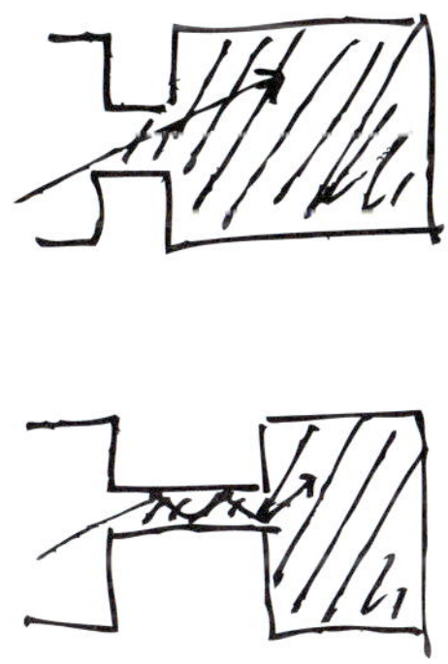

전형

□ 원은 봉인containment를 상징embody하며 완결된 링은 안전하다. 마을을 형성할 때 밖으로부터의 위험에서 자신을 보호하기 위해 동그란 배치를 만든다. 오두막들이 모일 때도 이런 방식의 안전요소를 적용해, 정체성과 안전성을 결합시킨다. 이 원을 뚫고 지나가는 선 하나는 내용물을 드러내면서 동시에 위험에 처하게 한다. 액체 한 방울 혹은 구sphere의 최소minimum 볼륨(체적)은 중심으로부터 가장 최소의 에너지를 소비하기 위한 궤도로 만들어 진다.

□ 원형의 그릇bowl은 곡식을 담는다. 원형의 냄비pan에서 요리된 음식은 다시 원형의 용기에 담겨 내어지며 필수 영양분energy를 전달mark 한다. 에너지가 용기라면, 담는다는 행위는

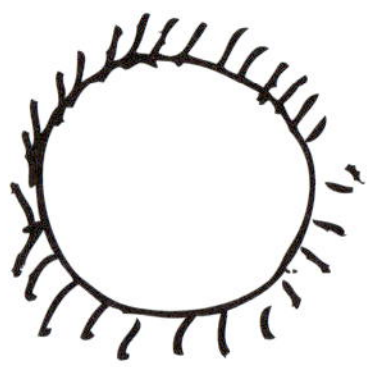

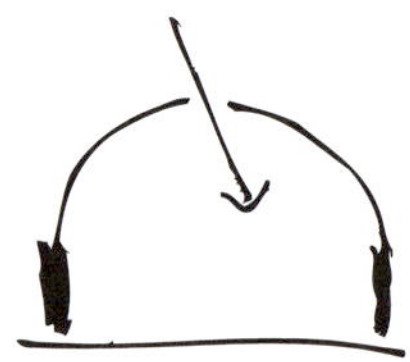

모든 가능성을 모은다는 것이다. 용기에 구멍이 뚫리면 에너지는 소실된다. 또 구멍 뚫린 용기를 뒤집으면 에너지가 들어온다. 판테온을 보면 돔 중앙에서 실내로 들어오는 빛 한줄기가 소란(小欄)으로 장식된coffered 둥근천장vault을 시간에 따라 가로지른다. 훈색(暈色) (무지개빛, 보는 각도에 따라 달라지는 빛)은 천fabric에 구멍을 뚫는다. 에너지는 저장된 후 방사를 통해 흘러나온다. 판테온은 에너지가 넘쳐 흐른다. 종자seed가 난자egg와 닫힌 공간chamber안에서 교배되듯이, 성적인 존재presence도 에너지의 비유(우화, parable)와 닫힌 공간 안에서의 교류transit로 이야기 될 수 있다.

□ 원형의 해와 달은 주기를 갖고 서로를 쫓는다. 어둠과 밝음의 교차는 신비mystery와 계시revelation과 연관된다. 비옥, 부활은 어둠 속에서 싹튼다.

마르시아스

마르시아스는 처짐sag과 또 형태적으로 그 반대인 아치vault의 윤곽을 동시에 갖는다. 장력의 띠와 닫힌 링에 의해 모양은 유지된다. 하지만 여기에 구멍을 뚫어 내부의 공동void를 드러내는 순간 모든 것은 바뀐다. 마르시아스는 엔트로피의 움직임machination을 보여주는 모래시계가 된다. □ 이동하는 중심선은 시간에 역행하며 변하는 부여해 연속체에 차이를 만들어낸다(부여한다.) 중앙에 뚫린 대공간은 어두운 에너지, 순수한 가능성을 보여주고 있으며, 곡률이 계속 바뀌는 표피는 순수한 운동kinetic을 보여주고 있다. □ 마르시아스는 강제적으로 닫혀진 표피 속으로 흐르는 공허void를 전달한다. 여기에는 단순한 거울과 같은 반사되는 형태 이상의 깊은

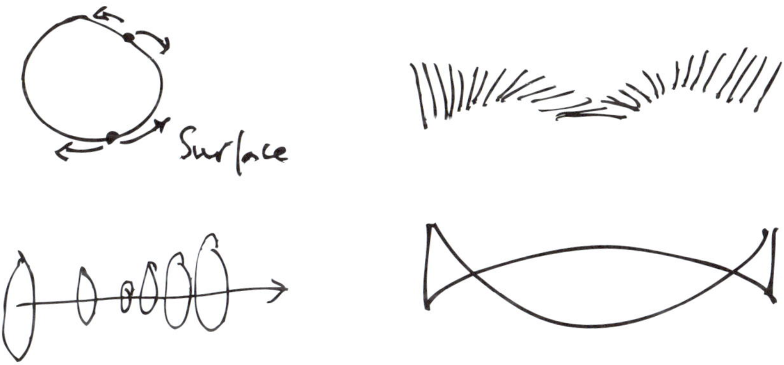

원들은 성장의 정도를 기록한다. 표피(피부)가 볼륨(용적)의 모든 것을 삼키고자 하는 욕망을 제한하고 유지하듯이 마르시아스의 변동하는 단면은 변화의 정도를 보여준다. 종방향의longitudinal 진행은 속도를 나타내어, 속도는 때로는 줄어 맴돌기도 하고 다시 속도를 내기도 한다. 가운데 구멍은 비연속성discrete을 대칭이 있다. 마르시아스는 능동적인 예상predicted과 수동적인 수용 사이의 보존의 법칙을 표현/상징embody한다. 날아 오르는 스팬span부터 닫히는 원의 광경vision은 꿈과 현실 사이를 이어준다. 현실로부터 신화와 상징의 미술 세계로의 여행,

SERPENTINE PAVILION LONDON UK

SERP
ENT
INE

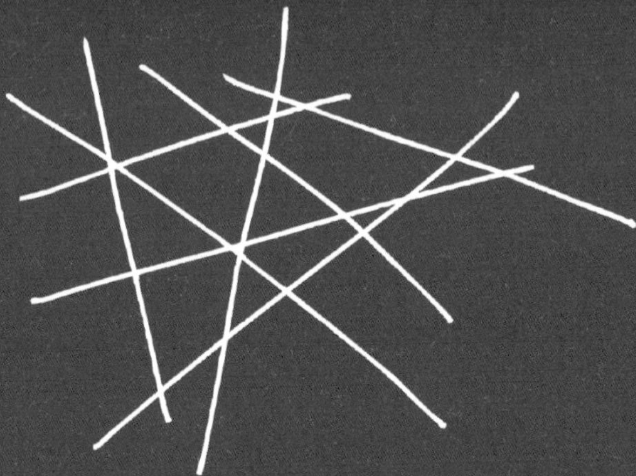

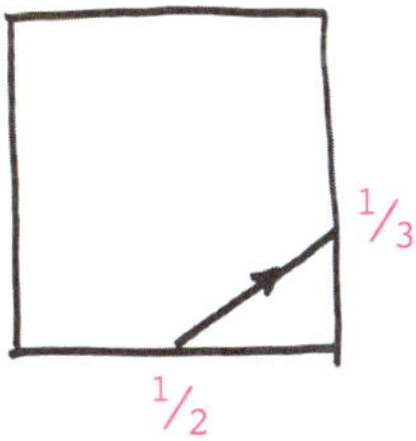

직선은 일정한 속도로 이동한다. 같은 속도로 직선은 어디선가 출발해 어디론가 향하며, 정지하려 하지 않는다. 그러나 이 직선과 교차하는 다른 선은 이 운동을 방해하고, 늦춘다. 그렇다면 우리의 질문은 이것이다. 선들이 만날 때 방향은 어떻게 바뀔 것인가?

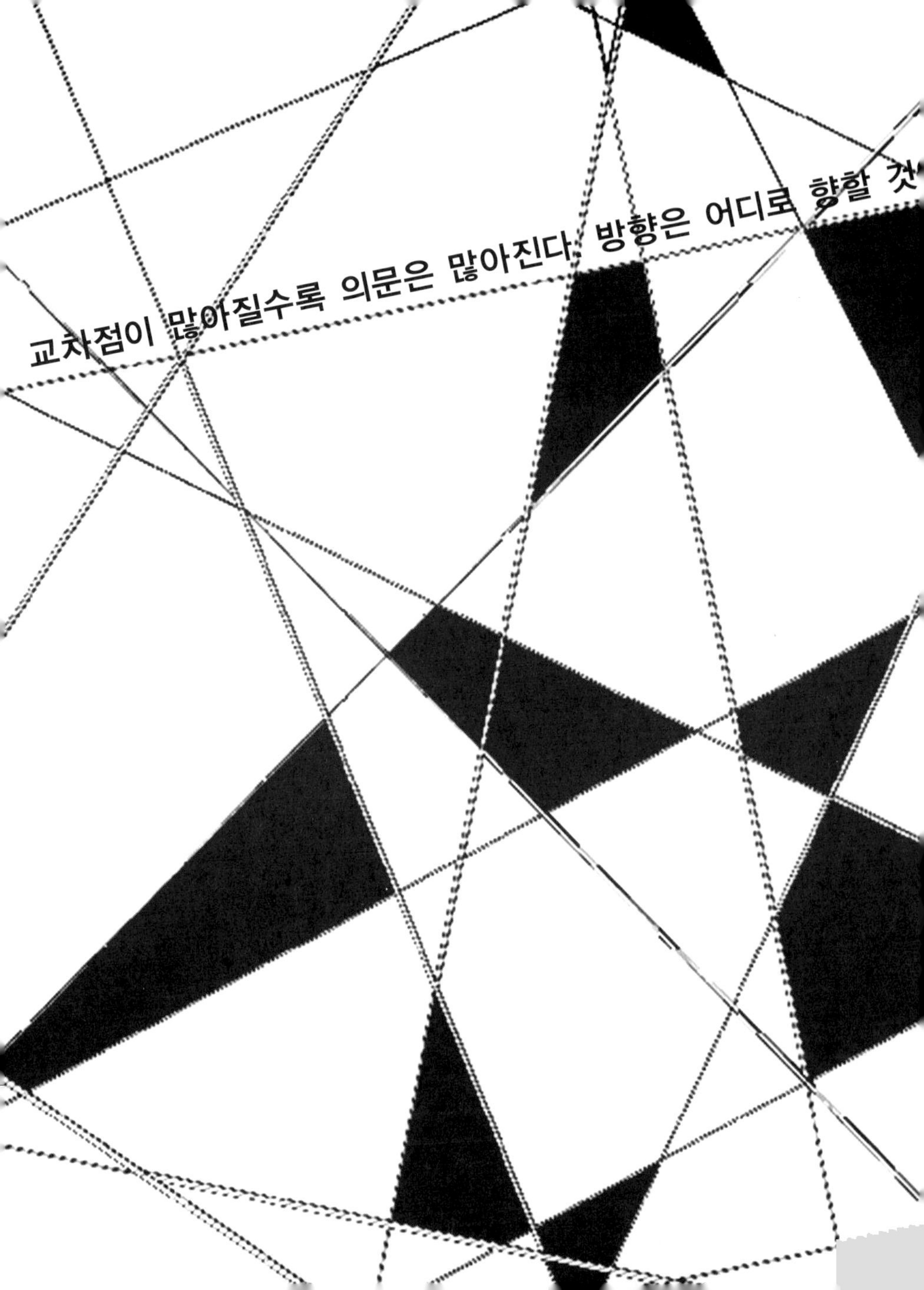
교차점이 많아질수록 의문은 많아진다. 방향은 어디로 향할 것

선적인 운동은 멈출 것인가?

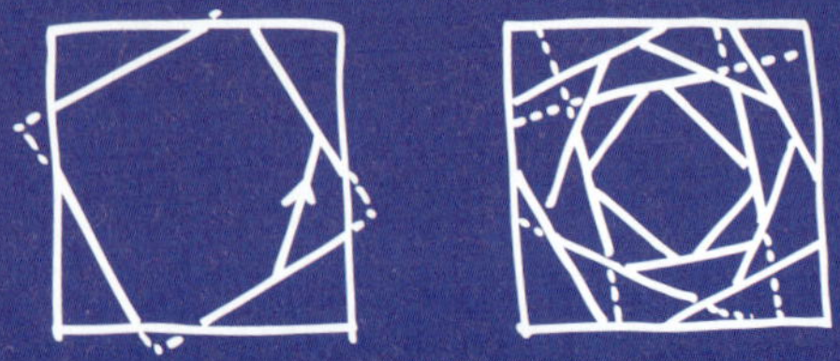

정사각형 한 변의 중앙에서 접한 변의 1/3지점을 잇는 선을 통해 흔적은 시작한다. 반복되면 겹치는 선들의 회전이 만들어 진다. 이 선들을 연장하면 그물망[network]의 흔적이 보이기 시작한다. 원래의 사각형은 중앙에서 작은 스케일로 다시 복제[replicate]된다.

노트: 만약 선을 한 변의 중앙에서 접한 변의 중앙으로 긋는다면, 흔적은 (연장을 해도) 다시 똑같은 모양을 반복한다. 여기에는 대칭의 파괴가 없다. 흔적은 닫힌 시스템으로 유지된다.

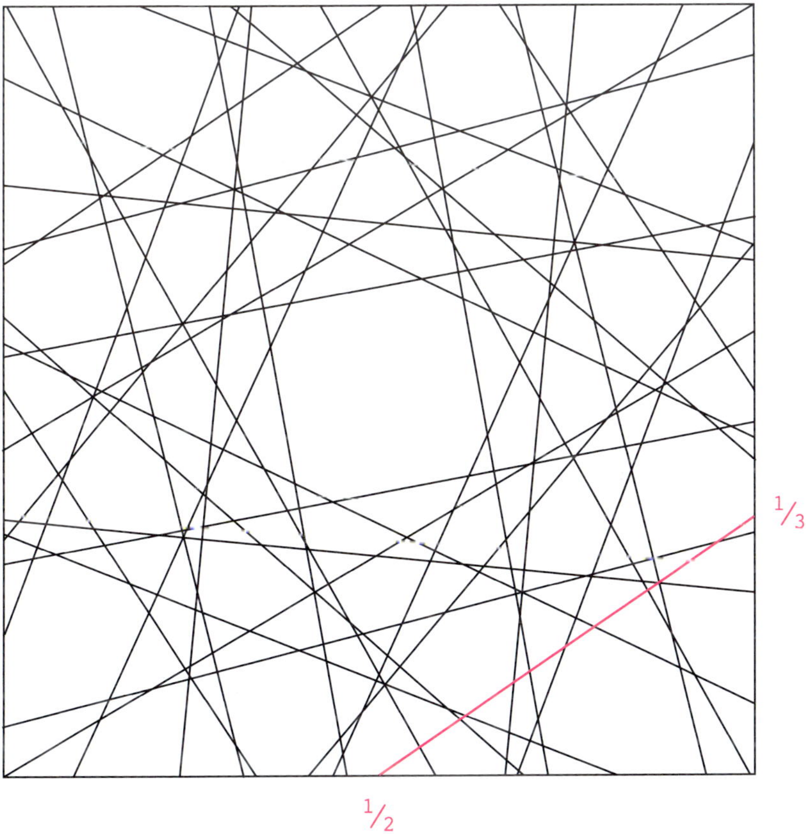

알고리듬 *Algorithm*

알고리듬은 세 가지 단계가 있다. 우선은 알고리듬 그 자체가 있다. 기하학적이거나 숫자로 만들어진numeric 반복되는 모티브motif. 두 번째로 질감texture나 연결성connectivities을 더할 수 있는 알고리듬의 확장 마지막으로 재료와 스케일을 적용한 건축으로의 변환([illegible]징)translation, 요소elements의 디자인은 선택할 추상에 내재된 은유를 분명히 보여주어야 한다.

2002년 서펜타인 파빌리온에서 흔적(선 혹은 속도)은 강철 날blade로 변형되었다. 고전적인 작품은 공간을 부분들로 나눈다. 공간을 부분, 분해의 행위를 통해 분리한다 반면 알고리듬에 바탕한 작업은 틈gap을 공간화하는 대신 간격interval을 엮어 공간을 만든다.

만약 이 알고리듬이 원래 정사각형의 경계가 면한 두 변으로 확장되면, 이전의 중심은 이동되어, 비대칭은 한층 더 진행된다.

패턴은 새로운 경계에 닿기 위해서 확장된다. 그리고 나서 구석부분은 잘라져 박스 모양으로 접혀진다. 잘라져서 끊긴 선들은 접혀진 뒤 다시 연장된다.

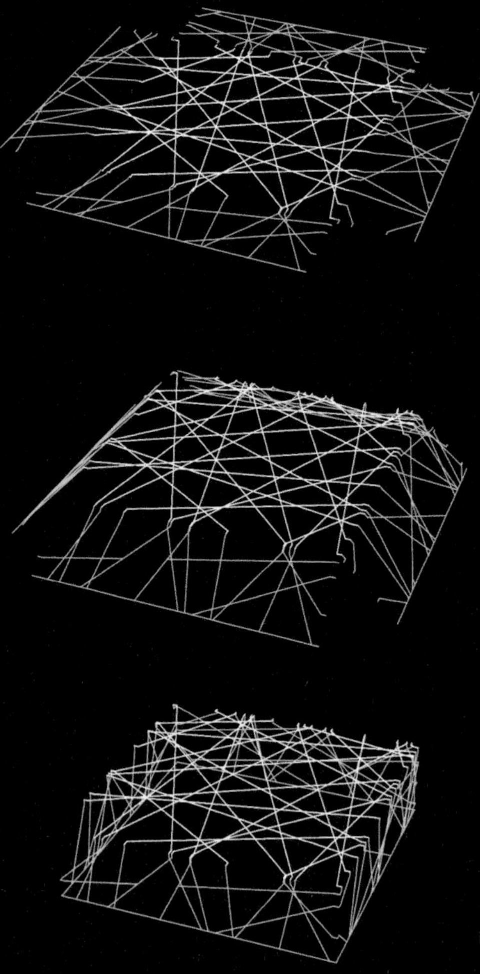

흔적은 강철날로 변화한다.

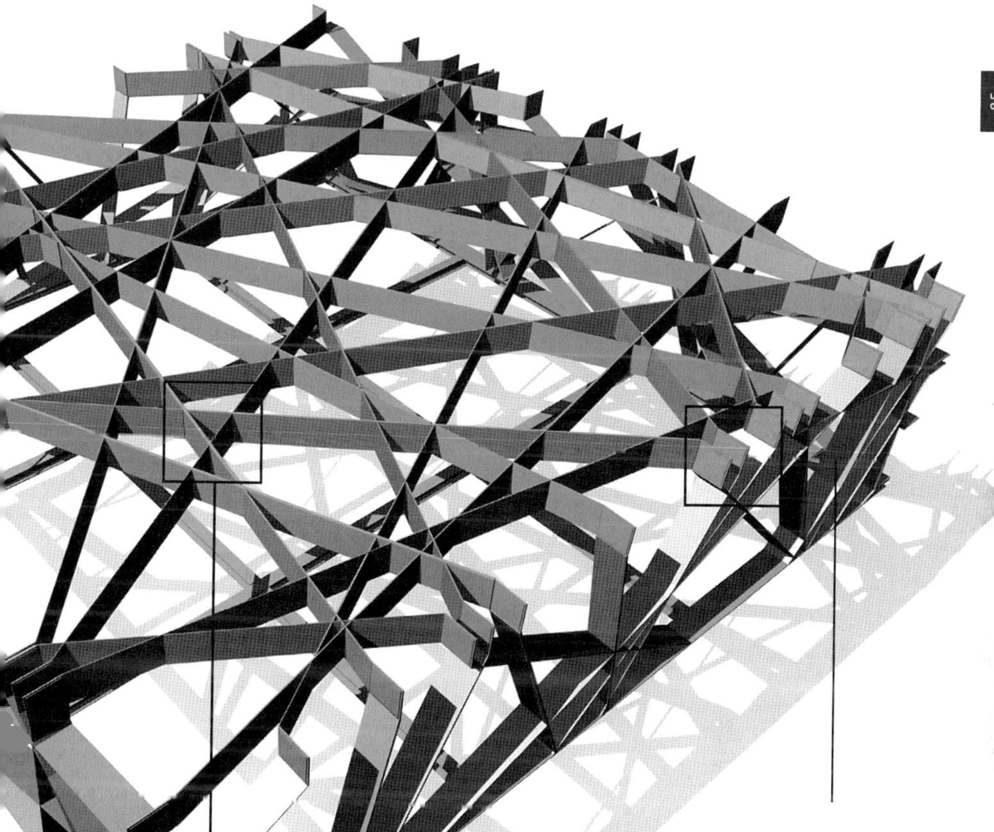

선들은 교차점에서 두께가
달라지지만 중심선은 일정하다.

지붕의 날을 벽으로 연결할 때는
수직적인 판이 매개가 되어 꺾여진다.
이는 흥미로운 전이 효과가 된다.

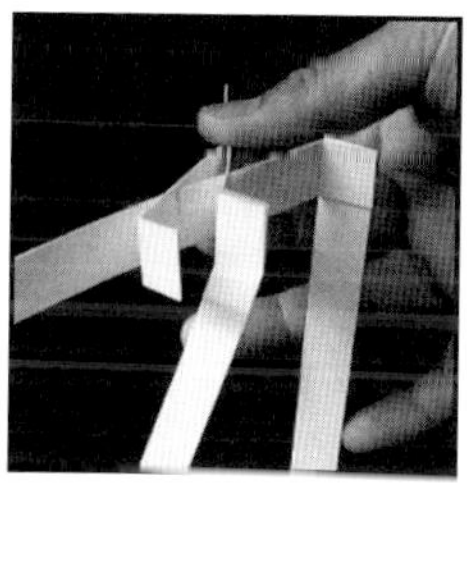

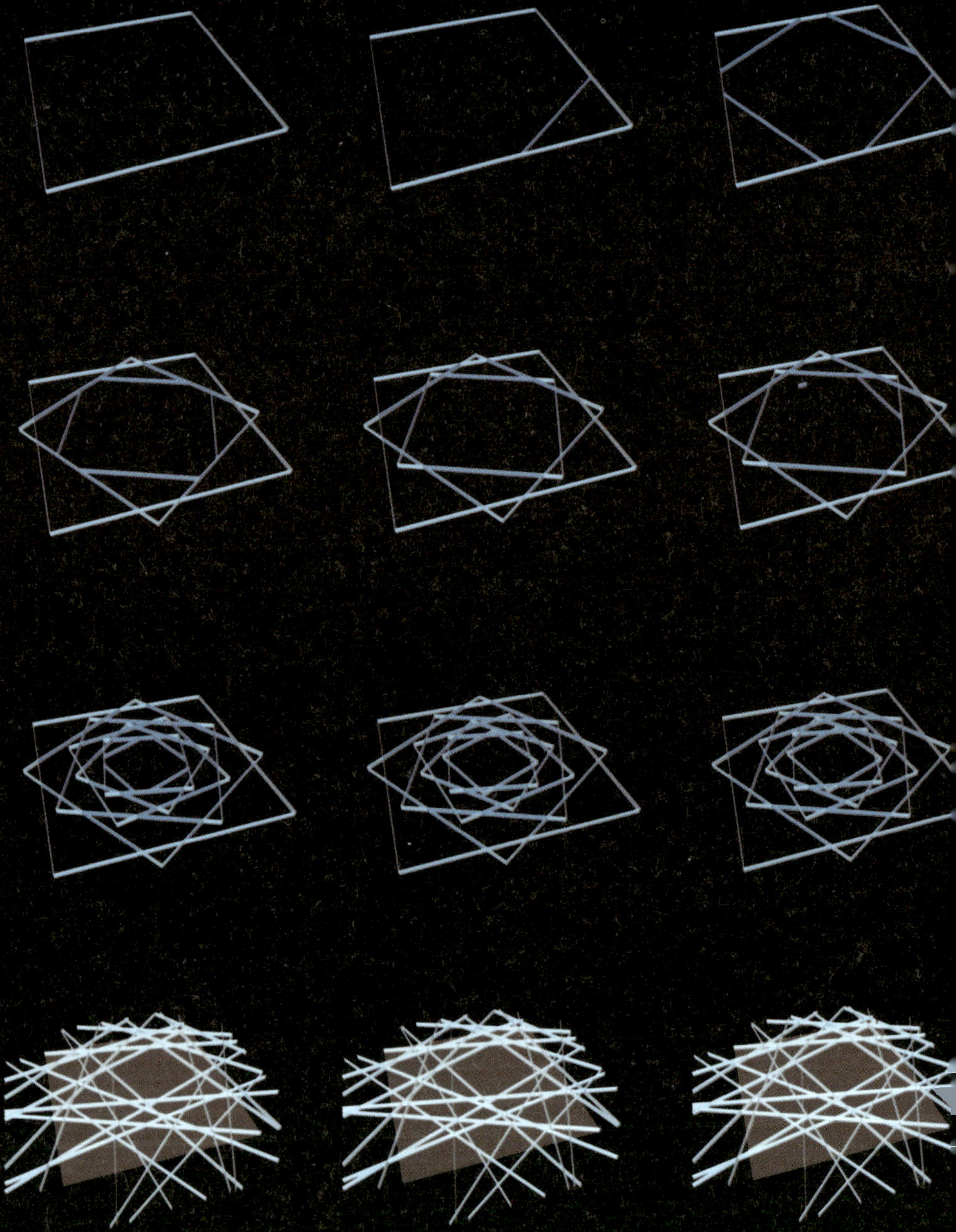

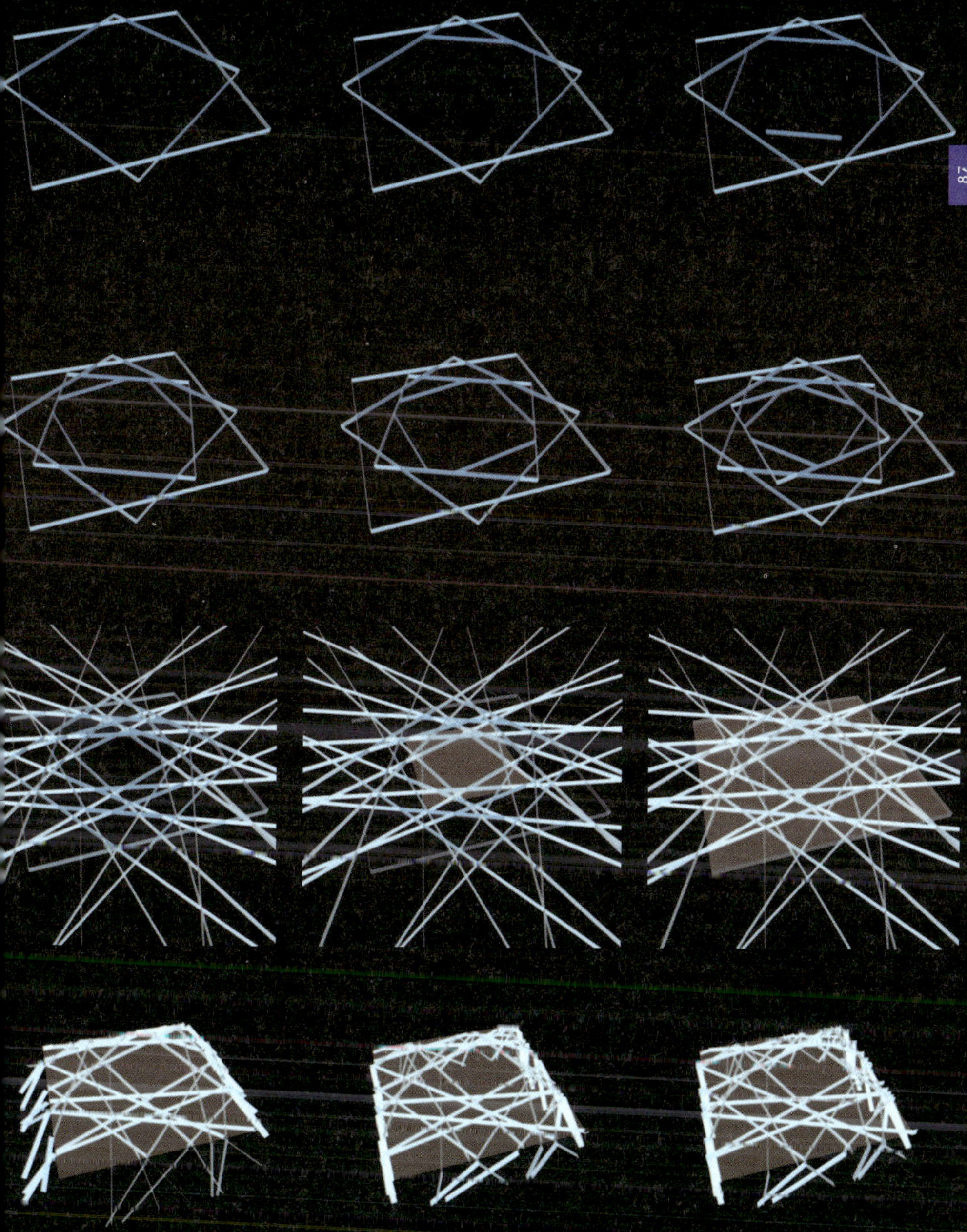

다양한 두께는 단순히 수학적인 벡터선들에 구조적인 내구성은 그리고 내장된embedded 리듬에 규모magnitude를 부여한다.

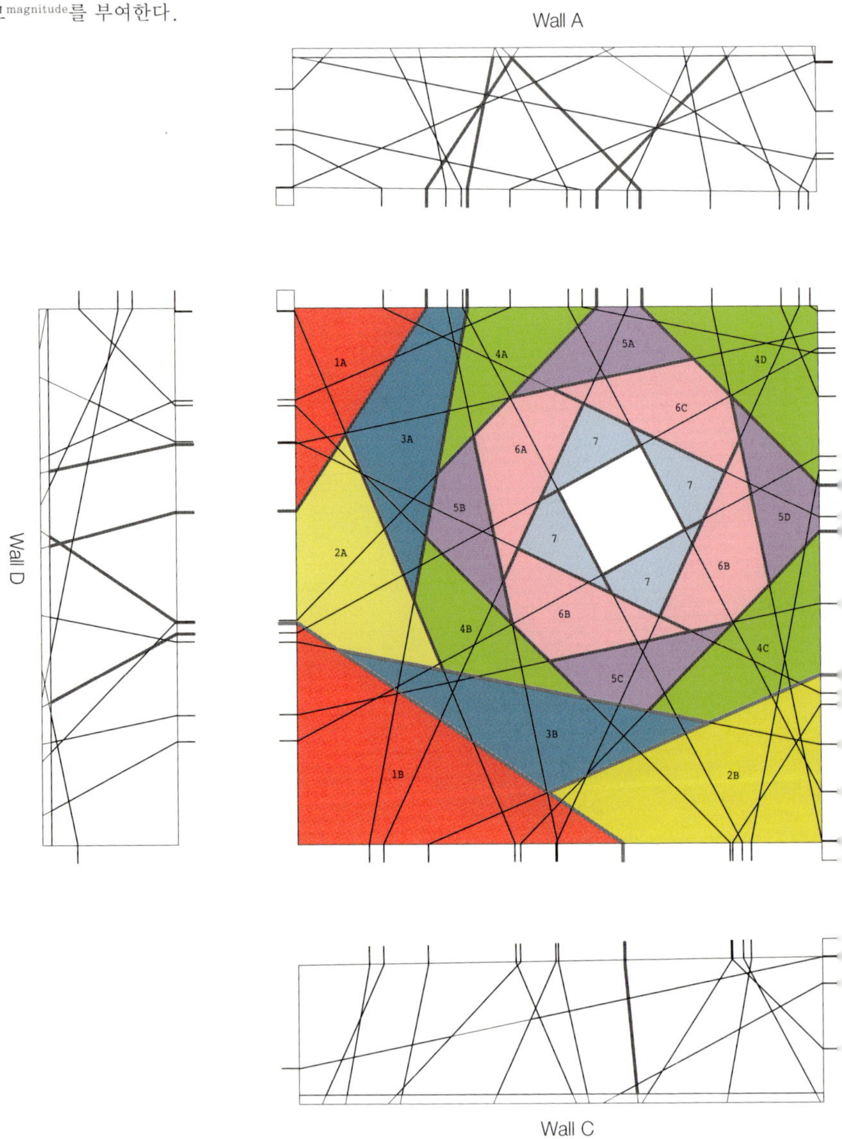

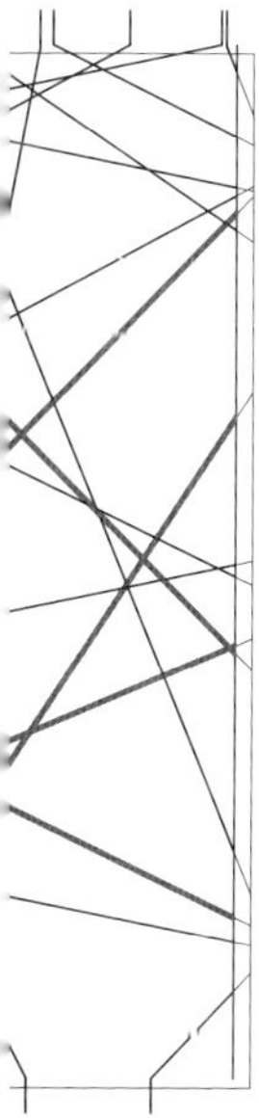

Wall B

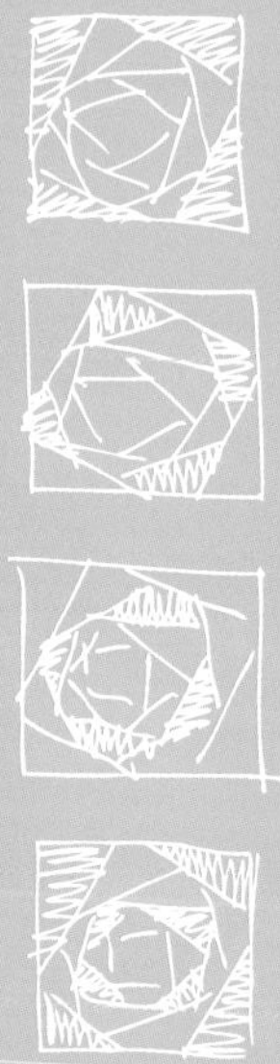

가장 가는 플레이트의 두께는 12mm로 결정하였다. 그리고 필요에 따라 24, 36, 48mm가 순차적으로 사용되었다.

이 알고리듬에서부터 삼각형 모양의 면들이 나누어졌으며, 이는 제작시 빠른 시공과 해체를 가능하게 하였다.

서펜타인의 구조물은 매년 세워지고, 해체된다.
물질과 형태의 실험

설계에서 완공까지 20주가 걸렸다.

체크무늬의 패턴은 선과 속도를 더 선명히 표현한다.

예산은 상당히 제한되어 있어 초기에는 이 강철빔 위로 필름을 씌우려고 했었다. 여러 패턴들을 스케치하였는데, 그 중 우리는 (C)를 가장 선호했다. 그런데 한 후원업체가 나타나 유리를 제공하겠다고 하였다. 유리의 날렵한 모서리라면 이 흔적들은 아주 명확한 절단면을 가질 터였다. 우리는 외부에서는 알루미늄 패널과 유리가 교대로 나타나는 시퀀스를 만들 수 있었으며, 내부에서는 천정부분의 메탈과 유리 사이 높이의 변화를 통해coffering 천정높이의 변화를 만들이 낼 수 있었다. — 형태의 생략(싱코페이션)syncopated을 통한 날카로운 조합

(a) (b)

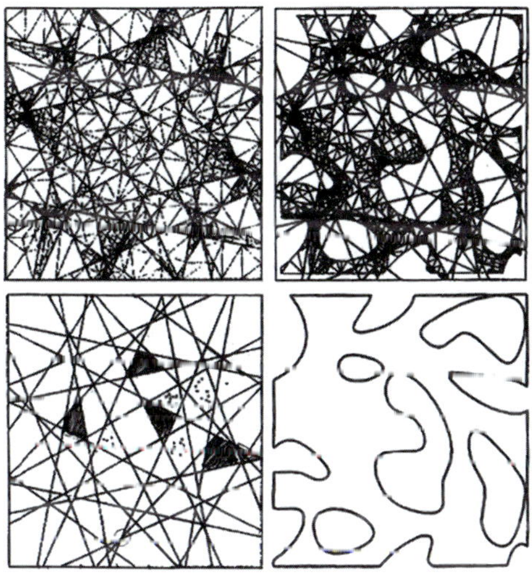

(c) (d)

알고리듬 때문에 패널들은 모두 다른 치수를 갖게 되었다. CAD-CAM 프로세스를 사용해 제작비의 상승은 그리 크지 않았다.

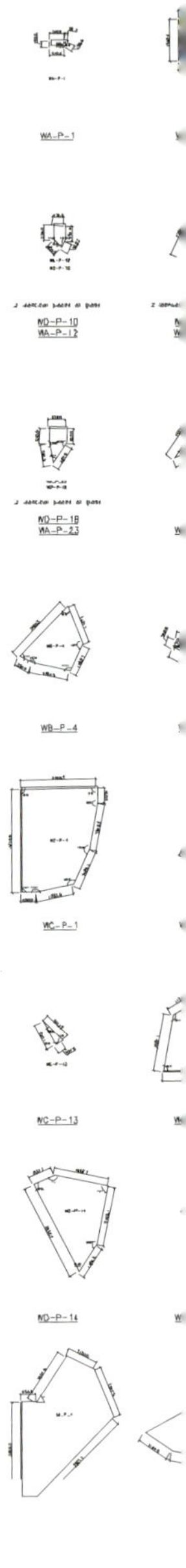

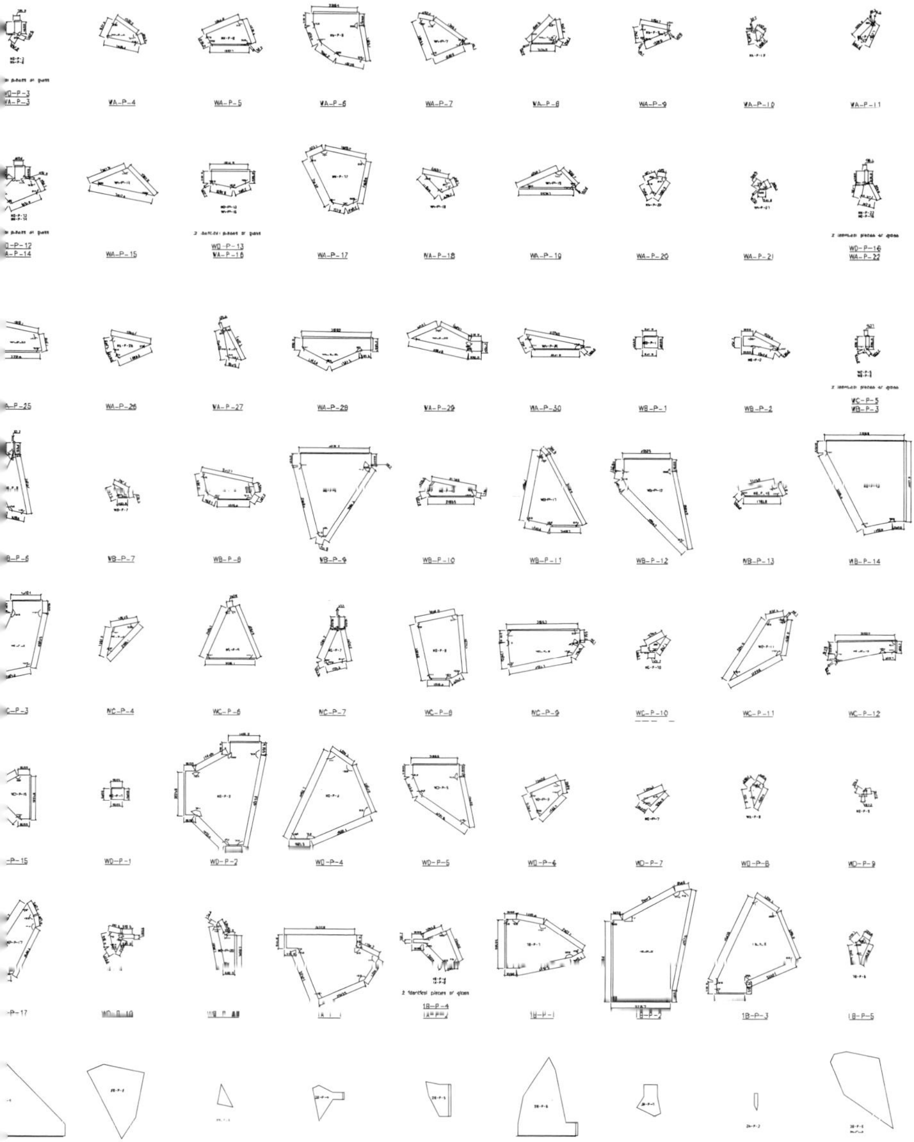

WA-P-4
WA-P-5
WA-P-6
WA-P-7
WA-P-8
WA-P-9
WA-P-10
WA-P-11
WA-P-15
2 identical pieces of glass
WD-P-13
WA-P-16
WA-P-17
WA-P-18
WA-P-19
WA-P-20
WA-P-21
2 identical pieces of glass
WD-P-16
WA-P-22
WA-P-26
WA-P-27
WA-P-28
WA-P-29
WA-P-30
WB-P-1
WB-P-2
2 identical pieces of glass
WC-P-5
WB-P-3
WB-P-7
WB-P-8
WB-P-9
WB-P-10
WB-P-11
WB-P-12
WB-P-13
WB-P-14
WC-P-4
WC-P-6
WC-P-7
WC-P-8
WC-P-9
WC-P-10
WC-P-11
WC-P-12
WD-P-1
WD-P-2
WD-P-4
WD-P-5
WD-P-6
WD-P-7
WD-P-8
WD-P-9
2 identical pieces of glass
1B-P-4
1B-P-1
1B-P-3
1B-P-5

log book

도요 이토와 내가 2002년 서펜타인 파빌리온을 위해 모였을 때, 우리는 일반적인 박스형태의 유형을 따르면서도 패턴을 통해서 뭔가 다르고 비상한extraordinary 작업을 만들어 내고 싶었다.

초기의 아이디어는 무작위의 선이 있는 슬래브를 띄우고, 이 주위를 기둥으로 받치는 것이었다.

그런데 이는 어울리지 않는 두 언어-무작위와 질서-가 사용되고 있었다.

그렇다면 우리가 전략적으로 질서적인 무작위를 만들어 낸다면 어떨까? 그리고 슬래브와 기둥을 다른 요소로 볼 것이 아니라 둘 다 엇갈림criss-cross의 한 가지 언어를 쓴다면?

그래서 내가 한 변의 중앙에서 옆 변의 1/3지점을 지르는 알고리듬을 제안하였다.

When ITO and I got together for the Serpentine Pavilion in 2002 we wanted to have a design that could adopt an ordinary box typology, but transform it through a patterned intervention, into something quite different and extra-ordinary.

The first idea was to float a slab, with random lines over it, supported by a

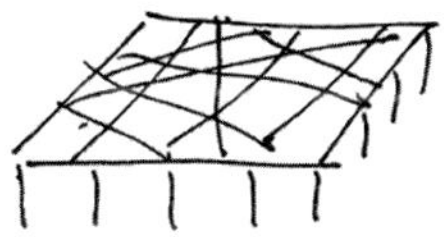

row of perimeter columns.

But that gave two languages – one of the

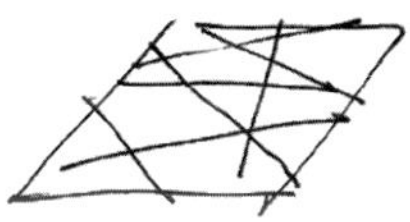

random & the other of order.

But what if we had the ordered random as a strategy? And there were no two parts but one language of criss-cross all over?

I proposed an algorithm: half to a third of adjoining sides, of the square.

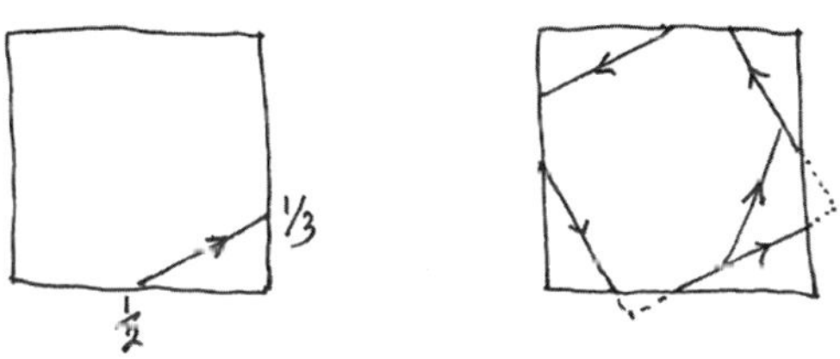

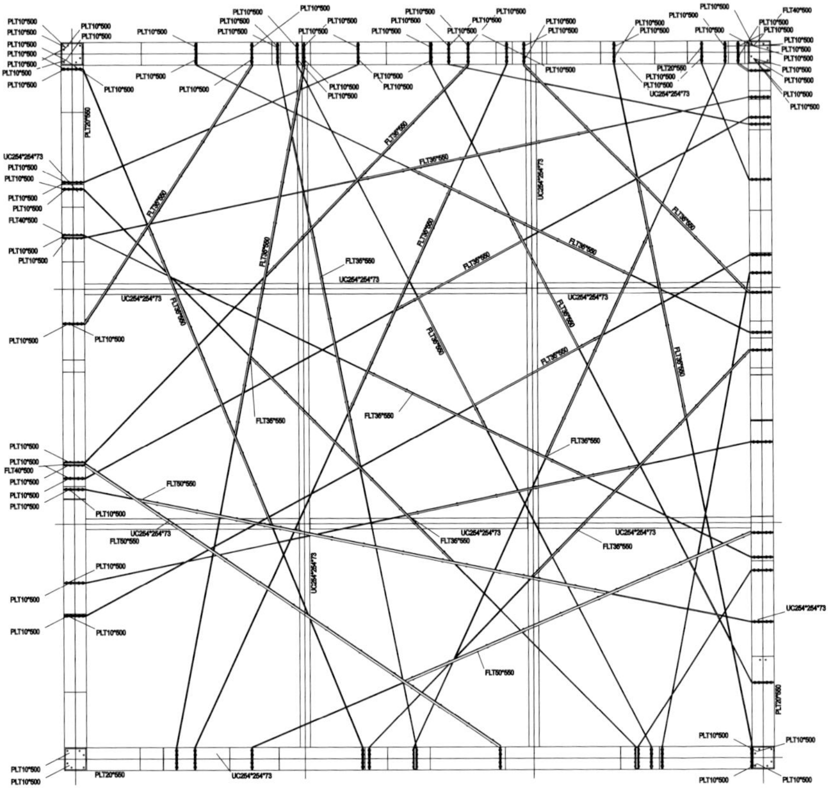

1/2 → 1/3의 규칙은 원래 정사각형 내에서 만나지 않는 4개의 선의 흔적을 만들어 낸다. 만약 내가 각 변의 중앙에서 만나는 선들을 선택했다면, (1/2 → 1/2) 이 흔적들은 당구장의 공이 완벽하게 정사각형에서 회전하는 것처럼 동일하게 반복되어 버릴 것이다.

중앙에서부터 1/3로의 규칙은, 원래의 정사각형으로부터 새로운 정사각형을 만들 수 있게 하기 때문에 규칙 혹은 알고리듬은 계속해서 진행된다. 만약 이 규칙이 6번의 주기를 거친다면 다시 원래의 구조가 생길 것이다.

이 선들을 만든 후 양쪽 방향으로 확장을 시키면 교차하는 패턴이 만들어 진다. 이 선들 중 어느 것은 하중을 전달하기 위해서 쓰일 것이고, 다른 점들은 보강bracing을 위해서 쓰일 것이며, 나머지는 박스 위로 무작위 하게 그어진 선의 유형을 강조하기 위해 쓰일 것이다.

미학적인 효과로는 거미줄의 복합체multiplex를 만들어 시선이 이 조형을 좇다 보면 처음에는 면이었던 형태가 끝이 없는 보이드로 보이게 하였다. 박스는 더 이상 존재하지 않는 상태.

The $\frac{1}{2} \rightarrow \frac{1}{3}$ rule traces four lines in the original square that do not meet. If I had chosen the half point instead, of each side, the trace $\frac{1}{2} \rightarrow \frac{1}{2}$ would close back on itself like a billiard ball bouncing perfectly around a square enclosure.

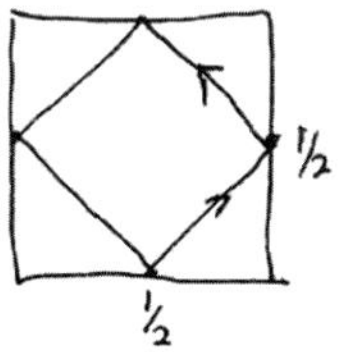

The half to a third rule, forces one to go out of the original square to create a new square so that the rule, or algorithm, may continue. If this is continued for six cycles, say, a primary structure is obtained. Then if these lines are all extended

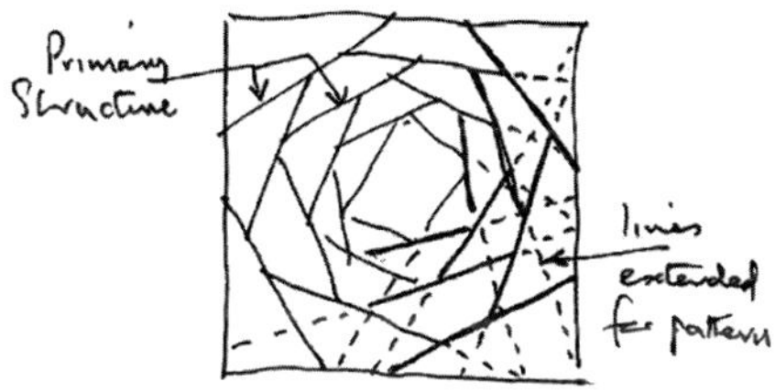

Pattern cut out at Corners and folded into box shape.

a pattern of many crossings results. Some are primary for load carrying, some will serve as bracing as secondary, and the rest will be a binding motif of the random across the surfaces of the box typology.

The aesthetic effect is to occupy a multiplex of web and as the eye ~~traces~~ the cells of engagement, the eye travels over and what is plane becomes limitless void. The box is no more.

틈은 구조가 속도의 선으로 읽히게 하기 위한 방법이다.

우리가 교차점에 도달했을 때, 우리는 딜레마에 빠진다. 오른쪽인가, 왼쪽인가?

교차점이 많을수록 이 선택은 점점 더 미궁에 빠진다. 여기에는 더 이상 왼쪽이나 오른쪽을 판단할 수 있는 방위orientation가 없다. 정적인 대칭이나 쉽게 이해될 수 있는 기하학이 존재하지 않는 것이다.

만약 알고리듬이 중앙에서 중앙으로 이어져, 그 흔적이 확장되었다면, 평행한 선들로 전체가 이루어진 것으로 이해되었을 것이며, 사선들은 단지 사각형 사이에 끼어져 있는 선으로 느껴질 것이다.

1/2 → 1/2이 이어지면 두 종류의 평행이 만들어지고, 사선의 횡단traverse, 공간을 예각으로 가로지르는 감성은 사라진다.

선들이 사각으로 만남에도 불구하고 종국에는 평행적인 시스템에 흡수되고 마는 것이다.

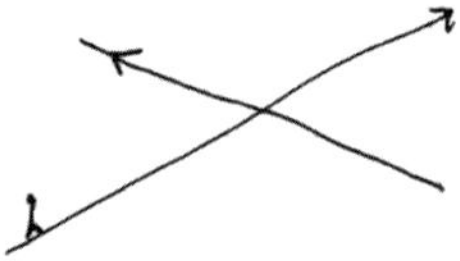

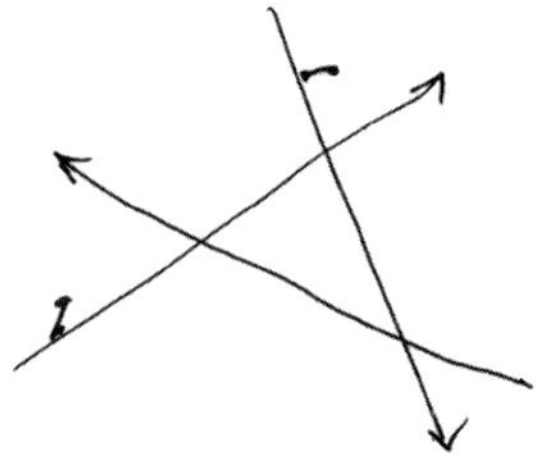

If we come to a junction, which way do we go; There is a dilemma, turn left, or right? Further criss-crosses and the decision gets lost, in the sense of an universal meaning. There is no orientation to overall left or right. Symmetry, of a static and obviously readable kind is lost.

If the algorithm had run from half a side to half the adjacent side, and the trace extended, sets of parallels would define the framework. The diagonal is only an interruption.

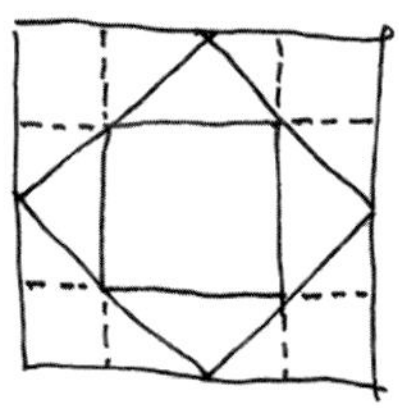

As the $\frac{1}{2} \rightarrow \frac{1}{2}$ continues two sets of parallels emerge, the idea of a diagonal traverse, angling across space is lost.

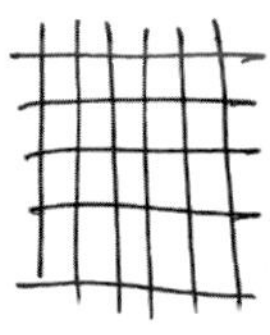

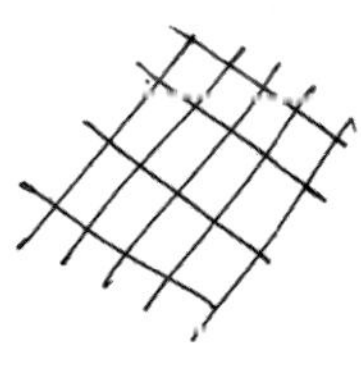

The parallel systems take over universality even though they cross at an angle to each other.

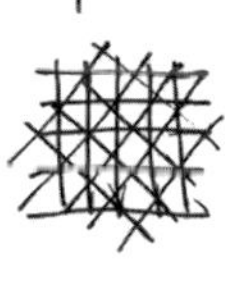

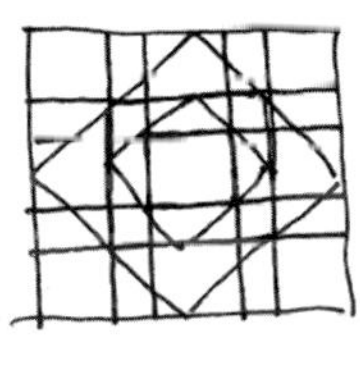

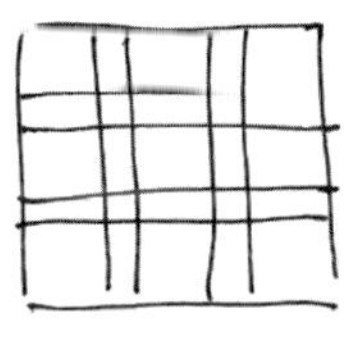

By going outside the original square of the

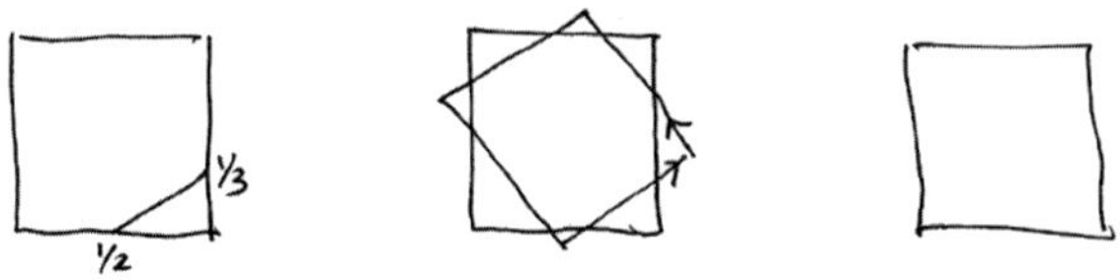

-half-to-a-one-third-rule forced, original symmetry was broken. As the algorithm runs, the original angle of ordering, of 90° right angledness, is lost. There is no imperative for straightness either, as an arrow to be followed, even though the pattern is made of straight lines.

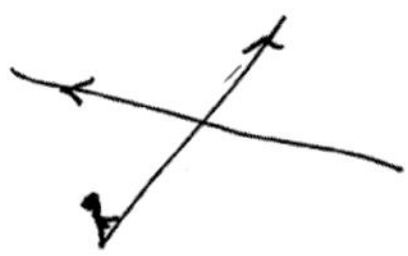

In the simple junction problem we could branch left or right off our course, equally we could continue to keep going straight. We do not need to be deflected.

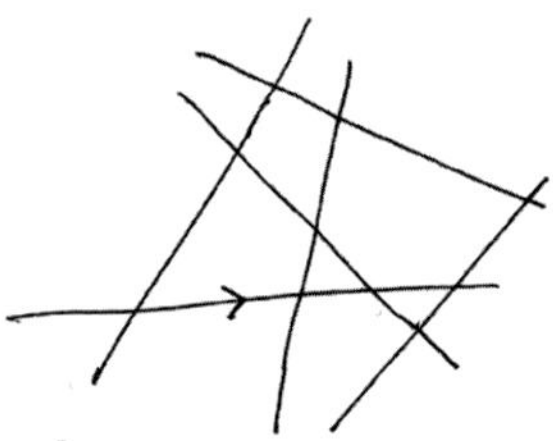

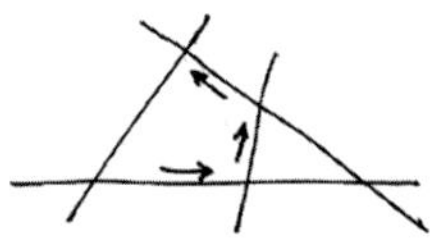

It's more certain that the criss-cross cells trap the movement and close it around cells. The organisation is a group of cells, and the travel is a meander.

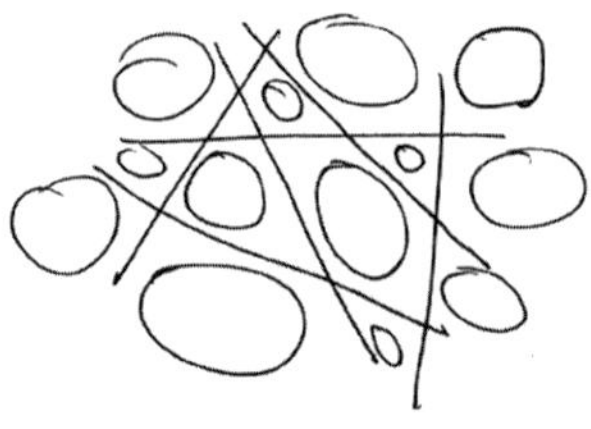

원래의 정사각형을 확장해감으로 인해 기존의 대칭은 파괴된다. 알고리듬이 진행될수록 기존의 질서를 만들었던, 90도 각도는 사라진다. 결과적으로 패턴은 직선으로만 만들어졌지만, 화살이 곧게 날라가는 듯한 팽팽한 직선적인straightened 강제성은 없다.

교차점에선 왼쪽이나 오른쪽을 선택할 수도 있지만, 우리는 계속 직진을 할 수 있다. 우리는 굴절할 이유가 없었다.

물론 이런 교차점으로 생긴 세포cell들은 운동의 느낌을 멈추고 주위의 다른 셀들에 의해 닫힌 형태가 된다. 전체적인 구성은 세포의 집단이며, 운동감은 그들 세포 표피 사이로 우회meander한다.

관람자의 시선이 정처 없이 거닐게 되어, 시선은 안절부절 하게 되고 탈출을 도모한다. 디자인은 이제 다른 차원을 포함시킨다. 세포조직으로 구성된 시공은 면에서부터 시선을 뺏어 허공으로 유도한다. 면은 볼륨으로 전환된다. 원래의 박스의 구속은 홀연히 사라지고, 거대하고 무한한 볼륨이 생성된다. 우리는 마치 물리적인 한계, 선들의 네트워크를 지나 무한한 공간으로 이동하는 시간여행자처럼 느껴진다. 정사각형을 나누는 1/2과 1/3의 간단한 알고리듬이 박스를 둘러싸아 육면체를 타임머신으로 바꿔 놓았다.

영원infinity

직선은 영원의 전령messenger이다. 직선은 영원히 지속될 수 있다. 그러나 직선을 자르고 자를수록, '먼지' 가 생성된다. 끊겨진 직선의 앙 쪽 끝에는 점이 생긴다. 영점 point of zero. 선이 짧아질수록 이 영점의 추세는 증가하다 결국은 점, 먼지가 된다. 직선에 숨어있는 잠재성은 영점null point의 끝없는 사슬이다.

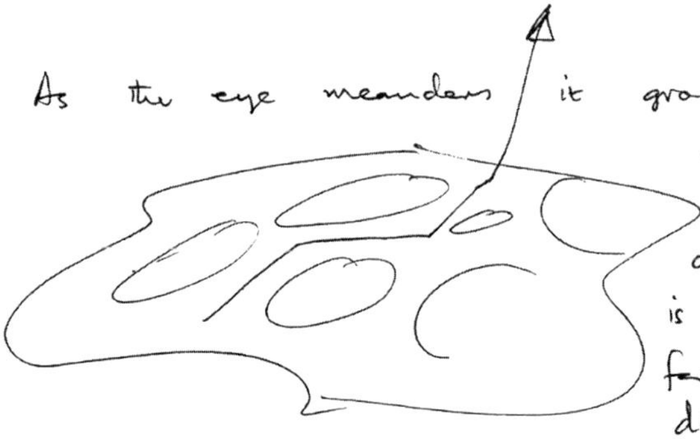

As the eye meanders it grows restless and seeks escape – and the plane is left behind for another dimension.

The cellular construction takes the eye off the plane surface and into the void. Plane turns into volume. The confines of the original base is lost completely, and a large infinite volume takes over – we are like time travellers passing through tracks of physical limits – of the network of lines – into endless space.

A simple algorithm of marking segments of a square into $\frac{1}{2}$ and $\frac{1}{3}$ 'wraps' itself around the building and turns the base into a time machine.

Infinity

A straight line is a messenger of infinity – it can keep travelling. But chop it into bits, and gradually as the bits get smaller, a 'dust' accrues. Each end of a straight line carries a point – a point of zero. As the lines get shorter, that tendency of zero gathers, and we end up with a point dust.

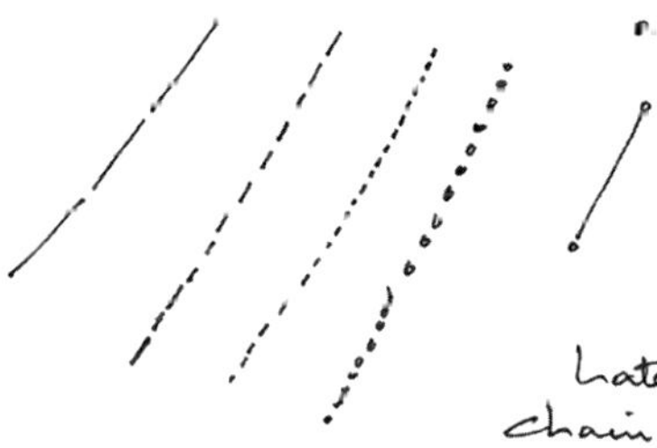

Latent in the straight line is an endless chain of null points.

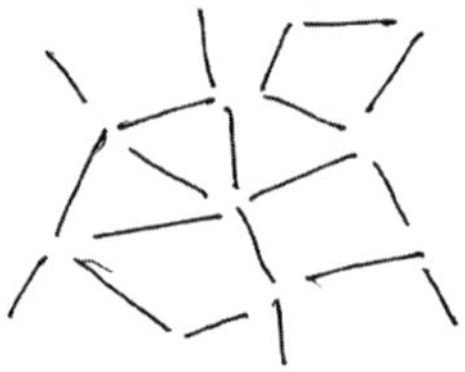

Cells make segments of lines.

Segments of lines carry messages of zero at their ends.

As the complexity of the criss-cross grows the cells the eye negotiates increases, a network of segments of short lines, a map of zeros, of cut offs, spreads through the plane. Everywhere, there is a message of the interrupted journeys to infinity.....

Each finite bit carries two zeros, the limits to that short passage in time. Zero is indeterminate and populates a vast unknown region.

So does Infinity.

But we can reach it, perversely, by not running along an endless straight line but by chopping

off the lines in a series of dense intersections, opening up a network of limits. The constraints becomes a release.

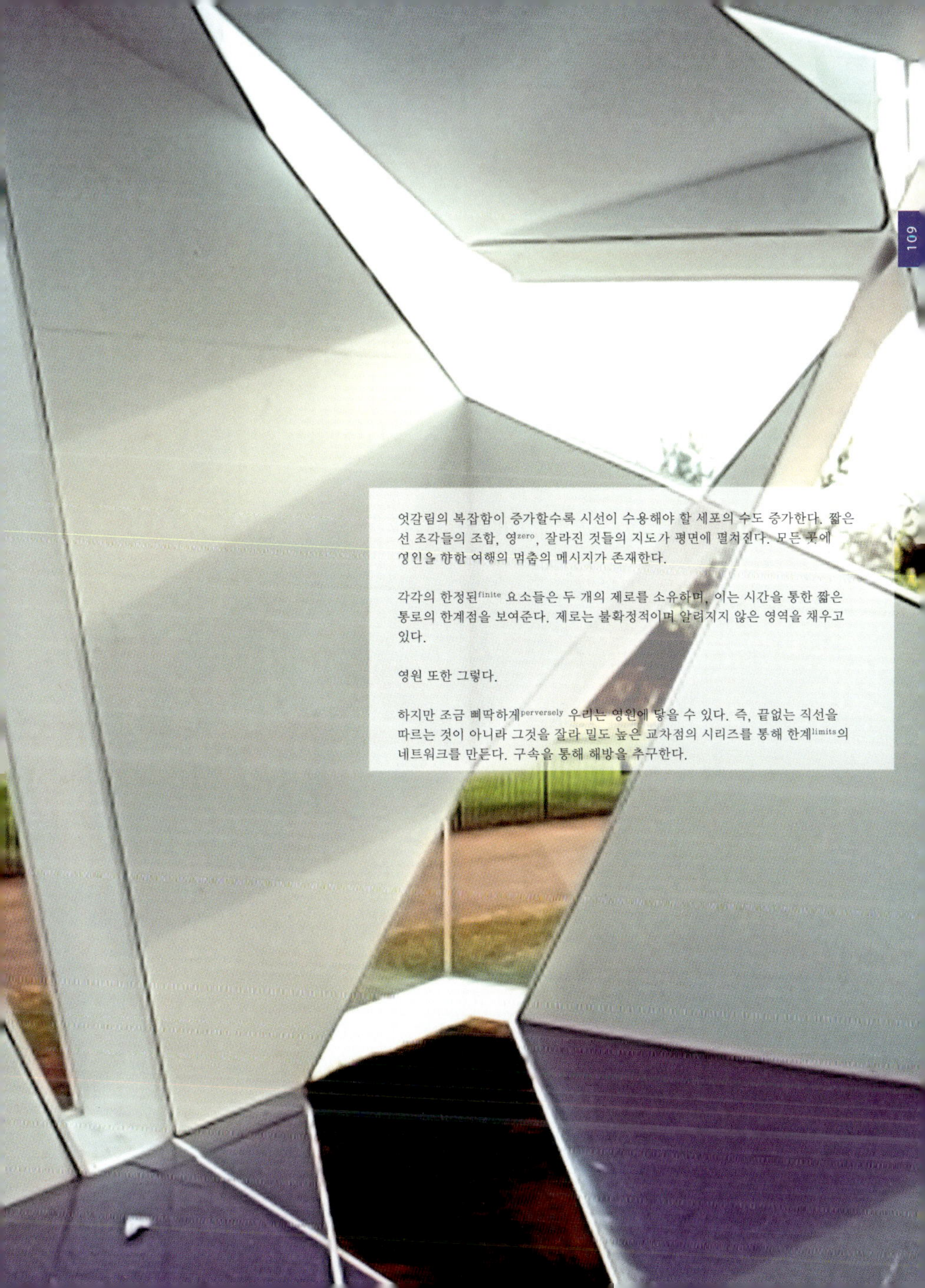

엇갈림의 복잡함이 증가할수록 시선이 수용해야 할 세포의 수도 증가한다. 짧은 선 조각들의 조합, 영zero, 잘라진 것들의 지도가 평면에 펼쳐진다. 모든 곳에 영인을 향한 여행의 멈춤의 메시지가 존재한다.

각각의 한정된finite 요소들은 두 개의 제로를 소유하며, 이는 시간을 통한 짧은 통로의 한계점을 보여준다. 제로는 불확정적이며 알려지지 않은 영역을 채우고 있다.

영원 또한 그렇다.

하지만 조금 삐딱하게perversely 우리는 영원에 닿을 수 있다. 즉, 끝없는 직선을 따르는 것이 아니라 그것을 잘라 밀도 높은 교차점의 시리즈를 통해 한계limits의 네트워크를 만든다. 구속을 통해 해방을 추구한다.

Gallery Pavilion 2002

Serpentine
GALLERY

Serpentine
GALLERY
No cycling

신고전주의 양식의 건물과 유동적인 현대적 네트워크

체커보드 CHEQUERBOARD

번갈아 각 셀을 차단해 음-양의 관계가 만들어 진다. 이는 마치 들락거리는 공간을 구멍을 뚫어 구성하는 듯 하다.

균일하지 않은 차단의 주기는 리듬을 생성한다. 보드게임에서 보이는 체커판은 정적이고 싱코페이션(싱코페이션은 기본적인 박절을 세는 규칙으로부터 벗어나는 예외적인 현상으로서 리듬의 흐름에 변화를 주어 원래 박절적 음악에서 보는 일정하고 규칙적인 강박과 약박의 역할을 바꿈으로써 음악에 의외성과 활기, 경우에 따라서는 긴장감을 불러일으킨다.;옮긴이) 은 없다.

이런 들쑥날쑥 한 구성에 (유리부분을) 깊은 격자coffer로 처리하여, 따라가는 시선은 평면을 떠나 더 가속화되어 다른 차원을 경험한다. 우리의 여행은 안에서부터 시작된다.

크로스오버의, 영의 한계 지도 같은, 들었다 나오는 형태들은 가공되지 않은raw 데이터가 1/2 -> 1/3의 기하학으로, 다시 패턴의 대수학algebra으로 변하는 동역학dynamics의 결과이다. 여기서 연속되는 것은 불연속discrete의 교차이다.

Chequerboard

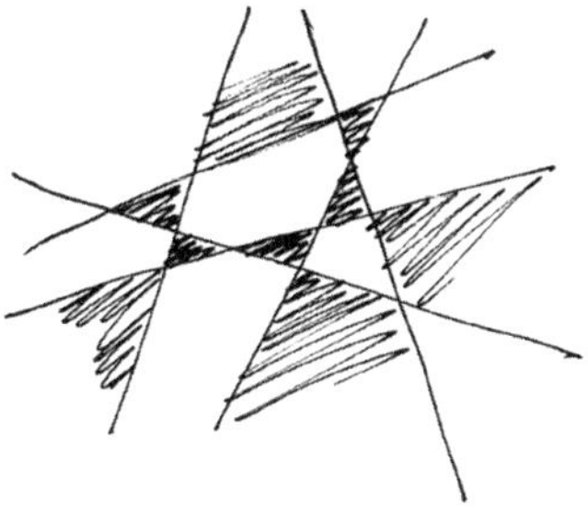

By closing alternate cells a positive-negative relationship is created. It is like punching space in and out.

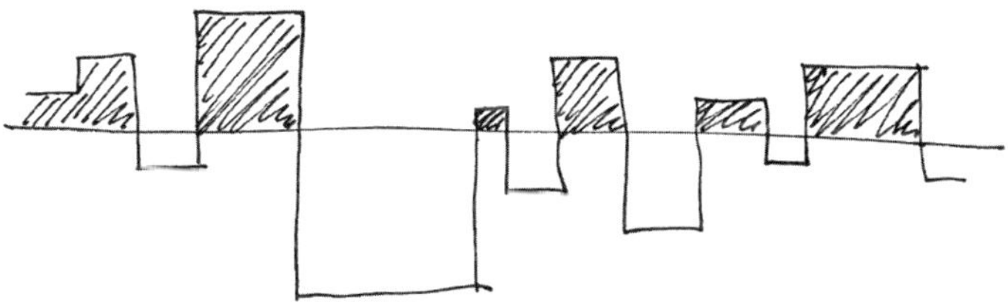

The uneven cycles of closure forces a rhythm. In the case of even alternation as in a board game the beat is static, not syncopated.

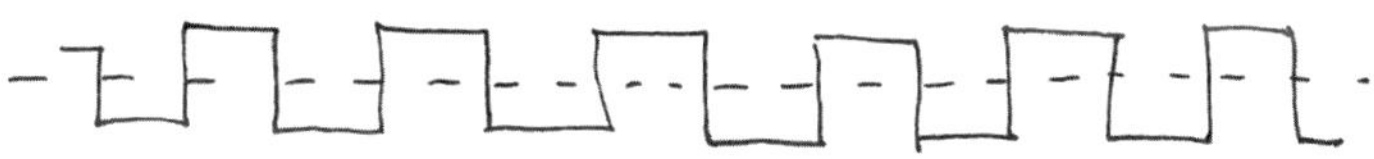

By adding deep coffers to the strategy of in-to-out, the eye is accelerated off the plane, to depart to other dimensions. Our journey is driven from within.

The cross-overs, the limit ways of zero, the up & down adjacencies, are the dynamics of a transformation from raw data into qualities from the arithmetic or geometry of $\frac{1}{2} \rightarrow \frac{1}{3}$ in rotating squares to an algebra of pattern. Here the continuum is a crossing of the discrete.

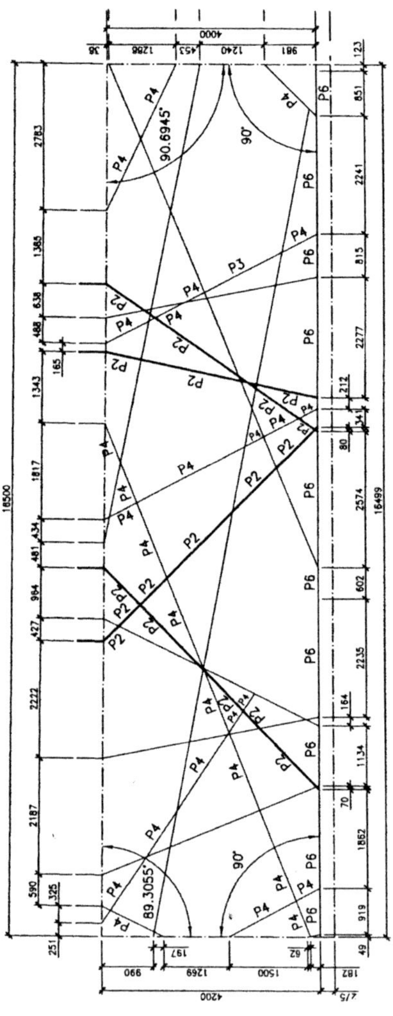

P2
P3
P4
P6
90.6945°
89.3055°
90°
4000
4200
16500
16499

t ~ä â=

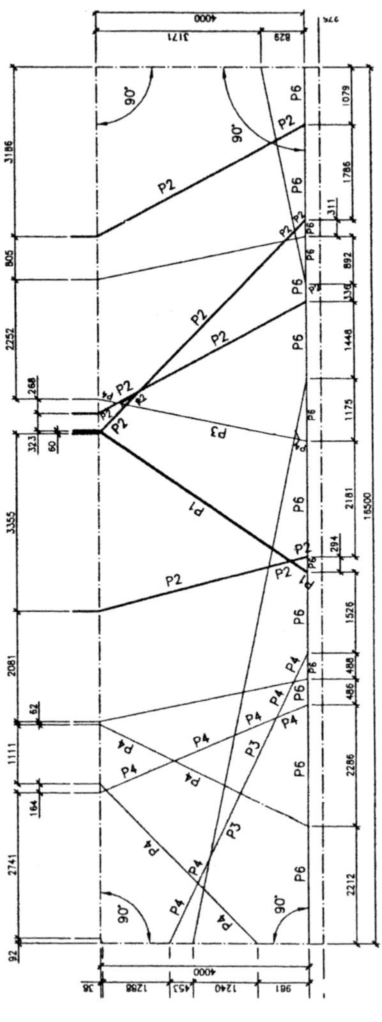

P1
P2
P3
P4
P6
90°
4000
3171
829
16500

t ~ä ä=

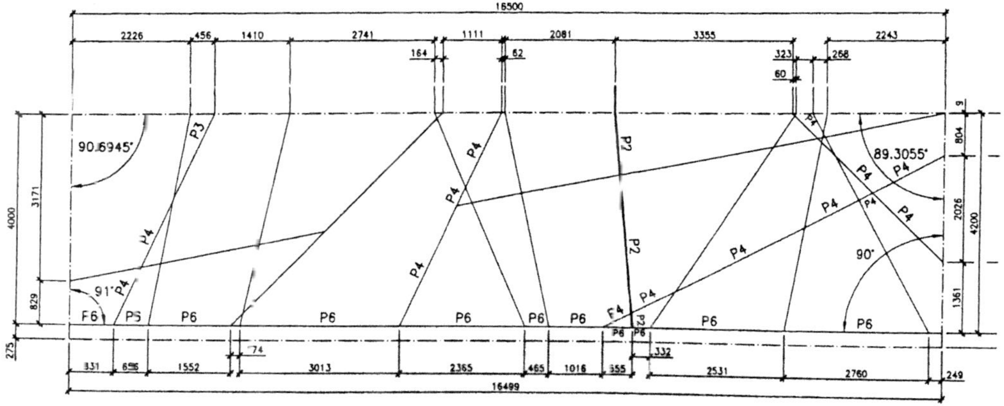
16500
2226
456
1410
2741
1111
2081
3355
2243
164
62
323
268
60
90.6945°
89.3055°
90°
91°
4000
3171
829
275
804
2026
4200
1361
9
P2
P3
P4
P5
P6
F6
331
656
1552
74
3013
2365
465
1016
355
332
2531
2760
249
16499

t ~ä â=

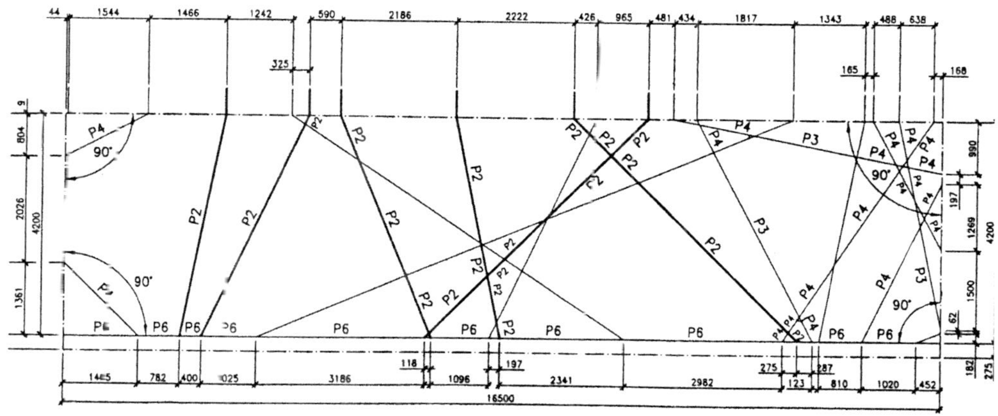
44
1544
1466
1242
590
2186
2222
426
965
481
434
1817
1343
488
638
325
165
168
9
804
2026
4200
1361
990
197
1269
1500
62
182
275
90°
P2
P3
P4
P6
1465
782
400
1025
3186
118
1096
197
2341
2982
275
123
287
810
1020
452
16500

t ~ä ää=

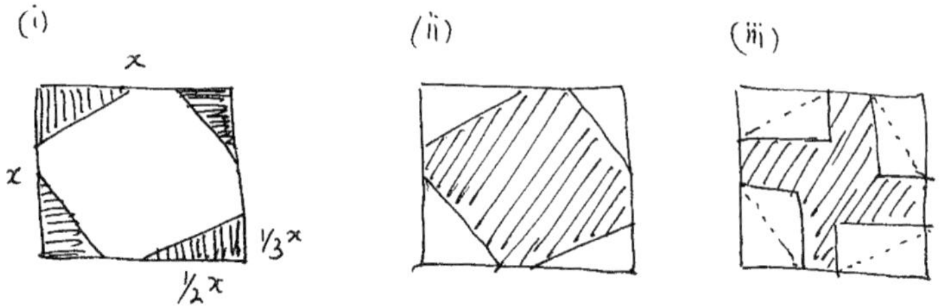

In figure (i) the basic motif of $\frac{1}{2} \rightarrow \frac{1}{3}$ generates four triangles. To complete the new square we have to go beyond the boundary and repeat the rule to keep going with the pattern. But for each square, the division of space produces discrete areas that are trapped or implied.

The area of each triangle in fig (i) is $\frac{1}{2} \times \frac{x}{2} \times \frac{x}{3} = \frac{x^2}{12}$

There are four such triangles and their total area is $4 \times \frac{x^2}{12}$ which equals $\frac{x^2}{3}$ or a third of the area of the original square.

The area in figure ii is the remainder, which is $\frac{2}{3}x^2$

Figure (iii) is interesting. The half to a third line that crosses space is deemed to 'lock out' a rectangle of sides $\frac{1}{2}$ and $\frac{1}{3}$. Each rectangle has an area of $\frac{x}{2} \times \frac{x}{3} = \frac{1}{6}x^2$. There are four such rectangles and their total area is equal to $4\left(\frac{1}{6}x^2\right) = \frac{2}{3}x^2$
The shaded area left over is then $\frac{1}{3}x^2$.

So the area left by 'locking out' the diagonal trajectories (fig iii) is equal to the direct areas trapped by the trace against the immediate sides as in fig (i).

그림 (i)을 보면 1/2 → 1/3의 기본적 모티프는 네 개의 삼각형을 생성시킨다. 새로운 정사각형을 완성시키고 패턴을 지속시키기 위해서 경계를 넘어 규칙을 반복해야 한다. 하지만 각각의 정사각형에는 공간의 분할에 의해 갇히거나 암시되는 분절된discrete 영역들이 파생된다.

그림 (i)의 각각의 삼각형의 면적은 $1/2 \times x/2 \times x/3 = x^2/12$이다. 4개 삼각형의 전체면적은 $4 \times x^2/12$이고 이는 $x^2/3$, 혹은 원래 정사각형의 1/3이다.

그림 (ii)은 나머지 면적으로 $2/3x^2$이다. 그림 (iii)은 흥미롭다. 중앙에서 1/3로 그린 선들은 1/2와 1/3 선길이의 직사각형을 '가둔다'. 각 코너에 있는 직사각형의 면적은 $x/2 \times x/3 = 1/6\,x^2$이다. 이런 사각형은 네 개가 있으며 이들의 면적의 합은 $4(1/6\,x^2) = 2/3\,x^2$ 이다. 색이 칠해진 남은 면적은 따라서 $1/3\,x^2$이다. 따라서 사전 궤적으로 '갇혀진' 면적(그림 iii)은 그림 (i)에서 보듯이 흔적으로 갇힌 면적과 일치한다.

그림 (i) (ii) (iii)에서 색이 칠해진 면적의 비례는

1 2 1

이미 언급했듯 흥미로운 것은 접한 변으로의 흔적으로 만들어진 면적과 (그림 i) 암시되는 사각형의 면적(그림 iii)이 동일하다는 것이다.

이런 동일함이 방문객이 이 작업을 바라볼 때 느끼는 감흥의 숨어있는 균형을 보여주는 것일까?

만약 흔적이 1/2 → 1/2, 즉 고전적인 정사각형 안에 정사각형으로 만들어졌다면 칠해진 면은 남아있는 백색부분의 면적과 같다.

이런 경우 우리는 1/2 → 1/3 흔적에서 얻어진 그림 (iii)과 같은 남는 면적이 되지 않는다. 고전적인 방식에서는 사선의 흔적으로 '갇혀진' 암시된 면적은 동일한 점에서 만난다.

1/2 → 1/2 는 공간을 세분subdivide한다.

1/2 → 1/3 은 공간을 분할하며 에피소드를 만든다

(i)

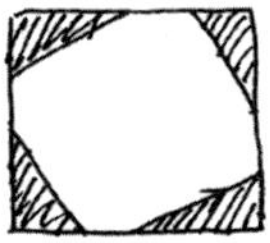

$\frac{1}{3}x^2$

(ii)

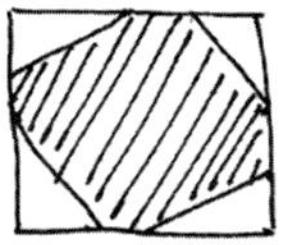

$\frac{2}{3}x^2$

(iii)

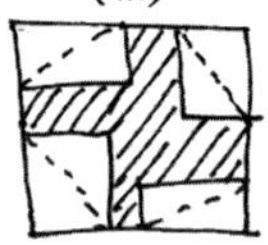

$\frac{1}{3}x^2$

Shaded Areas.

Ratio of shaded areas to each other in figs (i)(ii)(iii)

1 2 1

As I said what is interesting is the area cut off by the trace against the immediate sides on its journey (that is fig (i)) is equal to the area left by the implied rectangles (fig 3) cut off by the trace.

Is this equality a deeper balance that resulted in such a pleasing response to the visitors eye in the Pavilion?

(iv)

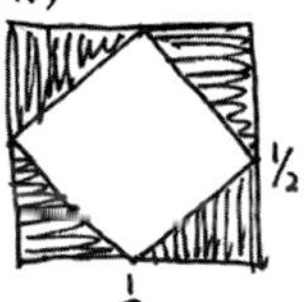

If the trace was $\frac{1}{2} \rightarrow \frac{1}{2}$, the classical strategy of square within square, the shaded area is equal to the remaining white area.

(v)

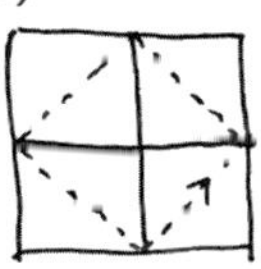

We cannot get a remainder area as we did in fig iii of the $\frac{1}{2} \rightarrow \frac{1}{2}$ trace. Here, the implied areas 'locked off' by the diagonal trace, meet [illegible] at a common point.

$\frac{1}{2} \rightarrow \frac{1}{2}$ subdivides space.

$\frac{1}{2} \rightarrow \frac{1}{3}$ segments space and creates episodes.

지붕 패널 유형

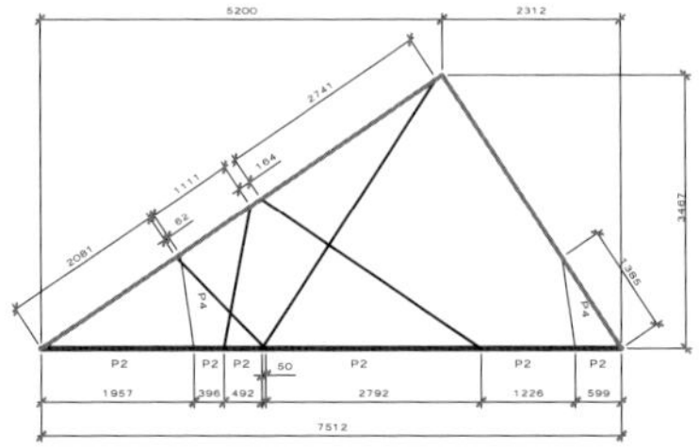

Panel type 1A

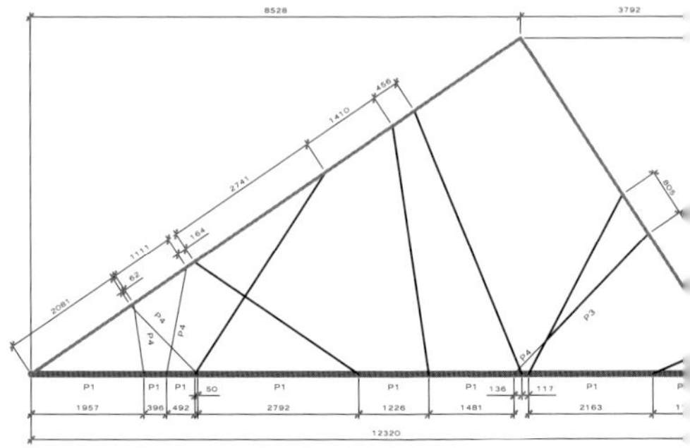

Panel type 1B

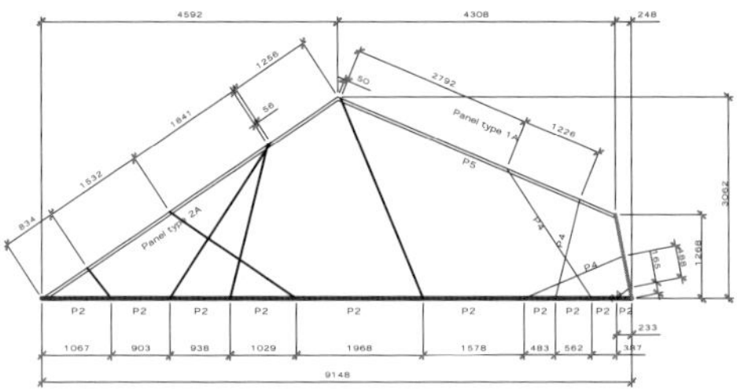

Panel type 3A

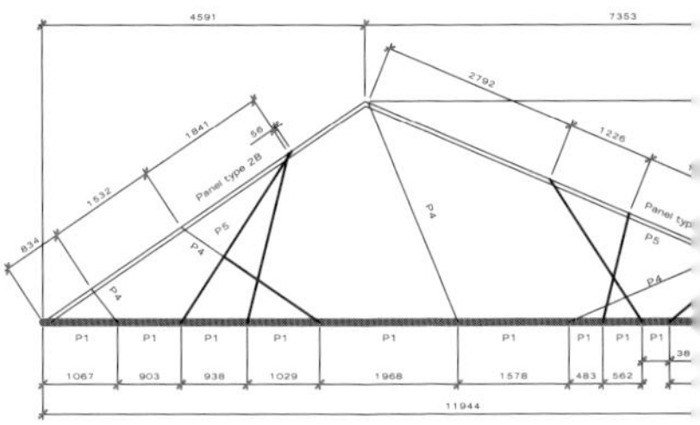

Panel type 3B

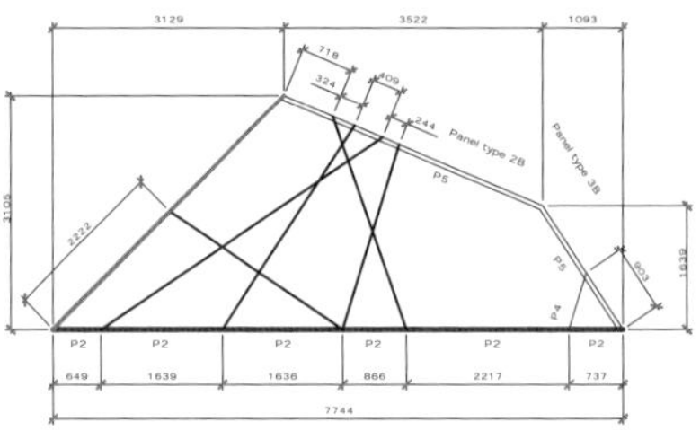

Panel type 4C

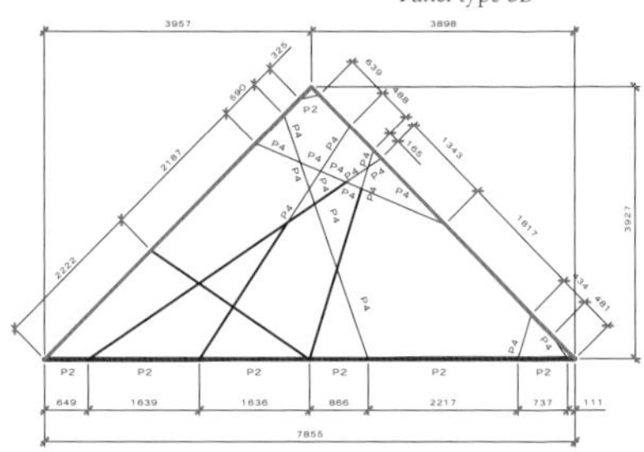

Panel type 4D

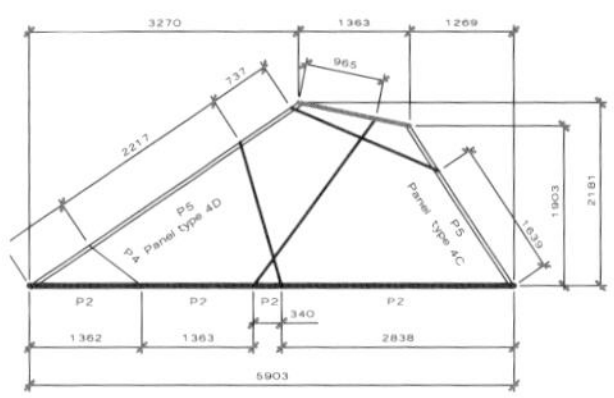

Panel type 5D

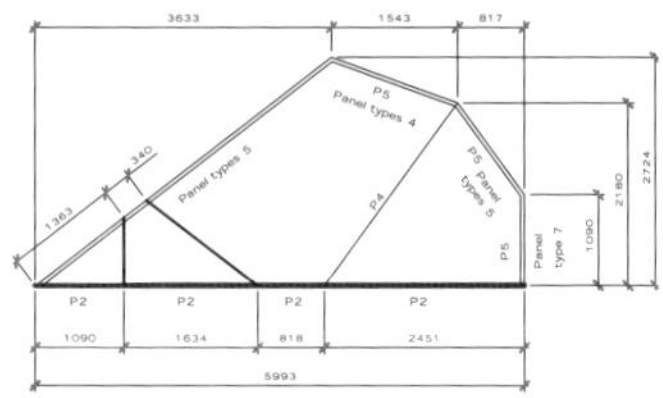

Panel type 6A

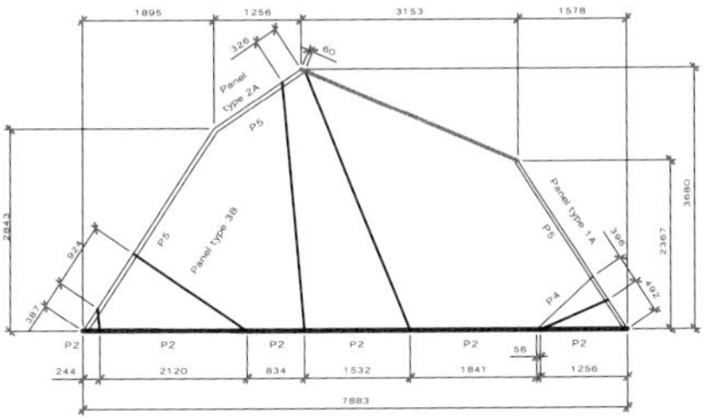

Panel type 2A

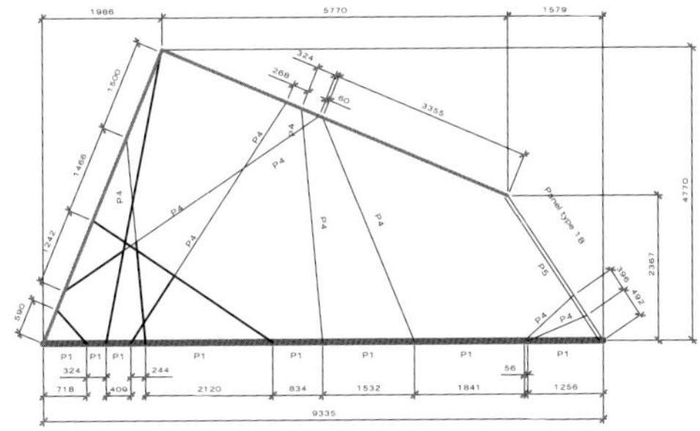

Panel type 2B

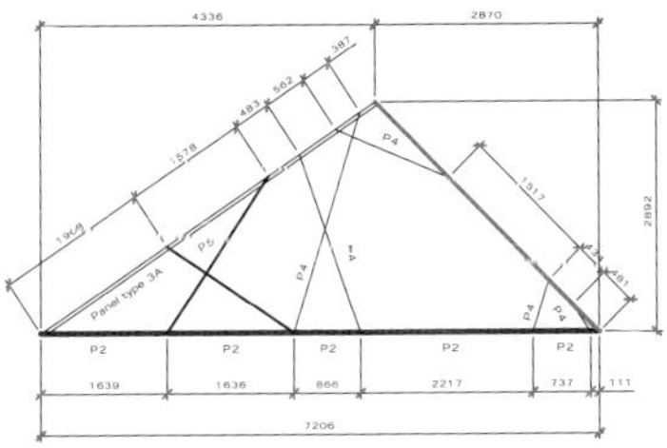

Panel type 4A

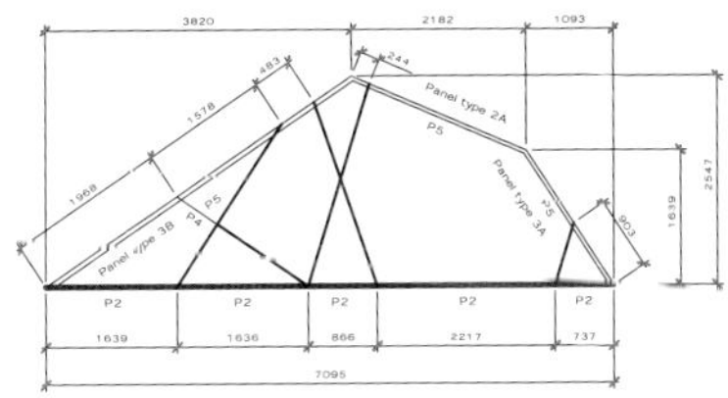

Panel type 4B

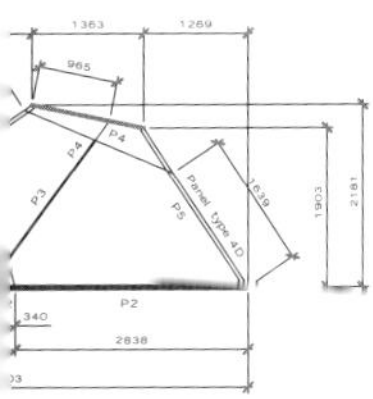

nel type 5A

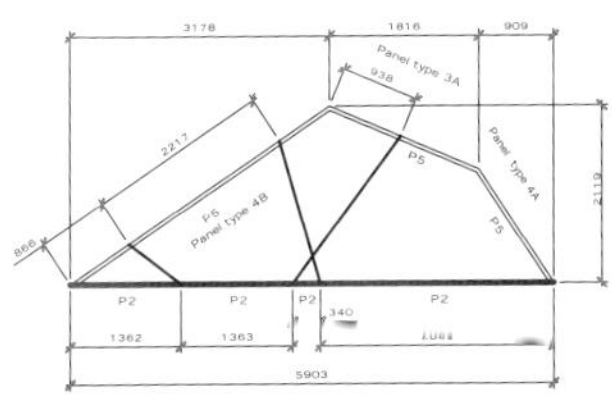

Panel type 5B

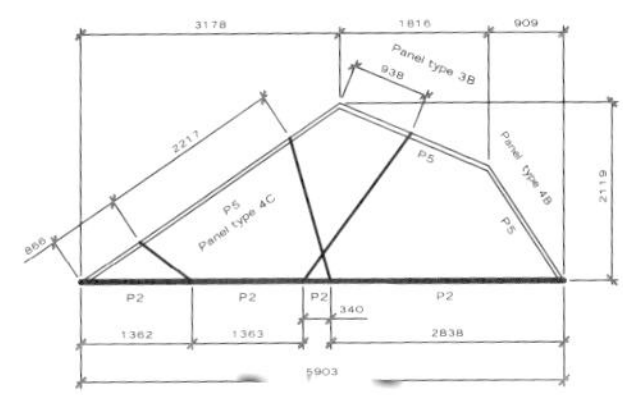

Panel type 5C

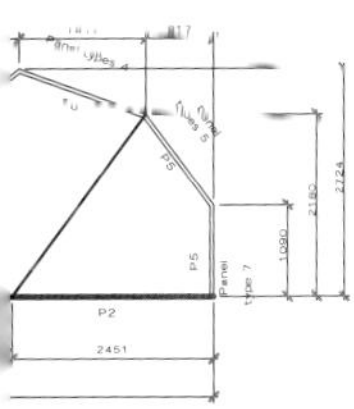

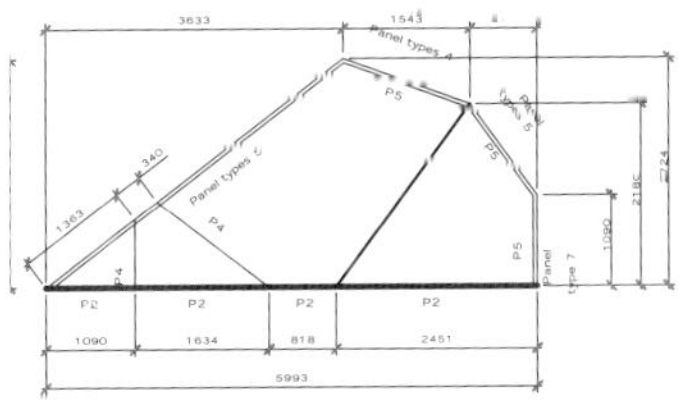

Panel type 6C

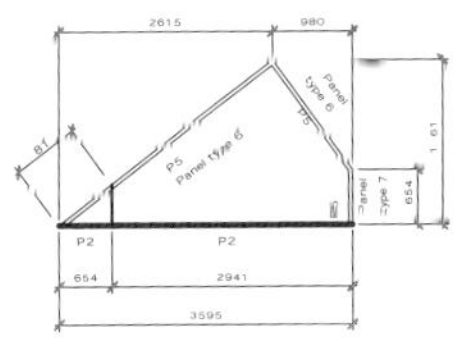

Panel typc 7

ALL FOR
4C
8361

박스 유형을 파괴하기 위한 초기 아이디어들

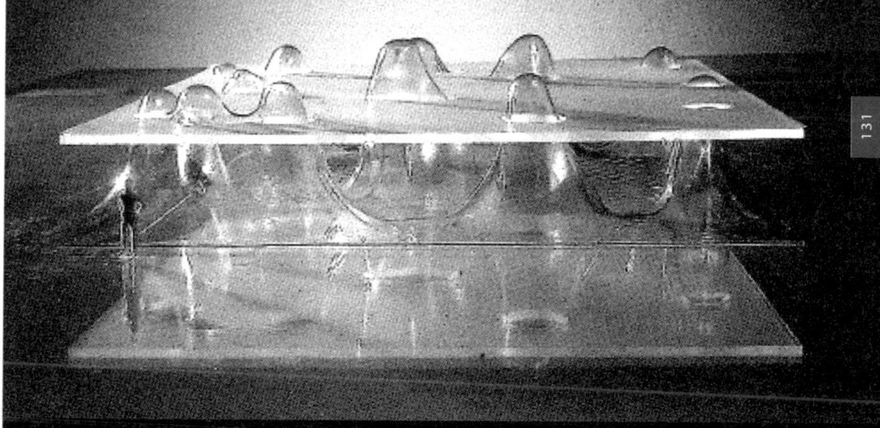

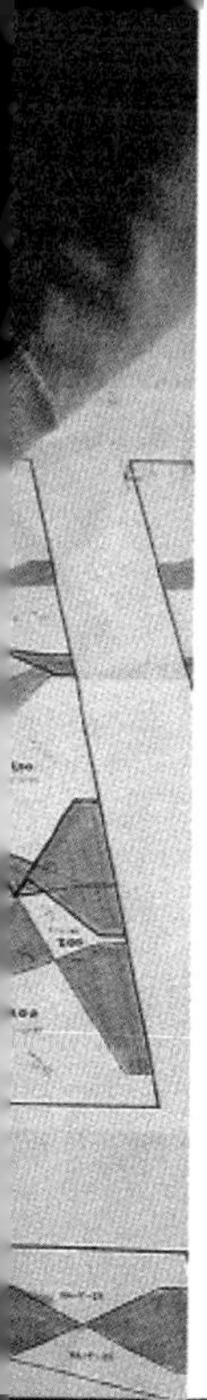

알고리듬 이전에 Before the algorithm

우리는 이 박스에 대해서 대화를 했다. 이토는 지붕면에 선들이 교차되고 테두리로 기둥의 열이 받치는 스케치를 보내왔다. 반semi-무작위적 아이디어와 전통적인 질서의 조화. 그러나 우리는 뭔가 더 필요하다고 생각했다.

그 중 하나는 전체구성을 역동적으로 만들기 위해, 지반이 혹hump처럼 올라오고 그 위에 지붕을 얹는 것이었다. 혹hump의 하부는 단이 지어져pixelated 좌석으로 쓸 수 있다고 생각했다. 지반은 수직적인 상승감이 생기고 지붕면은 수평적 하늘의 느낌이 난다. 이토의 사무실에서 모델을 만들어 이미지를 보냈다. 꽤 괜찮았지만, 이것이다 하는 확신은 없었다.

2월이 지나 3월이 되었다. 시간은 자꾸 가고 있었다. 파빌리온은 적어도 5월부터는 제작이 시작되어야 했고, 6월엔 현장작업이 시작되어야 했다. 7월 첫 주에는 개장을 하여야 했기에 적어도 4월에는 허가도면이 나와야 했다. 시간이 없었다.

이토는 브뤼헤Bruges에서 방금 끝낸 작업을 언급했다. 건물의 작은 정문인 이 작업은 벌집 같은 표면으로 구성되고, 그 위에 고체solid의 반달 같은 모양이 부분적으로 있는 면의 형태였다. 나는 이를 직접 보러 갔다. 좋았다. 이토는 이런 식의 작업을 여기서도 할 수 있지 않을까 생각했다. 하지만 갤러리는 이 아이디어를 그리 달갑게 여기지 않았다. 갤러리 관장인 줄리아 페이톤-존스Julia Payton-Jones는 유일무이한 작업을 원했으며, 이미 유사한 선례가 있는 작업은 원하지 않았다.

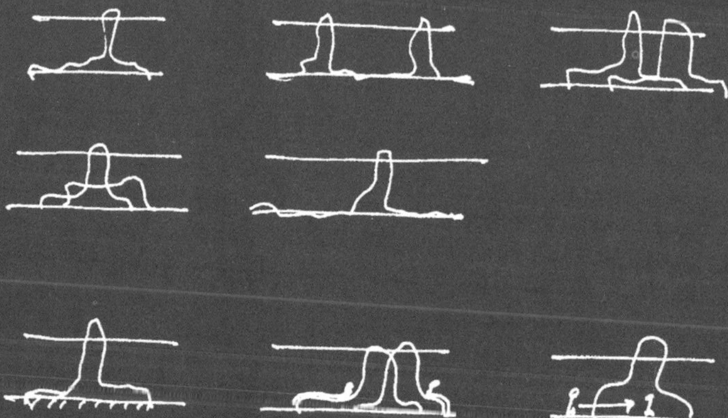

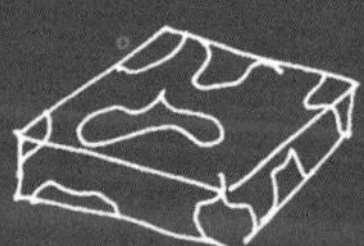

B1: Wormholes

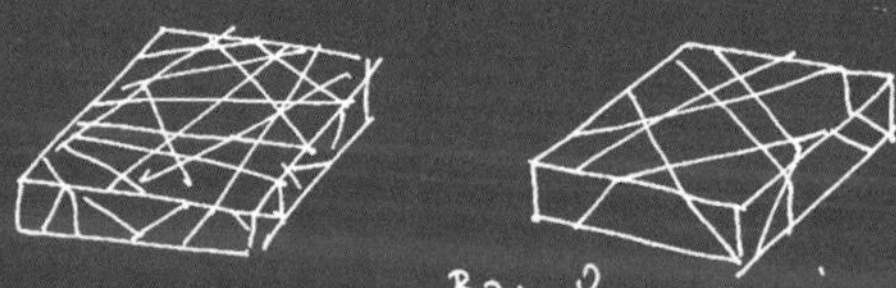

B2: Ray Tracing

*디아이와이*가정용품의 제작 · 수리 · 장식을 직접 하는 것. DO-IT-YOURSELF 의 약어;옮긴이 *파빌리온* *DIY PAVILION*

그래서 나는 오려내듯이 큰 구멍이 있는 박스를 만들어 보았다. 구멍이 있는 두터운 벙커 같은 느낌. 무척 거칠어[brutal] 보였다.

폴리스티렌 블록을 이용해 잘라내고 연결부위를 꼬매어 '레디메이드' 식의 극성스런[mad] 디아이와이 파빌리온을 만드는 것이 아이디어였다. 하지만 과연 이 재료가 비와 자외선이 가득한 외부환경에서 견뎌낼 수 있을까? 또한 파빌리온은 여기서 전시된 뒤 매각되어 다른 장소에 다시 설치되어야 했다. 눈[snow]은 또 어떻게 감당할 것인가? 운영진행위원회는 나에게 수명 보증을 해주기 바랬다. 난 포기했다.

갤러리 측에서 일본에서 진체 미팅을 하자는 연락이 왔다.

모두들 폴리스티렌으로 보이드를 만들고 조립하는 아이디어는 좋아했지만, 지붕에서부터 벽까지 이어지는 구멍부분을 어떻게 막아야 할지, 또한 그 구멍을 막는 면이 수직으로 만나는 날카로운 면이 되지 않아 전체적인 형태가 뒤틀리는 것은 어찌해야 할 지에 대해 막막했다. 이토 사무실에서 하루 반 정도 고민 후 우리는 지반을 올리는 아이디어를 진행하기로 결론을 냈다.

나는 떠날 준비를 하며 맨 처음 생각했던 가장 단순한 아이디어, 즉 평평한 지붕이 기둥에 올려져 있는 안을 쳐다보고 있었다. 이토 또한 그 안을 같이 보고 있었다. 우리의 눈이 마주쳤다. 나는 물어봐야 했다. 뭔가 특별한 것을 할 수 있다면 박스도 좋지 않는가, 뻔한 것을 다르게 할 수 있다면? 이토도 동의했다. 합시다, 박스로!

탐색은 시작되었다. 기본적인 그리드에서부터 복잡한 줄무니[striations]까지. 스케치들은 마치 점점 복잡해지는 함수 같았다. 선들을 산란[scatter]시켜 얼마만큼 복잡해 져야 할까?

이때 난 우리 사무실에서 보낸 팩스를 받았는데, 여기에는 내가 예전에 작업했던 두 개의 알고리듬(하나는 V & A 프로젝트, 나머지 하나는 쳄니츠[Chemnitz] 스테디움이었다)의 그림과 함께 혹 이런 방식으로 풀 수는 없는지 하는 노트가 있었다.–알고리듬?

나는 머릿속에서 페루 나스카 지역의 평야에 신비하게 존재하는 선들처럼 하이드 파크 위로 무수히 선들이 그려지며–그러나 통제된 상태로 그려지고–, 그 선들이 갤러리 앞의 잔디 (파빌리온의 대지) 앞을 지나 영원 속으로 사라지는 이미지를 떠올렸다. 만약 파빌리온이 이 선들을 모을 수 있다면, 마치 시간여행 캡슐 같은 역할을 할 수 있지 않을까? 이동하는 느낌이 드는 표피라는 아이디어가 생각났다. 지붕과 기둥이 아닌 교차점이 생기고, 교차점으로 인한 영역들이 생기는 흔적들. 사각형의 한 변에서 옆 변으로 그려지는 선… 반복… 여러 가지 비례를 테스트. 박스 유형 및 모퉁이와 네모남을 유지하면서 다시 이를 허무는 것. 이는 그물만이 할 수 있을 것이었다.

해결책은 그물이다. 전체를 그물로 만드는 것.

나는 알고리듬을 시도해보았다. 교차하는 선과 바둑판 무늬가 모델에 적용되었다. 꽤 좋았다. 이 아이디어에 대해 도쿄/런던은 청신호를 보냈다.

Algorithm V&A

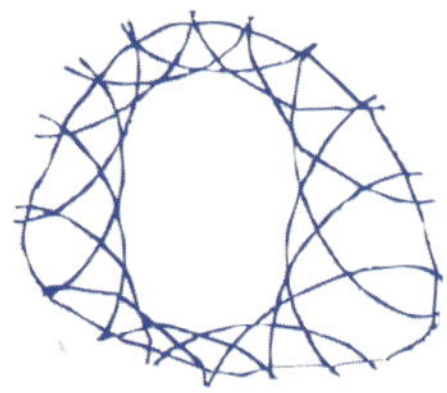

Algorithm Chemnitz

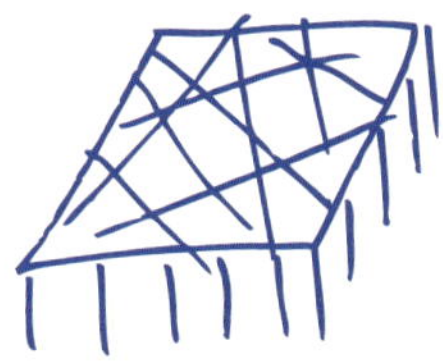

Original start Serpentine 2002

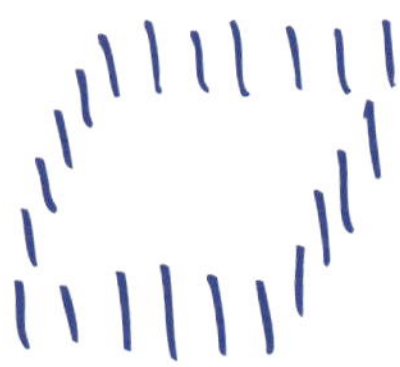

탐색—네모에서 파동undulation으로.

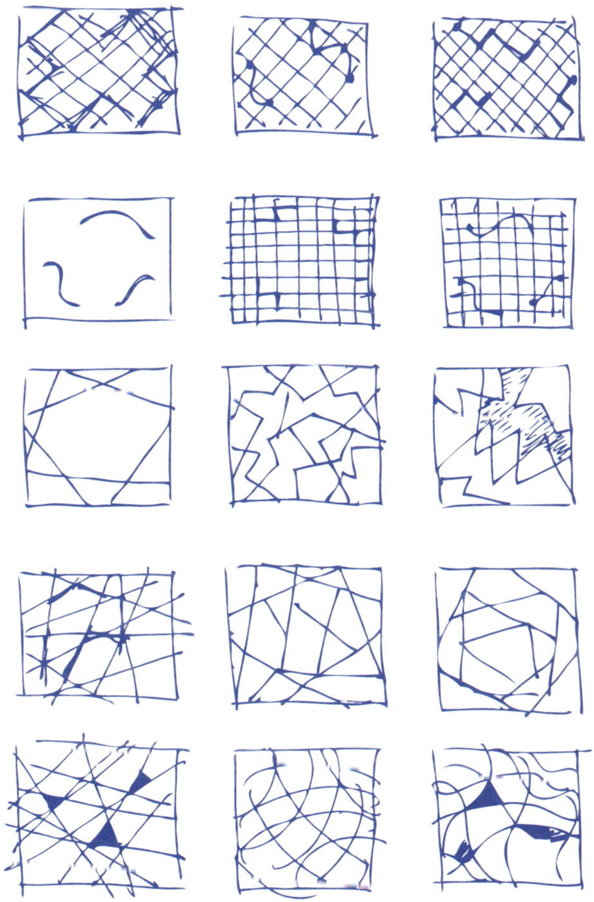

*비율*ratio

피드백 상황에서 항상 그렇듯이, 결과는 시작하는 모티프에 따라 다르며 해결책의 성격character는 첫 아이디어와 서로 '맞물려'locked 있다.

만약 시작이 달랐다면 어떠하였을까, 예를 들어 1/3→1/8? 초기선의 각도는 좀 더 누울 것이고 여기서부터 시작된 선들은 '쫓아가는' 곡선을 이루며 흔적을 남길 것이다. ('쫓는' 곡선은 마치 우측 하부 모서리에서부터 토끼가 뛰기 시작해 수직으로 오르면서 돌면, 외쪽 모서리에서 강아지가 낮은 쪽 수평선으로 쫓는 느낌이다. 토끼가 올라가면 강아지도 따라서 토끼를 쪼자 가듯이 곡선이 생긴다.)

만약 이런 흔적이 연장extend되고, 원래 안처럼 모서리가 잘려지고 가장자리가 잘려지면 박스는 다시 모습을 나타내겠지만 지붕과 옆면의 패턴은 '소용돌이'같은 모양의 파빌리온이 될 것이다.

Ratio ½→⅓

Ratio ⅓→⅛

Ratio $\frac{1}{2} \rightarrow \frac{1}{4}$

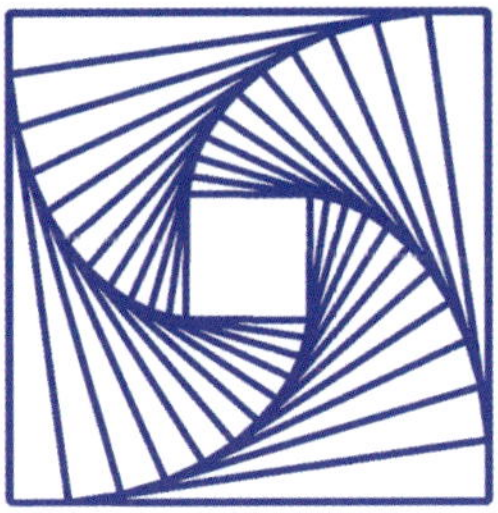

Ratio = $\frac{1}{8} \rightarrow \frac{1}{8}$

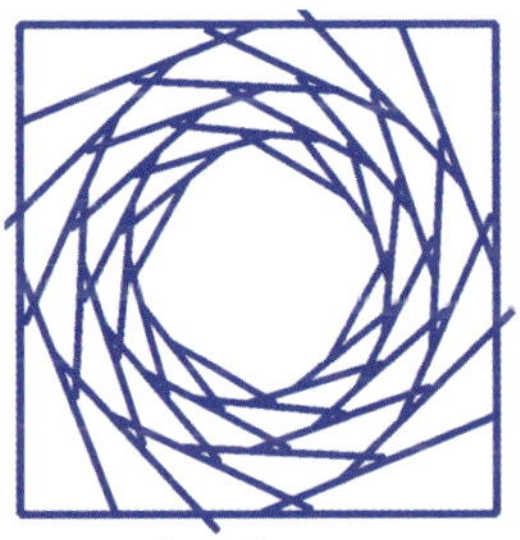

Ratio $\frac{1}{2} \rightarrow \frac{1}{5}$

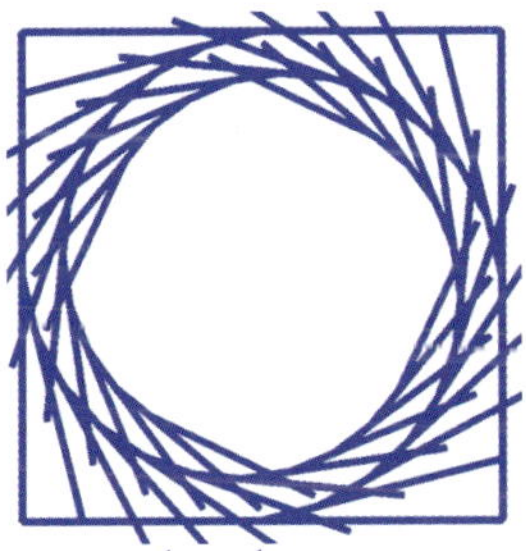

Ratio $\frac{1}{2} \rightarrow \frac{1}{8}$

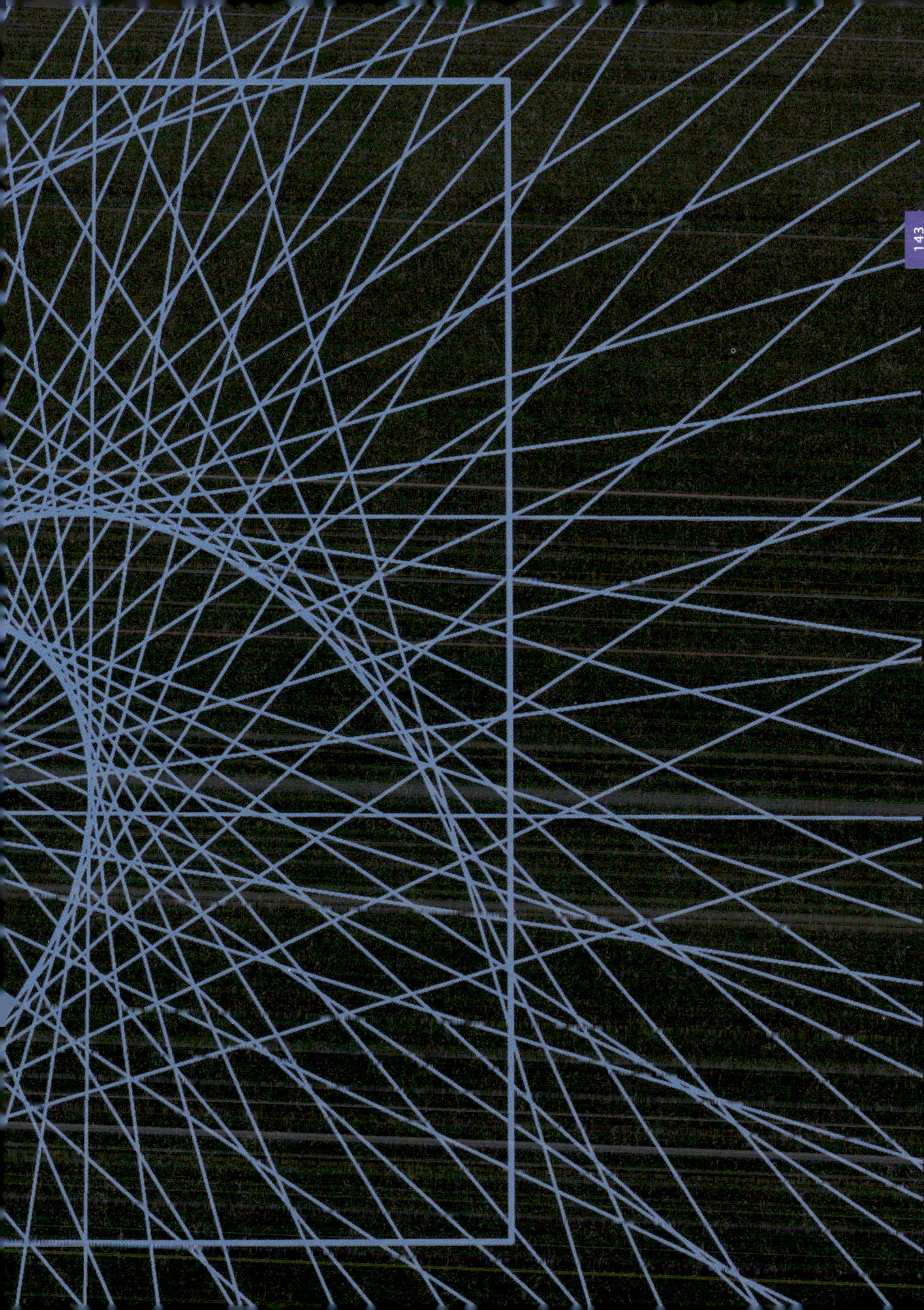

더 멀리서 바라보면 회전하는 대칭이 나타난다. 파빌리온은 이 나선의 중앙의 작은 점이다.

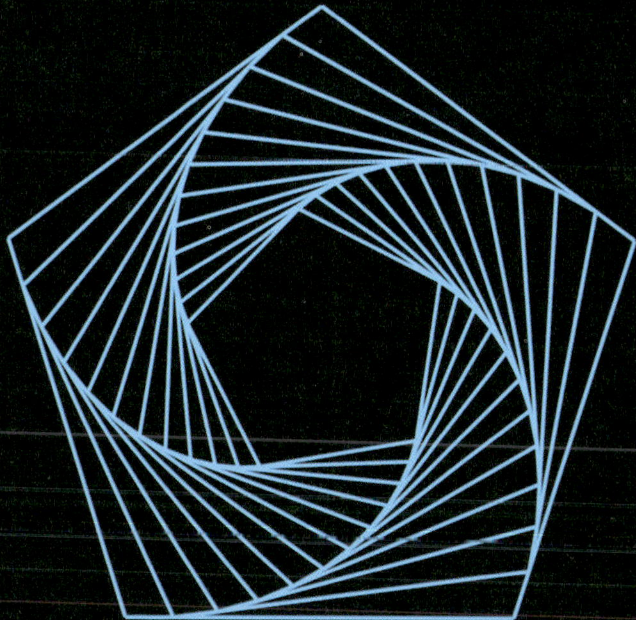

Sides 5 : Ratio $\frac{1}{8} \rightarrow \frac{1}{8}$

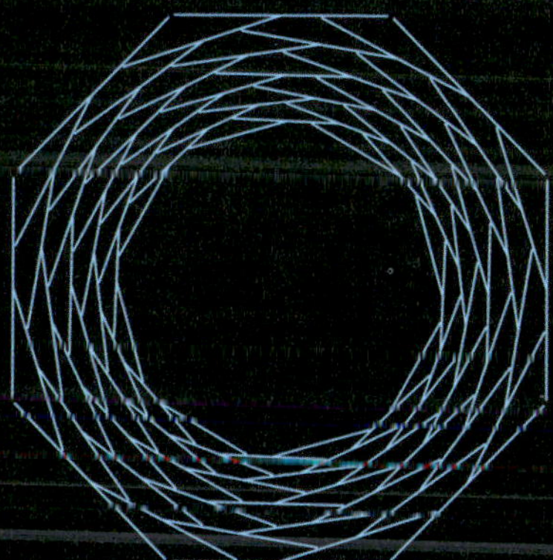

Sides 8 : Ratio $\frac{1}{2} \rightarrow \frac{1}{3}$

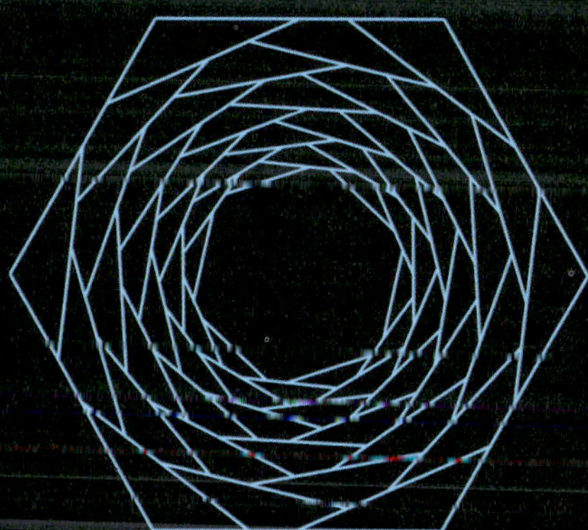

Sides 6 : Ratio $\frac{1}{2} \rightarrow \frac{1}{3}$

20면체의 다각형에서 1/2 — 1/3의 흔적을 그리면 반지고리가 짜여진다. 이 패턴은 스케일이 없기 때문에, 작게는 이 반지고리는 3개의 실로 만들어진 팔찌가 될 수도 있고 통로와 구조 역할을 하는 세 개의 강철 박스가 교차해서 만들어지는 거대한 인공위성 바퀴가 될 수도 있다.

우리가 스케일을 부여하는 순간 물질과 구조적인 시스템은 구성의 문맥에 따라 정해진다. 하지만 순수한 형식으로서의 패턴은 보편적이며, 모든 변형과 변천을 가능하게 만든다.

추상의 힘은 구체적(아무런) 의미가 없다는 데 있다.

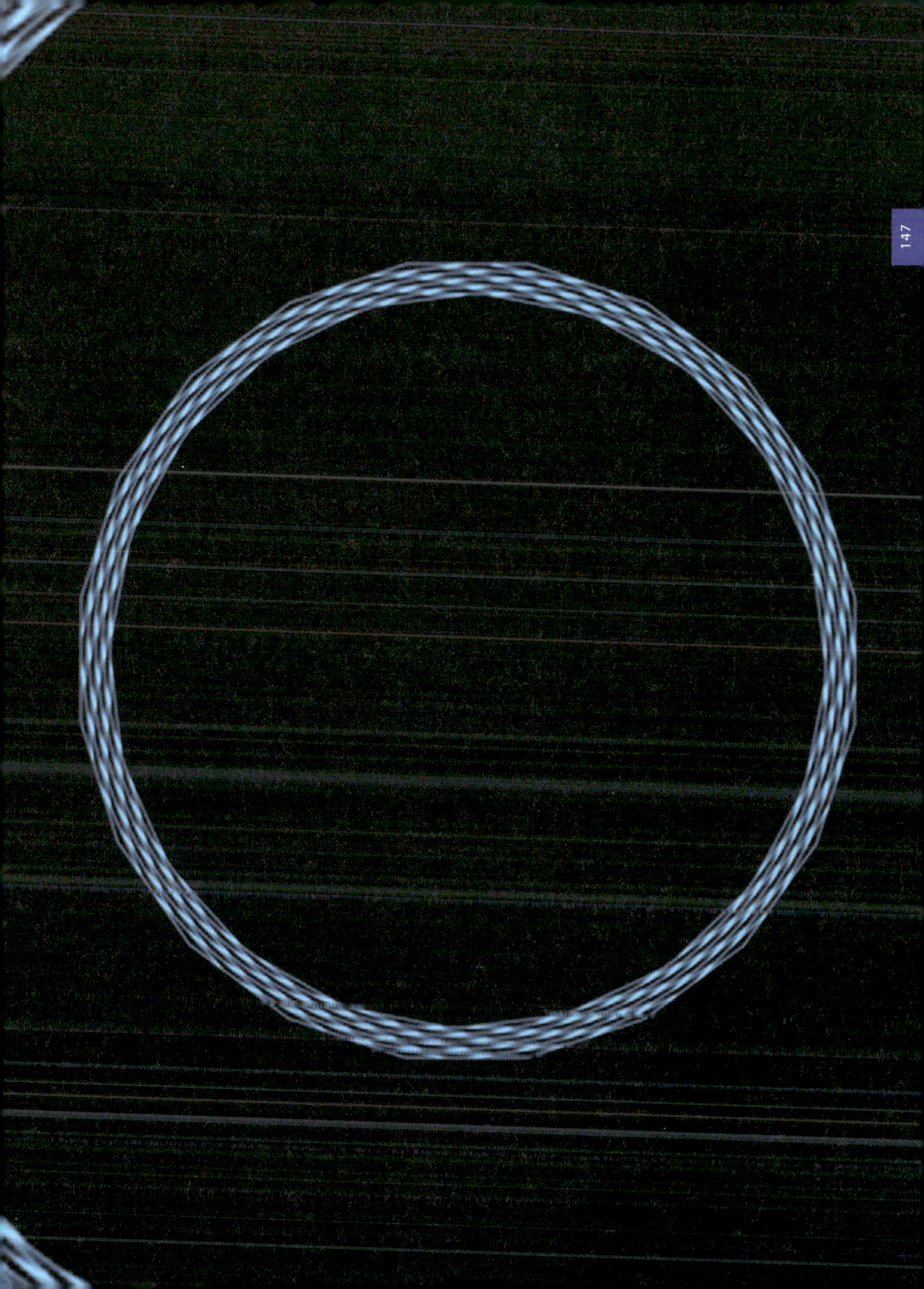

a
l
g
o
r
i
t
h
m

견해 comment

간단한 비율이 서펜타인 파빌리온을 만들었다. 단순한 산술arithmatic이 구조, 건축 그리고 장식의 대수학을 만들었다. 완성된 파빌리온을 보니 그것은 마치 지상에 고정되어 있지 않은 듯 보였다. 시선은 느린 혹은 빠른 움직임, 사선 혹은 영역 사이를 오간다. 고요함과 빠른 운동은 하나의 사고의 일부였다. 고정됨을 굳이 찾으려 한다면, 교차점에서 만들어졌다.

건축을 시간을 포함하는 물체time full로서 보는 것도 가능하지 않을까? 만약 모든 것이 움직이고 있다면 건물은 그 움직임의 합이 아닐까? 사각형/원/삼각형/다각형 등을 정지arrest와 여백margin의 순간으로 본다면? 형태가 골조frame에서 분리된 것이 아닌 기하학 자체의 뚜렷한lucid 기동성mobility으로 만들어져 있다면? 하나의 점이 일련의 질서가 되는 우주처럼 이를 법 하지 않은 요소는 결국 자신의 안정과 의미를 찾을 수 있을는지도 모른다. 만약 생성 과정이 건축을 정의할 수 있고 비형식informal이 그 논리라면, 우리는 즉흥적인 디자인 과정을 생각할 수도 있다.

특이한 것은 형식적인formal 디자인은 결론에 너무 일찍 다다르고, 비형식적인informal 방식은 결코 다다를 수 없는 결론을 논한다는 것이다.

몇 년 전 난 회전하는 원반에 찍은 두 점의 위치가 미세하게만 변해도 묘사가 불가능한 카오스를 만들어 내는 것을 보며 놀라움에 빠졌었다. 이것은 쳄니츠 프로젝트 (저서 비형식informal을 참고할 것)였다. 어떤 위치에서 점들은 포개지는 사이클로이드의 대칭을 만들어 낸다. 변주는 언제나 초기조건에 의존한다.

비선형은 나를 사로잡아 새로운 사고를 가능케 했다. 물론 나는 비선형이론에서 초기조건의 중요함, 국지적인 작은 변화가 결과에 얼마나 큰 영향을 끼치는지—지구 반대편의 나비의 날개 짓이 다른 쪽에서 허리케인을 일으킬 수 있다는 그 작은 변화—인지하고 있었다. 쳄니츠 프로젝트에서 나의 나비는 작은 두 점이있다. 이들이 어떻게 배치됨에 따라 카오스가 생기거나 포개지는 질서가 생겨났다.

가장 단순한 하나의 규칙이 피드백을 통해 단순히 이해될 수 없거나 초기점으로 돌아갈 수 없는 세계로 인도할 수 있다는 점을 깨달았다. 하나의 유기체처럼, 복합체complex는 축소될 수도 없으며 irreducible 유형화될 수도 없다. 이토와 함께 디자인한 파빌리온은 나에게 너무도 큰 경탄할만한 놀라움이었다.

알고리듬이 시작된 비례는 수학적으로 2:3이라는 비율이다. 이 비율은 온음계의 음악 스케일에서 옥타브 제 5도 음과의 비율과도 유사하다. 파빌리온에서 쓰인 선들은 음악의 교차점과 대응하는 것일까? 어쩌면 추상으로 나아가면 갈수록, 학문분야 사이의 동조synchronicity는 생각보다 더 클지도 모른다.

단순히 손을 사용해서는 예측 불가능하게 디자인이 될 수 없다. 우리가 선mark을 하나 그리는 순간 선입편애, 경향bias이 작동하기 시작한다. 미학적인 입장이 아무리 다르더라도 우리는 다음 선을 (우리의 의지에 의해) '위치시키는'placing 것을 피할 수 없다. 알고리듬은 좀 더 덜 편중되게 작업을 할 수 있도록 도와주어 독립적인 논리를 만들 수 있게 하여, 눈대중을 피할 수 있게 해준다.

알고리듬은 건축을 완성시키지는 못한다. 알고리듬을 직접적으로 건축에 적용하려는 노력은 강제화된 제한을 만들거나 불필요한 복잡함을 낳는다. 패턴과 물질 사이를 번갈아 가며 생각하고, 조율edit하는 행위는 끊임없는 중재의 과정이다. 건축은 설명할 수 없는 도약jump와 자신만의 특이성(단일성)singularity의 합을 통해 비롯된다. 건축은 절대 논리의 연쇄반응이 아니다. 그것은 다양한 원리의 실험이 쌓인 다양체이며, 그러면서도 이들의 단순한 합이 아니기 때문이다.

DANZER HUMLEBÆK / CHICAGO / TOKYO

DAN
ZE
R

단저[danzer]는 나를 거울 속의 세계로 인도한다. 이상한 나라의 앨리스처럼 크기[scalarity]은 계측불가능해지며 남는 것은 시간이 꺾여진 선[time-bent lines]과 날뛰는 깎인 면[jumping facets]뿐이다. 이 프로젝트는 하나의 삼각형에서부터 시작해 명확한 수학적 단저 단계 [Danzer cascade]로 계산되어 크리스탈 성장에 바탕을 둔 복합체이다. 겉으로 보기에 이는 작은 유형으로 안으로 파고 들어가는 재분할[subdivision]의 결과로 보이지만, 기실 이는 자기-유사적[self-similar] 성장 방식의 세대를 거치며 줄기에서부터 싹까지

가지쳐 생겨나는 것이다. 이 끝이 없는[infinite] 연쇄의 중심부에는 가장 기본이 되는 모티프를 끊임없이 복사하는 프락탈이 있다. 단저는 이런 회귀적인 행위[recursive acts]위에서 춤을 춘다. 이 모든 것을 묶고 있는 것은 '황금비율'인 $\frac{1+\sqrt{5}}{2}$이다. 이 비율은 정확히 계산이 될 수 없기 때문에 (이를 계산했을 때 소숫자리는 끝이 없다) 각 단계마다 연속하는 끊임없는 '다음'[nexts]이 자리를 잡고[root] 자신을 꽃피운다. 정교한 정밀함[exquisite precision]으로 만들어진 다각면들의 세계가 기다린다.

모듈 찾기 *Finding Modularity*

네 가지 종류의 사면체가 단저 안에 존재한다. 황금비율의 회귀적인 특징에서 생겨나는 성질로 하나하나는 자신의 작은 복사뿐만 아니라 다른 사면체들을 포함하고 있다.

밖에서 볼 때 우리는 커다란 하나의 사면체를 보게 되지만, 만약 x-ray를 통해 보게 된다면, 복잡하게 얽힌 사면체 다발을 볼 수 있을 것이다. 이는 마치 바위의 표면을 지나 내부에서 다면 결정체 구조를 보는 것과 유사할 것이다.

나는 이 전시를 통해 외부에서는 단순하고 불활성[inert]한 물체도 내부로는 복잡한 구성으로 지지되어 전체 작업에 역동성을 부여할 수 있음을 보여주려 하였다.

이 단저 3D 타일의 작업에서 특별히 관심이 가는 부분은 이 가상적인 세계에서 사면체는 가장 극소[minimum]의 고체라는 것이다. 이는 또한 자연이 구성되는 방식의 가장 기본단위이기도 한데, 수정결정체들은 보통 이온과 원자의 사면체 구성으로 형성된다.

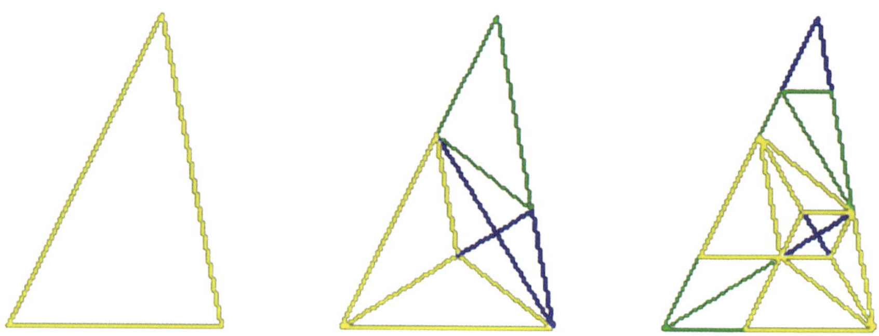

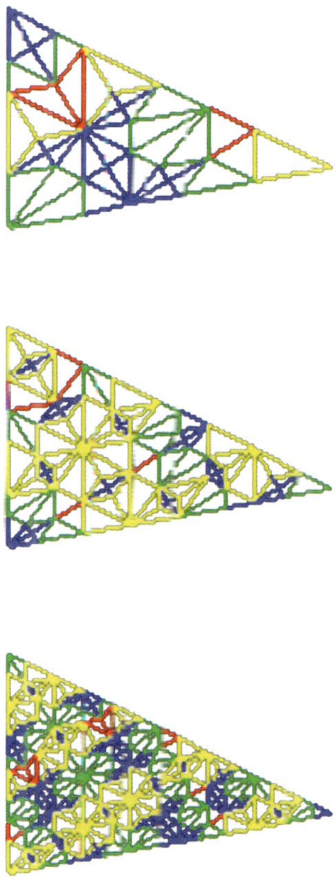

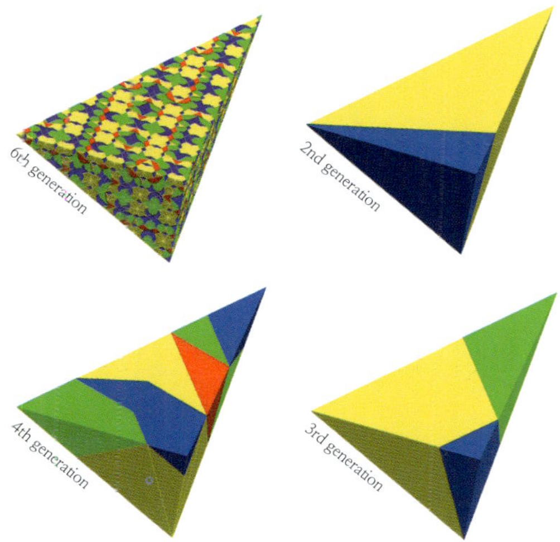
6th generation
2nd generation
4th generation
3rd generation

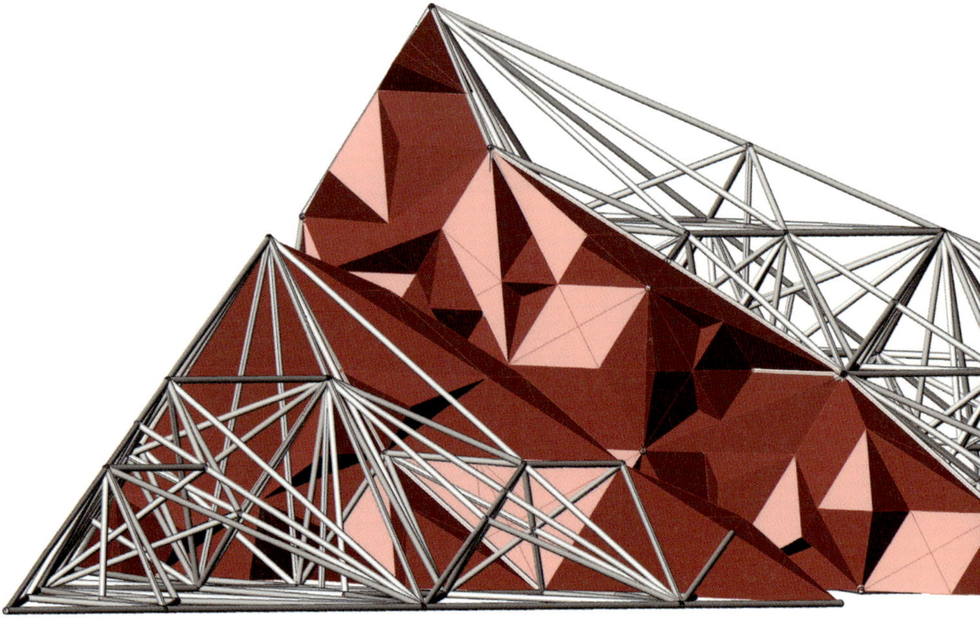

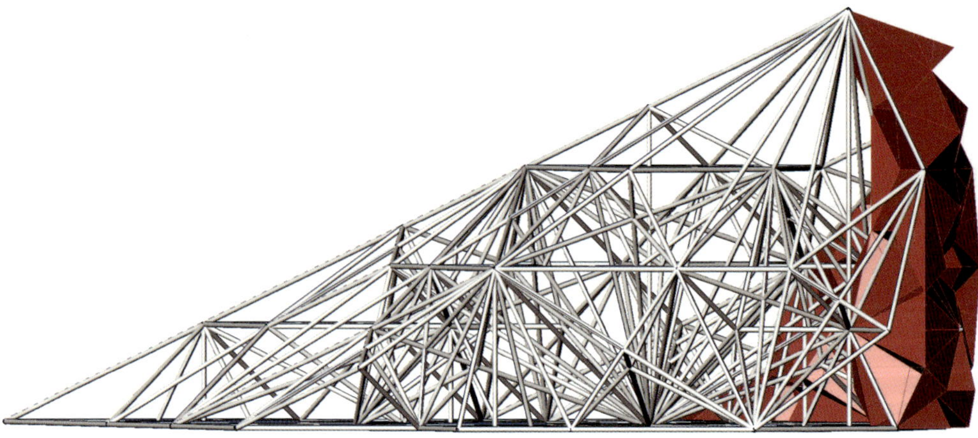

2nd generation

3rd generation

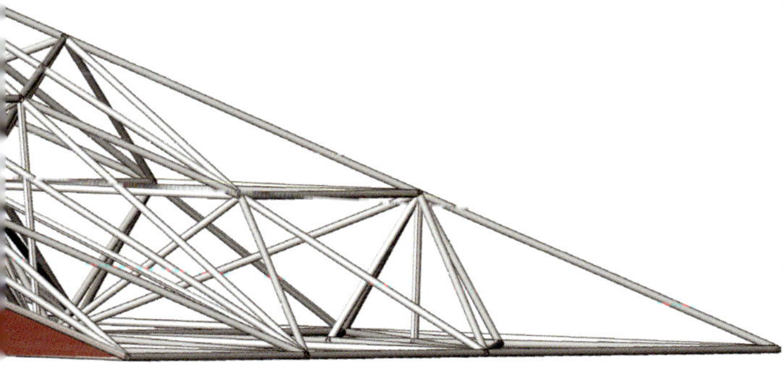

4th generation

5th generation

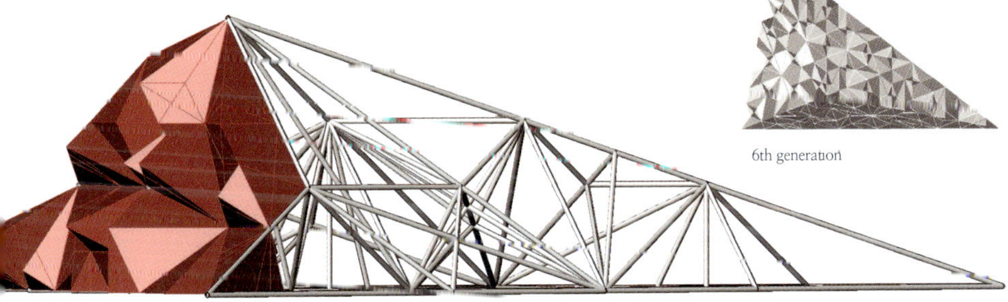

6th generation

산형태의 단저는 2결정식dichoroic 아크릴 판으로 만들어져 시간에 따라 색이 바뀐다.

12:00 noon

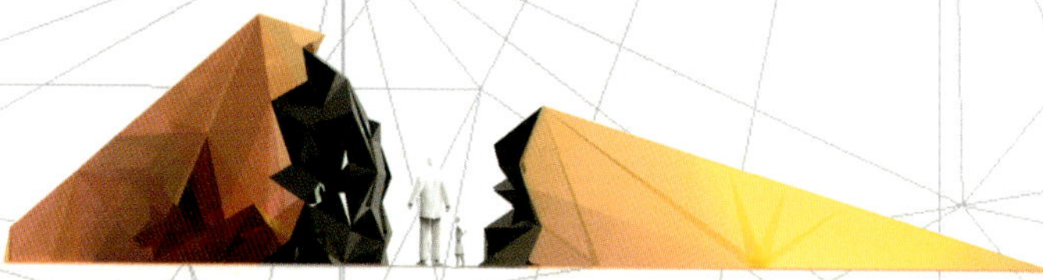

3:00 pm

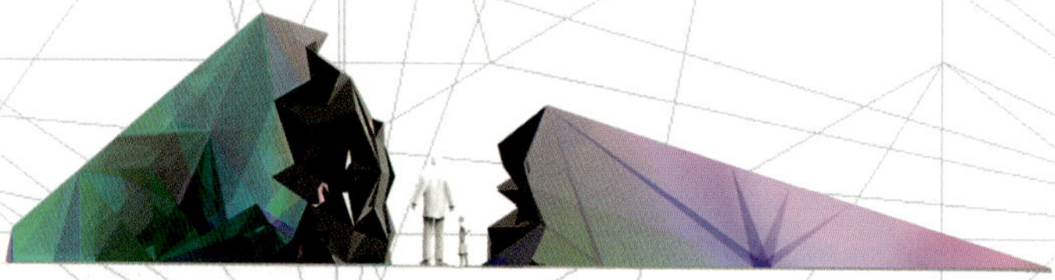

6:00 pm

3D 조합[Packing]을 통한 2D 재단[Cut]
→ 3차원 조합을 단면으로 잘라 봄

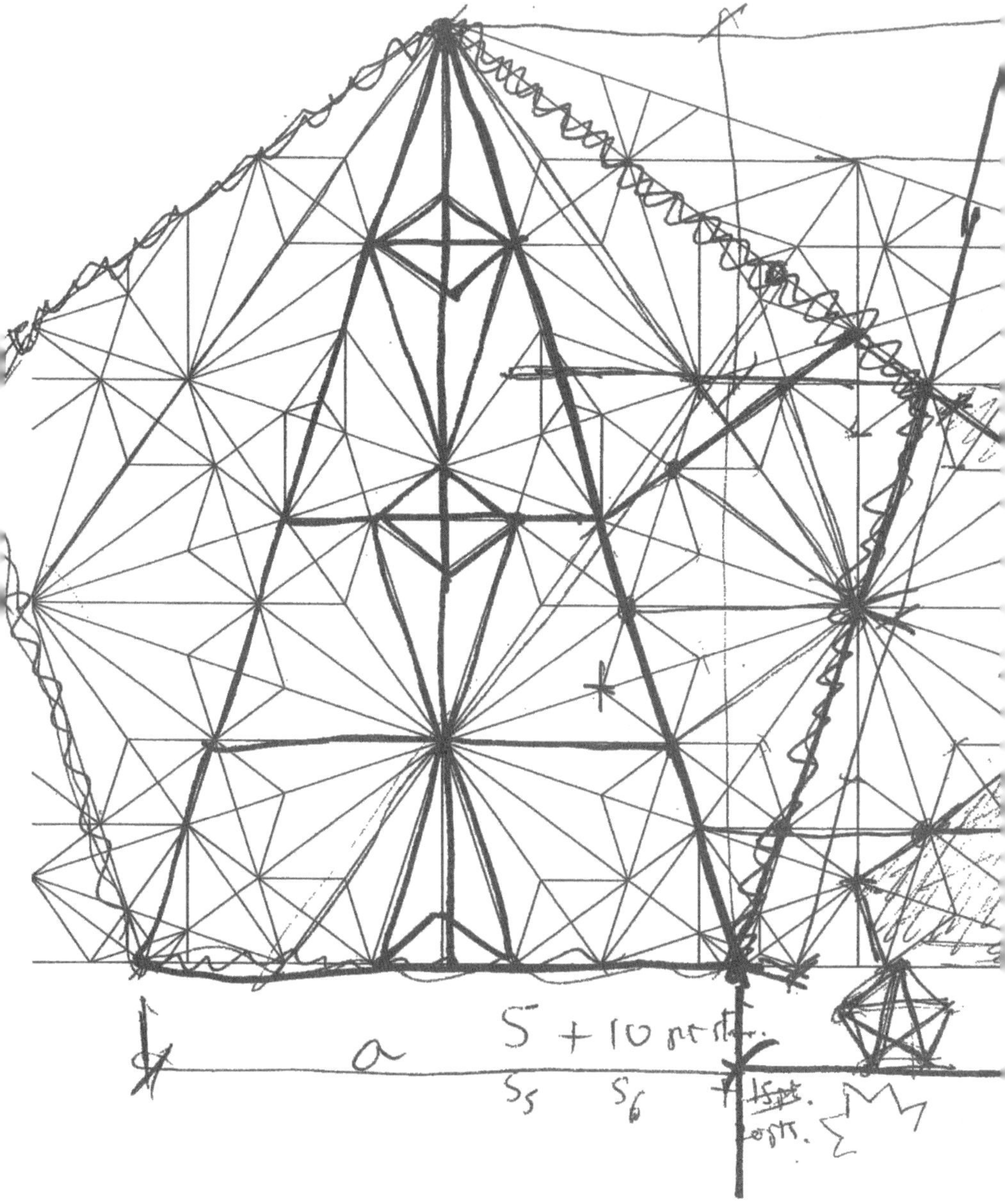

단지 사면체의 조합을 단면으로 잘라보면 삼각형과 5각형의 미로가 보인다. 다양한 스케일의 황금비율은 이 구조를 뒤에서 숨어 조정하는 발생자engine이다. 황금비율은 5각형에 있다.reside

일반적인 5각형에서 한 점에서 반대쪽 꼭지점을 잇는 선을 한 번의 길이로 나누면 황금비율이 구해진다.

$$\Phi = \frac{1+\sqrt{5}}{2}$$

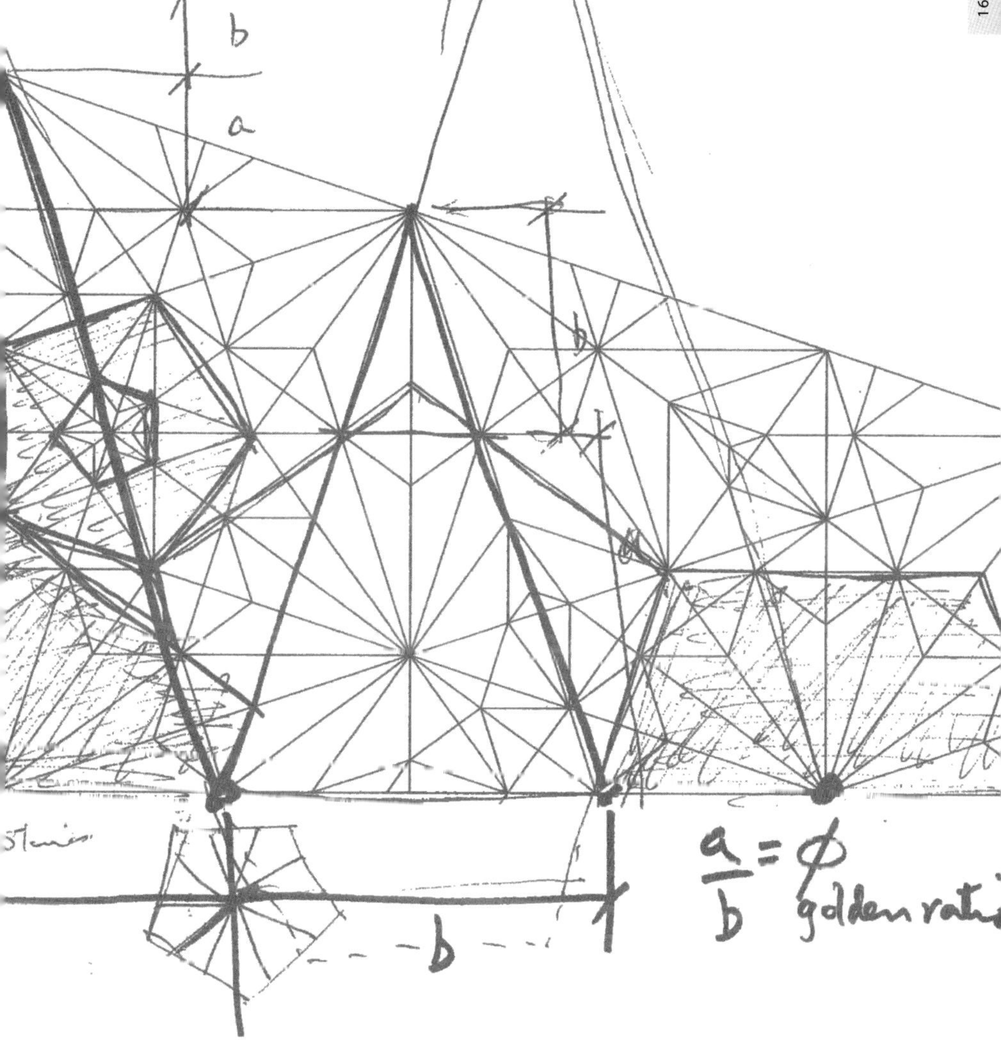

Solid Void 전시의 단저, Graham Foundation for Advanced Studies in the Fine Arts, 시카고. 외부 목재, 내부 거울

창문의 빛을 통해 단저 위 선들이
드러난다.

솔리드 보이드 전시의 단저 시공 상세

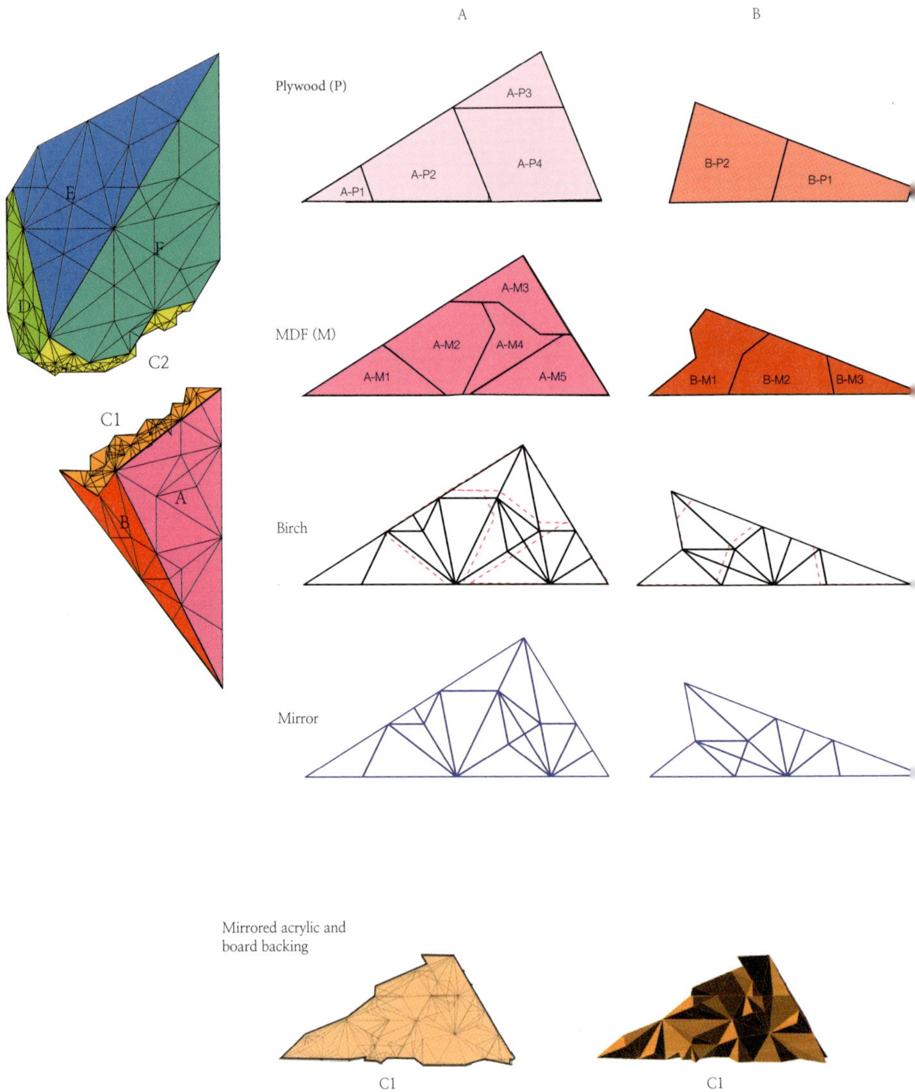

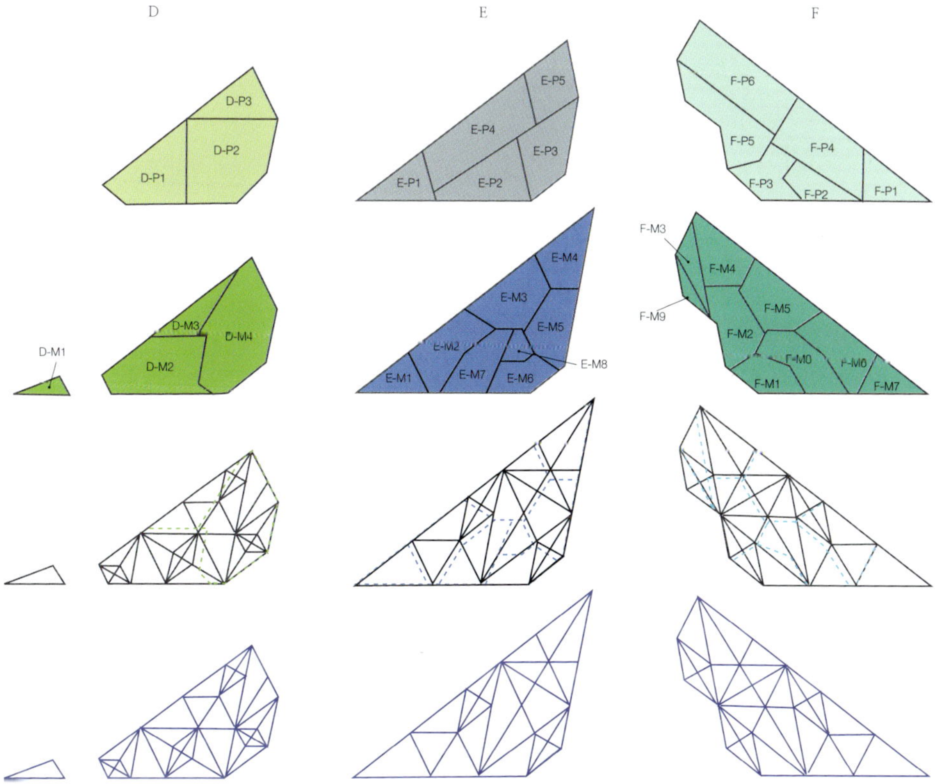
D
E
F
D-P3
D-P2
D-P1
E-P5
E-P4
E-P3
E-P1
E-P2
F-P6
F-P5
F-P4
F-P3
F-P2
F-P1
D-M1
D-M3
D-M4
D-M2
E-M4
E-M3
E-M5
E-M2
E-M8
E-M1
E-M7
E-M6
F-M3
F-M4
F-M5
F-M9
F-M2
F-M6
F-M1
F-M7

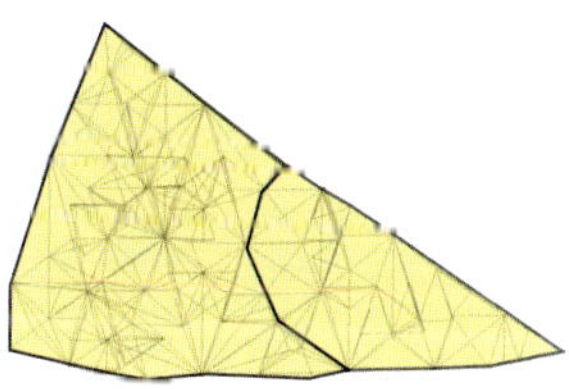

C2

C2

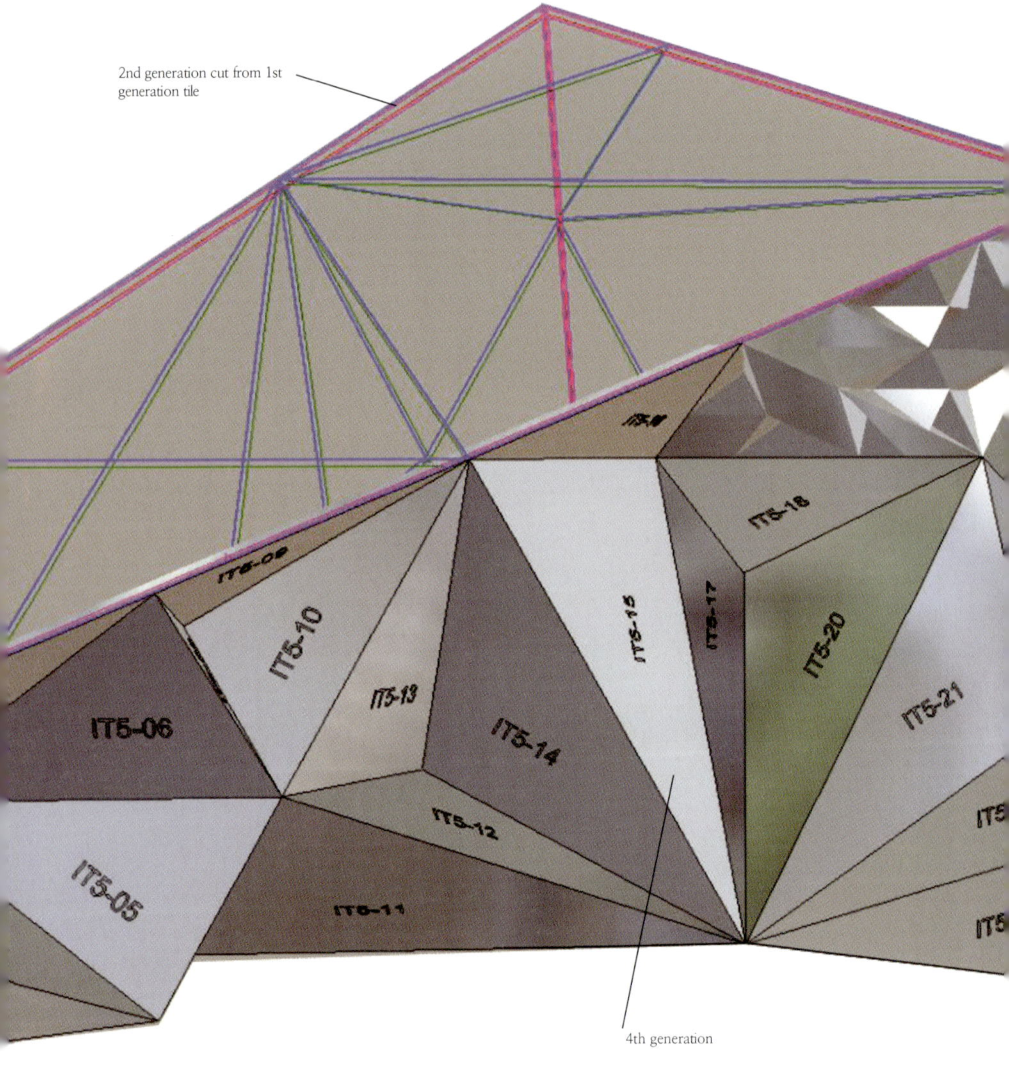
2nd generation cut from 1st generation tile
4th generation
IT5-05
IT5-06
IT5-09
IT5-10
IT5-11
IT5-12
IT5-13
IT5-14
IT5-15
IT5-17
IT5-18
IT5-20
IT5-21

단저의 여러 스케일을 보여주는 개략적 스케치

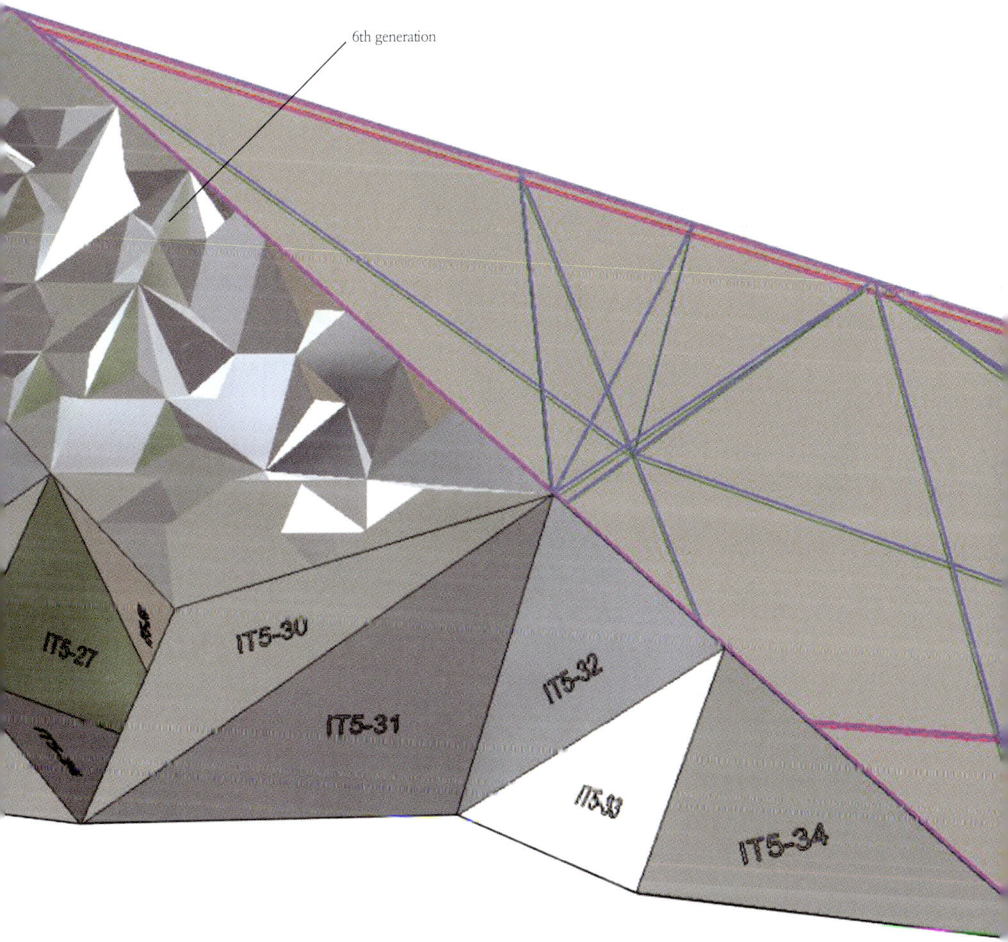

동경에서의 요소Element 전시에서는 한 방이 흙, 공기, 불, 물의 지형geography을 위해 마련되었다.

두 개의 큰 사면체는 흙과 광물을 상징한다. 물은 소수prime number 수열의 굽이치는 강으로 나타낼 수 있다고 생각했다. 불과 공기는 방의 벽을 프랙탈 패턴으로 채워 표현했다.

두 개의 사면체는 검정과 하얀색으로 칠해졌다. 백색의 사면체는 안에서부터 빛이 발산되게 하여 표면의 선들이 흔적, 즉 빛 속의 퍼즐로서 보이도록 했다.

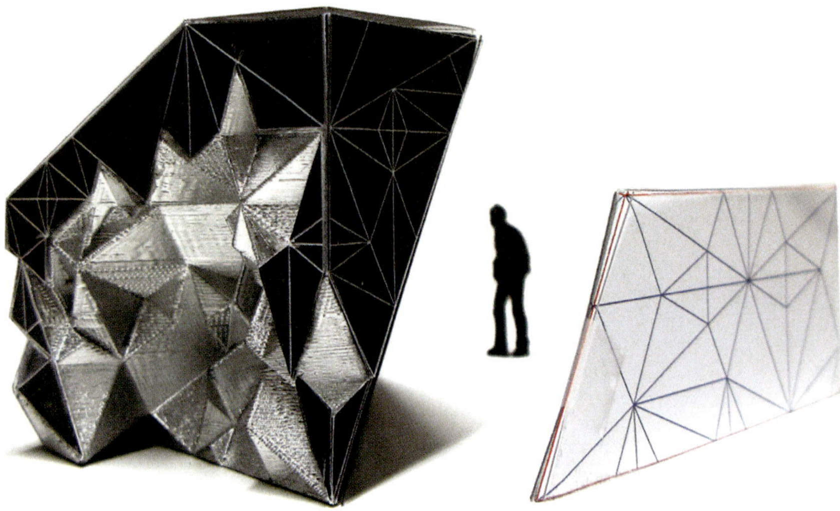

흑색 사면체는 3미터가 넘었는데, 표피 삼각형의 경계의 옴폭 들어간 선들은 거울로 마감되었다.

후면부는 내부의 사면체 다발을 볼 수 있게 잘려졌다. 소수의 강은 거울로 마감된 면에서는 잘려진 소수의 강은 차원이 없는 세상을 반사하는 듯 하다. 이상한 나라의 앨리스와 같이 관람객들은 이 안에 갇힌 듯 보인다.

소수의 강과 단저
광물의 모델

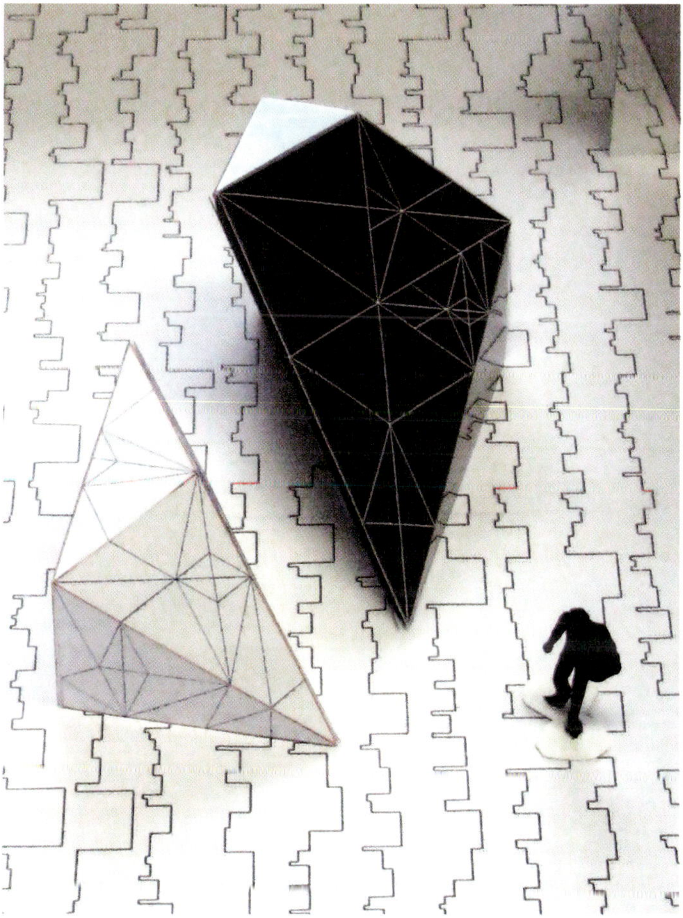

동경 오페라 시티 아트갤러리에서 열린
요소 전시회 인스톨레이션

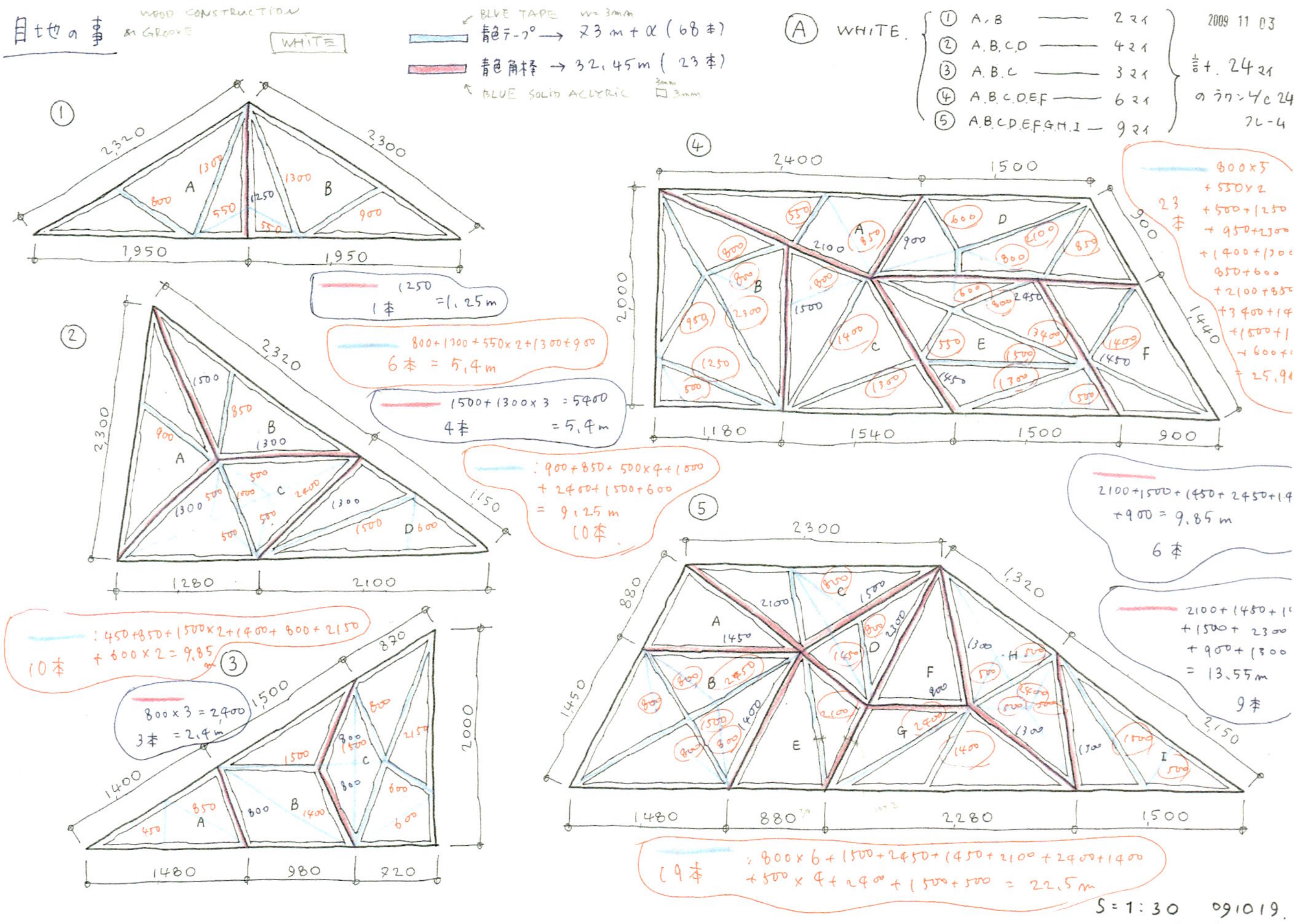

目地の事
WOOD CONSTRUCTION
& GROOVE
WHITE
BLUE TAPE w=3mm
青色テープ → 23m + α (68本)
青色角棒 → 32.45m (23本)
BLUE SOLID ACLYRIC 3mm □ 3mm
A WHITE.
① A, B — 2マイ
② A, B, C, D — 4マイ
③ A, B, C — 3マイ
④ A, B, C, D, E, F — 6マイ
⑤ A, B, C, D, E, F, G, H, I — 9マイ
計. 24マイ
のうち4c 24
フレーム
2009 11 03
1250
1本 = 1.25m
800+1300+550×2+1300+900
6本 = 5.4m
1500+1300×3 = 5400
4本 = 5.4m
: 900+850+500×4+1000
+2400+1500+600
= 9.25m
10本
: 450+850+1500×2+1400+800+2150
+600×2 = 9.85m
10本
800×3 = 2400
3本 = 2.4m
800×5
+550×2
+500+1250
+950+2300
+1400+1300
850+600
+2100+850
+3400+14
+1500+1
+600+
= 25.9
23本
2100+1500+1450+2450+14
+900 = 9.85m
6本
2100+1480+1
+1500+2300
+900+1300
= 13.55m
9本
19本 : 800×6+1500+2450+1450+2100+2400+1400
+500×4+2400+1500+500 = 22.5m
S=1:30
091019.

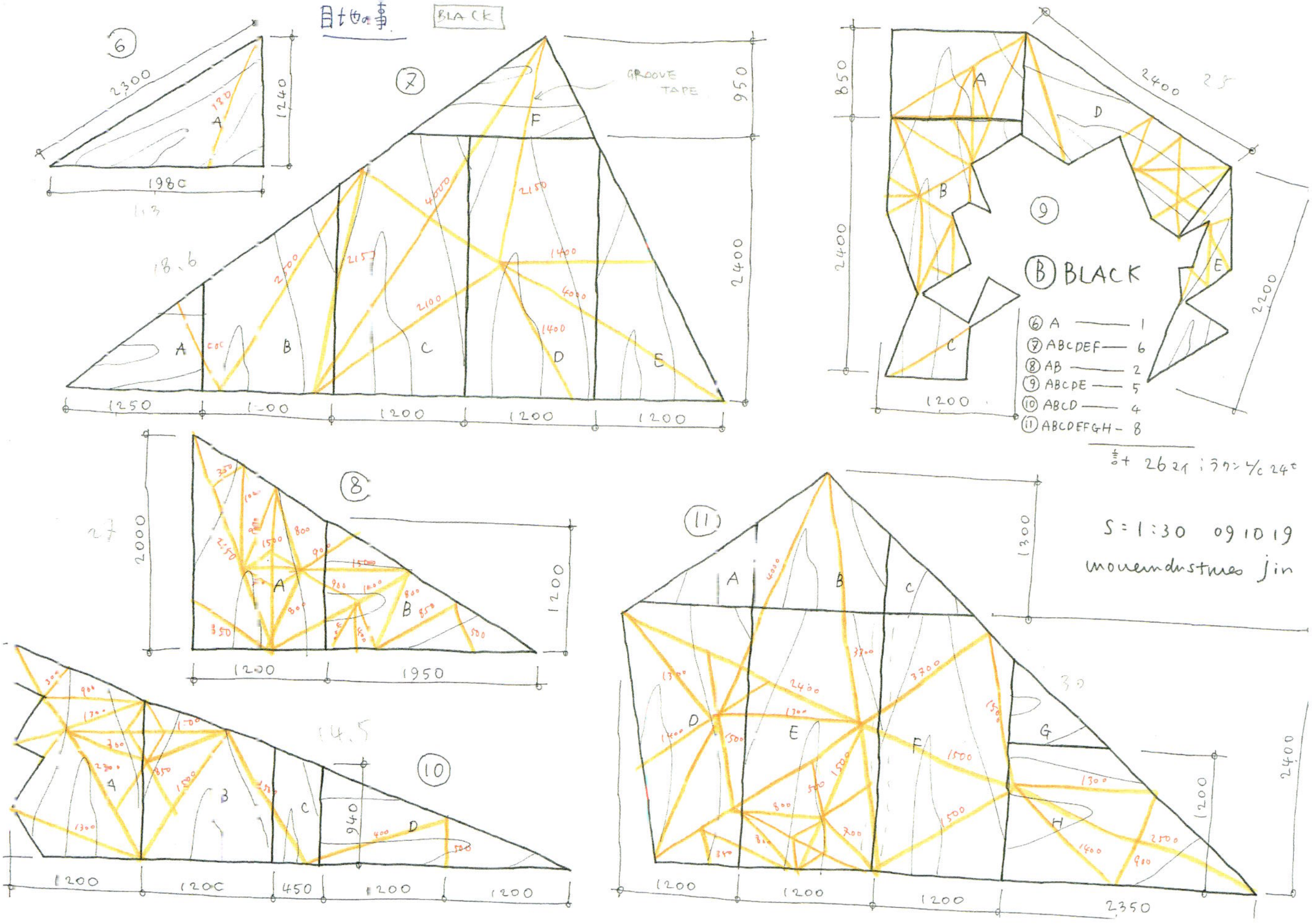
目地の事
BLACK
GROOVE TAPE
Ⓑ BLACK
⑥ A — 1
⑦ ABCDEF — 6
⑧ AB — 2
⑨ ABCDE — 5
⑩ ABCD — 4
⑪ ABCDEFGH — 8
計 26ヶ ; ラワン ½c 24°
S=1:30 091019
mouendustres jin

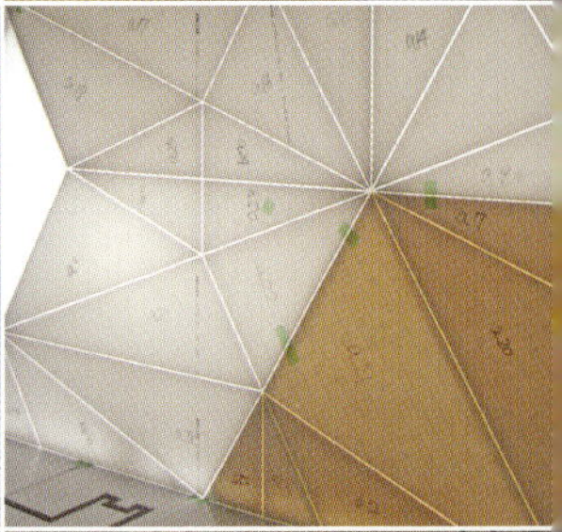

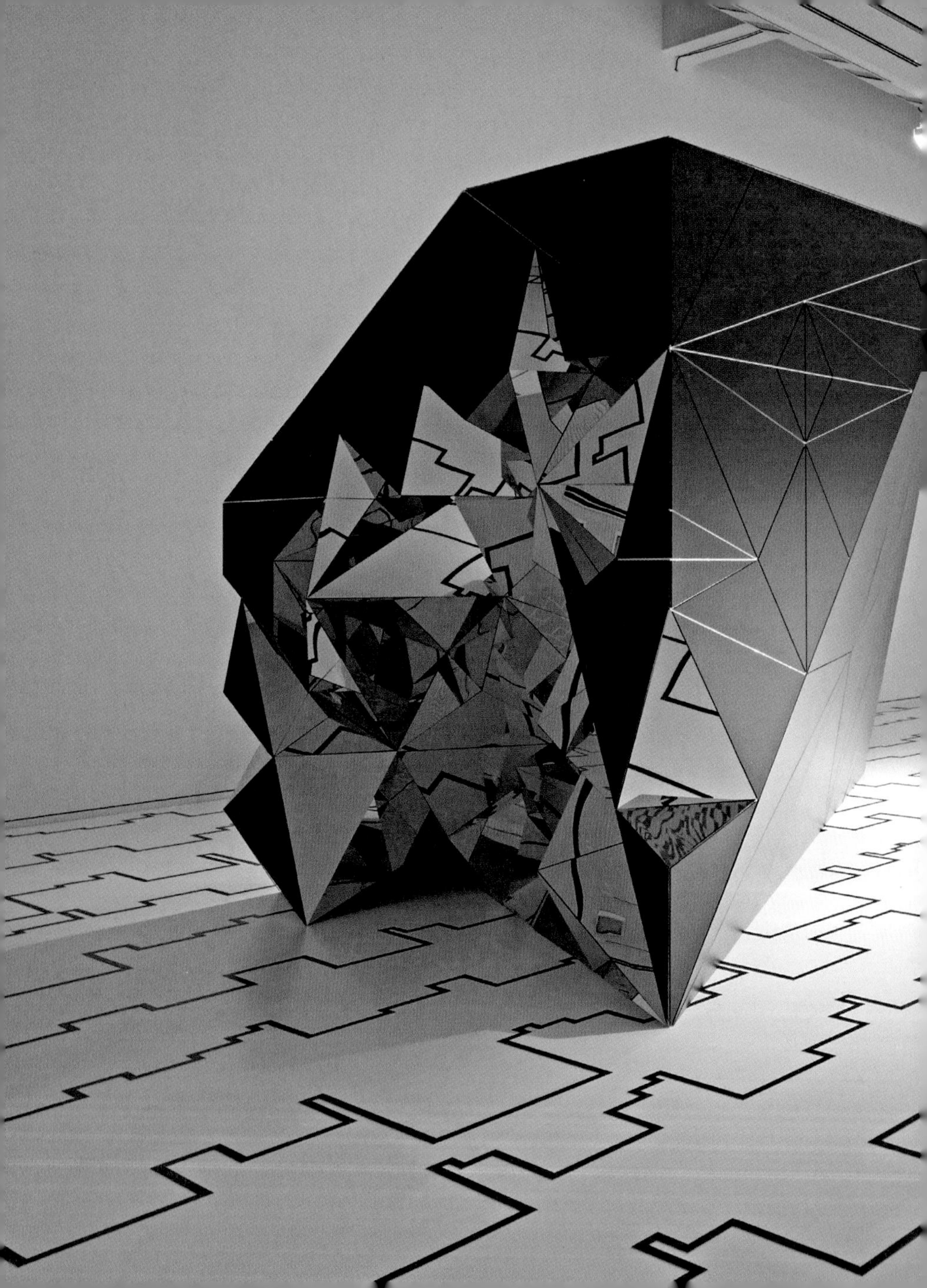

WEAVE BRIDGE PHILADELPHIA USA

WEAVE

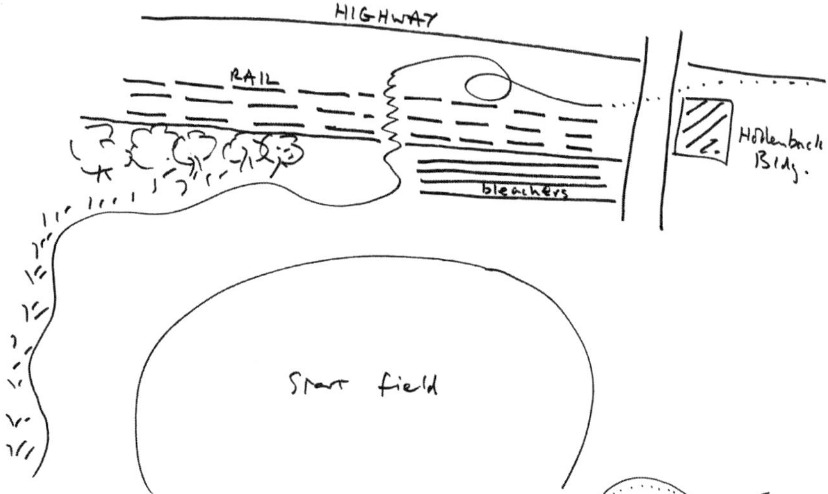

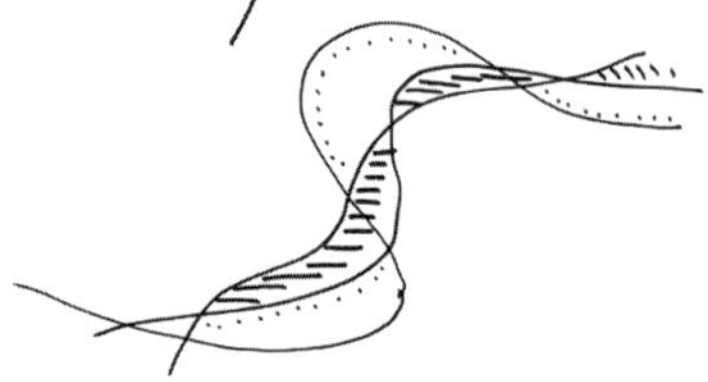

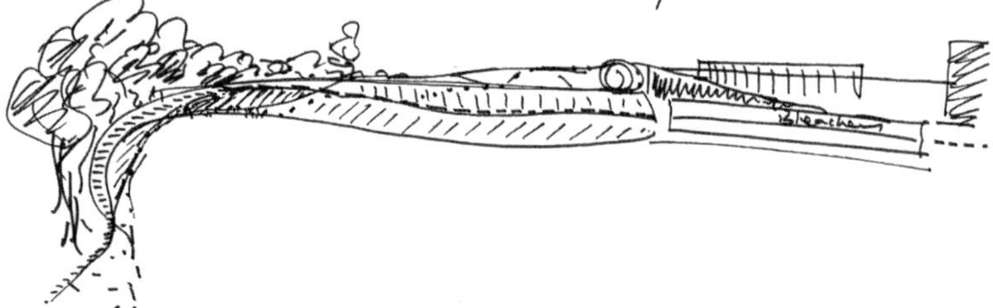

필라델피아에 소재한 UPenn 대학의 운동장의 한쪽 귀퉁이에는 미국철도선 앰트랙Amtrak (전미국 철도여객 수송공사)의 선로로 인해 접근할 수 없는 대지가 있다. 34번가에서 이 곳으로의 유일한 접근로인 다리는 보수를 위해 3년동안 폐쇄될 예정이었다. 이 운동장과 홀렌벡Hollenbeck 빌딩은 연결로가 없어지기 때문에 새로운 보도교가 필요했다. 정답answer은 파도물결 같은 형태가 단단한tectonic 스틸 코일로 만들어졌다가 다시 풀어지며 경관의 일부가 되는 전략landscape strategy이라고 생각했다.

이 아이디어는 마치 소설에서 이야기의 끈들처럼 작동되어—이 경우 끈들은 사람들, 자전거 그리고 경관인데—끈들이 서로 자유롭게 풀어져 있다가 이야기의 2/3지점인 철도를 만나는 지점에서 초점focus이 맺히고 다시 풀리는 것이다.

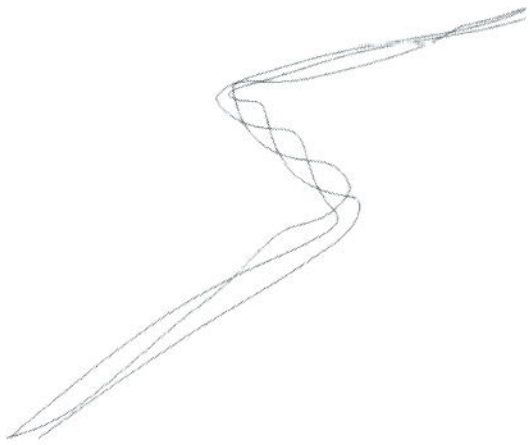

세 개의 나사 곡선

똑 같은 길이로 나눈다.

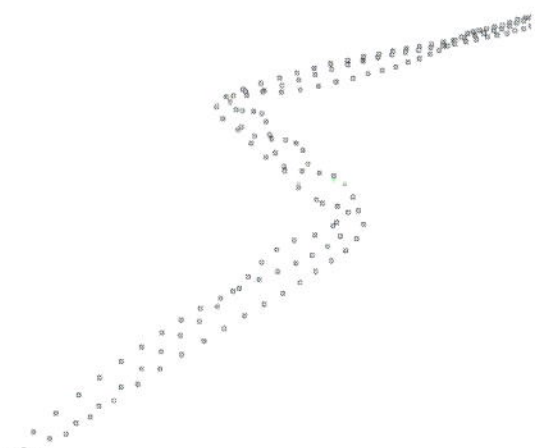

점 구름을 생성한다.

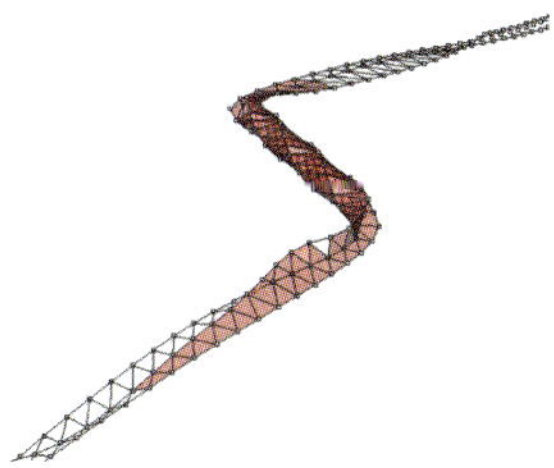

삼각형 무늬triangular tessellation을 구성한다.

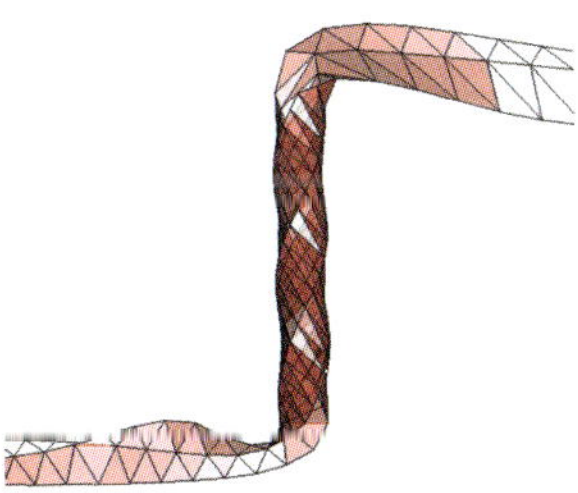

빈틈을 메워 다리를 형성한다.

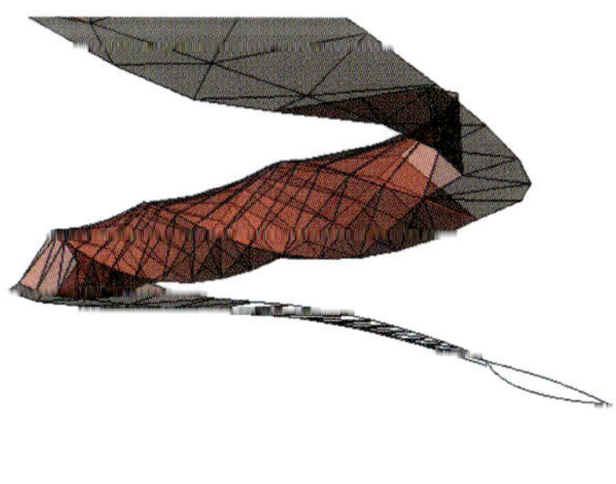

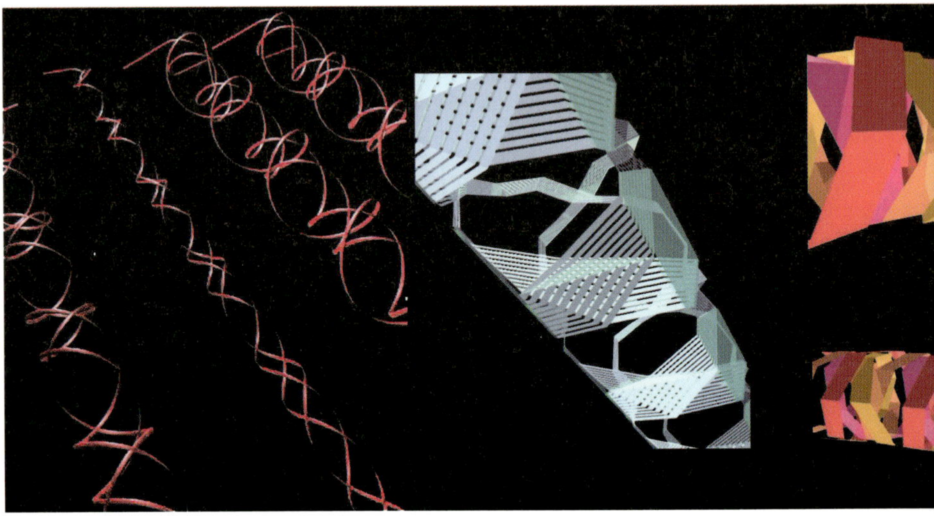

엮인 코일이 구조 자체이며, 강성stiffness를 위해 중앙에서는 좀 더 조밀해진다. 중앙점들이 조밀해 질수록 시야투시도 효과는 좀 더 좁아지며 이는 횡단을 암시하는 기호catalytic signal가 된다.

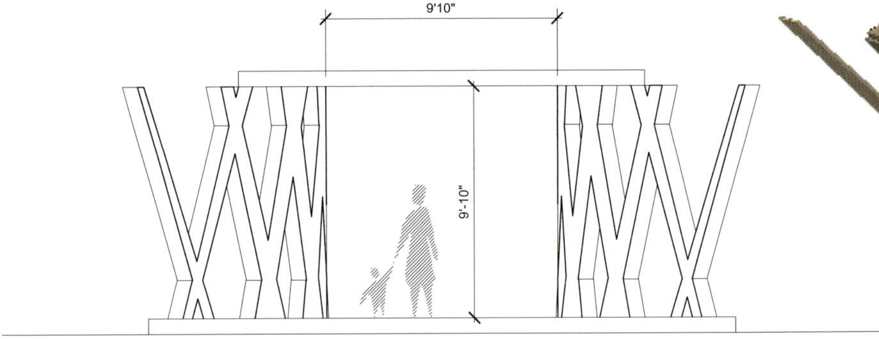

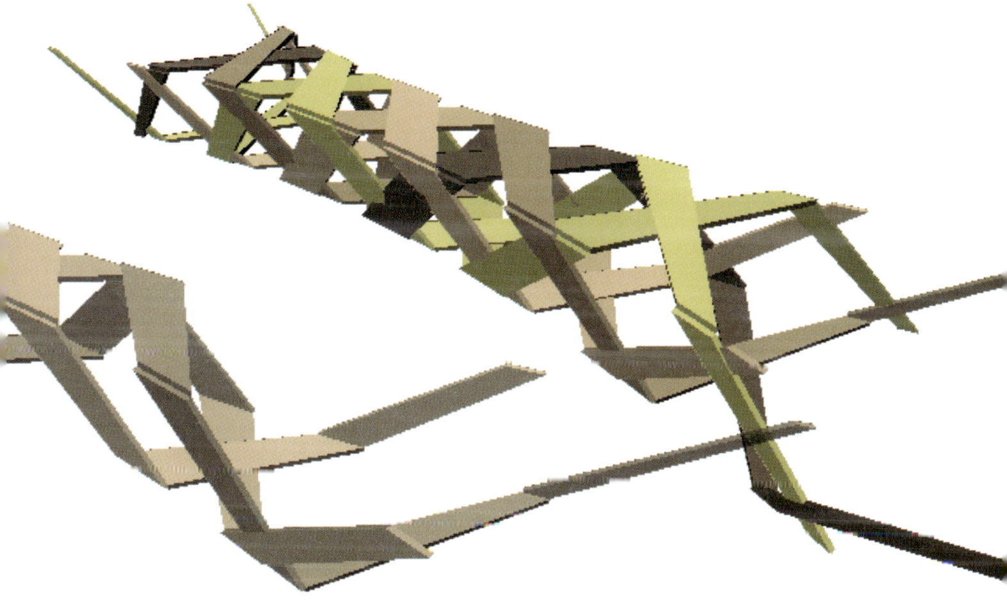

공간을 가로지르는 이 다리는 테두리 보edge beam가 필요 없다.

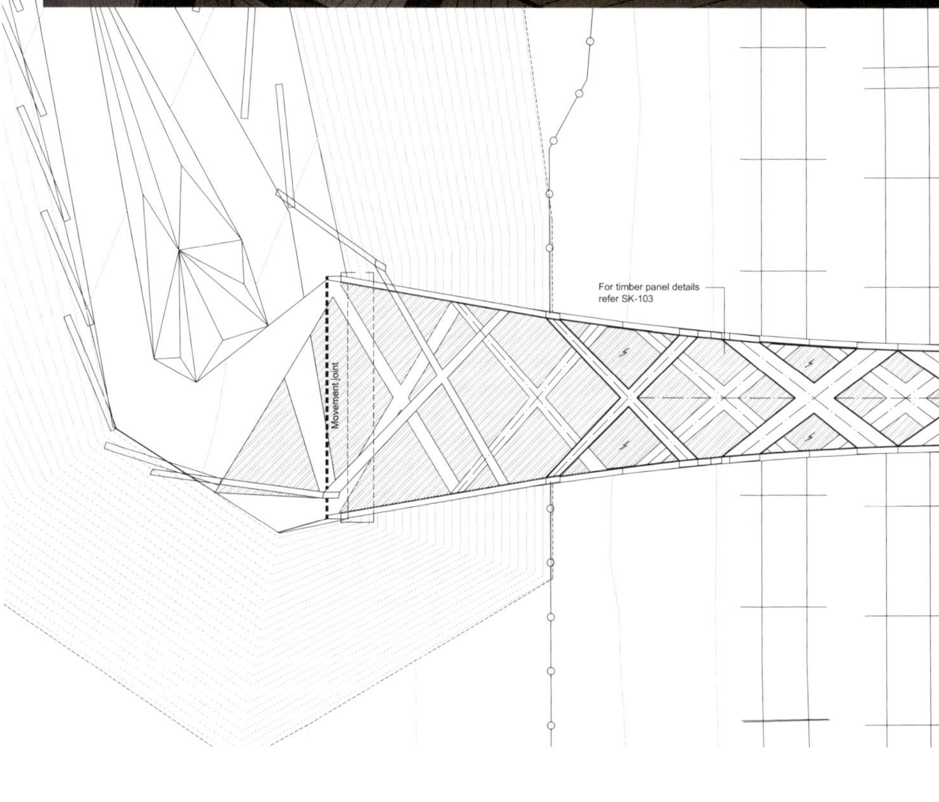
For timber panel details
refer SK-103
Movement joint

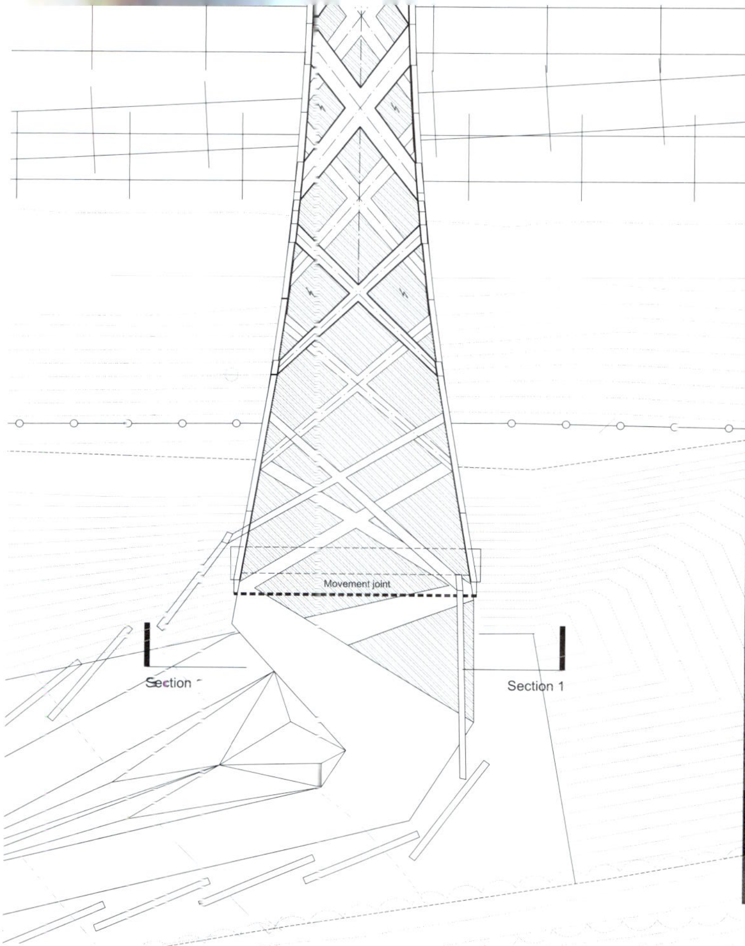
Movement joint
Section
Section 1

SIDEVIEW

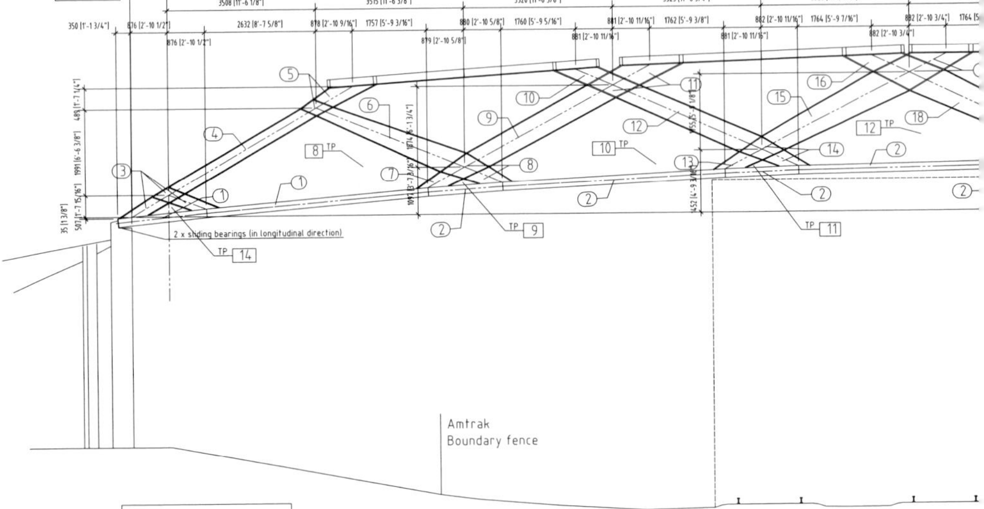

TOPVIEW BOTTOM FLANGE

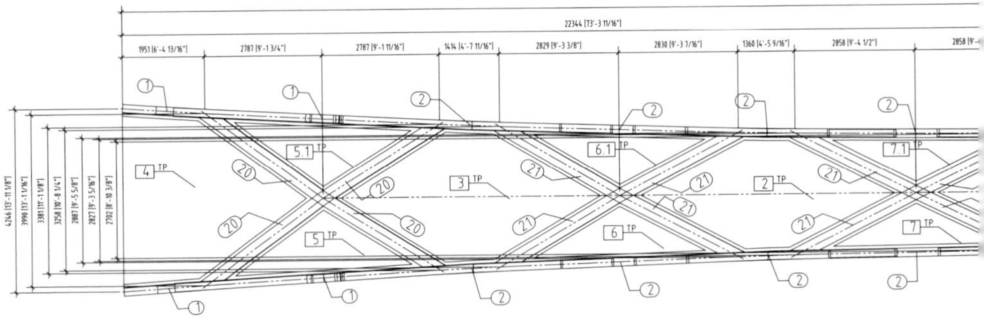

TOPVIEW TOP FLANGE

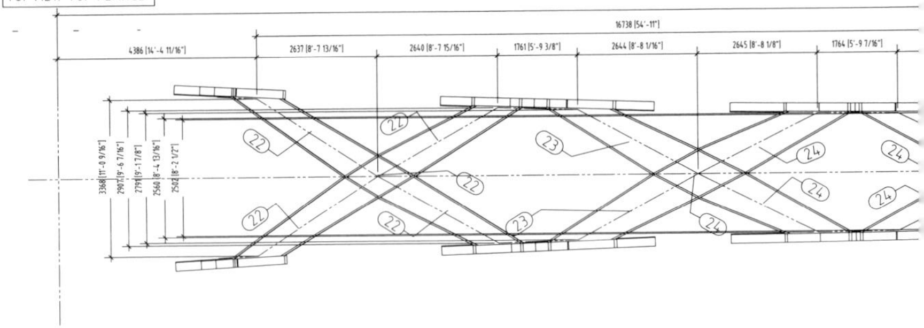

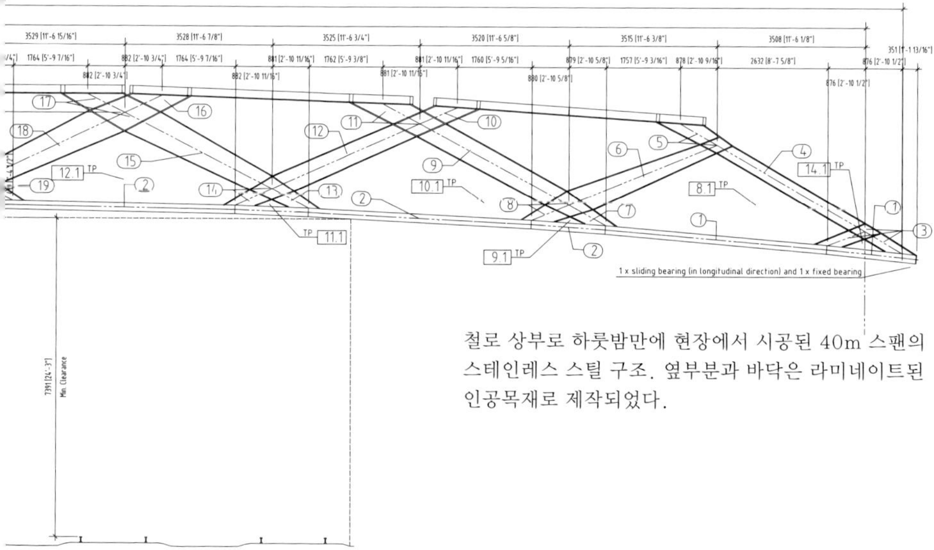

철로 상부로 하룻밤만에 현장에서 시공된 40m 스팬의 스테인레스 스틸 구조. 옆부분과 바닥은 라미네이트된 인공목재로 제작되었다.

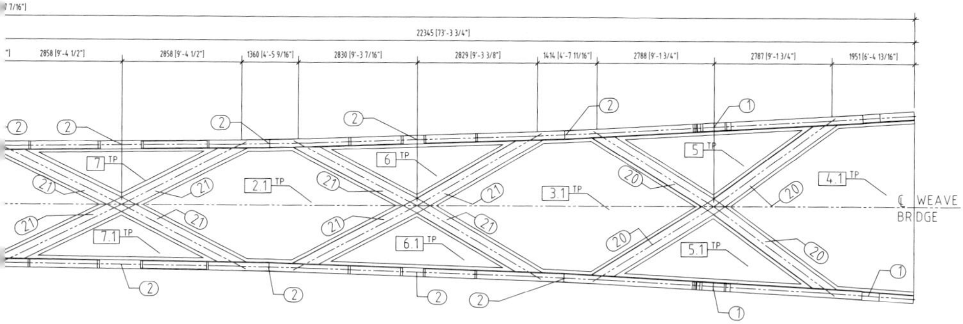

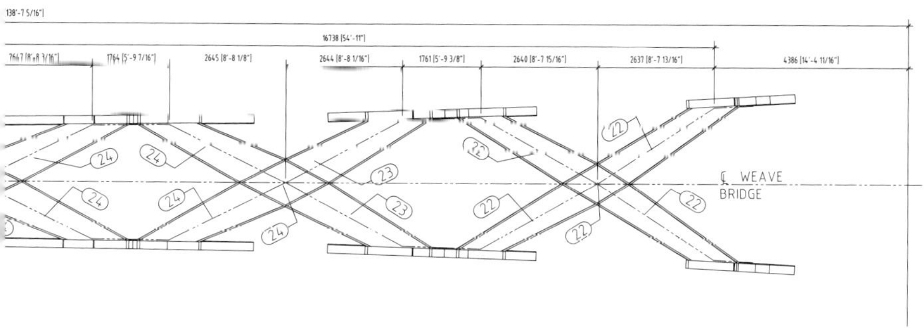

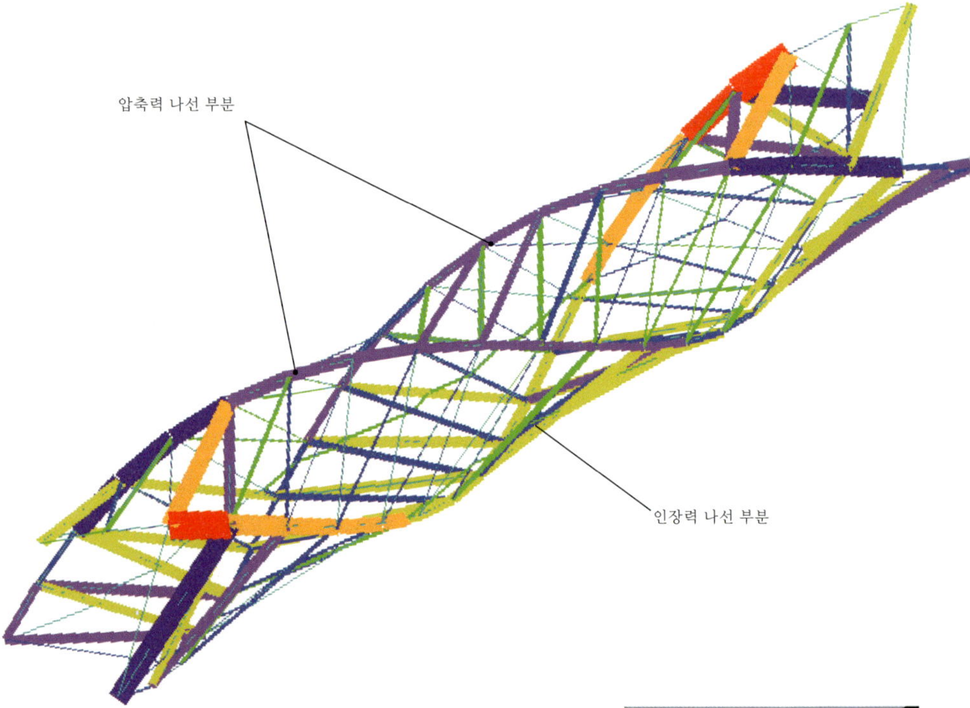
압축력 나선 부분
인장력 나선 부분

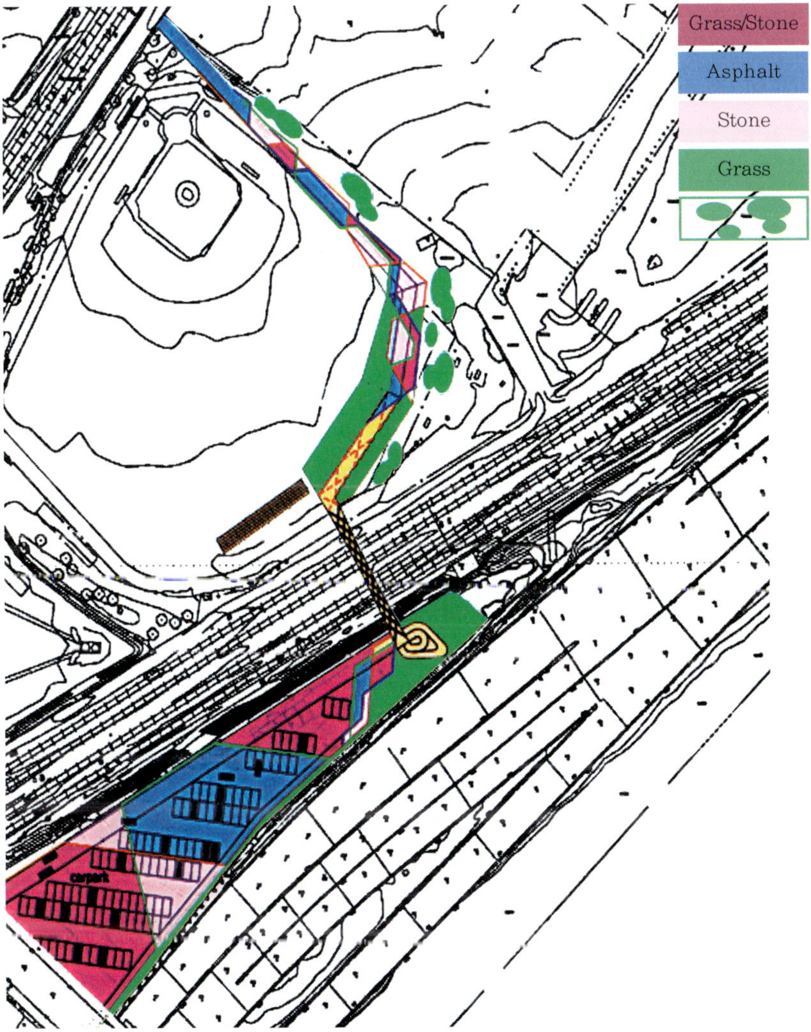

시반earthwork을 높여 여정을 좀 더 높은 지대로 이끈다. 실들은 합쳐진다. 이 높은 지점에서 징칠 가닥은 두 보도 부분에서 나타나 꼬이고, 풀리면서 주차장으로 향한다.
직물weave같은 이 구조물은 마치 DNA처럼 다양한 배열이 묶여져 만들어 진다.

우주 끝에서의 메모. NOTES FROM THE EDGE OF SPACE

반고 중국신화 판쿠, 반고(盤古): 태고의 혼돈 속에서 태어난 신; 키가 자람에 따라 하늘과 땅을 떼어 놓고, 또한 죽어서는, 머리는 4악(岳), 눈은 해와 달, 기름은 바다, 머리털은 초목이 되었다;옮긴이는 세상의 중심에 앉아 18개의 태초의 알을 바라본다. 이 알에서 모든 생물들, 식물, 동물 그리고 하늘이 만들어 진다. 이 곳은 원천 없이 (알이) 뒤집어져 생긴 세상의 중심이며 경계이다. 열여덟 개의 모체matrix로 모든 것이 가능한 다중우주multiverse이다.

비슈누 신은 3걸음만을 걸어 세계, 천국 그리고 우주를 창조했다.

오늘날, 물리학자들은 한 방—빅뱅—으로 우주가 만들어 졌다고 한다!

우주를 하나의 아이디어, 총체적인 개념으로 이해하기 위한 경주race는 시작되었다. 탈레스는 이를 물이라고 했고, 헤라클레이토스는 불이라고 했으며 둘 다 '하나'의 물질로 이루어진 세상을 생각했다. 세상은 그렇게 단순할까? 오히려 '하나'는 여러 개의 '하나'가 아닐까?

이 '하나'는 미묘하면서도 강건하고, 그러면서도 복잡한, 하나의 유형이 아닌 여러 개의 덧씌움overlays이 아닐까? 무엇인가 일어나기 위해선 각각의 중재intervention가 모여야 하는 것이 아닐까? 우주의 기원인 빅뱅조차도 빅뱅이 일어나기 전 다양한 요소—양자의 유동quantum flux, major plural of a matrix singular—의 합이 필요하다고 한다.

• • •

우주의 경계edge밖으론 알 수 없는 미지가 있다. 반고는 이를 '창의'the creative 라고 불렀다. 이는 당기고 미는 운동 사이에서 발생해 존재한다. 그가 말하길, 하나가 아닌 많은 폭발eruption이 있으며 각기 다른 시작점이 번개가 치듯 발생되어 확고한 '중심'으로 모인다고 한다.

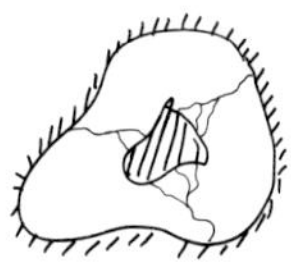

이 모든 가능성의 중심 노른자 위에, 창조하는 불꽃과 그 결과물들이 모인 이 장소에, 우연히 흐름current이 모이고 흩어진다.
확률probabilities과 신뢰한계confidence limits의 과학에선 숫자들이 다양한 분야에서 사용된다. 하지만 이런 구체적인 시선에서도 뒤를 돌아보면 푸는 것이 불가능한 얽힌 거미줄만을 볼 수 있을 뿐이다.

• • •

반고의 (우주 속의) 위치에 대해 생각해 볼 때 기이한 것은, 만약 그가 자신이 어디에 있는 지를 안다면 시간을 모를 것이고, 만약 그가 자신의 시간을 안다면 자신이 어디에 있는 지를 모른다는 것이다. 내가 나의 위치를 인지한다면 무작위적인 흐름current이 제대로 작동work되었다는 것이다. 만약 내가 시간을 안다면, 나는 개념과 이벤트 사이를 왔다 갔다 하고 있는 것이다.

공간을 만들어 나가는branching 행위 동안, 장소는 사라진다. 패턴을 사고하고 중재하는 것은 창조의 행위이며 정의가 불가능하다. 명확함defintenesss는 결과물에서만 가능하다. 그리고 그 결과물을 눈여겨보면observe 나는 내가 어디 있는 지 알 수 있다.

과거를 상상하고 현재를 살펴보며 패턴을 사고negotiate하게 되면 미래를 예견speculation할 수 있다.

명백한unambiguous 의미를 찾는 이에게는 단순화reduction만이 해답이다. 하지만 작업은 다양한 의미를 담고 있으며, 아이디어는 물질substance, 연결connectivity 그리고 구성configuration과 모두 관계한다. 형태가 어떻게 내용과 연결되는가가 미학의 출발점이다.

관련이 없는 의미들의 공존을 가능하게 하여야만 복잡성complexity이 생겨나며, 이 복잡성은 인과관계의 고리가 아닌 연결 네트워크이며 스케일을 넘나든다. 만약 그 단 '하나'one를 찾기 위해 우리가 원형을 자르고 줄여야만 한다면, 이는 무엇인가를 놓치는 행위이다. 자르는 부분이 조밀해 질수록, 남아 있는 것보다 칼에 묻은 양이 점점 더 커진다.

입자 물리학particle physics이 '진실'을 찾기 위해 원자를 자르면 자를수록, 그 안에 없는 것이 무엇인지에 대한 고민speculation은 더 커진다. 우리가 우주에 대해 알고 있는 지식은 5% 정도라고 한다. 모두가 기대했던 원자분해atom smash를 통해 과학자들은 95%의 알 수 없는 원자의 부분을 '암흑물질dark matter'이라고 명명하고 관찰의 결과를 설명하기 위해 각종exotic 성질만을 부여했을 뿐이다.

사실을 확언state하기 위해 우리는 가설에 의존한다. 단절된 범주category보다 중첩된 의미를 가정하는 것이 더 많은 사실을 보여줄 것이라고 생각한다.

변하는 스케일 sliding scales

선형적인 논리를 따라 직선방향으로 내달리는 것보다, 중첩의 방식이나 반고의 다중적 의미를 탐구하는 것이 더 창의에 도움이 된다.

디자인은 변화하고 있는 다수의 극성으로 만들어진 망web속에서 길을 찾을 수 있는 발견을 하는 것이다.

극도로 단순화된 논의는 언제나 이분법적인 사고로 귀결되어 흑과 백의 대결이 된다. 이는 결국 유일한 기준으로 사물을 분류하듯이 새로운 논의들을 이어질 수 없게 만든다. 논의들은 단 하나의 성질로 결정되며 중간적 성질[gradient]는 존재할 수 없게 된다.

특성이 다른 특성 안에 속한 것을 얘기하기 위한 중간적 서술을 하기 위해선, 어느 정도의 보정[adjustment]이나 의도적인 불명확함[blurring]이 필요하다. 극단적으로 환원적인 상황에서의 논의는 어떠한 일탈도 허용하지 않는 직선과 같다. 여기서는 하나의 믿음만 존재하고 그 외 다른 것들은 모두 반대편이 된다. 이렇게 확실하게 반대가 존재한다고 생각하는 것은 사실 신앙의 행위라고 생각할 수 있다.

• • •

직선은 연속적인 경로를 따르고 있고 원도 그러하다. 이 둘은 반대인 것인가, 아니면 같은 상황을 다르게 인식하는 것일까?

보[beam]의 길이가 줄어들수록 점점 기둥과 같은 성향을 띄어 그 거동[behaviour]이 점점 기둥[column]에 가까워진다. 기둥이 점점 길어지면 더 유연[flexible]해진다. 길지 않은 스팬[span]의 끝 단[portal](기둥, 보로 만들어진 작은 구조라고 여기면 될 듯하다) 은 하중이 걸리는 두 모서리가 있는 아치와 유사하며 공간을 규정[capture]하고 하중이 땅으로 내려오는 목적은 유사하다. 신체 또한 정신과 엮여[entwined] 있어 신체만을 분리하여 마치 불활성[inert] 물체처럼 취급할 수는 없다.

극단들은 결국 서로 상충하는 경우가 많다.

개념적 결정자 CONCEPTUAL DETERMINANTS

만약 복수성[plurality]이 허용되면, 다양한 상태를 혼합하는 복합적(난잡한) 논리가 필요해 진다. 분석 또한 복잡해 진다. 이는 마치 매듭을 엮는 것과 비슷할는지 모른다. 하지만 이 과정에는 찌꺼기[residue] 가 아닌 변수[variable]들에 의해 중첩을 관찰 할 수 있는 비옥함[richness]이 있다.

건축은 고정되지 않으면서도 고려된 개연성 같은 불확실함을 불러 일으켜야 한다. 건축은 정적이지 않으며 계획된 개연성[considered probabilities]으로 만들어 진다.

우리가 작업을 이해하는 수준을 물적 특성[objecthood]으로 충분하다고 생각하고, 이를 당연한[fixed] 진실로 이해한다면, 이는 이치[grain of things]를 거스르는 것이다. 엔트로피 역학은 우리에게 질서를 더 세우는 것은 흐트러뜨리는 것보다 힘들다고 말해준다. '건조된 사물[construction]'을 유지[buttress]하기 위해서는 막대한 노력[effort]이 필요하다.

추상적 사고는 아무런 제한이 없기에 이런 생각들은 이론적으로는 가능할 것 같지만 실제 제작 시에는 영구히 유지하기 위해 많은 실제요소들을 조합/조립해야 한다. 우리가 질서를 세우면 세울수록 엔트로피에 역행한다.

만약 공간들이 단조롭게 반복되어 생산되면, 질서 또한 그 만큼 강화된다. 느낌은 딱딱하고, 부자연스러워진다. 작품에 리듬이 생겨 질서가 완화될수록, 분열과 특이성이 구성 속으로 들어오게 되어, 좀 더 자연스러운 형태의 이해가 생긴다. 이렇게 만들어지는 것이, 우리가 모든 것을 통제할 수 없음을 받아들여 겸허하게 행동하는 것이다.

매트릭스 THE MATRIX

세상에는 몇몇 원초적인 개념들—비유하자면 근원적인 달걀들—이 있다. 각각은 차이를 만들어 낸다.

이들의 행위actions는 앞으로 나타날 작업을 특징 지우고inform 결정 짓는다shape.

우린 이를 받아들여 복잡함 속으로 뛰어 든다. 여기선 중앙이 경계가 되기도 하고 가장자리margin가 간격interval이 되기도 한다. 반고가 매트릭스를 바라보면서도 동시에 그의 신체가 늘어나고 접혀 개념이 되기도 하듯이.

구성	소수prime	패턴
연결	연결sequence	한계
균형equilibrium	마방진square magic	대칭symmetry
재료material	수number	요소element
틀frame	끝없는 영원zerofinity	불변invariance
비형식informal	불합리irrational	자연nature

결정자determinants들은 3개의 항으로 읽혀진다. 디자인 및 시공의 논리가 왼쪽 항이고 자연철학이 오른쪽 항이다. 수, 개념 그리고 기하학이 실무practice를 분석analysis과 연결한다.

이 배열에서 부분적으로 다른 점들differentiator이 프로젝트들의 차이를 만든다.

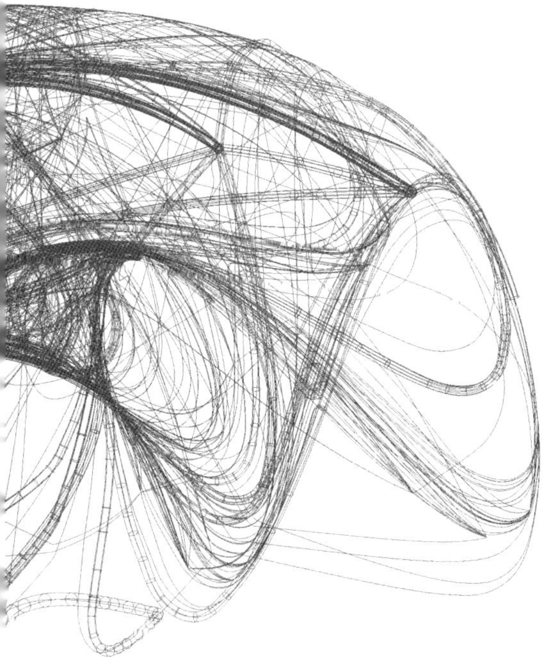

PEDRO E INÊS BRIDGE COIMBRA PORTUGAL

COI
MB
RA

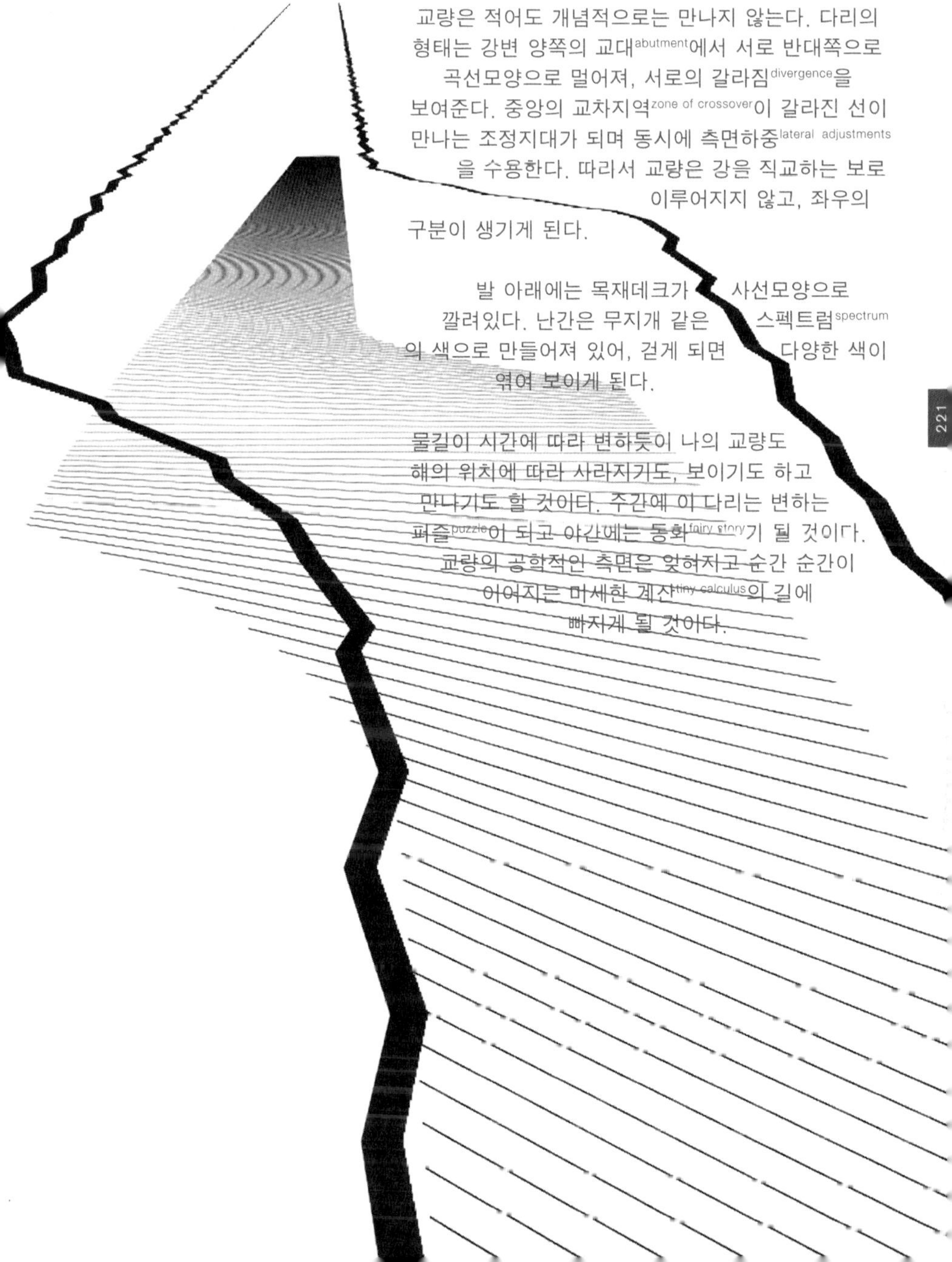

교량은 적어도 개념적으로는 만나지 않는다. 다리의 형태는 강변 양쪽의 교대abutment에서 서로 반대쪽으로 곡선모양으로 멀어져, 서로의 갈라짐divergence을 보여준다. 중앙의 교차지역zone of crossover이 갈라진 선이 만나는 조정지대가 되며 동시에 측면하중lateral adjustments을 수용한다. 따라서 교량은 강을 직교하는 보로 이루어지지 않고, 좌우의 구분이 생기게 된다.

발 아래에는 목재데크가 사선모양으로 깔려있다. 난간은 무지개 같은 스펙트럼spectrum의 색으로 만들어져 있어, 걷게 되면 다양한 색이 엮여 보이게 된다.

물길이 시간에 따라 변하듯이 나의 교량도 해의 위치에 따라 사라지기도, 보이기도 하고 만나기도 할 것이다. 주간에 이 다리는 변하는 퍼즐puzzle이 되고 야간에는 동화fairy story가 될 것이다. 교량의 공학적인 측면은 잊혀지고 순간 순간이 이어지는 미세한 계산tiny calculus의 길에 빠지게 될 것이다.

리오 몬데고 강에 번개가 친다.

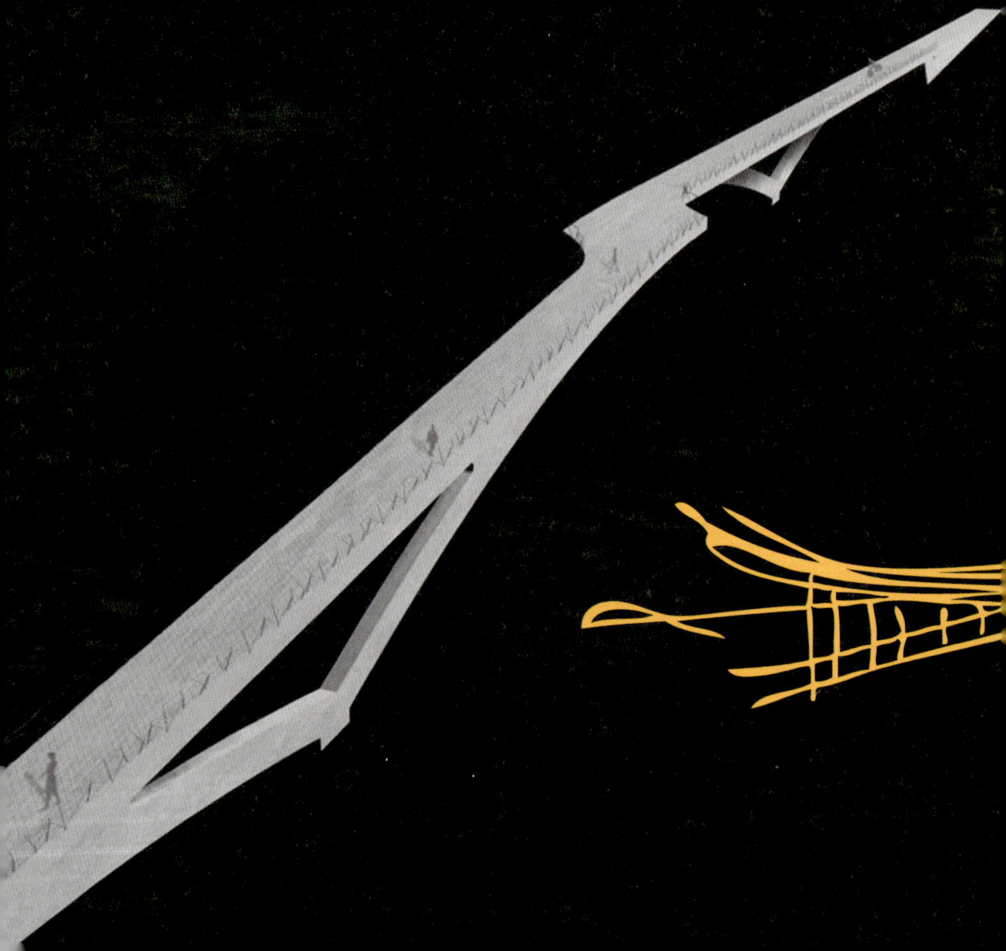

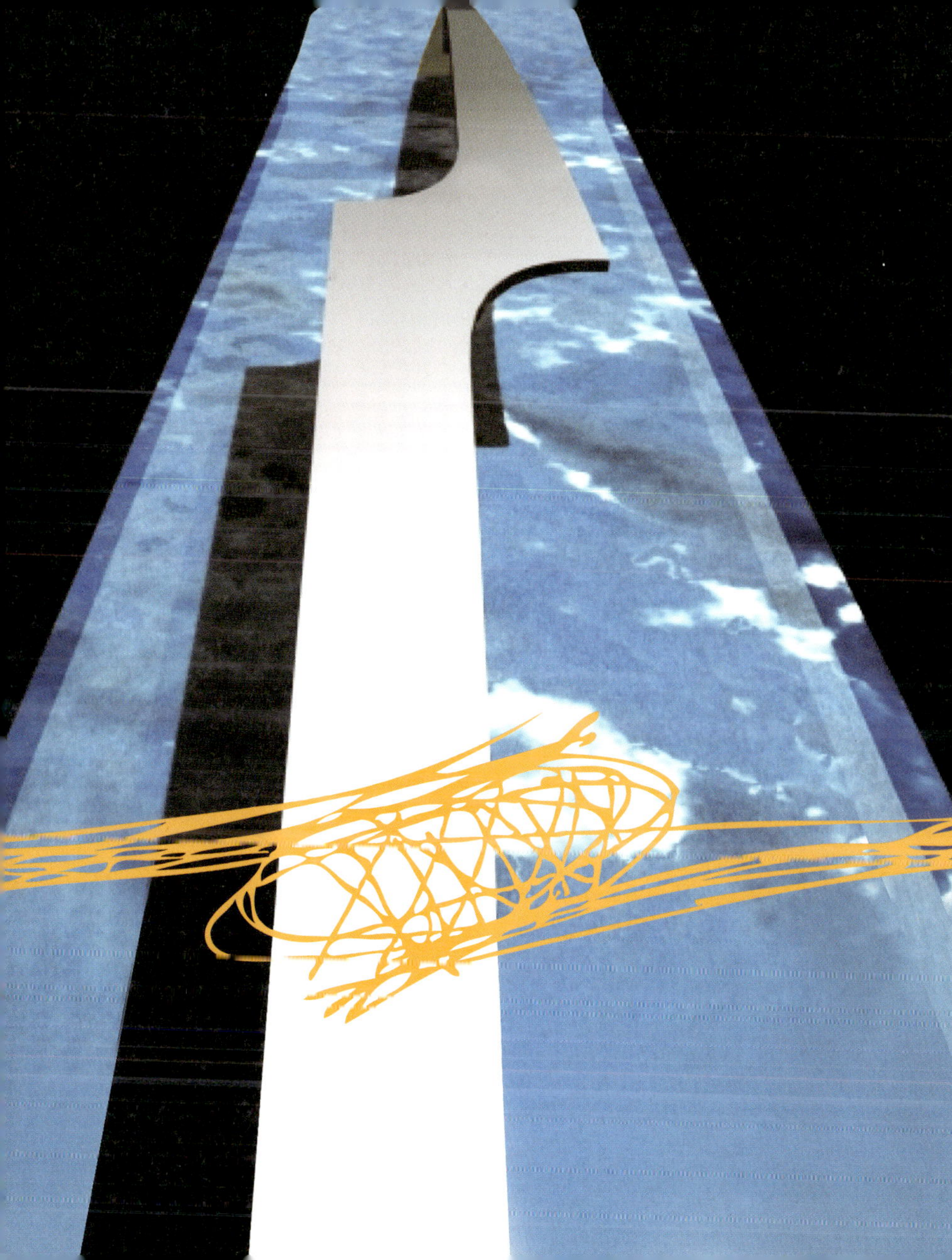

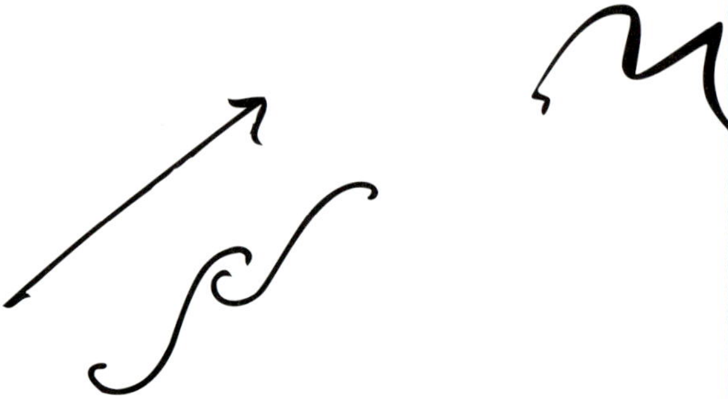

임무[MISSON]

몬데고 제방에 서서 바라보니 강은 밝은 태양 아래서 천천히 느리게 흘러간다. 강 표면은 다이아몬드처럼 반짝인다. 나는 여기에 서서 강이 자신의 이야기를 하도록 기다리고 싶다.

이런 강에 어떤 교량을 지어야 할까?

돌멩이들이 물 수제비를 뜨듯이 빛을 반사한다.
이곳에서의 시간은 여기서 저기로의 도약[rushed leap]이 아닌 작은 에피소드들이 모여있는 것 같다. 난 재고도 없이 직선을 당연하다고 생각한다. 박스거더[box girder]의 단면으로 만들어진 세 개의 스팬[span], 세 개의 아치로 구성된 입면.

이는 품위 있어 보이고, 예산에 적절하다. 재선을 앞 둔 시장은 만족한다. 또한 의뢰인인 코임브라폴리스[CoimbraPolis] 회사 또한 동의한다. 나는 기자들을 위해 강가에 내려가 돌멩이로 물 수제비를 뜬다.

만나지 않는 듯한 다리

직선으로 잇고 단면은 모두
박스거더인 다리의 첫 번째 대안version

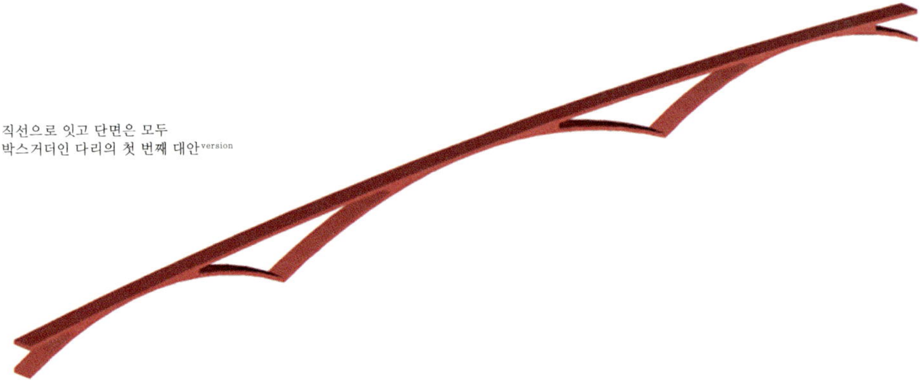

포르투갈 토목공학자 협회장이며 저명한 교량 엔지니어인 안토니오 아다오 다 폰세카는 예산이 많지 않기 때문에, 단순하고 절제된 최적의 형태로 교량 디자인을 생각해야 한다고 얘기한다. 안토니오가 전체 프로젝트를 주관할 것이며 디테일을 디자인할 것이다. 우리는 이미 같이 협업한 적이 있으며, 난 그를 믿는다.

우리는 지지점support를 수면 아래로 설치해보는 것은 어떨지 얘기한다. 수면아래 기초에는 수중침식을 고려하여 암석 보호대가 필요하다.

데크의 두께depth는 가능한 가장 얇은 단면이었으면 한다. 처음 출발점은 120m 스팬 에 1.1m 두께로 시작을 했지만, 나는 더 가늘었으면 한다. 90cm, 혹은 85cm까지.

은유metaphor

우리는 건너편으로 쏘아 올린 탄환처럼 경로에서 벗어나지 않은 운동감에 대한 생각으로 시작했다. 이런 이미지는 단도직입적인 에너지, 진행하는 힘 등을 상상하게 하며, 이는 바로 일반적인 교량이 가지는 특성이다. 그런데, 만약 다리를 꾸불꾸불, 어슬렁거리게meander 디자인하면 어떻게 될까?

강이 깊지 않으면 추락의 공포는 크지 않다. 친밀감intimacy이 생겨날 수 있는 것이다. 다리가 물 위를 건너가는 것이 아니라 수면위로 하나의 궤적trajectory을 던지는 듯한 느낌을 만들 수 있게 된다.

화살처럼 곧장 건널 것인가, 혹은 일반적 형태의 다리를 잊어 버리고 변화variation을 만들어 물위에서 멈추고pause 소멸시켜dissolve 끊어지는interrupted 점선dashed line이 될 것인가?

욕망의 선들이 세로 방향에서 횡 방향으로 바뀌게 될 때, 시간은 정량적인 흐름strict count에서 연속적인 단편fraction으로 변환된다.

런던으로 돌아오는 비행기안에서, 나는 물로 나눠진 강둑, 강물이 소용돌이쳐 모였다가 흩어지며 물결이 치는 모습을 떠올렸다. 나는 다른 종류의 횡단[crossing]을 생각하며 묻는다. 동서로 오가는 사이, 극[polarity]를 바꿀 수 있다면 어떨까?

모든 직교[straightness]가 사라진다. 진행방향이 조금씩 바뀌는 어슬렁거림[meander]이 생겨난다. 다리는 더 이상 명확한 방향을 가리키지 않는다.

나는 두 곡선을 그린다. 둘은 만나지 않는다.

각 곡선은 위에서 볼 때 강독으로 근접할수록 갈라져, 사람들이 걸어 오를 수 있는 계단식 램프가 된다. 이렇게 강둑으로 가까워질수록 넓어지는 교각은 강을 건너 갈 수 있는 켄틸레버의 고정단['fix'](구조에서) 역할을 하기도 한다. 구조적으로 중앙에서 만나는 점은 힌지 이음['spring support']이 된다. 가능할 듯 하다…

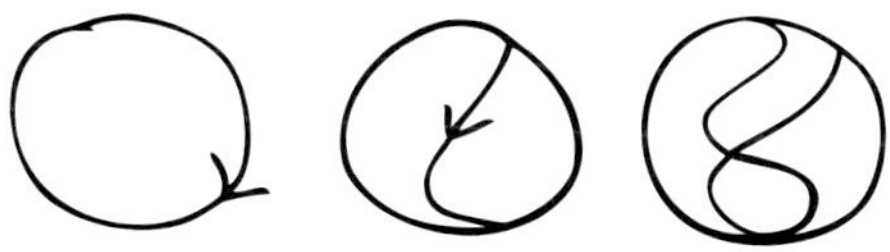

크기[dimension]

직선은 기억할 만한 특징이 없다. 선은 불변의 현재형이다. 하지만 비틀림은 시간을 잠시 정지[interrupt]시켜 과거와 미래를 규정하게 만든다.

둥근 원의 궤도를 따라 움직이는 것은 마치 직선 위를 이동하는 것과 같다. 끊어시시 않았다는 것은(흠 없음[unbroken]은) 끝이 없는 것이며, 현재를 재순환시킨다. 이는 1차원적이며 주기적[periodic]이다.

원을 파열[break]시키면 흐름을 중단시키고 새로운 대안의 통로[alternative path]를 생산하여, 중첩된 시간과 차원에 대한 복잡한 해석을 가능하게 한다.

리듬[rhythms]은 시작과 끝을 만들고, 밤과 낮, 여름과 겨울의 역전을 만든다. 단계[phase]로 인해 변화한다. 생성과 소멸[rise and fall]

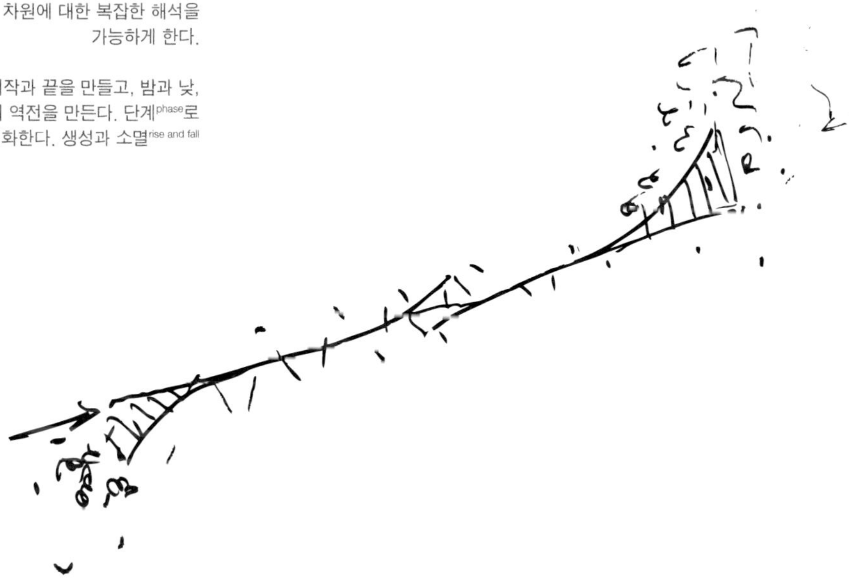

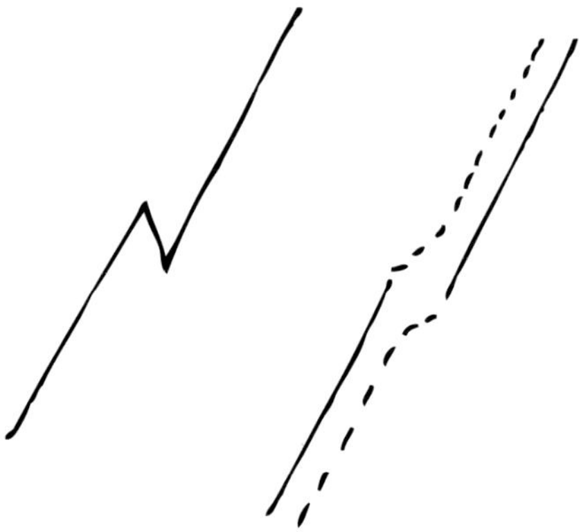

서로 빗나가는 두 곡선은 갈지자zigzag를 만들어 낸다. 중앙의 변화는 반으로 갈라진 교각의 아이디어 – 각각이 자신을 지지하고, 그 종단면은 서로의 거울이미지reflect – 에서 만들어 진다.

보통의 경우엔 지지support의 강성중심centroid과 하중loading의 하중중심은 서로 겹쳐지는 것이 정상이다. 그러나 이 디자인의 경우 잘 해결이 된다고 해도 극단적인 해결책이다. 한 쪽의 상판deck은 단 하나의 테두리 보edge beam로 지지되어 있으며 이는 다른 쪽에서도 마찬가지이다. 이 둘 사이의 틈은 단순한 격막diaphragm 하나로 이어져 있다.

주간에 이 다리는 태양의 위치에 따라 형태가 다르게 보이는데, 한 쪽이 앞으로 나서 자신을 드러내면 다른 쪽은 상판의 그림자 속에 숨는다. 어느 한 순간에는 서로가 만나지 않는 것처럼 보일 것이다. 데크와 난간의 디자인도 이 변화shift를 따라 디자인된다. 일반적인 밸러스터 식balustrades의 수직 난간이 아니고, 데크 또한 평범하지 않아 난간들은 접혀지게 보이게 계획되고 바닥의 무늬stripe는 사선으로 계획되어 전체적인 역동성dynamic과 공명resonate한다.

신화 MYTH

알파벳 Z는 자신만의 상징적인 힘이 존재하여, 직선으로 지르다 한번 방향을 꺾고 다시 직진한다. 이 모양graphic은 땅 위 삶의 수평적 여행, 그 후 영혼과 정신을 향하는 길, 그리고 다시 하늘에서의 평행된 삶을 상징한다고 한다.

유사하게 물 위로 지나는 교량은 자신만의 신화와 상징적 이동journey를 만들기 위해 현재시간에서 미지의 이야기로 나아가는 형태가 될 수 있다.

물은 여성적인 상징이다. 넘실거리는 파동은 신비하며 물의 첫 상징은 두 개의 이어진 갈매기 무늬이다.

지그재그 모양의 번개가 치는, 갈라지는fork 형태는 역동적이다. 함축된 가능성의 보고vast reservoir of stored potential에서, 에너지 전광energy volt은 보이지 않는 것을 드러나게 해 준다.

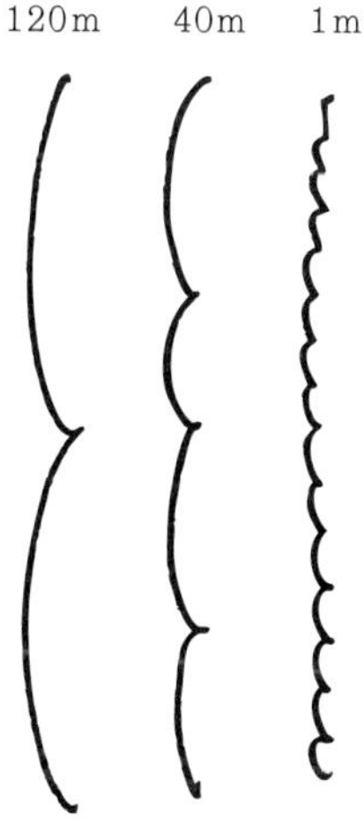

난 처음 수평선 위로 완전히 흡수되는 흑색—몬데고 강을 은밀하게stealth 가로지르는—을 생각하였다. 다리라기 보다는 그림자로서만 느껴질 수 있겠지만, 야간에는 보트들이 충돌할까 봐 걱정이 되었다.

후에, 백색으로 표현되어 있는 교각의 입면을 컴퓨터 이미지로 확인했을 때, 작은 틈gap이 중앙에 나타났다. 다리는 마치 이어져 있지 않은 듯 했는데, 이는 측면의 보의 위치가 바뀌면서 연속되지 않게 보이기 때문이었다. 다른 색상들—노랑, 심지어는 적색—을 시도해 보았지만 역시 백색의 다리만이 이어지지 않은 듯한 느낌을 잘 드러내 궁금증을 유발하였다. 결국 결정된 색상은 회색을 띈 백색off-white같은, 핑크 빛을 살짝 띈 색상이었고, 이는 건축주client와 시공자contractor를 놀래 켰다.

이유는 순수한 백색은 난간의 색이 너무 강조되어 보일 것 같다는 이유 때문이었다. 따뜻한 톤tone은 난간의 무지개 색과 좀 더 어울릴 것이라 생각하였다.

낮에 교각은 백색이지만, 병원 같은 차가움clinical 보다는 따뜻한 쪽에 가깝다. 일몰 때는 태양의 붉은 빛으로 빛날 것이다.

속도 *SPEED*

다리에 올라서면 시선은 세 가지 단계를 통해서 종 방향에서 횡 방향으로 향하게 된다.

처음은 120m 전방에서 느끼게 되는데, 도착지가 똑바로 보이지 않게 되면서shift 신체는 수평선이 사라진 듯 느끼게 된다. 그리고 나서 난간패턴의 리듬이 40m 정도 앞에서부터 흐려지고blur 동시에 바닥 목재의 사선 또한 같은 효과를 준다. 시선은 비뚤어진다.

1m 정도 쑥 바나 변하는 난간의 색상 또한 보행자의 걸음걸이에 맞추어 어른거린다. 횡단하는 느낌이 여기서 극에 달한다. 이 순간 다리는 멈추고, 감속은 속도와 친밀함intimacy를 혼합한다. 지나가기만을 위한 도관(다리)conduit은 여행의 여백을 채우는 이야기가 된다stories of traveling margins.

평면과 입면상에서 변화하는 면들shifting sides

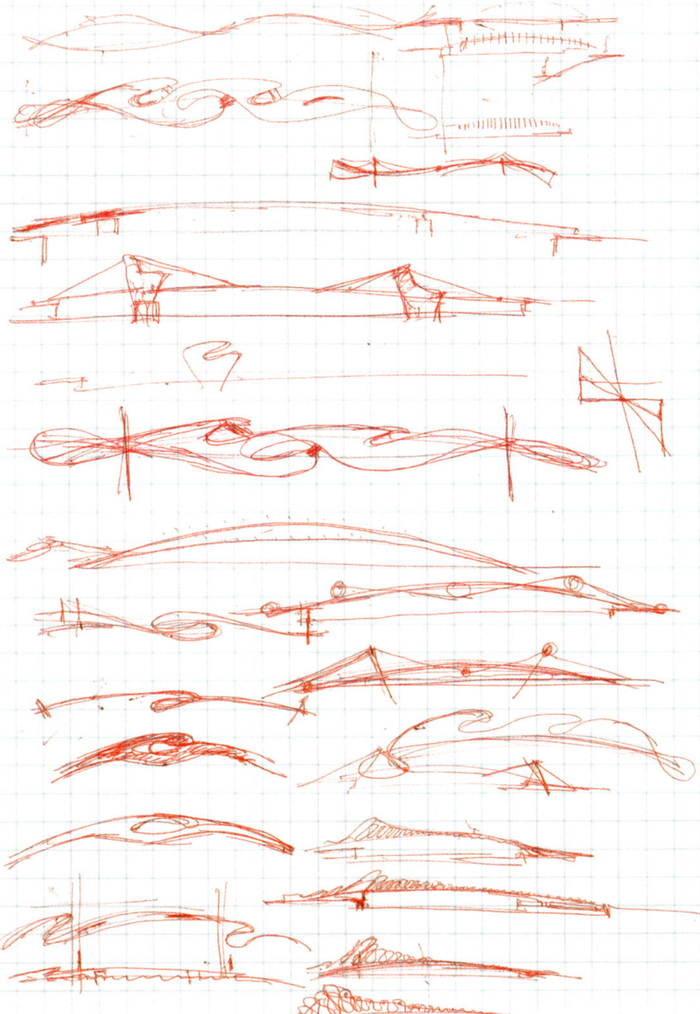

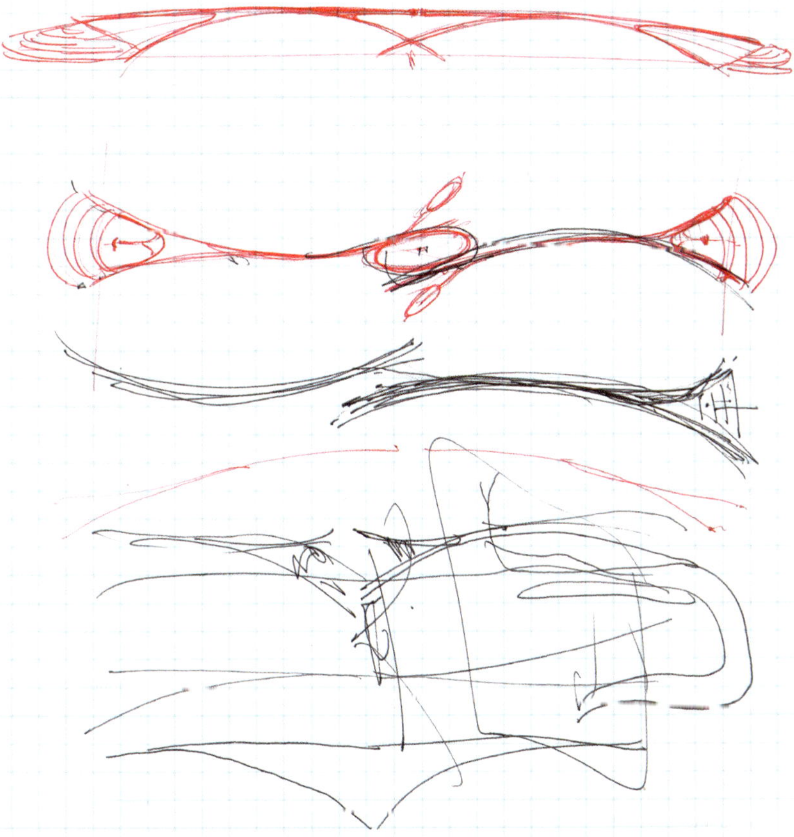

포르투발 런던행 비행기안에서 그래프
종이에 그린 적색의 흐름red currents

Porto/LDN.

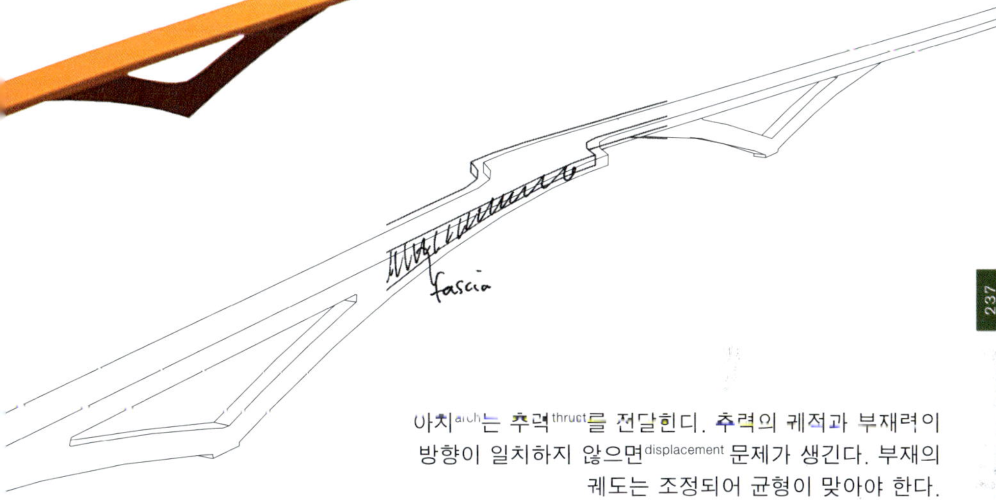

아치[arch]는 추력[thruct]를 전달한다. 추력의 궤적과 부재력이 방향이 일치하지 않으면[displacement] 문제가 생긴다. 부재의 궤도는 조정되어 균형이 맞아야 한다.

다리의 방향이 바뀌는 부분에서 회전하려는 힘이 생기고 이를 내버려두면 조정할 수 없을 정도가 된다. 균형을 유지하기 위해서는 크기는 동일하고 방향이 반대인 힘이 필요하며, 이는 반대편 다리에서 생성될 수 있다.

이 힘들은 떨어져 있기 때문에 휨[bend]와 전단력[shear]을 발생시킨다. 중앙의 광장[plaza]은 이런 힘들을 전달할 수 있는 충분한 크기[material]와 두께[zonal]를 가지고 있다. 따라서 이론적으론 왼쪽 부분에서 오른쪽 부분으로 힘의 전달[shift]이 가능하게 된다.

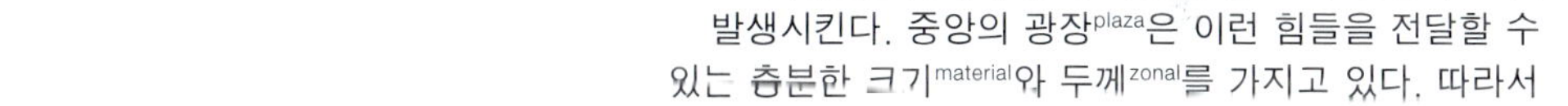

다양한 단면 스터디

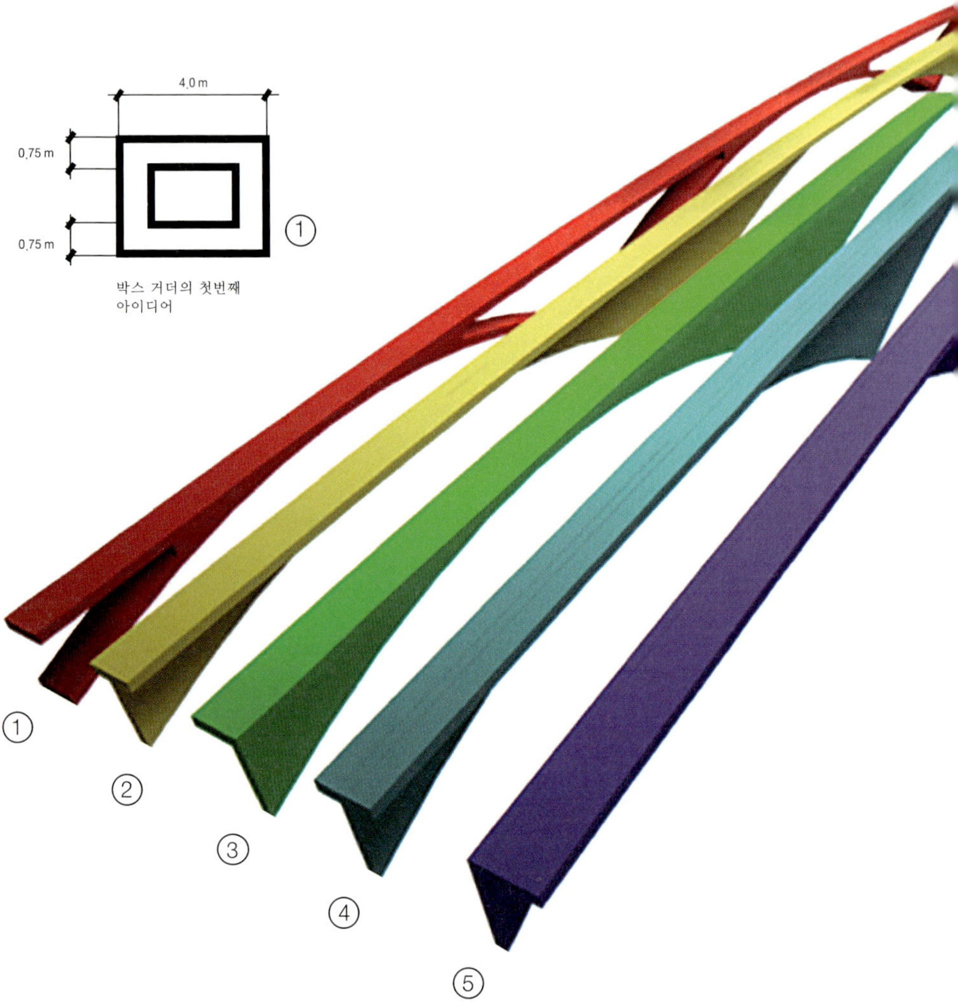

박스 거더의 첫번째
아이디어

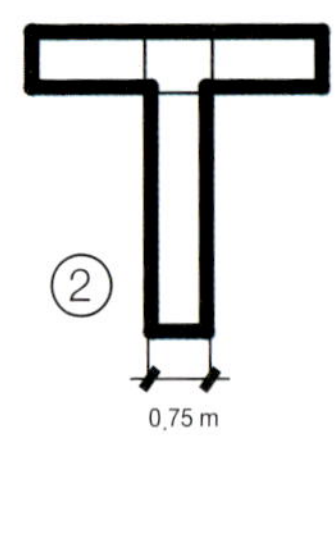

다리 구조를 위해 쓰이는 일반적인 단면들은 박스거더box girder, ㄷ자형보channel, T자형 보T-beam 등이다. 중요한 점은 하중의 중심점centroid과 구조의 강성중심이 수직적으로 같은 면에 있는 지와 대칭인지의 여부이다. 하지만 만약 T자형의 보t-beam가 중앙까지 와 옆으로 이동해 계속 된다면, 변환은 억지스러울 것이고, 자연스런 지그재그zigzag로 보이지 않을 것이다.

내가 생각할 수 있는 최선의 안은 가장자리보가 다리의 반씩 그림⑤같이 놓여진 극단적인 아이디어였다. 만약 한 쪽만 존재한다면, 이 단면은 옆으로 쓰러질 것이다. 하지만 반대쪽 부분에 서로 기대 세워져 있다면, 균형은 다시 유지될 것이다.

평면에서 이런 비대칭을 자연스럽게 보이게 하려면, 강성중심과 하중의 중심점은 다르게 위치하게 된다. 이는 새로운 도전new territory이었다.

⑤
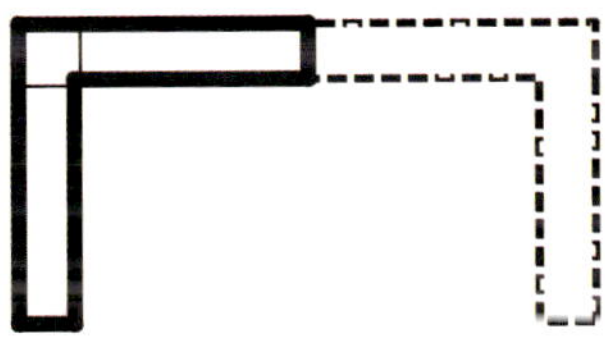

③
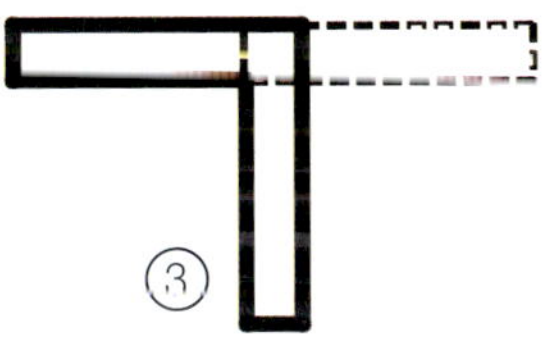

④

이 정도 이해한 상태에서 이 새로운 다리를 위한 아이디어들을 안토니오 아다오 다 폰세카가 이끄는 AFA구조 사무실로 전달하였다; 확답은 빨리 왔고, 효율적인 해결책으로 판명되었다. 초기에 생각했던 다리와 상당히 달랐지만 예산에 미치는 영향은 크지 않았다. 시장에게 보여주기 위한 프레젠테이션이 열렸다. 그는 이 아이디어를 마음에 들어 했고 두 검지손가락을 겹쳐 미끄러지는 시늉을 해 보였다.— 코임브라는 새로운 다리가 결정되었다.

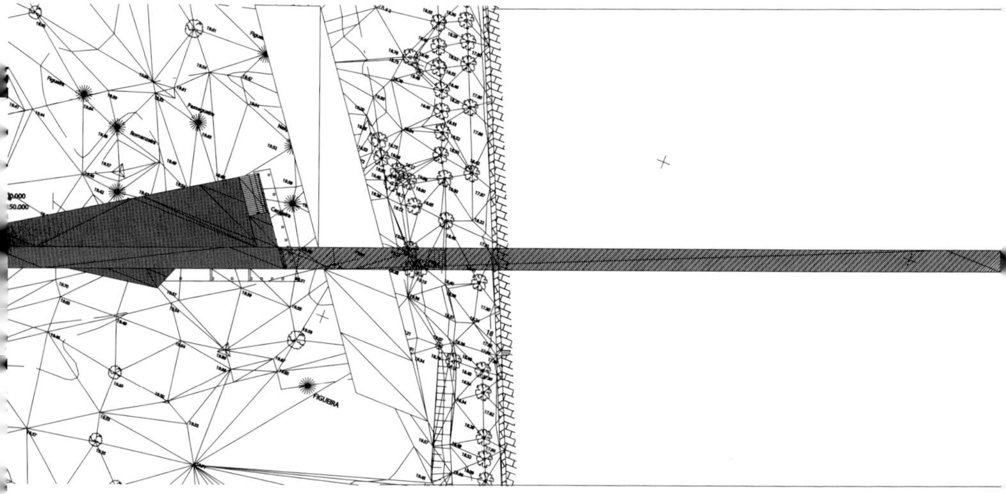

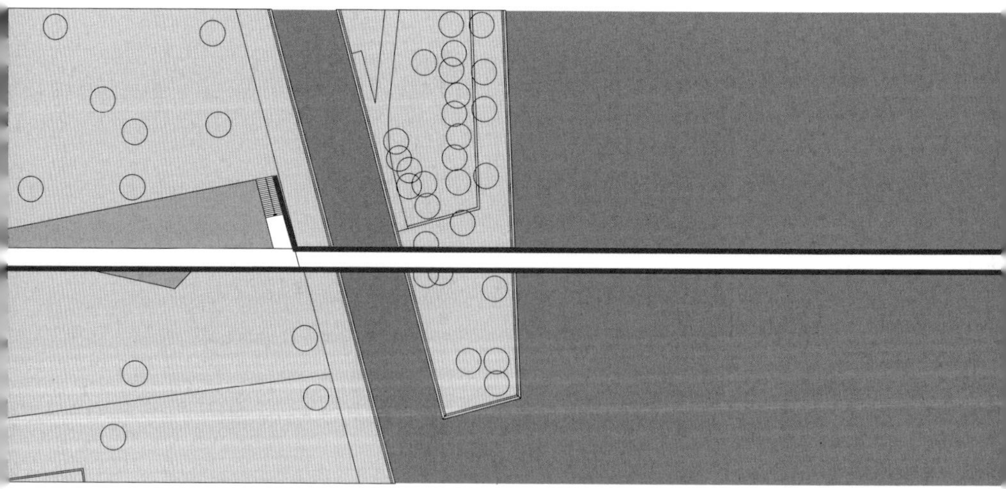

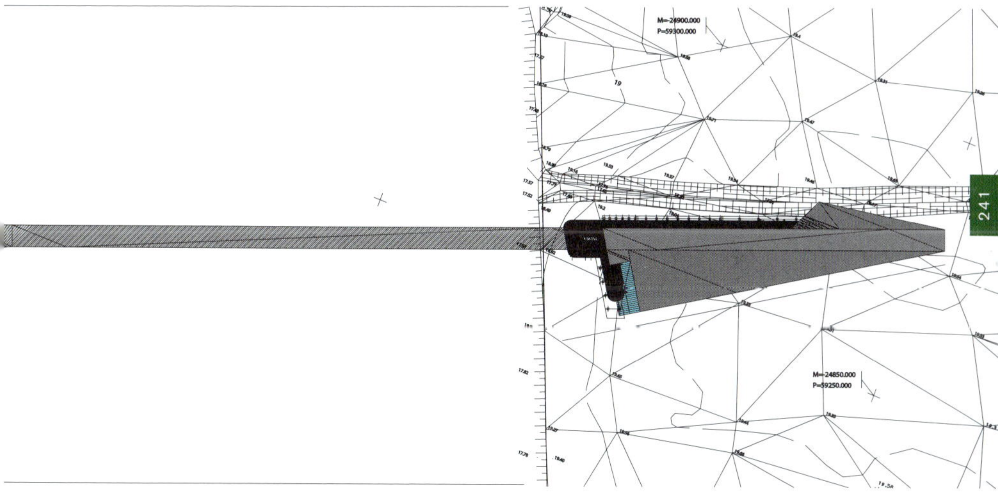

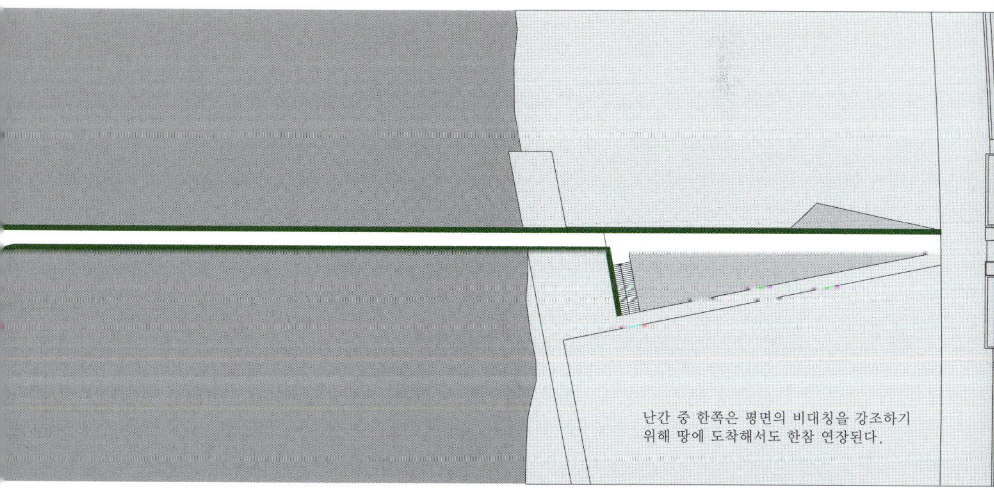

난간 중 한쪽은 평면의 비대칭을 강조하기 위해 땅에 도착해서도 한참 연장된다.

강의 중간에서 '다리'는 사라지고 상판deck만이 떠 있다.

난 이 지역의 전설에 대해 모르고 있었다:

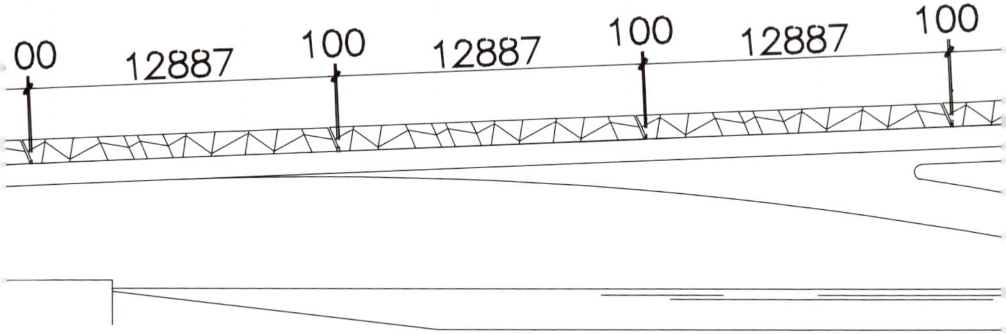

시장은 착공식에서 신분이 다른, 두 사람의 사랑 이야기
그의 부인의 스페인 시녀 이네스[Inês]였다. 왕실 안 암투에 의
아이들은 다행히 암살자의 칼을 피한다. 페드로가 왕이 된
이네스의 시해를 땅에서 꺼내 그녀와 '결혼'한다.

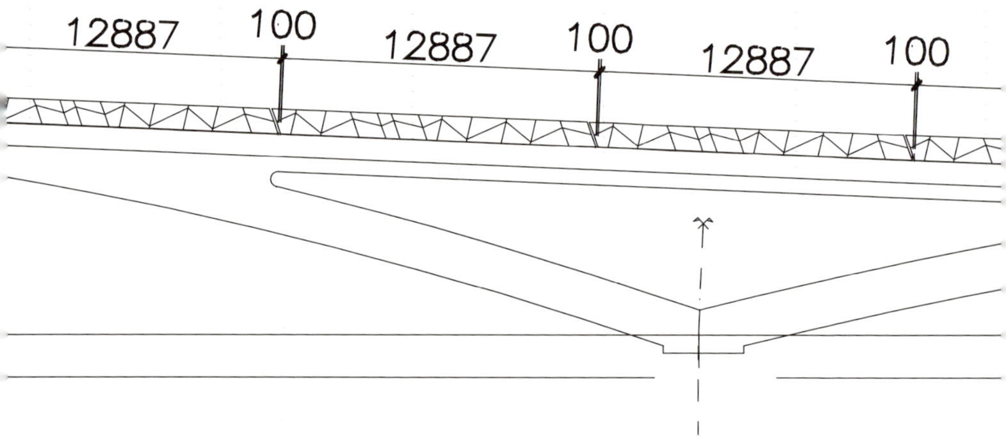

이 교각의 이름을 페드로와 이네스라고 짓

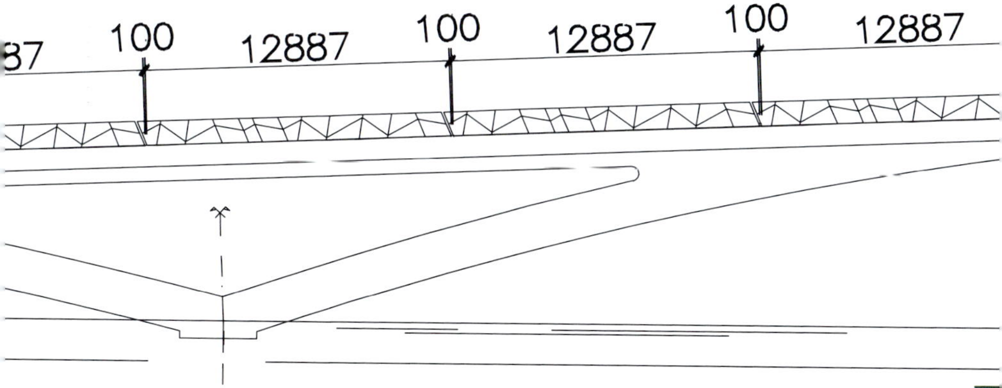

려주었다. 남자는 포르투갈의 왕자 페드로Pedro였고, 여인은
름다운 이네스는 살해된다. 페드로와 이네스 사이에서 태어난
녀를 살해한 이들에 대한 참혹한 처벌이 시작되고, 페드로는

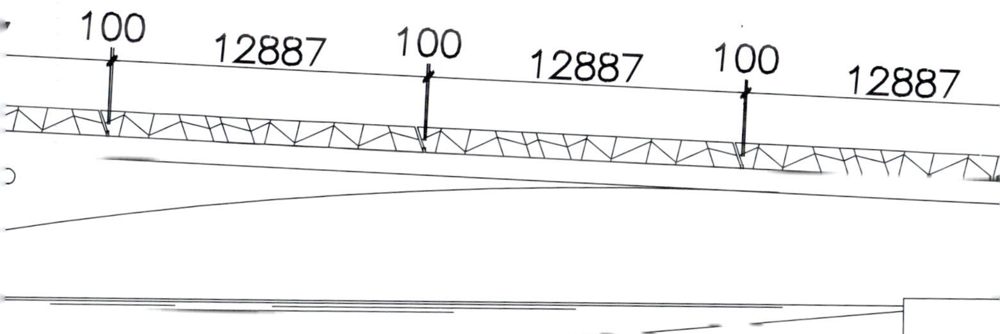

이 어떠한지요, 시장이 묻는다. 시민들이 이를 듣고 환호한다.

스펙 *SPECIFICATION*

노 젓는 배rowing boat가 통과하기 위해서는 80m의 폭과 2m의 높이가 필요하다. 돛단배sail boats가 통과하기 위해서는 강 중앙에 30m의 폭과 7m의 높이가 필요하다.

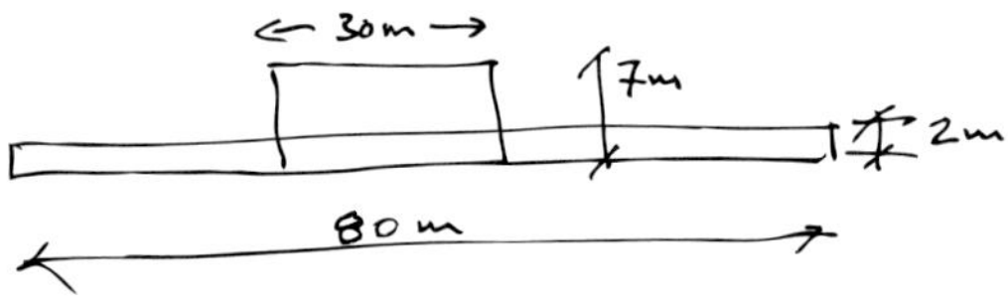

'아치'arch 단면은 폭은 1.35m이고 춤은 1.8m이다. 이 아치가 강 중앙으로 가면 데크로 전환되며 그 치수는 4.0m의 폭과 0.9m 두께의 사각형 보로 변한다.

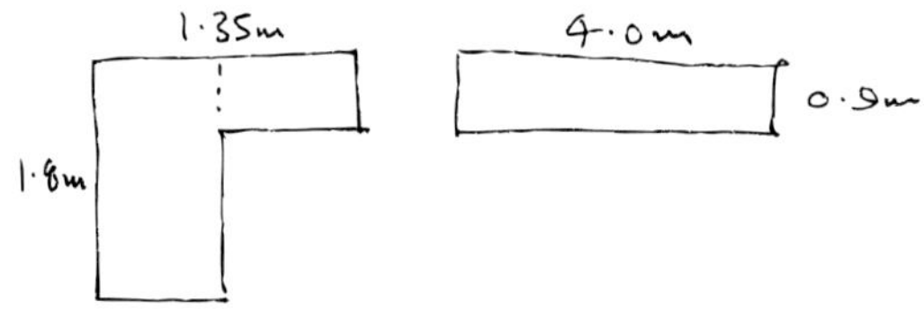

남쪽 제방에서는 노 젓는 배를 위한 물길rowing channel이 다리의 길이만큼 따로 존재한다. 이 물길과 강 사이 반도peninsula에 교각이 땅에 닿기 전abutment 마지막으로 데크를 지지해줄 단기둥single column이 서 있다.

전체 길이: 진입램프를 포함해 369m

다리 길이: 274.5m 중앙 스팬 110m

중앙 아치 1:12 높이 대 스팬 비율

데크 폭: 4m
중앙 플라자 폭은 8m

진입램프 경사도: 4%
램프 스팬span 64m 로잉보트 물길 34m 별도

기초 파일 길이 합: 3720m
매입 말뚝Driven piles 3335m, 보오링 말뚝bored piles 385m (다리)

회색 콘크리트 물량 590㎥
백색 콘크리트 물량 120㎥

강철 뼈대 및 플레이트 무게 462t

철근콘크리트reinforced concrete를 위한 철근 배근 조립물steel rib cage 무게 70t
난간 길이 782m

구아야칸Guayacán 나무 데크 면적 1150m^2
열처리 이판암 바닥 burnt shale paving 792m^2

분석 *analysis*

구조적인 응답성structural response은 지지대 위에 있는 두 개의 삼각형 형태cell의 강성rigidity과, 기초와 아치의 접합강성fixity of the arch에 의해서 결정된다.

지지되는 부분의 보는 데크를 통해 전달되는 인상력과 아치의 경사진 부분inclined arms을 통해 전달되는 압축력에 의해 휘어져hog 곡면으로 변형되려고 한다.

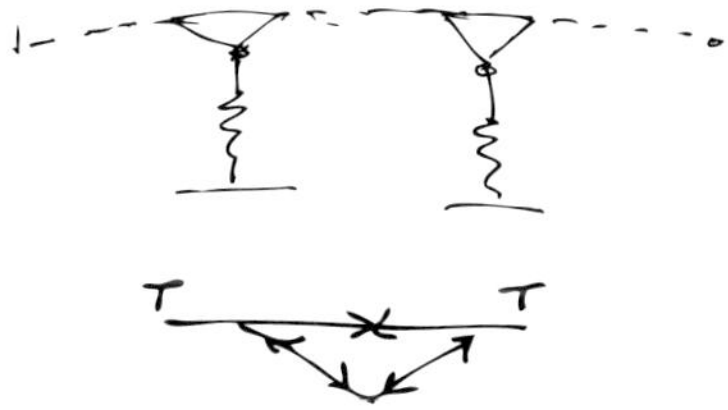

파일이 깊게 박혀있다면 기초는 '탄성''springy'이 생긴다. 만약 지지되는 점이 고정단fix이고 움직이지 않는다면 데크는 강한 삼각형 형태 사이의 연결고리로 작용할 것이다. 하지만 만약 아치들이 좀 더 유연'give'하고 기초부분에서 회전할 수 있게 된다면, 다리는 하나의 거대한 보로서 거동하게 된다.

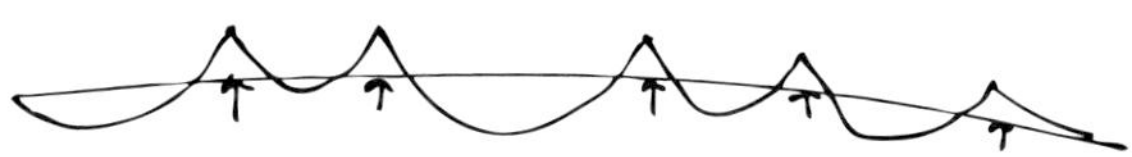

아치 하부에서 스팬이 다른 아치들 때문에 수평추력도 달라지며, 이에 따라 긴 스팬의 아치는 작은 스팬의 아치와 균형이 맞지 않게 된다. 이는 기초들을 퍼지게spread하고 아치를 '떨어뜨려' 좀 더 낮게flatten out 만들 것이다. 휨flexure은 증대된다

코임브라Coimbra 교각의 구조는 보와 아치 사이의 구조이다. 대부분의 요소들은 보의 거동 특성beam action을 따라 휘지만flex, 대규모의 축을 따른 힘이 두드러진다.dominate

축으로 견뎌낸axially resisted 힘force은 강도strength를 만든다.—떠밀기push나 밀기thrust. 굽힘bending은 '양보give' 한다.

보와 거의 유사한 아치나 아치가 되고 싶은 보는 서로 의미가 중복cross된다. 하나의 활동action이 다른 활동을 만남에 따라, 선과 아치는 움직이는 웨이브가 된다. 잔물결ripple. 잠깐 머무르는 아름다움transient이 나타난다.

실용pragmatic적인 측면은 구성configuration의 특이함이 강해짐에 따라 사라진다. 순수한 기능이 보이지 않게 되면서, 시성poetic이 나타난다.

난간balustrade은 휘고buckle 유연하게 흘러flow 시선을 진동oscillate시킨다.

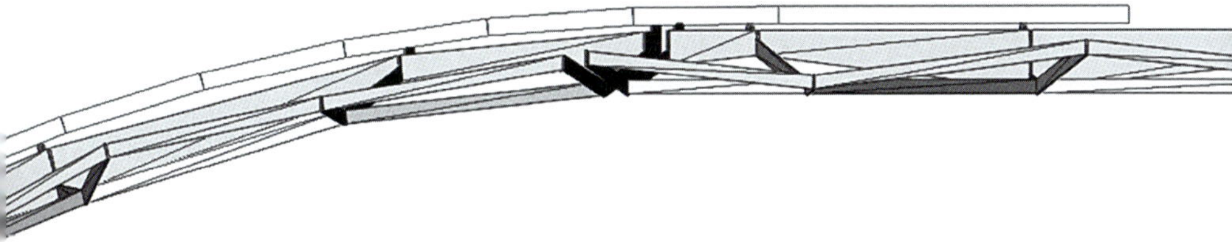

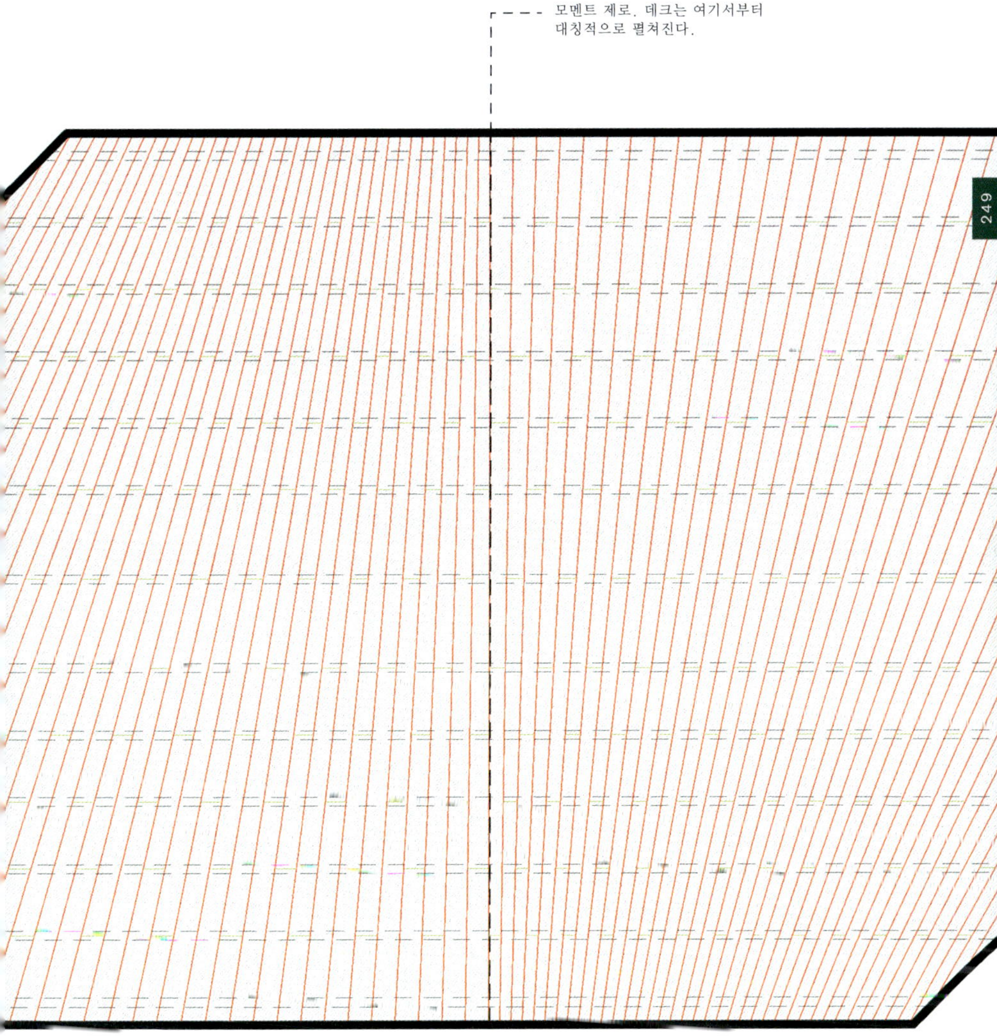
모멘트 제로. 데크는 여기서부터
대칭적으로 펼쳐진다.

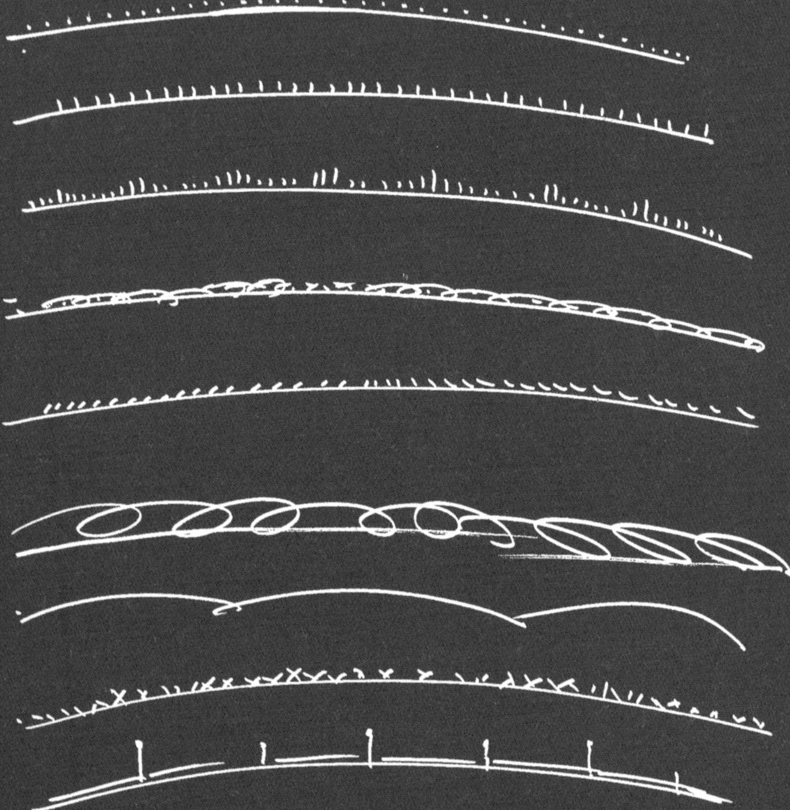

난간 연구STUDY
맨 아래쪽에서 하나 위의 다이어그램이 선정되었다.
공사 중 유리가 끼워지기 전에는 멀리서 보면 스케치와
거의 유사했다. 작은 수풀과 덤불.

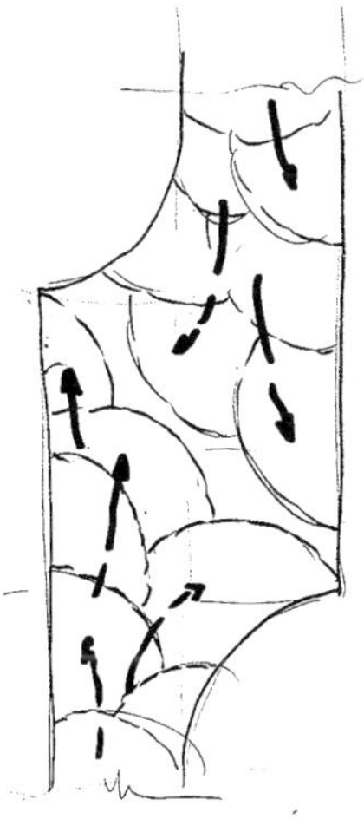

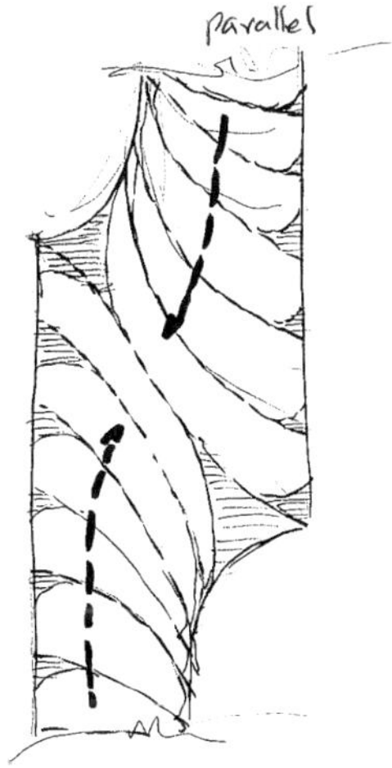
parallel

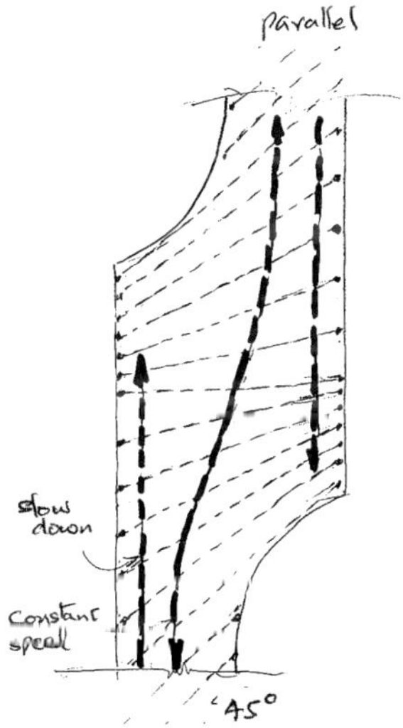
parallel
slow down
constant speed
45°

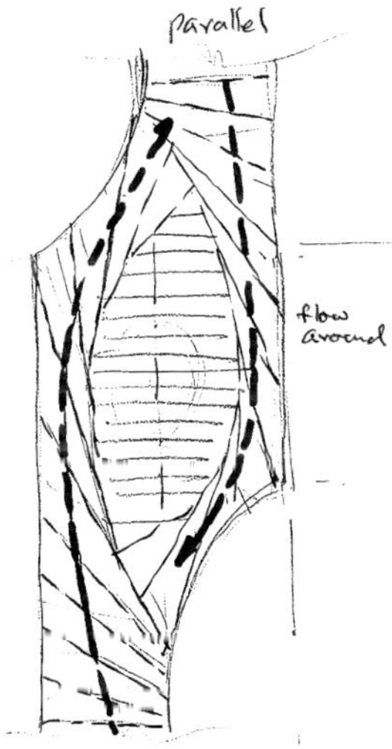
parallel
flow around

정상과 골짜기를 따라 설치되는 조명에 대한 초기 생각.

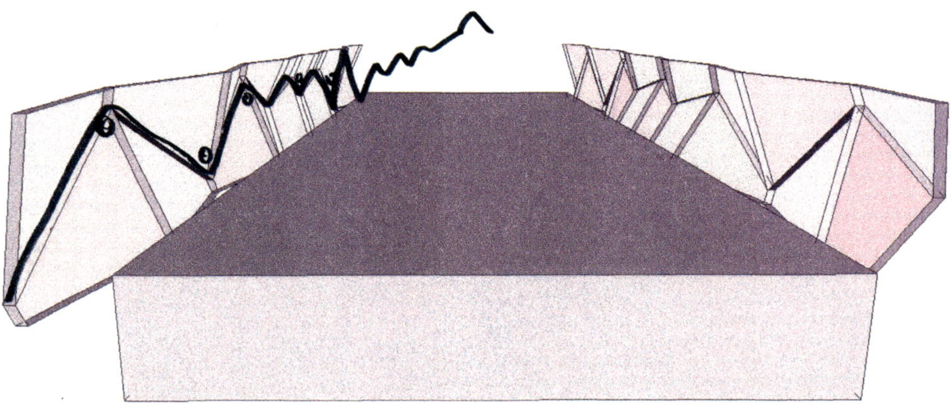

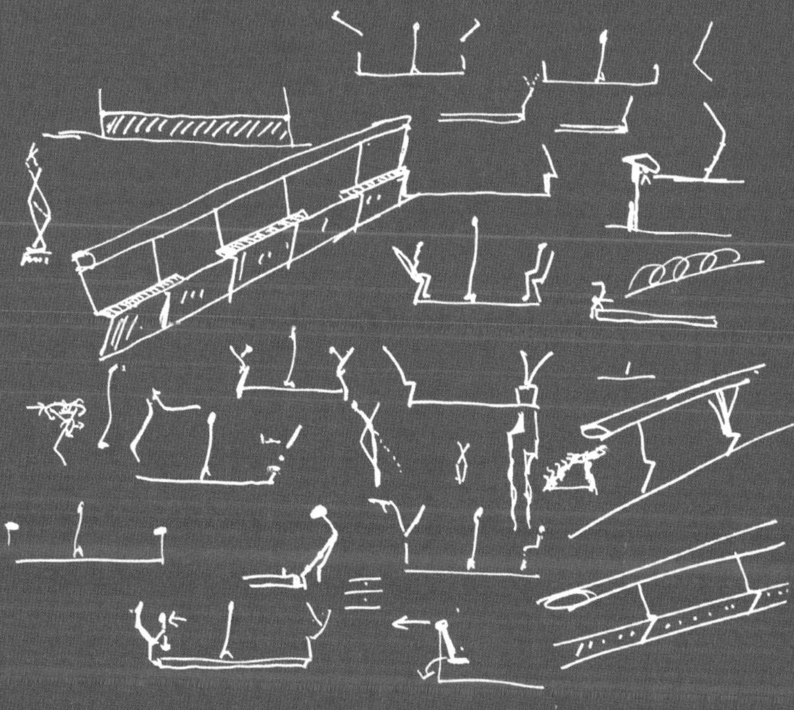

난간의 일부로서 설치되는 벤치에 대한 스터디. 수직면을 역전reversal하는 것을 살펴보았는데, 이는 후에 종이접기origami같이 접히는 입면에 아이디어를 제공하였다.

유리를 안쪽에 설치할 것인지, 아니면 바깥쪽인지도 고민하였다. 버팀대support를 안쪽에 설치한 것이 좀 더 명확한 윤곽stronger definition을 보여주었다. 투명 유리보다는 색유리가 리듬감을 강조하는데 더 적당했다.

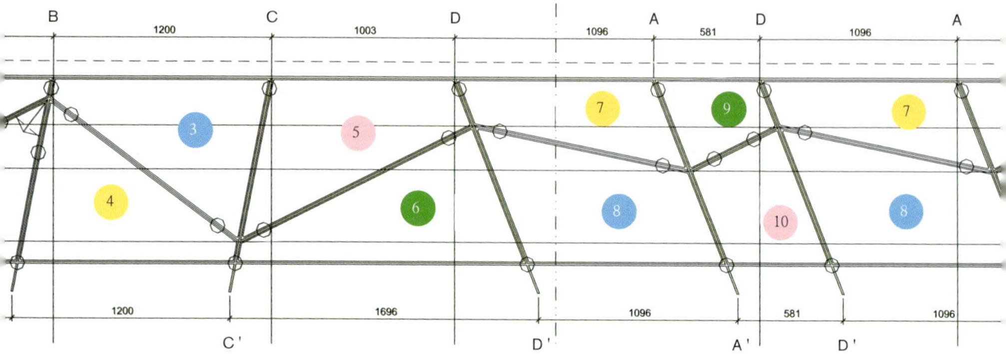
B
C
D
A
D
A
1200
1003
1096
581
1096
3
5
7
9
7
4
6
8
10
8
1200
1696
1096
581
1096
C'
D'
A'
D'

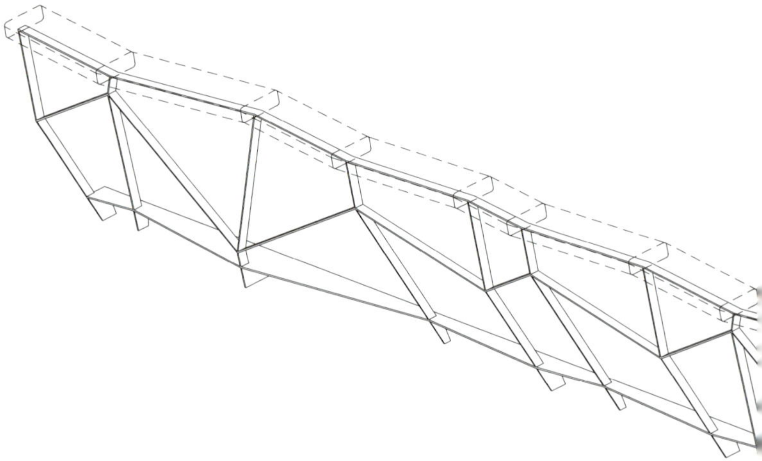

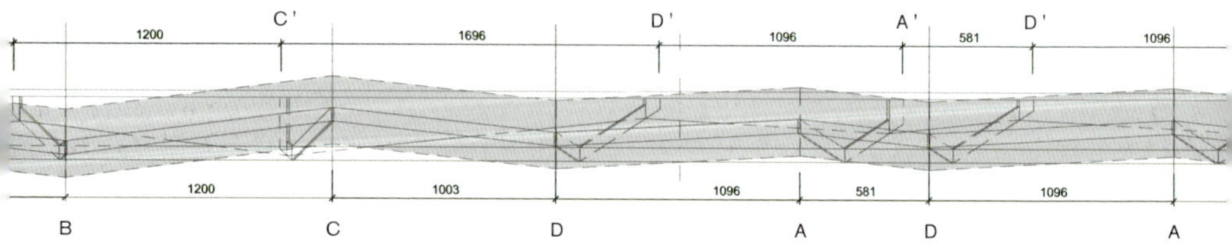
C'
D'
A'
D'
1200
1696
1096
581
1096
1200
1003
1096
581
1096
B
C
D
A
D
A

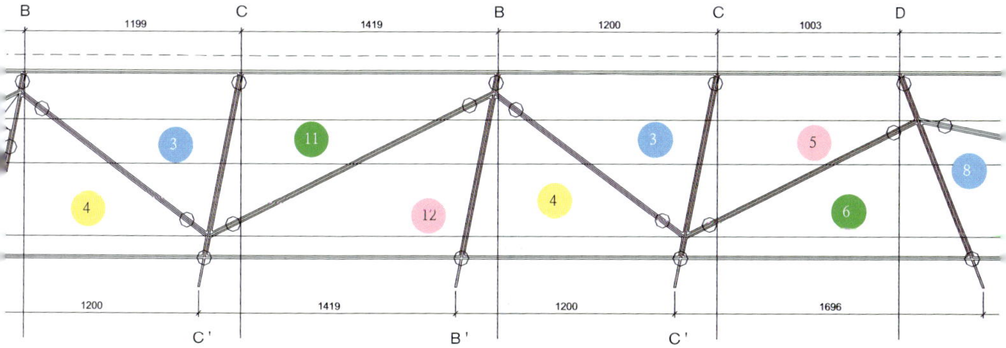

네 개의 수직 바vertical는 뒤집혀서 시퀀스를 만든다. 12개의 패널 유형이 만들어 졌다. 전체 레이아웃은 12m마다 반복된다.

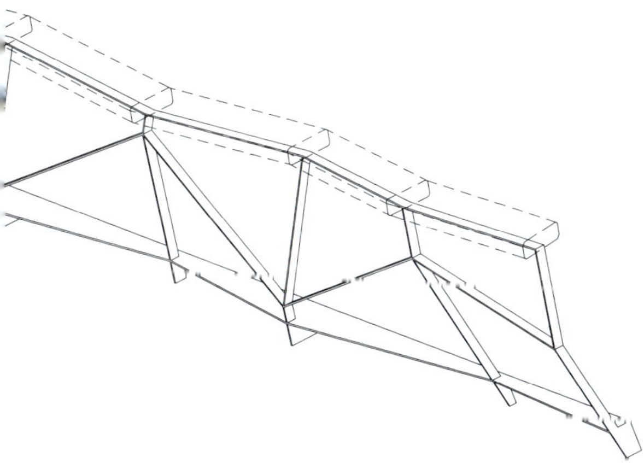

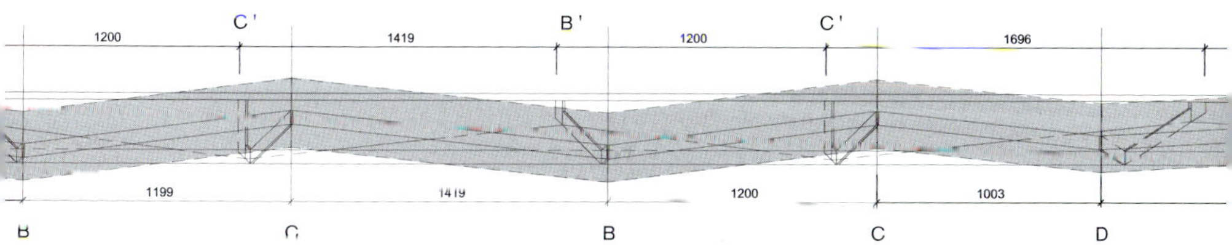

난간 입면

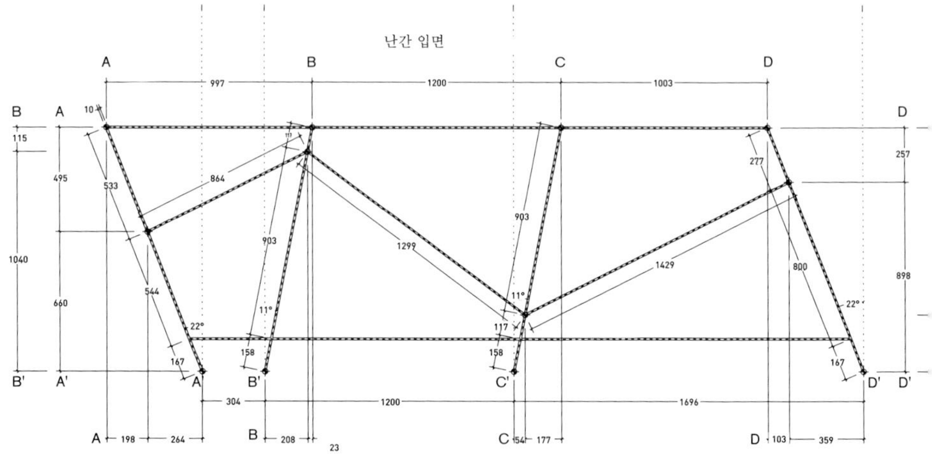

난간 평면

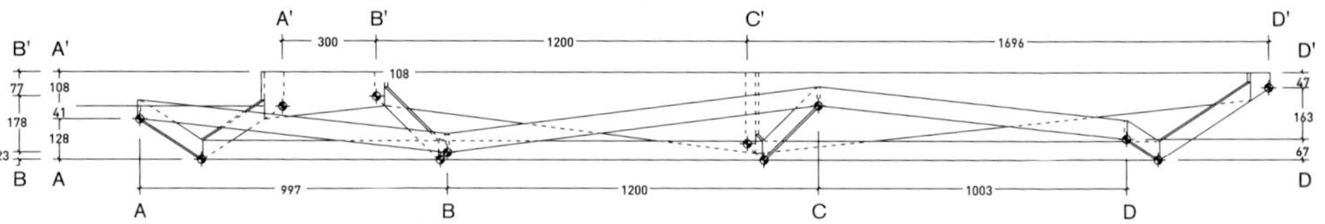

난간 윤곽PROFILE

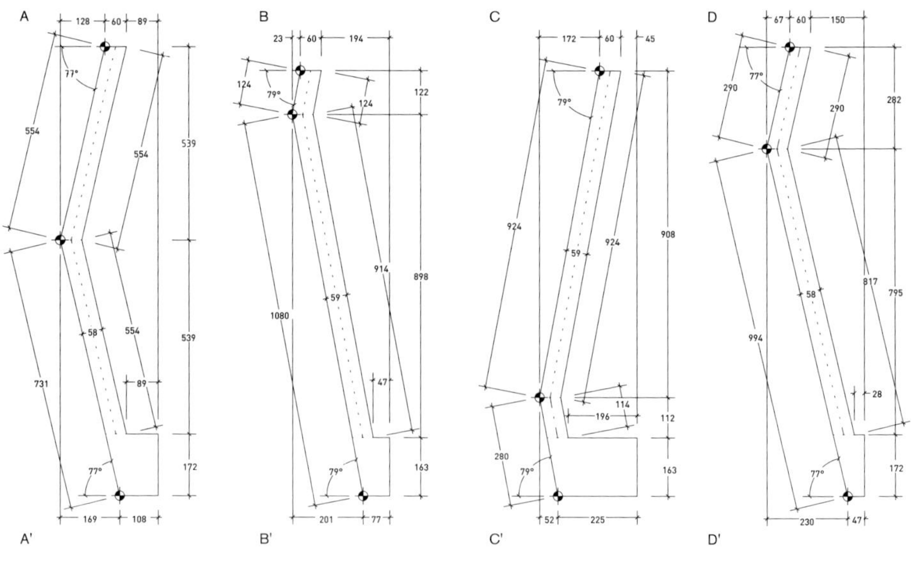

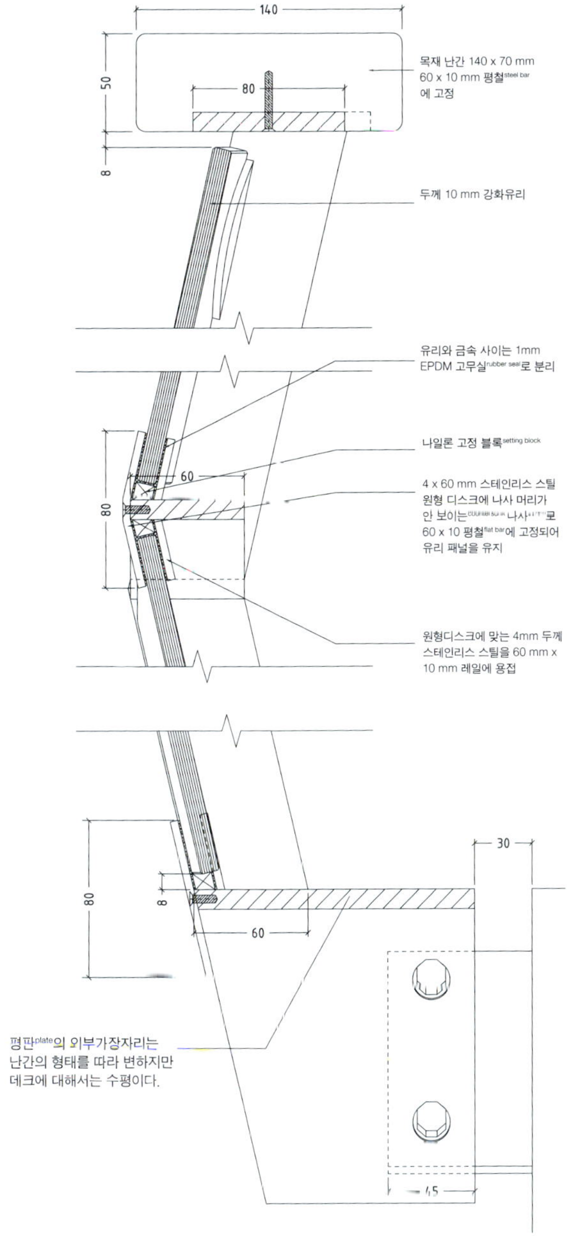

피카소 그림 같은 순간

목재 핸드레일은 난간을 따라 변형되어 곳곳에 개인적인 쉼 (온폭 파이) 곳niche를 제공한다.

*난간*BALUSTRADES

유리판들braids는 특별한 색상이 필요했다: 낮 동안은 미약해서pale 잘 보이지 않고 야간에는 확연히 드러나는 빛깔tint. 유리 패널은 코팅되지 않고 자체로서 색을 가져야 했다. 저탄소유리가 가장 적당했으며, 색편차bias도 적었다.

우리는 핑크, 노랑, 녹색 그리고 파랑을 골랐다. 네 가지의 단백질이 이중나선구조double helix를 만들 듯이, 유사한 방식으로 난간을 제작하는 것은 흥미로울 것이라 생각되었다. 교각을 따라 난간은 주름이 지기 때문에, 주변부의 색들은 끊임이 없는unending 연속으로 보일 것이고, 반복되지만 절대 뻔하지는obvious 않을 것이다.

1

4

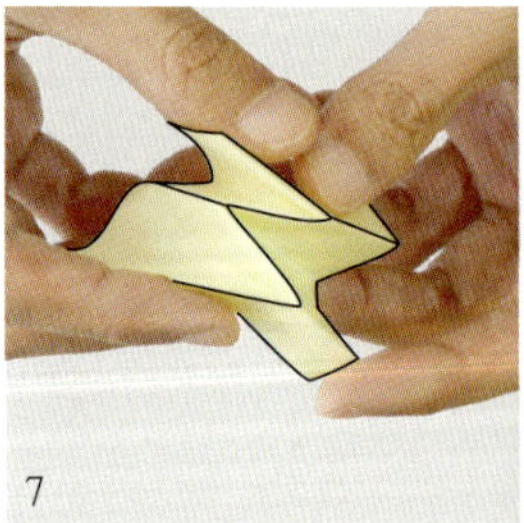

7

2

3

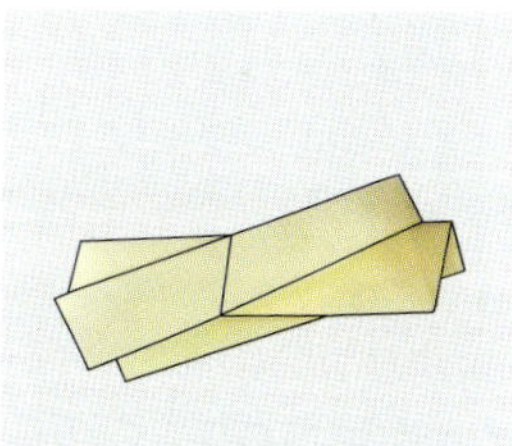

5

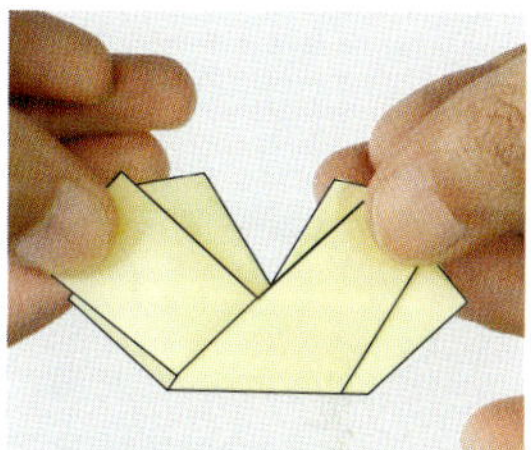

6

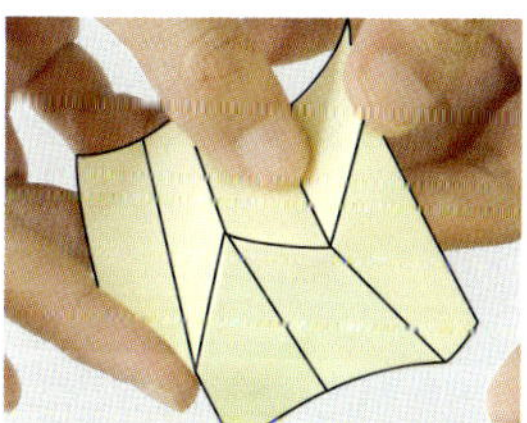

8

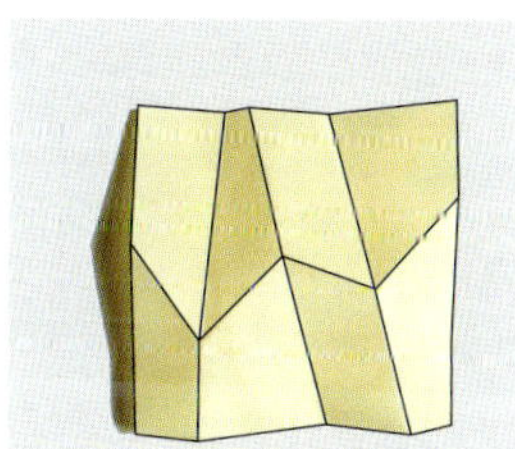

9

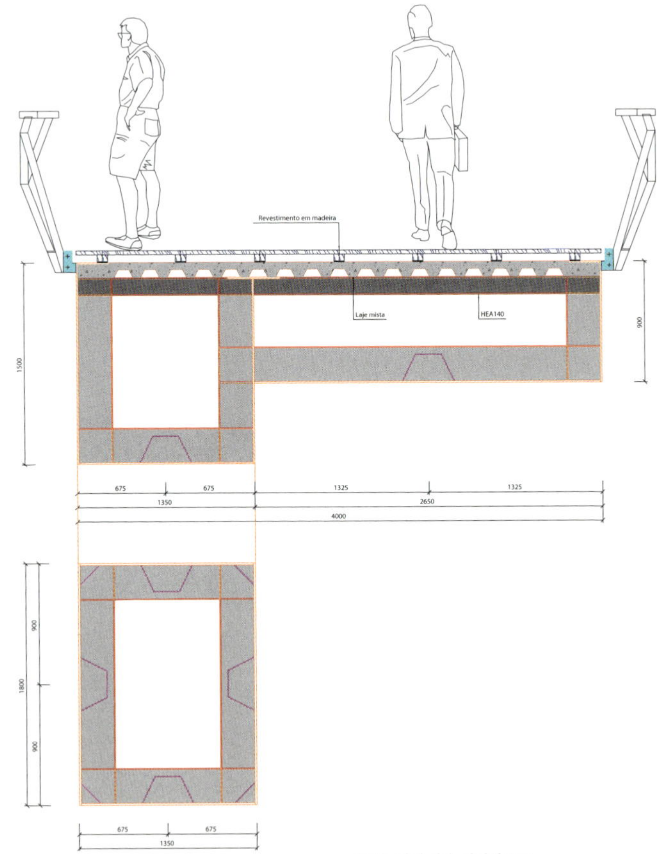

아치 박스 단면에 앉아있는 안토니오와 나

시공을 위해 강을 한시적으로
매립하였다.

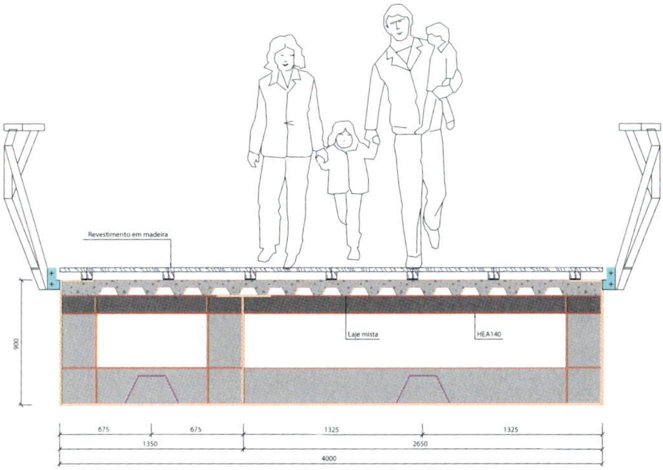
Revestimento em madeira
Laje mista
HEA140
900
675
675
1325
1325
1350
2650
4000

KOMAT

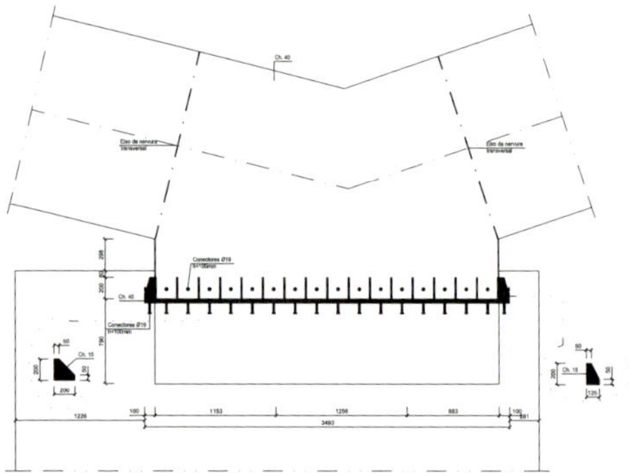

Vista 1-1
Esc. 1/20

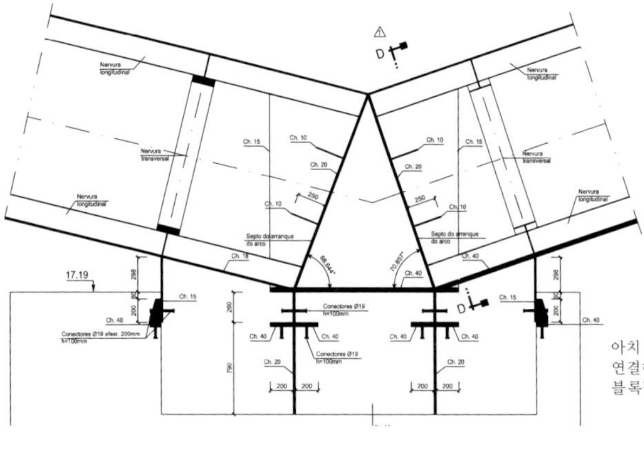

아치 지지부를 콘크리트 기초에 연결하는 가장 중요한 강철 플레이트 블록 key plate block in steel

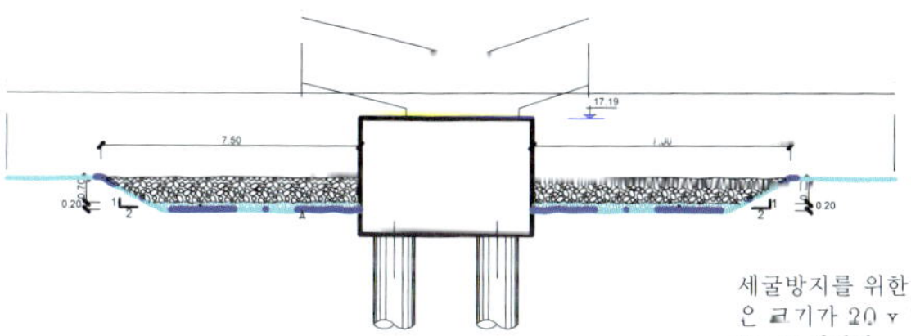

세굴방지를 위한 암반rockbed은 크기가 20 x 18 m이고 1m 두께이다.

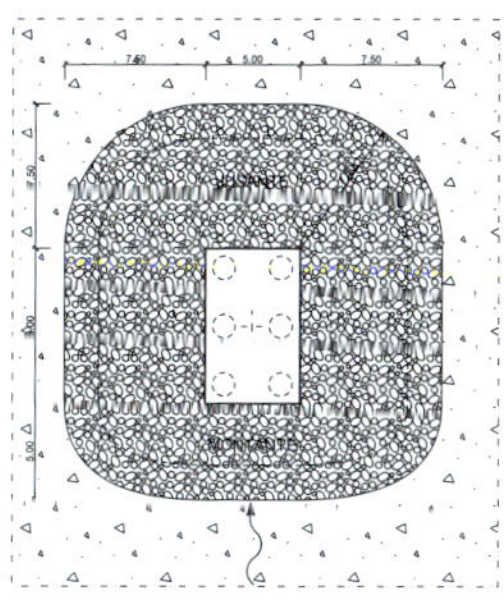

시공순서 CONSTRUCTION SEQUENCE

우선 삼각형 부분이 먼저 시공된다. 그리곤 도시 쪽에 가까운 데크가 교대abutment쪽에 고정clamp되었다. 길이는 다리의 휨에 대한 고정단flexural fixity을 위한 레버암lever arm을 만들기 위해 6 m 정도가 필요하였다. 중앙midspan에서는 부분section들이 연속적으로 이어져 시공되어 결국은 만나게 된다.

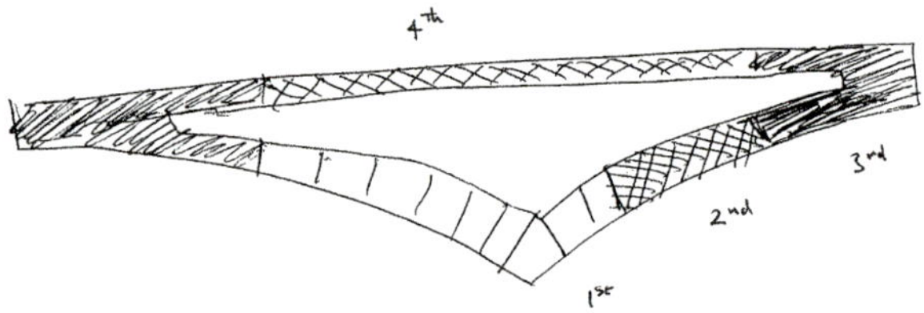

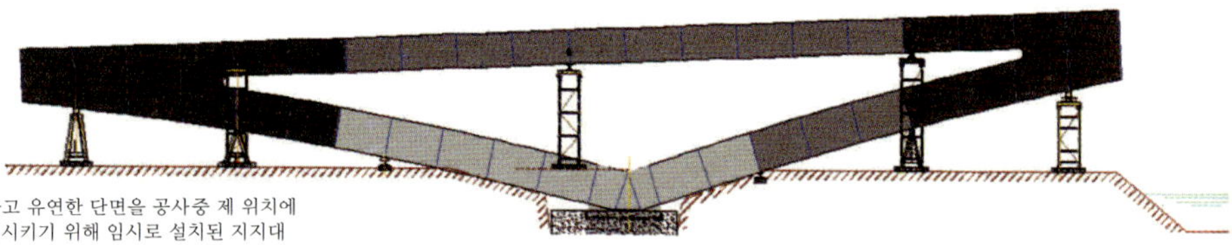

가늘고 유연한 단면을 공사중 제 위치에 유지시키기 위해 임시로 설치된 지지대

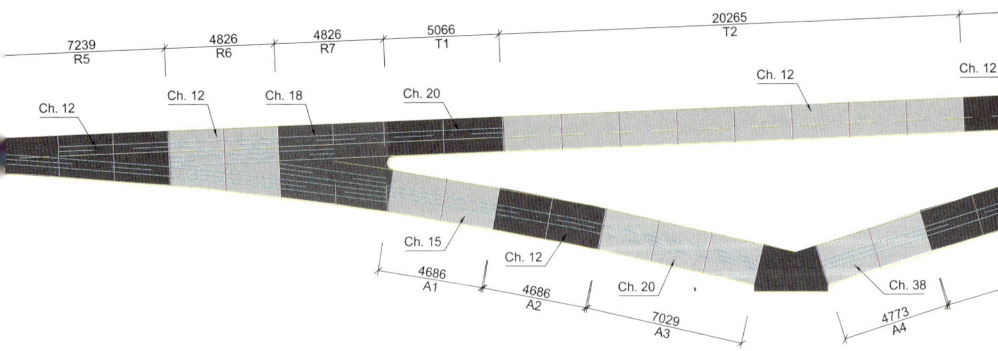

진동 *VIBRATION*

날씬한 다리는 진동한다. 데크를 통해 전달되는 진동의 가속[acceleration]은 보행자에게 불쾌함을 준다.—구조물이 요동치면서[oscillate] 속이 메스꺼운[queasy] 느낌을 주는 것이다.

감쇠[damping]로 인해 구조의 심한 진동이 완화된다. 아치 위 평평한 데크 및 보트를 위한 통로[channel]위에 설치된 동조질량감쇠기[(TMDTuned mass dampers)]로 인해 다리의 강성은 더 커진다.

지역 대학교에서 온 200명의 학생을 초대해 다리 위에서 뛰고, 걷고, 조깅하는 등을 유도해 다이나믹 테스트를 해보니, 교각에 상당한[significant] 뒤틀림[distortion]이 야기되었다. 460톤의 강재로 만들어진 다리가 갑자기 흔들리기[shake] 시작하였다.

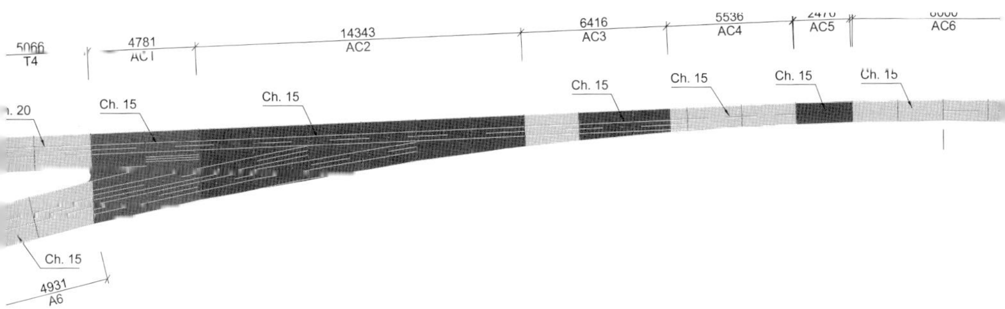

각기 다른 길이의 시공부위를 보여주는 입면도.

어떤 학생들은 옆으로 흔들리는 비틀거림을 참지 못해 램프까지 도망간 경우도 있었다. 다리는 '날뛰었다.'bucked 이 거대한 크기의 구조물이 이렇게까지 흔들릴 수 있다는 것은 실로 놀라웠다.

물론 아직 댐퍼가 설치된 상태는 아니었다. 우리는 기본적인 견고함stiffness을 시험하고 싶었고, 예상대로였다. 흔들림sway과 가속도acceleration, 그리고 처짐deflection은 이 실험을 통해 계측되었다. 관계한 전문가들은 모두 만족해 했다.

댐퍼없이 측정된 결과는 예측대로였다. 이제 댐퍼가 설치된다면 교각의 성능은 예상했던 것 보다 더 좋아질 것이 분명했다.

만약 기본적인 추정치estimation에 다른 예상이 더해진다면, 각각 추가되는 요소에 대한 계산 결과는 점점 더 불분명해진다.

기본적인 추정치가 증명되고 나면 더해진 다른 예상의 결과 또한 더 정확해guaranteed 진다. 코임브라 다리의 경우 댐퍼가 없는 다리는 예상치의 1% 오차 내에서 결과가 나왔다.

댐퍼의 위치는 빨강점으로 표시되고, 계측장치monitor는 파란점으로 표시된다.

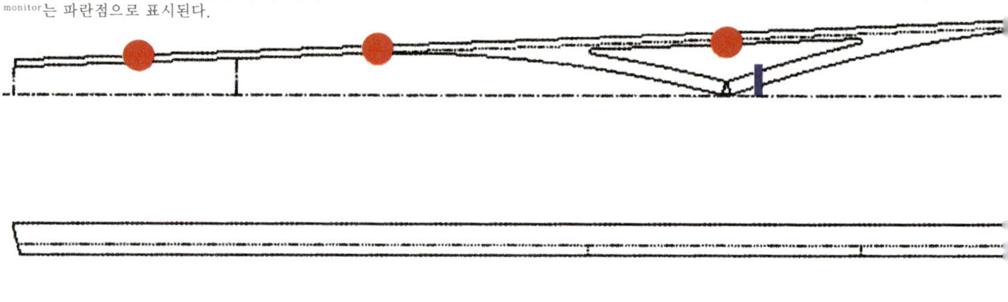

분석에 의하면 다리 무게의 9% 정도 무게의 댐퍼가 필요했지만, 실험을 통해 반정도면 충분하다는 것이 증명되었다.

우리는 결과에 자신이 있었다.

동조질량감쇠기TMD의 위치는 아래에 빨강으로 표시되고, 계측장치 시스템는 파란점으로 표시되었다.

계측장치는 32개의 센서, 24개의 변형측정기strain gauges, 7 개의 온도센서, 그리고 경사계clinometer로 구성되어 있다.

공사 중 미리 선정된 단면 부위에 계측장치가 설치되어 온도, 변형deformation, 회전에 의한 움직임movement이 점검될 수 있게 하였다.

시공방법을 고려한 수치해석모델numerical model을 만들이 실제 계측된 변수parameter와 비교하였다 상호관계correlation은 아주 양호했다.

계측장치 시스템은 또한 영구적인 감시surveillance 시스템이 되어 다리의 기능serviceability 및 환경적인 영향을 계측할 수 있게 된다.

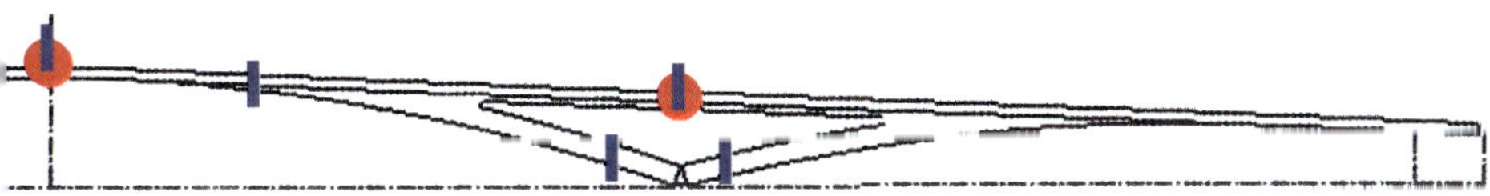

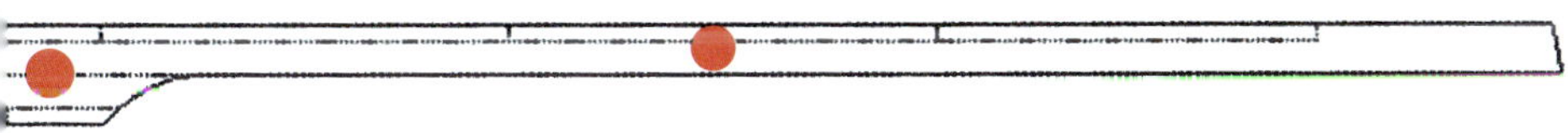

다리의 반은 전진[advance]하고, 나머지 반은 후퇴[retreat]한다.

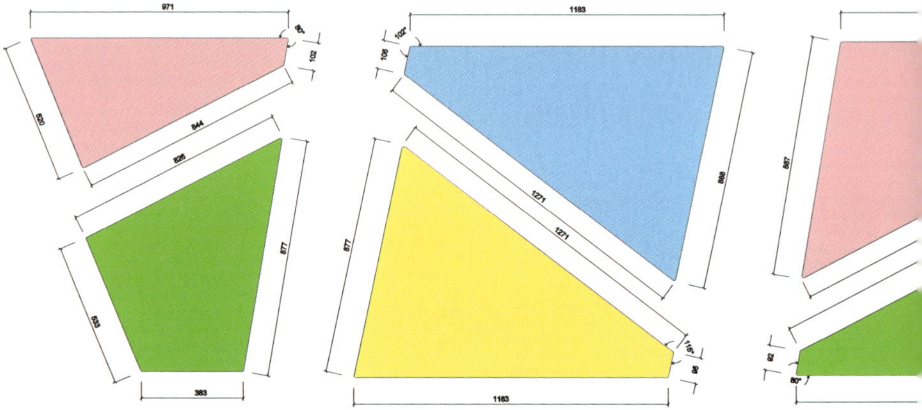
971
80°
102
920
844
826
877
833
383
1183
102°
106
1271
1271
888
877
115°
96
1183
887
92
80°

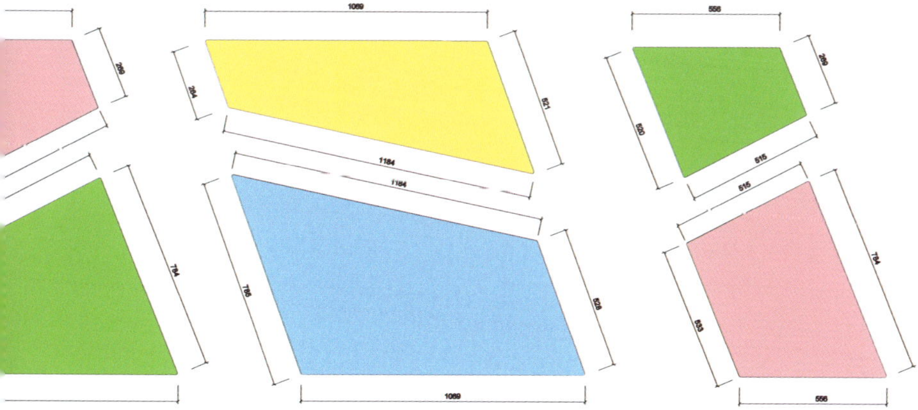

1069
556
289
204
521
520
1184
1184
515
515
784
786
828
833
784
1069
556

야간에 유리 위에 맺힌 이슬은 윤이 나는 느낌satin finish을 부여한다.

강의 영혼과 잊혀지지 않는 여파들 spirits of the river and their hauntings

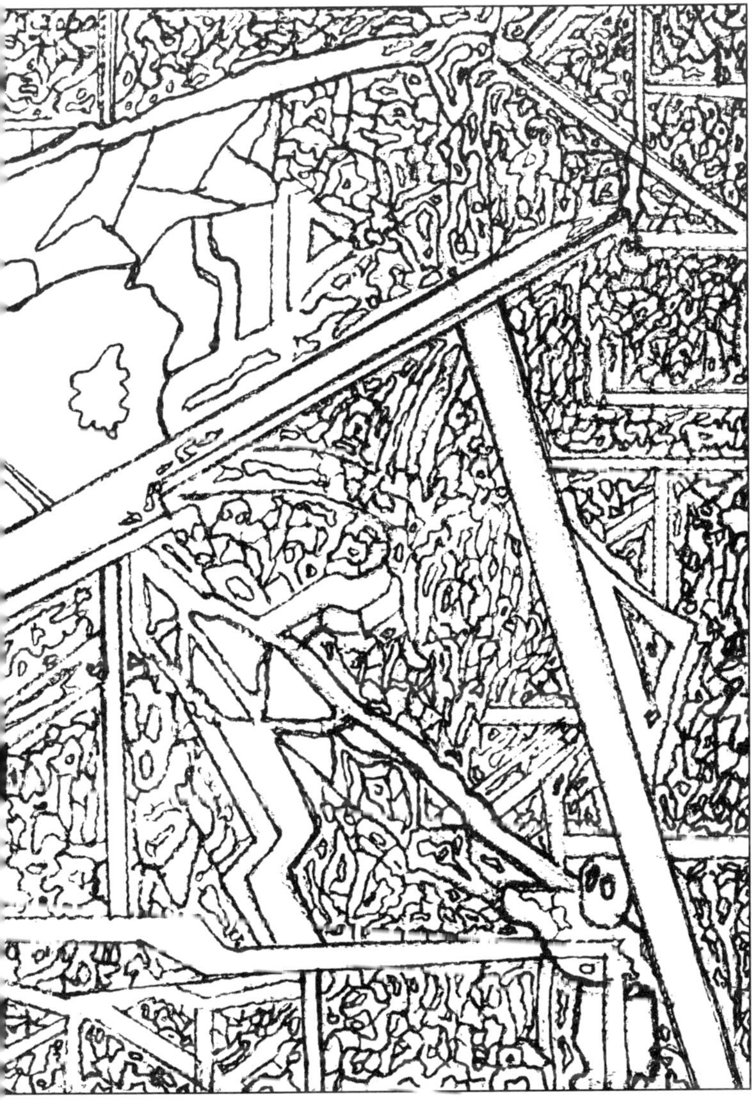

전설 LEGEND

그녀를 보자마자 그는 주체할 수 없는 사랑에 빠진다. 그녀는 실신할 정도로 아름답다. 그 아름다움에 취해besotted, 페드로는 이네스를 몬데고 강가의 별장quinta에서 비밀리에 만난다. 그녀는 곧 여왕이 될 페드로 부인의 하녀이다. 페드로의 아버지인 왕은 두 사람의 관계를 반대하여 이네스를 수녀원에 가둔다. 페드로의 본처는 몇 년 뒤 아이를 낳다 죽고, 페드로는 이네스와의 외도affair를 다시 재개한다.

이네스는 페드로 사이에 네 명의 아이를 출산한다. 페드로는 꾸준히 그녀를 사랑한다. 그러나 이네스의 오빠들은 페드로에게 정치적인 영향을 끼치기 시작한다.

아버지인 왕과 조정은 이네스로 인해 스페인이 포르투갈에 영향을 끼치고 있다고 경고한다. 그녀와 그녀의 가족과 관계를 끊으라고 종용하고 아이들은 사생아로 간주해야 한다고 주장한다. 페드로는 거절한다. 그는 이네스와 비밀리에 결혼한다. 우려는 커진다. 카스티아스페인 중부의 옛 왕국;옮긴이는 점점 더 기세가 커진다. 만약 이네스의 오빠들의 도움으로 카스티아가 포르투갈을 침략하면 어찌한단 말인가?

문제는 뿌리부터 제거되어야 한다. 알폰소 왕은 이네스를 죽이라고 명령한다. 페드로가 사냥을 하러 자리를 비웠을 때, 세 명의 기사가 별장에 도착해 그녀를 살해한다. 그녀는 입고 있던 적색 옷을 피로 적시며 운명한다. 어떤 이들은 그녀의 목이 잘렸다고도 한다.

사실 FACT

1339 돔Dom 페드로는 협정에 의해 카스티아의 콘스탄스 Constance of Castile와 결혼한다. 그녀는 페드로보다 열 여섯 살 연상이었다. 전쟁 때문에 그녀는 남편을 만나러 가지 못하고 스페인에 머문다.

1340 콘스탄스가 포르투갈에 도착한다. 그녀의 조카이면서 하녀로 따라온 이는 이네스 드 카스트로Inês de Castro였다. 페드로는 이네스와 사랑에 빠진다. 그들은 부적절한 관계를 맺는다.

1340-45 알폰소 왕은 인네스를 수녀원에 가둔다.

1345 콘스탄스는 아들 페르디난드를 출산하다 사망한다. 페드로는 인네스를 몬데고 강 근처 산타 클라라 지역의 별장에 머물게 한다. 그는 그녀와 결혼하고 싶어하지만 허락을 받지 못한다.

1345-55 인네스는 10년 동안 네 명의 자녀를 낳는다. 그녀의 오빠들은 정치적 힘을 얻는다. 조정은 포르투갈에 대한 스페인의 야심을 페드로에게 경고한다. 인네스 사이 아이들의 법적인 지위 또한 문제가 된다.

1355 인네스는 3명의 조신courtiers에 의해 살해당한다. 살인자들은 스페인에 숨는다. 페드로는 인네스를 그리워하며 별장에 머문다. 페드로는 조정에 대한 반란을 꾀한다. 하지만 성공하지 못한 채 평화는 찾아온다. 페드로는 시간을 견디며 기다린다.

페드로는 사냥에서 돌아와 사랑하는 이가 살해된 것은 알게 된다. 그는 슬픔에 빠진다. 그는 조정과 왕에 대한 반란을 일으킨다. 조정은 모두 스페인으로 피신한다. 몇 달이 지난 후 왕과 아들은 화해를 한다.

페드로는 별장을 매일 방문한다. 그는 매일 울며 슬퍼한다. 그는 인네스가 살해된 분수 옆에 우두커니 앉아 운다. 그의 눈물은 그녀가 살해될 때 흘렸던 피가 남아 얼룩진 돌 위에 떨어진다.

그리고 아버지 알폰소는 서거하고 페드로가 왕이 된다. 그는 그의 사랑을 살해한 이들을 찾기 위해 수색대를 보낸다. 살해자 중 둘이 발견되어 포르투갈로 이송되고 페드로는 복수를 한다. 이들을 고문한 후 산채로 심장을 도려낸다. 한 사람은 가슴팍을 통해 심장을 도려내고, 나머지 하나는 어깨뼈 사이로 심장을 꺼낸다. 그리고 나서 시체는 화형된다.

1357 알폰소 왕이 서거하고 페드로가 왕이 된다. 페드로는 인네스의 살인자들을 찾기 위해 수색대를 파견한다. 3명중 두 명을 찾아 고문하고 처형한다. 페드로는 알코바카 수도원 Alcobaça Monastery에 자신과 인네스를 위한 두 개의 웅장한 무덤을 만든다. 이 무덤은 섬세한 조각으로 표면이 덮혀 있으며 서로를 바라보게 지어졌다.

1367 페드로는 서거하고 자신이 만든 무덤에 안장된다.

1418-34 왕실의 기록보관자 archivisit 인 페르나오 로페스 Fernão Lopes 는 인네스의 몸이 머리는 북을, 발은 남을 향해 안장되어 있고, 페드로의 몸은 그 반대로 묻혀있다는 것을 기록한다.

1450 후안 루이즈 Juan Ruiz de Alarcón y Mendoza 는 페드로와 인네스에 대해서 글을 쓴다. 그는 인네스의 시신이 발굴 되어, 옷을 입히고 왕관까지 씌워져 페드로와 결혼을 했다는 소름끼치는 의식을 전한다. 사후에 그녀는 페드로의 합법적 부인이 되었다고 한다.

전설은 시작된다.

ILHAS DO ONDEGO:
GO TEM ANDO
MEM NA EM
LAGRIM DAS
OME L O QUE
AMOR Z O
E QUE ONTE
LAGRIM AGUA

페드로는 그의 연인을 무덤에서 꺼내라고 명한다. 시신에 신부옷을 입히고 신부priests 들이 촛불만 켜져 있는 밤에 시신을 운반한다. 왕관을 그녀 머리에 씌운다. 페드로는 그녀와 '결혼한다.'

그는 알코바카 수도원에 화려한 두 개의 무덤을 짓는다. 두 무덤은 서로를 바라보고 있어 사후에 그들이 깨어난다면 서로 바로 껴안을 수 있다.

인네스의 피는 여전히 그들이 만나던 분수 돌에 얼룩져 있다. 사람들은 이 분수를 '눈물의 분수' Fonte das Lágrimas 라고 부른다. 이 저택을 둘러싼 숲은 슬픔과 뒤틀린 뿌리로 인해 어둡고 무겁다. 목소리들은 속삭이고, 그들의 사랑은 더 이상 지속될 수 없다.

이런 영혼들이 다리의 디자인에 깃들 수 있을까?

사람들은 색색의 난간이 그녀의 옷이라고 얘기한다. 그늘는 페드로가 다리의 왼쪽에 있고, 인네스가 오른쪽에 있다고 한다.

중앙에서, 그들은 만난다.

1572 루이스 데 카모에스는 그의 포르투갈 역사에 관한 저서에 페드와 이네스에 대해 기록한다.

현재: 이 전설은 포르투갈에서 인기 있는 이야기이다.

2003: 런던의 그리니치 플레이하우스에서는 알리스 드 수자가 각색한 페드로와 이네스의 이야기가 연극으로 만들어져 공연되고 좋은 리뷰를 받았다.

2006: 몬데고 강의 새로운 다리는 코임브라 시장인 카를로스에 의해 페드로와 이네스라고 명명되었다. 그들이 머물렀던 별장은 여기서 단지 250m 떨어져 있다. 나도 그 근처 호텔에서 머물렀다.

2007: 다리가 개통되었다. 페드로와 이네스 모양의 커다란 꼭두각시 인형이 양 끝쪽부터 걸어와 중앙에서 만난다. 새로운 다리는 코임브라 시와 페드로와 이네스의 전설의 일부가 된다.

나는 이 이야기를 모르는 채, 만나지 않는 다리를 계획했다. 그러나 코임브라에서는 누구도 이것을 믿지 않는다.

STAR OF CALEDONIA   GRETNA LANDMARK   SCOTLAND

GRET NA

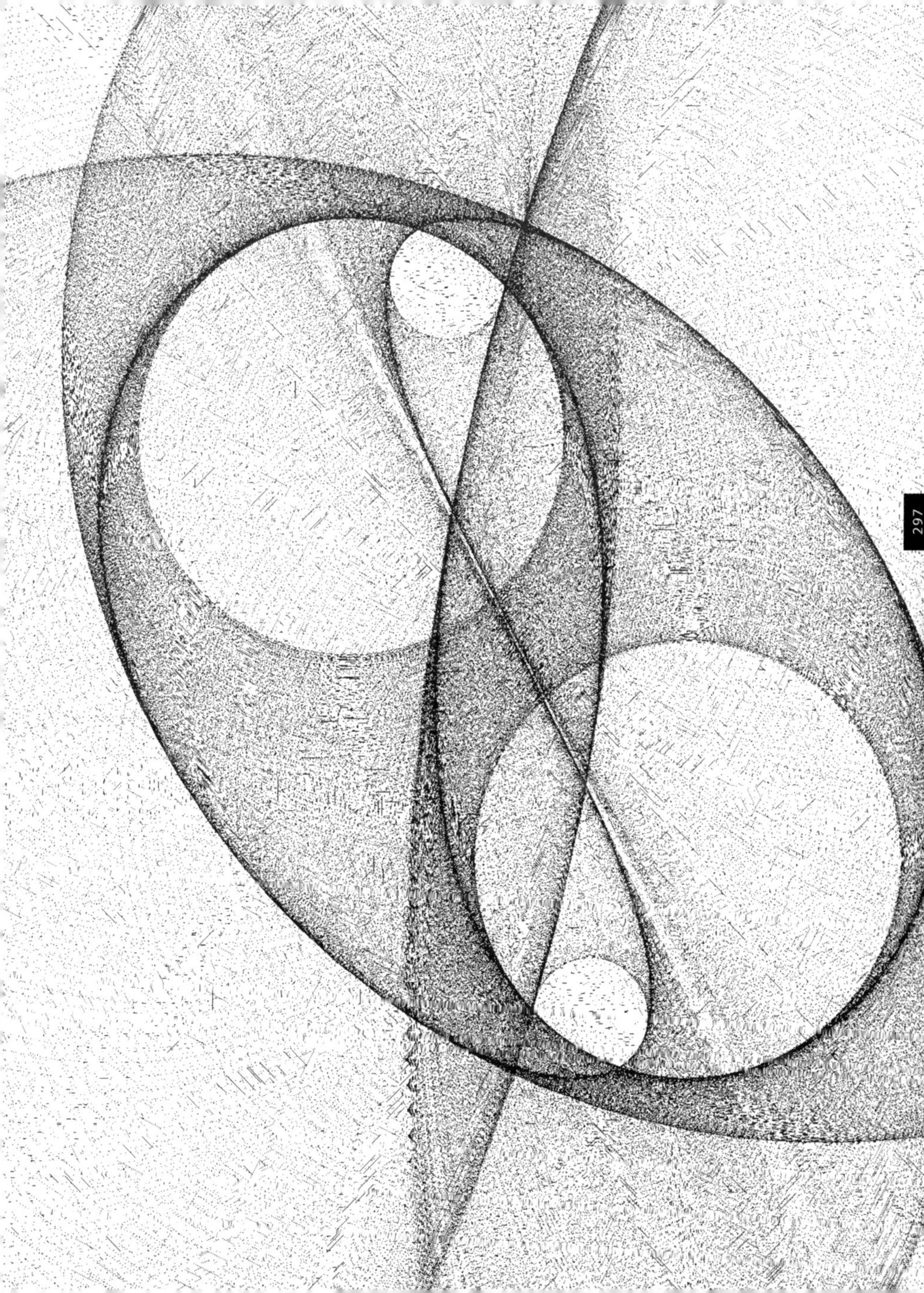

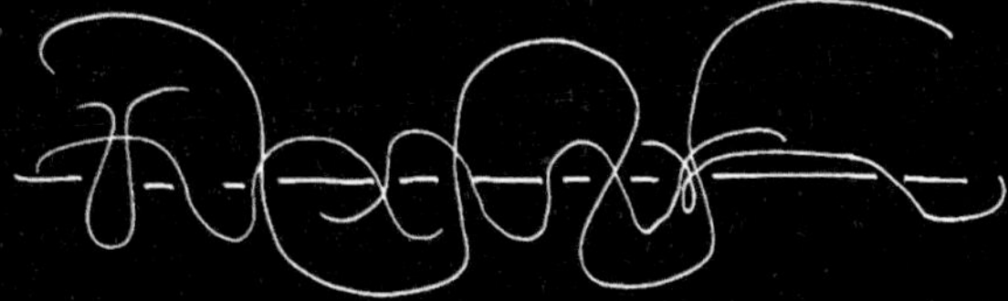

locally paths cross and intersect

A series of dancing S curves
for Scotland.

St Andrew's Cross 

The border is porous
a wave of comings and goings

A wave is the hallmark of energy

a border crossing

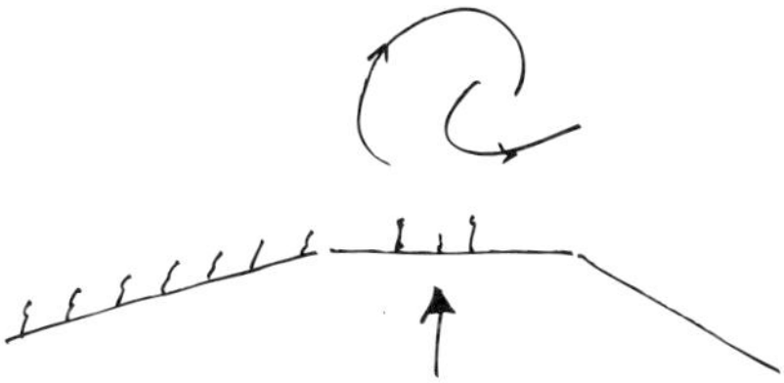

gain potential
release kinetic

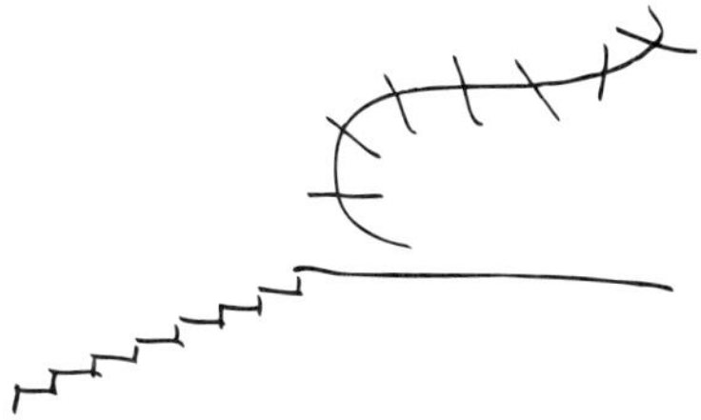

steps in the sky
to slow the eye

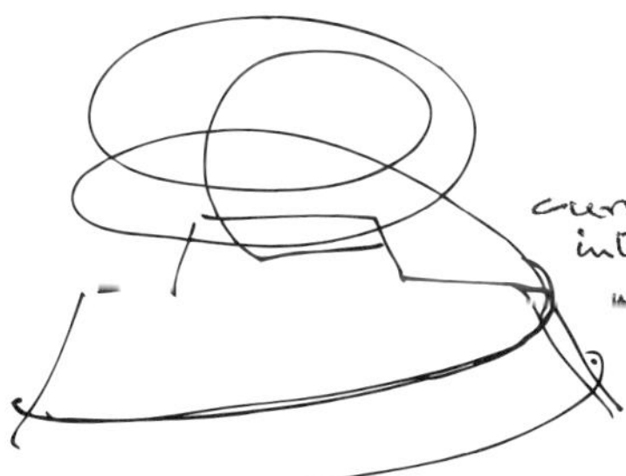

curves
integrated
with the
landforms

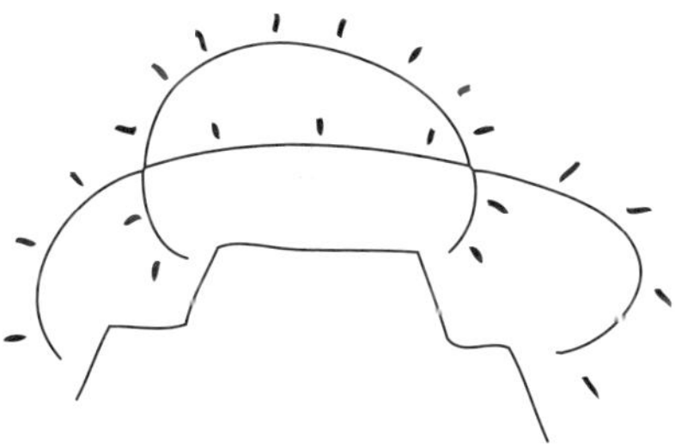

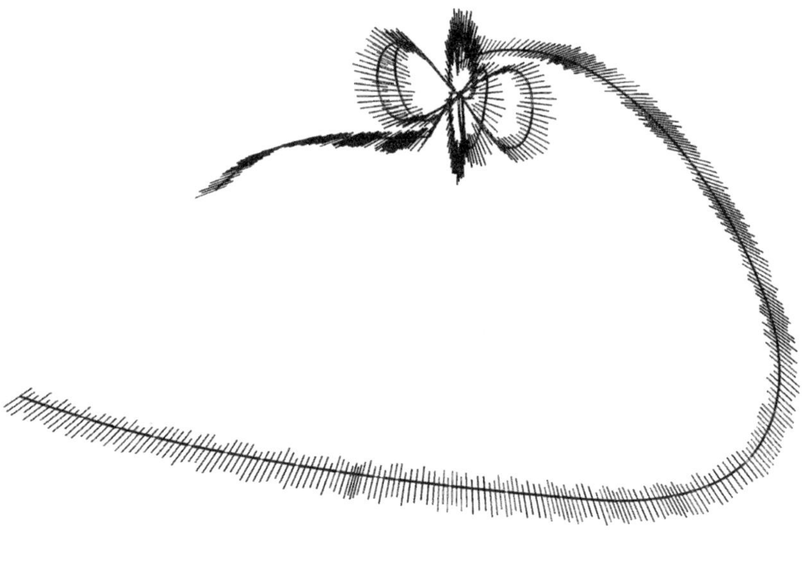

작업artwork의 첫 번째 버전: 선들은 구sphere 표면 위에서 그어진 선들이다. 그 후에 세 개의 삼각방정식trigonometric equation이 서로 엮여지는fed each other 과정을 통해 완성이 되었다.

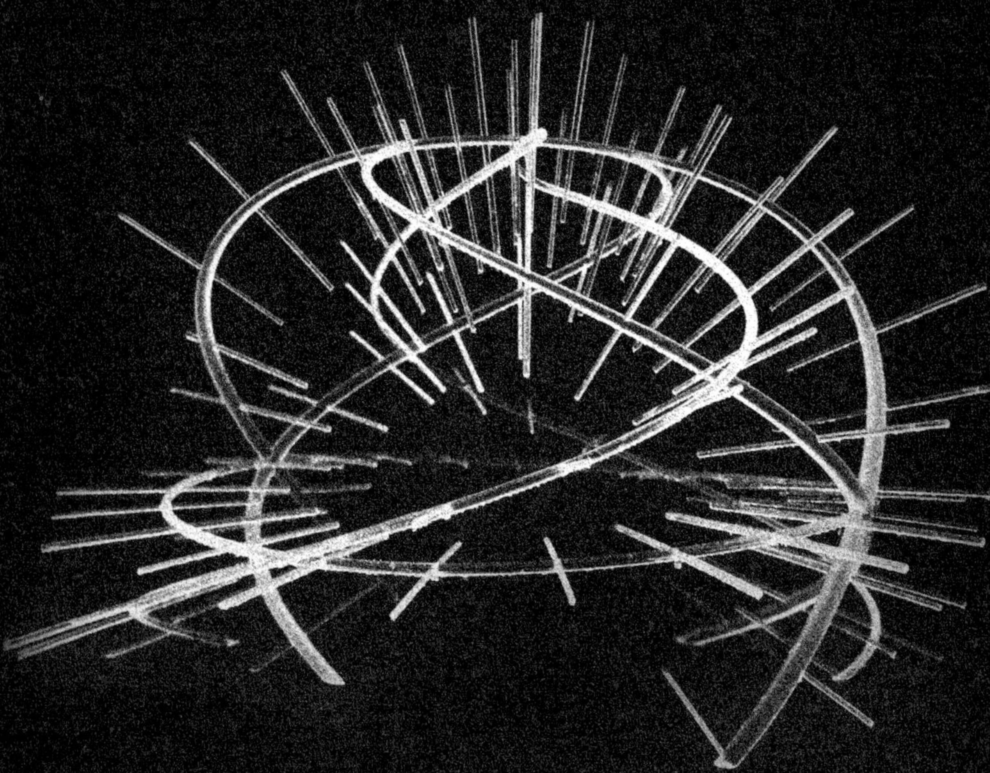

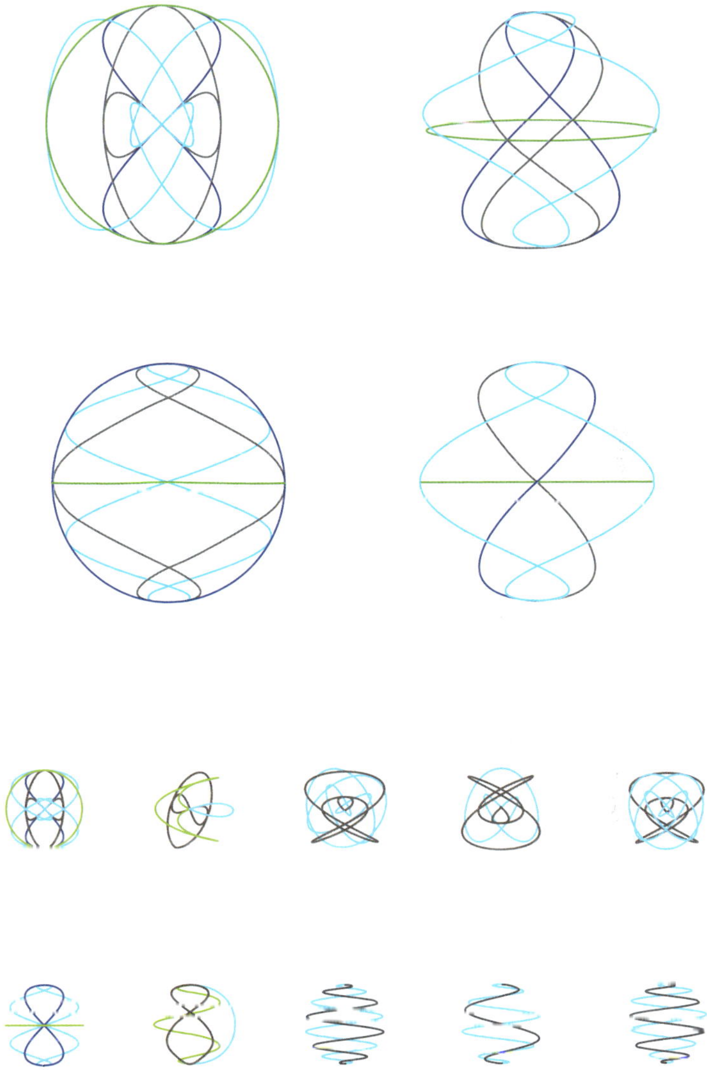

경관landscape 위를 실제조건field condition 0

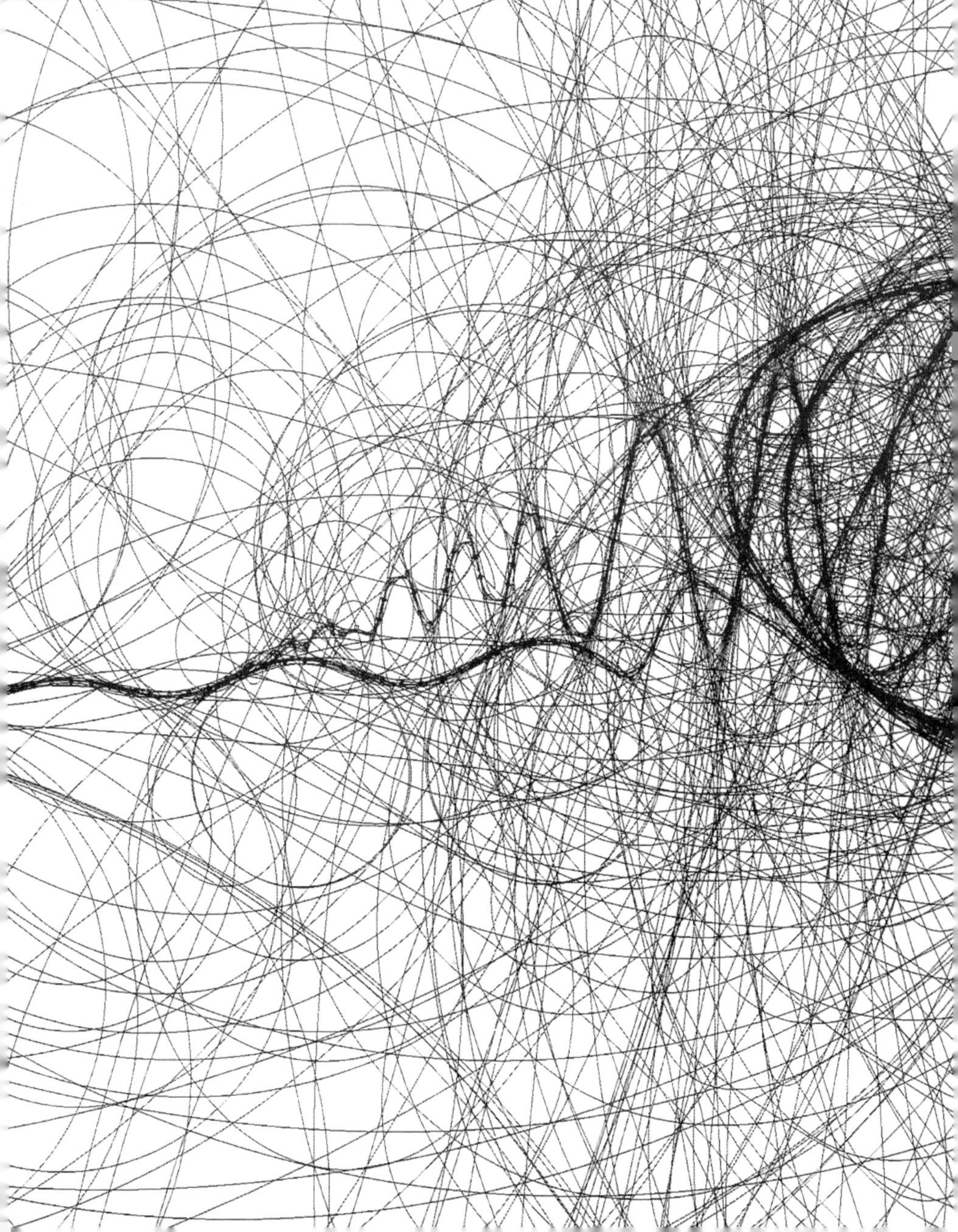

라 파형waveform이 지나다 별 형태로 나타난다...

칼레도니아의 별 STAR OF CALEDONIA

이 공모전의 요강에는 스코틀랜드를 의미하는 많은 은유들이 언급되어 있었다: 에너지, 물, 엉겅퀴[the thistle], 스코틀랜드 북부지방의 춤까지. 그러나 한 민족의 정체성을 이런 은유들을 통해 담는 것이 불가능하다고 생각되었을 때, 나에게 떠오른 생각은 스코틀랜드의 발명품들이었다. 페니실린, 텔레비전, 전화기, 로그[logarithms], 증기기관, 혈액순환의 발견, 전자기[electromagnetism]을 발견하기 위한 이론 postulation 등—우리 세상은 스코틀랜드 출생의 천재들에게 많은 것을 빚지고 있다.

맥스웰의 전자기, 교차하는 물결들은 마치 경계를 넘나드는 듯 하였다; 쇄도[invasion]과 탈선[excursion]의 연속.

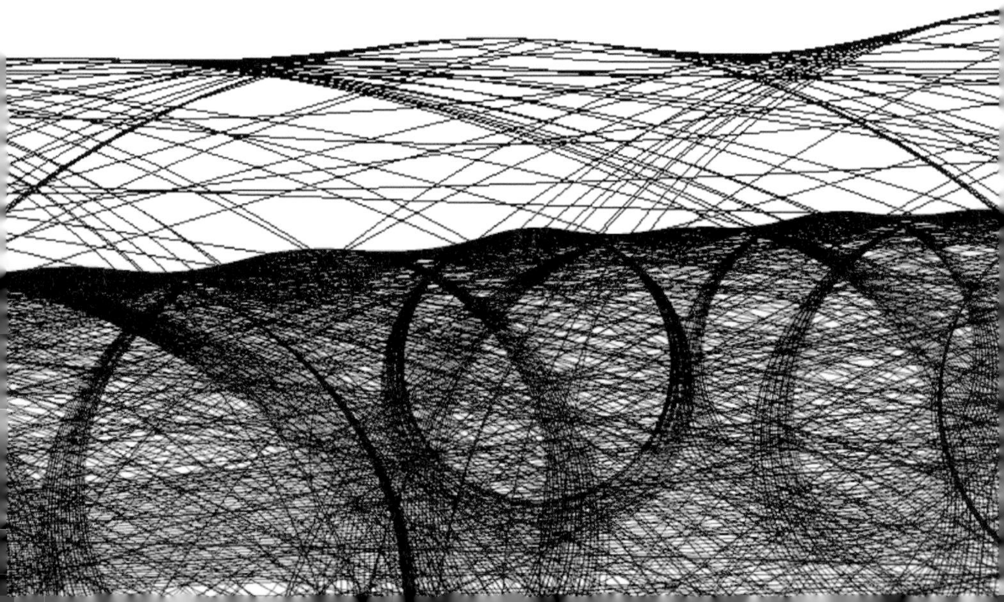

맥스웰에 의하면, 전기와 자기는 서로 90도 틀어져 있다. 곡선의 흔적들을 표현하면서, 동시에 곡선에 대해 90도로 만나는 다른 선들로 조합된 조각은 이를 반영할 것이라 생각했다. 스파이크spike의 끝에서 빛이 반짝인다면 이는 마치 스코틀랜드 두뇌의 힘brainpower를 보여주는 발광체starburst가 되지 않을까, 하는. 흥미롭게도 이 조각은 어떤 각도에서는 (스코틀랜드를 상징하는) 엉겅퀴처럼 보이고, 중간중간의 곡선들이 만나는 곳에서는 성 안드레아 십자가가 보이기도 한다.

그레트나 기념비 프로젝트는 찰스 젱크스가 창작 디렉터creative director로 참여하고 있다. 젱크스는 또한 전체 대지의 조경 설계landscape designer를 맡고 있기도 하다. 우리는 같이 미술작업artwork과 지형earth form을 엮는 것에 중점을 두고 작업하여, 예술과 경관 사이에 구분이 없도록 노력하였다.

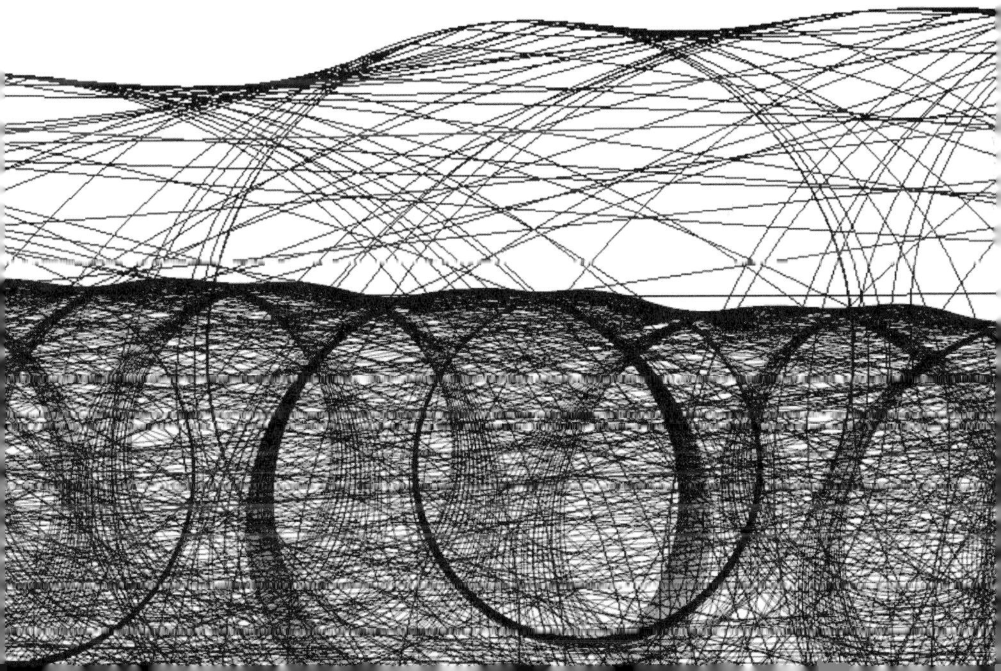

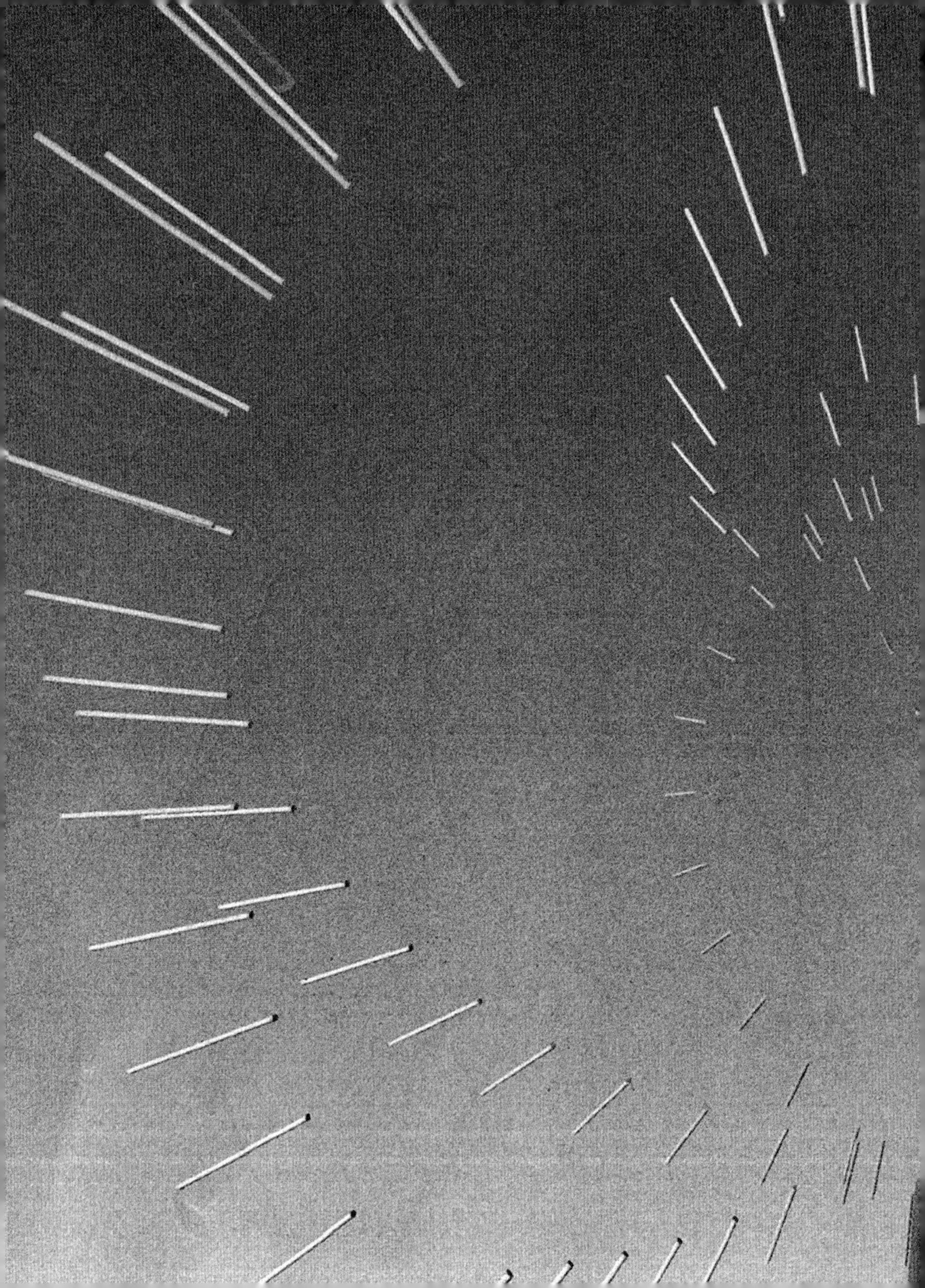

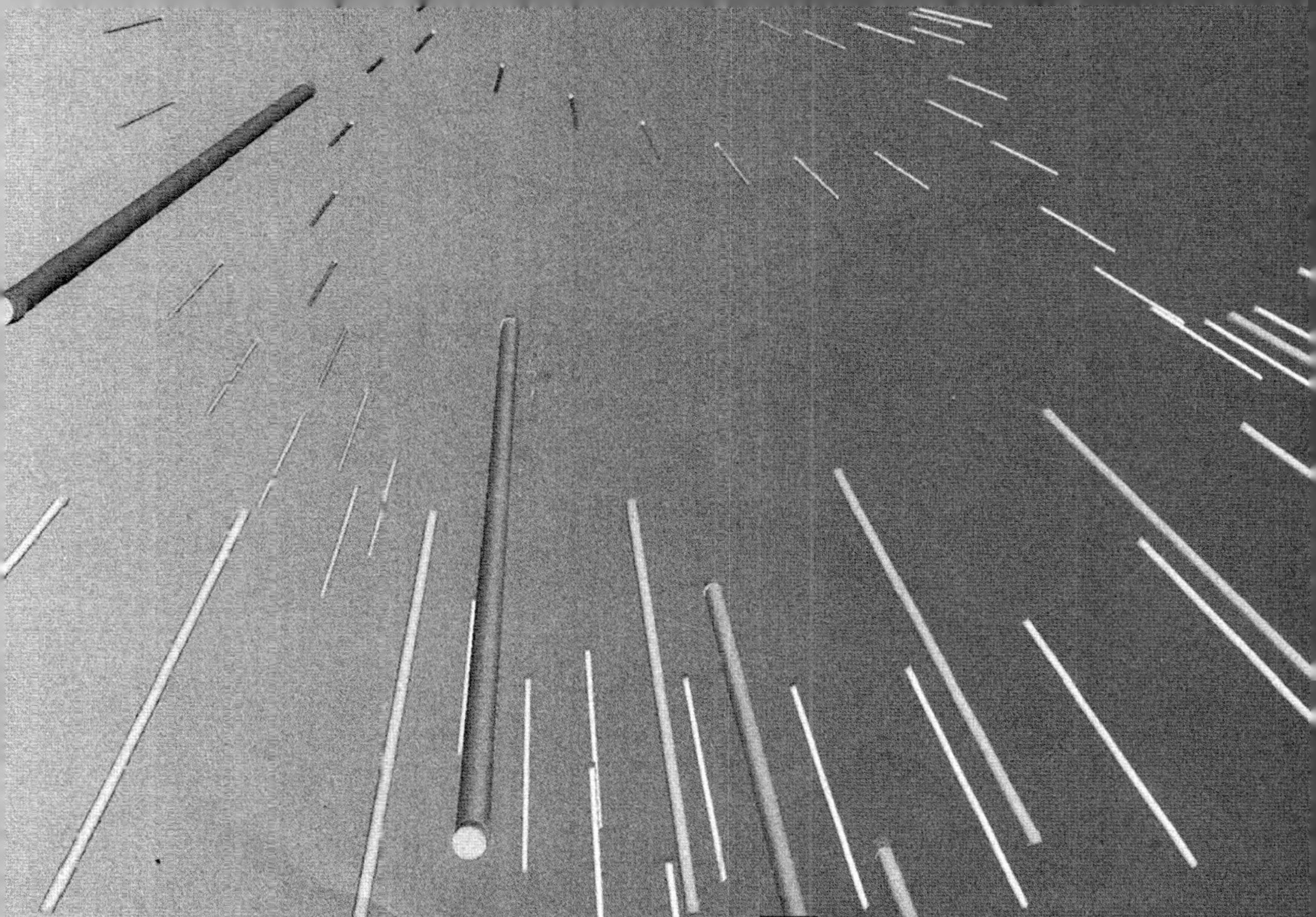

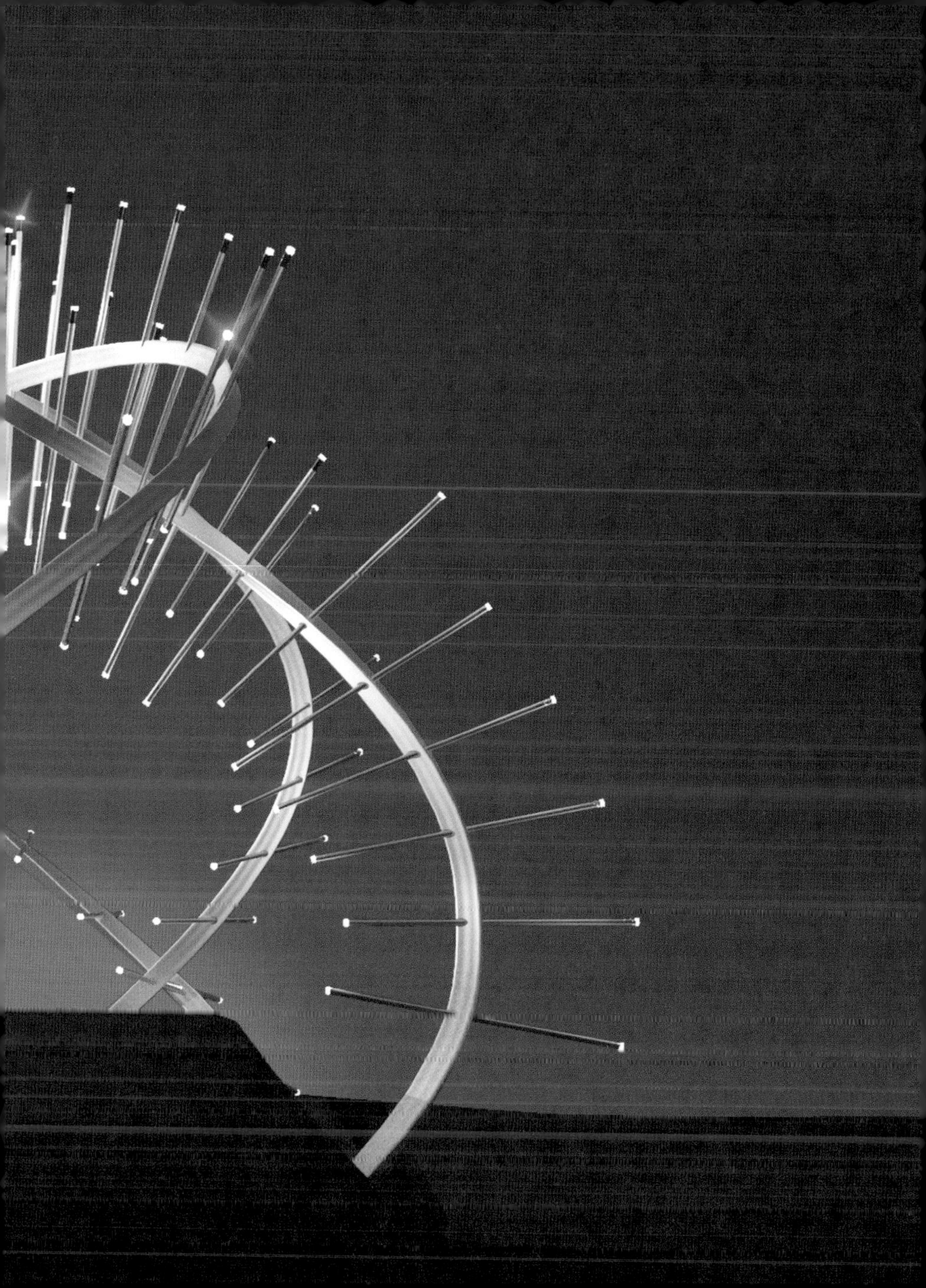

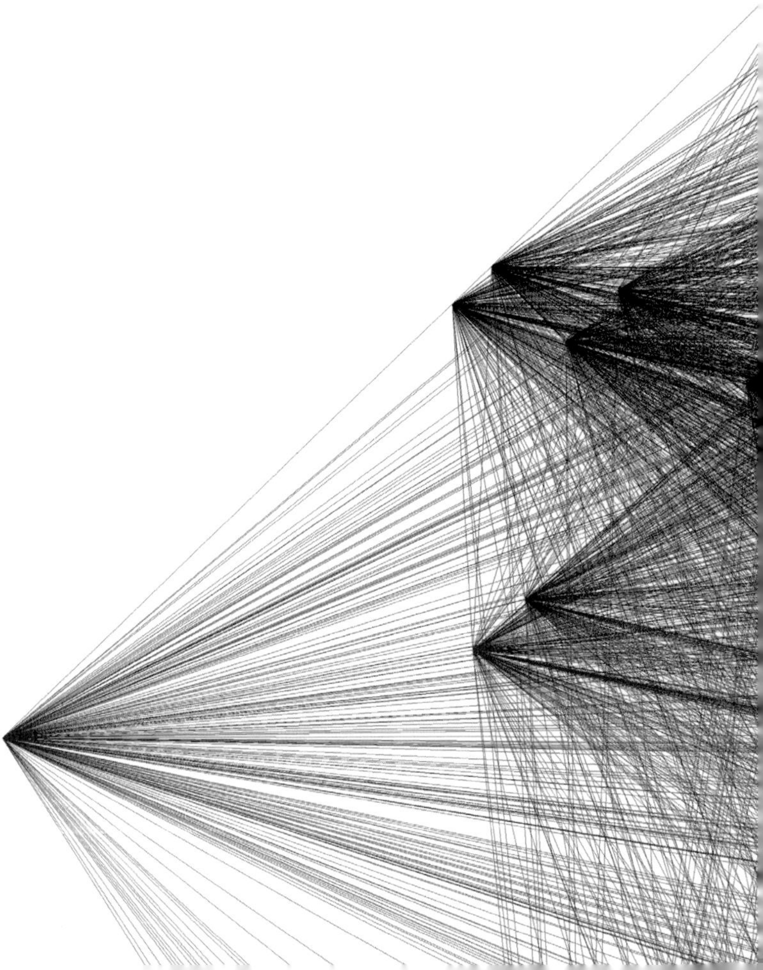

개념적 모델 CONCEPTUAL MODELS

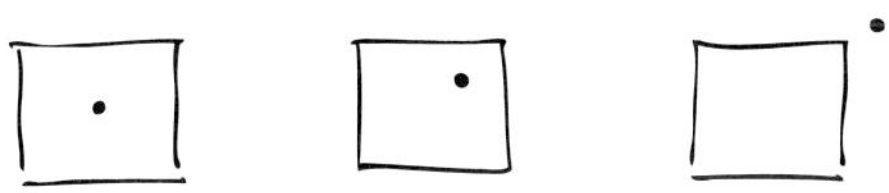

세 가지의 모델이 우리의 생각에 영향을 주었다; 디자인할 때, 우리는 사고와 구성 방식을 이 세가지 중 하나를 선택하여 진행하였다.

움직이지 않는 중심을 가지는 전통적인 모델classical model은 절대성과 대치의 근원을 보여준다declare. 처음부터 그려진 경계는 해답을 포함하고 있다. 경계 밖은 우리의 대상이 아니다. 좀 더 해결책을 찾아오기 위해 내부 공간은 다시 나뉘어 진다. 그 후 그리드가 그려지고, 점들이 찍히고 이어져 구획compartmentation이 나뉘어 진다. 닫혀진 세포처럼 나뉘어진 공간의 사고에서 시간은 중요하지 않다.

유일한 근원이라는 생각이 이런 모델의 바탕이 된다. 위계적인 사고가 당연히 결론이 된다. 이어져 나오는 것들은 모두 중심—거의 신적인 위치의—에서 비롯된다. 모든 것은 제 자리가 있다.

근 수십 년간 불변의 위치를 차지했던 중앙은 이제 이동되고, 해체deconstructed되어 두 번째 모델이 되며, 이는 디자인에 왜곡을 만든다. 요소들은 서로 당겨지기도 하고 밀쳐지기도 하여, 파편화된다. 임시변통ad hocism과 꼴라쥬collage는 이런 모델의 일부이다.

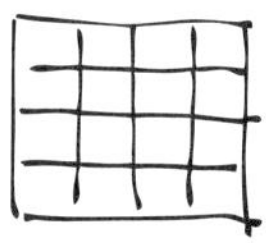 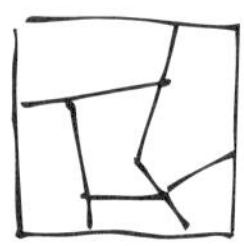

아직도 측정measurement은 '중앙'에서 시작되지만 중앙자체가 이동하기 때문에, 측정은 적어도 개념적으론 파편fraction—부분적 존재-이 된다. 극단적인 경우에 이 모델은 분열fracture로 귀결된다. 균열fissure이 생기고 표면들이 붕괴된다. 시대의 폭력violence of the age은 형식form에 이의protest와 혼란riot을 끊임없이 생성시킨다; 하지만 이 왜곡의 과정을 지나고서도 전통적 모델의 근원은 아직도 자신의 표식을 망령처럼 남긴다.

공 하나가 계곡의 중심에 있는 것이 전통적인 모델이라면, 해체decon의 입장은 경사 위로 올라간 공이다: 중심에서 멀면 멀수록 중심을 향해 더 당겨진다. 공은 도망갈 수 없다. 정적인 모델의 생각들은 기준을 거스르려는 노력을 다시 원점으로 만든다.

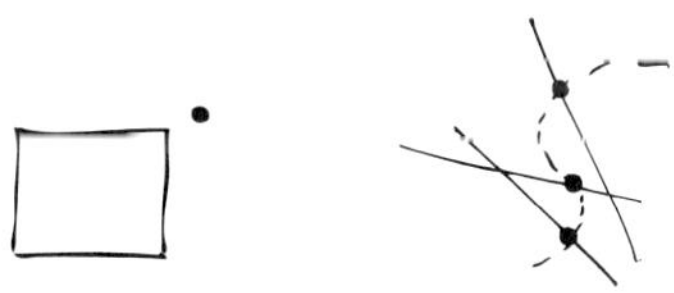

세 번째 모델에서처럼 중심이 경계를 떠나 말 그대로 박스 바깥에 있으면 경계는 더 이상 존재하지 않는다. '중심'은 자유롭고 자기조직self-organiza이 가능한 함수function처럼 작용한다.

작업의 한계extent는 이제 시간과 관계된다. 경계가 지워지고 그 안에서 그리드로 구획되어 확실한assured 결과가 만들어지는 대신에, 이제는 '확실한 것'definate은 더 이상 없고, 적절한appropriate한 시간과 스케일에 순간적인 포착moment of arrest만이 있다.

이런 모델들 사이의 차이점은 첫 번째와 두 번째 모델은 틈을 공간화space out the gap시킨다는 것이고 세 번째 모델은 분할을 무시한 채 *간격을 엮는다*

compiles the interval는 것이다: '울타리'enclosure는 이제 변화하는 가장자리travelling margin일 뿐이다.

모델에서 나타나는 대답들은 시간을 역행해서 탐지될 수 없다. 수 많은 방향으로 기워진stitch 거미줄web은 원인과 결과의 고리로 설명될 수 없다. 예전의 모델에서의 하나 다음 하나의 인과관계는 이제 변하여 *이전 안에서의 다음*next from within the pervious으로 바뀌게 된다.

세 번째 모델에서의 복잡성complexity는 단순화irreducible될 수 없는 복잡성이다.

간단한 법칙, 다른 유사한 아이디어에 충실히 의지한 법칙이 반복될 때, 안정성이 얻어지는 듯 하다. 이는 규칙과 연결된 관계형 데이타 집합relational data set의 기능이기도 한 듯 한데, 예를 들어 단백질 배열의 무한정한 적응이 가능한 DNA 사슬 등이 그 예이다. 단지 4가지 법칙을 기초로—이 또한 상보성comlimentarity의 두 규칙으로 한계 지워져 있는데— 무수한 형태myriad forms가 생겨난다.

명백한 무작위apparent randomness에서부터 생겨난 창발적emergent인 반응behavior이 어떻게 질서를 만드는지는 언제나 불가사의mystery하다.

진화과정의 일부로서, 세 번째 모델은 전통적 모델에서 질서를 물려받고 두 번째 왜곡된 모델에서는 극적인 느낌을 주입inject drama받는다. 고정된 것과 옮겨진 두 모델은 환원가능reductive하다. 비형식의 논리는 해체deconstructing의 단순한 제스처gesture 및 고전classical의 얌전한well-mannered 구획화를 넘어선다.

아이디어의 실험실 LABORATORY OF IDEAS

개념적인 모델들은 서로 아이디어를 공유한다. 어떤 디자인은 다른 디자인의 ‘경계’edge에 서서 다른 디자인을 보기도 하며, 정답은 없다. 하지만 일관성에 대한 요구는 존재하며, 발명품을 독해할 수 있게 하고, 모양의 *전면*foreground과, 그 형태 및 지적인 세계intellectural domain에서 직관이나 인지하는 것 사이의 직접적인 연결관계를 원한다.

전통은 고전classical을 선호한다. 정의에 의해 과거는 증명된 기준reference을 모아놓는 것이며, 규범을 반복한 안전한 선택이 존중 받는다. 이런 경우의 디자인은 설정된assumed 전체 안에서 요소들을 개선refine하는 행위로 제한된다. 첫 번째 모델에서는 입면처리façade treatment가 주 요소가 되어, 건물은 예술품이며 물체로서 간주된다. 두 번째 모델에서도 같은 목적을 갖지만, 이제 건물은 센세이션sensation을 일으키고 싶어한다; 왜곡distortion은 사고나 드라마에서 특별히 인기가 있다.

세 번째 모델에서 건물은 만든다는 행위가 가지고 있는 철학에 대해 뒤돌아 생각하여, 합당한 기술appropriate technology의 시적인 근원을 드러내려 한다. 형성formulation 및 물질 상으로도, 예술적인 물체에서부터 시작된 건축 프로젝트는 즉흥improvisation과 과정으로 향한다. 실험적이기 때문에, 구조는 (상황에 따른) 에피소드가 되며 건축은 진화하는 안정evolving stabilities들의 켜의 합으로서 생겨난다.

컴퓨터를 통한 형태 생성 및 기술의 발전에 따라 건물은 점점 더 아이디어의 실험실이 된다. 이 실험실 안에서 과학은 부인deny되지 않지만 인본주의[humanism] 또한 부인되지 않는다. 이 둘을 묶는 것은 작은 스케일에서는 인간을 위해, 그리고 더 깊은 스케일[deep scale]에서는 추상과 관련되는 *패턴*과 절충해야 하는 의무감이다.

구조[STRUCTURE]

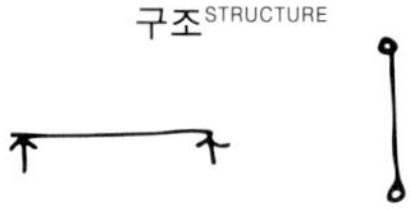

고전적인 모델에서 보[beam]는 양단의 지점 사이에서 지지[span]되어 있다. 유사하게, 기둥 또한 상하의 두 바닥판 사이를 수직으로 지지되어 있다. 이들의 거동[action]은 완전히 확정적[determinate]이다. 이런 구조가 반복되면 직교적으로 연결된 구성을 갖게 된다. 느슨한 구석은 어디에도 없다. 이성이 '틀을 만들어'[frame] 버린다.

고전적인 개념이 왜곡되고 어긋나기[disturb] 시작하면, 지지하기 위한 스팬 또한 방해를 받는다. 보와 기둥은 기울어지고[rake] 꺾어지기[crank] 시작하고, 지점은 이동[migrate]하여 각 요소의 끝부분에서 벗어나기 시작하여, 틀은 더 이상 끼워 맞출 수[make-up] 없게 된다.

세 번째 모델에서의 구조는 하나 위에 다른 하나가 쌓이는 연속성을 갖게 된다. 이런 구조를 단면으로 잘라 보면 언제나 불안정[instability]하다. 오직 전체로서만 균형을 갖게 된다. 어떤 보나 기둥도 시작에서 끝까지 명확하지 않다.

중첩은 지배적인 특성이다. 창발[emergent]적인 모델에서 구조는 '폭포'[cascade]식이다. 앞으로 전진하기 위해 뒤를 돌아보는 것, 이는 피드백[feedback]이다.

안정성[stability]위에 안정성을 끼워 넣는 것처럼, 변수[argument]는 알고리듬적[algorithmic]이며, 완전함[integrity]를 위한 총체적 엮음[total weave]이 된다. 하나의 요소로서는 충분치 않다. 반복의 규칙은 효율성[efficiency]를 축적한다.

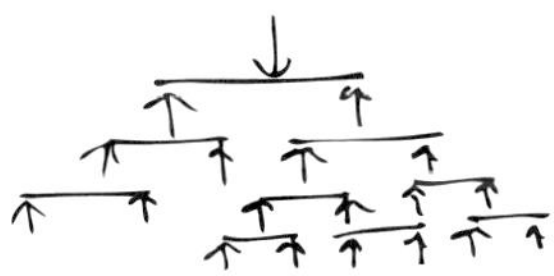

그런 시스템의 그래픽적인 지도는 수학의 연분수[continuous fraction]의 단계와 유사하다. 불확정[indefinaiteness]의 켜들이 특정한 결과로 나타난다. 해답은 모든 단계 [time full]가 필요하다.

영역의 겹침[overlay]때문에 이 구조(시스템)는 많은 경로[path]들이 생긴다. 속성상 거대한 해법, 과잉성 등이 특징이다. 확실한 결정론[straightforward determinism]을 넘어서면, 비형식의 특징들—지엽성[locality], 병치[juxtaposition], 합성[hybrid]—이 지배하게 된다.

세 번째 개념모델은 몇몇 아이디어의 재사용을 유도하여 효율[efficiency]이 어떤 의미인지를 새롭게 살펴 볼 수 있게 한다. 균형이 잡힌[proportioned] 관계 수열[relational sequences]를 통해 자신에 맞는 최소한의 에너지만을 사용한다.

	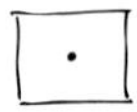	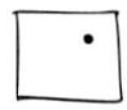	
공간	재분할subdivide	틀frame	다양체manifold
차원	2D	3D	4D
시간	시간을 초월time-less	적시의timely	풀타임time-full
양식mode	정적static	동적dynamic	창발적emergent
방법method	환원적reductive	한정적ad-hoc	유도적inductive
중앙centre	고정fixed	치환displaced	자기조직적self-organised
경계border	고정fixed	부서짐broken	없음none
치수measure	스칼라크기scalar	벡터크기 및 방향vector	프랙탈fractal
미학aesthetic	대칭symmetric	왜곡distorted	중첩overlapped

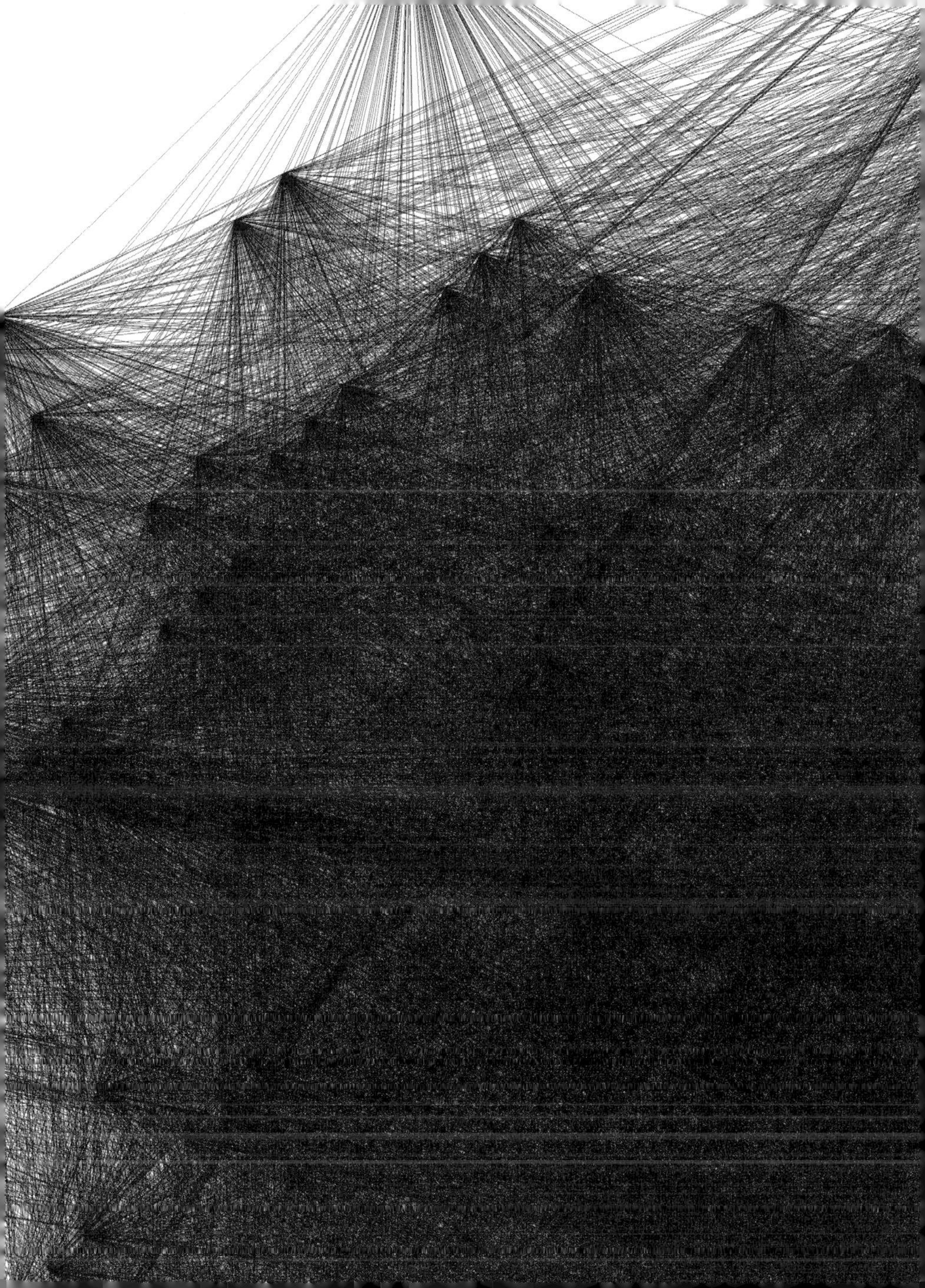

H_EDGE NEW YORK / CHICAGO / PITTSBURGH / TOKYO / MILAN

H_E DG E

제안 *PROPOSITION*

정육면체 고체cubic solid에서 시작해 보자. 각 면은
모두 동일한 비례의 정사각형으로 구성되어서
당연히 같다.

각 면의 중앙에 면 면적의 1/9이 되는 정사각형을
잘라 안으로 밀어 넣어 공간을 만든다.

남아있는 면은 또 다시 작은 정사각형으로 각
부분의 1/9의 면적을 밀어 넣어 공간을 만든다.

계속 반복하여 점점 고체는 줄고 공간void는
늘어나도록 프랙탈한 공간fractal space을 늘려 나간다.
끊임없이 진행하면 우리는 '먼지'dust가 뿌려진
듯한scatter 형체를 가지게 된다.

고체의 물체는 본질적으로는 허공으로 만들어진
볼륨volumetric 구조로 변해 자신의 비밀을 드러낸다.

무한의 0 ZEROFINITY

하나의 단위unit를 무한으로 나누면, 결과는 너무 작아 0—무nothingness—이라고 간주된다. 단위를 무, 즉 0으로 나누면 무한을 얻게 되어 모든 것이 가능해 질 수 있다..

$$\frac{1}{\infty} = 0 \qquad \frac{1}{0} = \infty$$

무한의 심벌은 8을 수평으로 뉘어놓은 것으로 마치 끝나지 않는 여행과도 같다. 자신만으로 완결된 이 형태는 운동감으로 가득 차 있다.

통일체unity 또한 총체적total이다. 여기에는 어떤 제한restriction이나 특정한 모양particular shapings이 연관 되어 있지 않다.

0zero 또한 부분fraction이 없다. 통일체와 0은 모두 완전함이라는 성격을 공유한다. H_Edge도 마찬가지다. 똑같은 치수의 그리드로 만들어져 모든 욕망을 담을 수 있는 체sieve가 된다.

무이면서 모든 것인 개념

프랙탈을 떠올려라.

매트릭스의 단면은 (0) 보이드와 (1) 솔리드의 쌍binary를 보여준다.

물리학은 원자 안 입자 사이 공간이 입자보다 훨씬 크다는 것을 알려준다. 원자의 핵이 축구장의 중앙의 점이라면 전자들은 스타디움 주위를 돌고 있는 셈이다.

에너지가 집중된 고체덩어리는 크고, 가상의[virtual] 평형추 역할을 하는 보이드를 필요로 하는 모양이다. 이는 이치에 맞다. 동적이고[kinetic] 잠재적인 에너지는 결합되어 있고, H_Edge의 경우에는 사슬로 엮여있다. 판[plate]는 잠재적이고 솟아오르는 체인은 동적이다.

우리는 어떻게 한계[limits]를 정의할[speak] 수 있을까?

질량을 만드는 점의 크기가 0에 가까워질수록 이들의 숫자[count]는 너무도 커져 무한대에 가까워진다. 하지만 사라지는 점을 확대하면 몇 개의 한계, 혹은 기준점들[thresholds]이 나타난다.

만약 구간에 대한 특정하고[certain] 미세한 정의[judgment]가 내려지고, 수열[sequence] 중 이웃한 값의 틈이 초기에 예상한 틈보다 작다면, 수열은 그 정의에 대해서 연속적이라고 간주될 수 있다. 연속적이라고 인정이 되는 것이다.

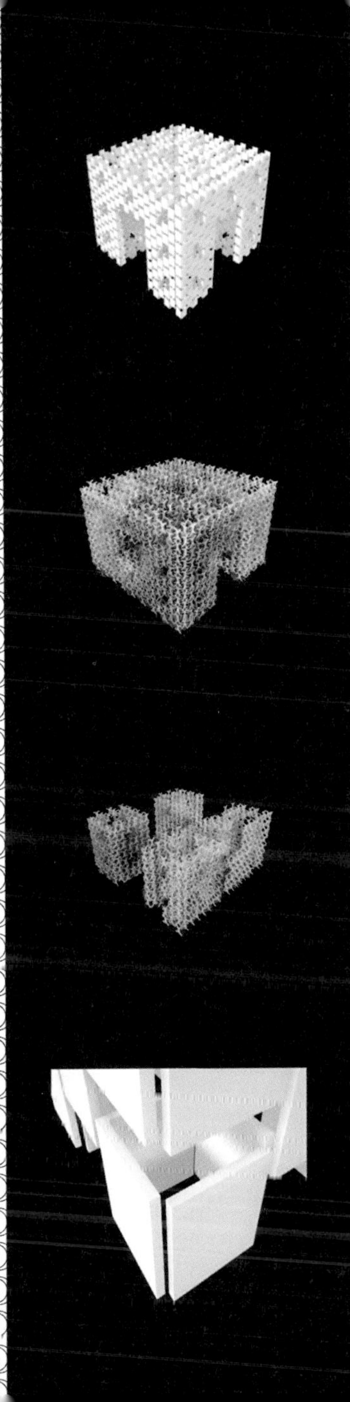

이름 THE NAME

H_edge는 마치 정원의 관목울타리hedge처럼 밀도가 있고 육중하다bulky. 또한 단 하나의 박판강strip에서 만들어져 있고, 서로 조립될 수 있다. 이는 마치 움직이는 경계처럼 작용한다. 육중함과 박판강 사이에서 그 두 가지 가능성들의 하이브리드를 만들어낸다.

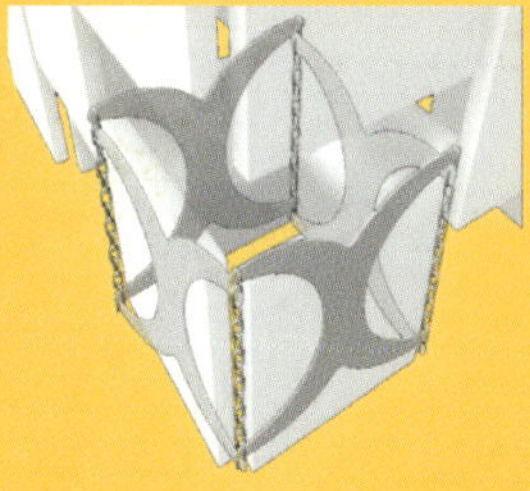

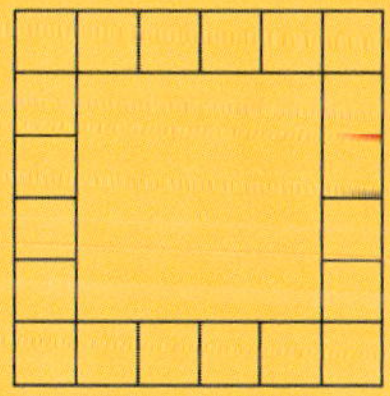

입구, 출구, 창fenestration이 있는 건축적 구성enclosures

성운Nebula, 밀라노 상점Milan Salone, 2011

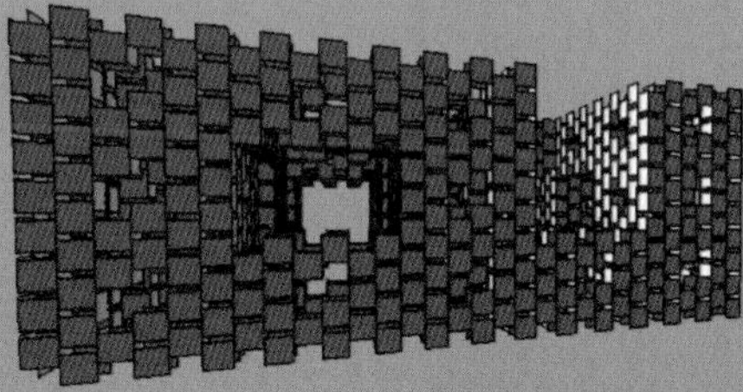

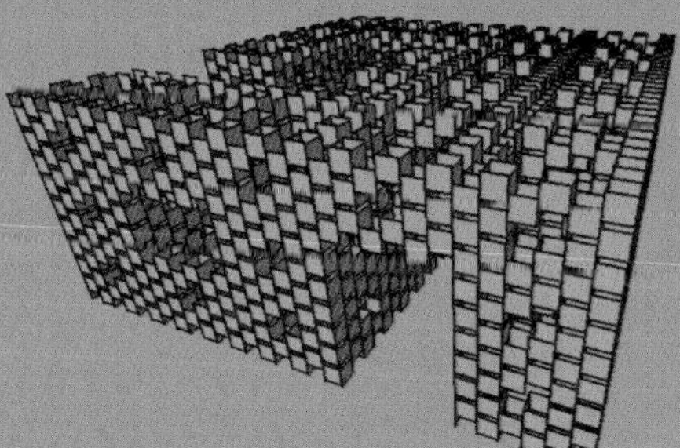

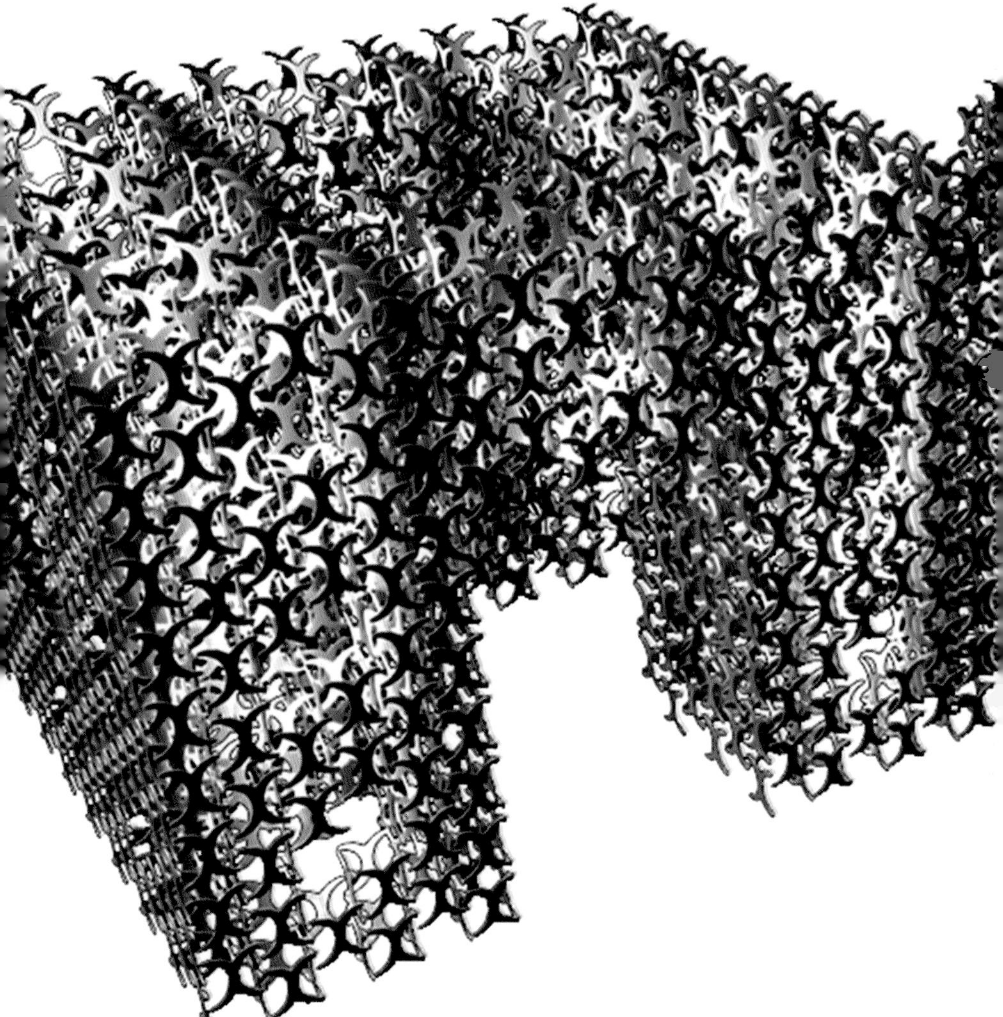

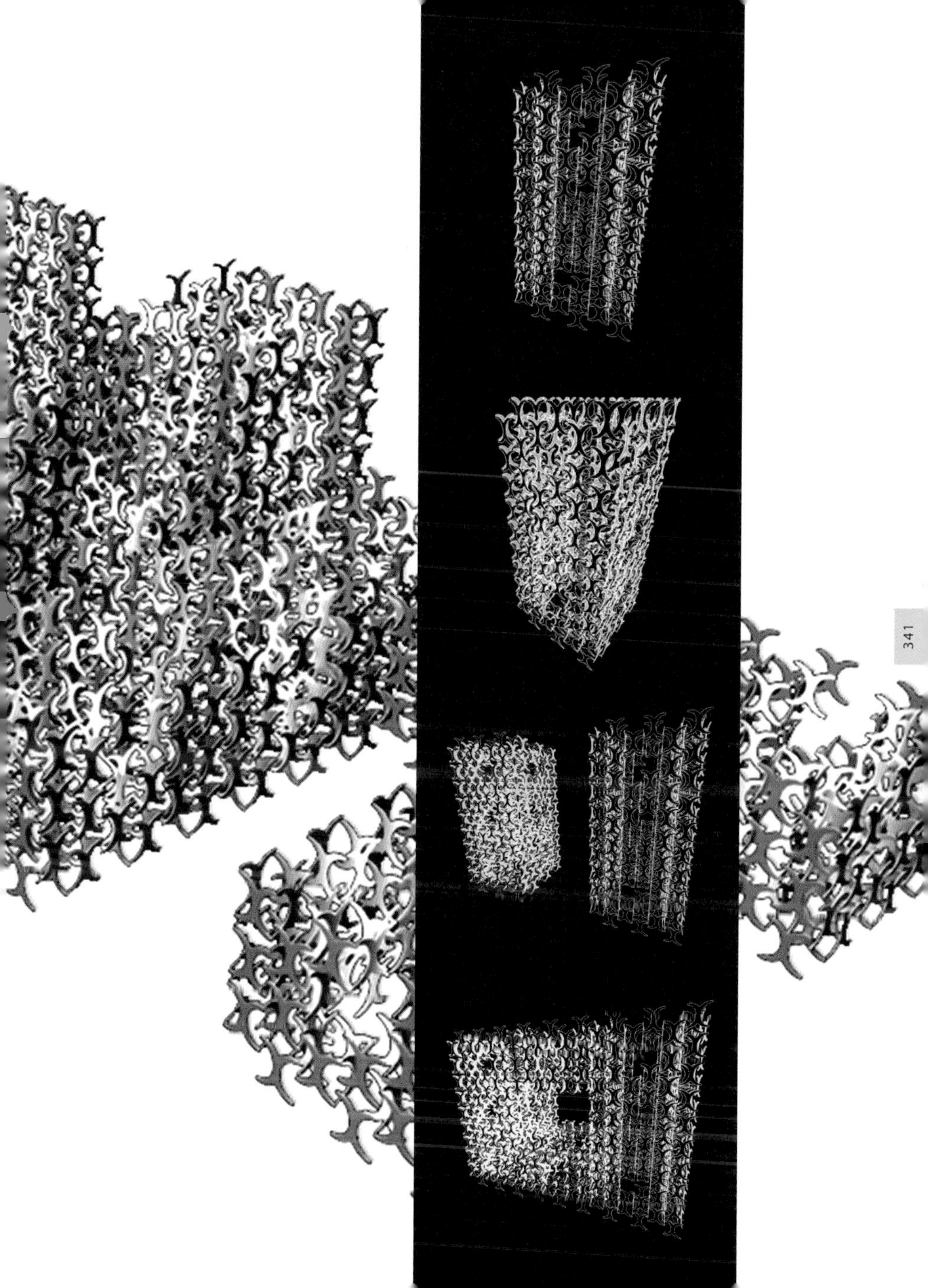

디자인 DESIGN

정육면체의 침식[erosion]은 최소한의 고체를 남기게 되고, 이는 다시 메탈 판과 와이어로 바뀌게 됨에 따라 더 비물질화 된다.

각각의 육면체 화소[cubic pixel]는 곡선형태의 x로 바뀌어, 버팀대[brace]역할을 하여 압축력을 견딘다. 육면체의 모서리는 체인으로 바뀌어 인장력을 견딘다. 체인 자체 또한 보이드(허공)로 가득한데, 직관과는 달리 잘 견뎌낸다[stand up].

솔리드한 재료는 힘을 전달하기 위한 최소한의 물량으로 만들어져 있다.

말 그대로 H_edges는 솔리드 보이드, 하이브리드 그리고 모호함[ambiguous]이 합쳐져 만들어졌다. 유니트안의 0의 구조와, 육면체안의 구멍들[hole within its cube]이 기능[act]하는 것이다.

점유 *OCCUPANCY*

직각으로 만들어진 어떤 3차원의 형태도 H_edge로 만들어 질 수 있다.

만들어진 형태에 우리는 거주inhabit할 수 있다. 기본적인 논리에 의해서 만들어진 구멍의 시퀀스는 평면과 단면에 동시에 나타난다. 우린 문을 통해 들어갈 수 있고, 창을 통해 내다볼 수 있다.

수학적으로는 스펀지 같지만, 건축으로 만들어지는 경우 이는 체sieve(뚫려있다는 의미)로 구성되기 때문에, H_edge는 자신이 점유하는 공간과 합치된다.

작업이 놓이는 원래의 공간은 가로 막히지만interrupted 사라지지는cancelled 않는다; 작업은 열려있고 한정적finite이지만, 속박하지는 않는다unbounded.

이런 보이드holes와 솔리드solids로 만들어지는 작업은 동시적인 다양한 집합체simultaneous array of multiple 및 자기유사적 조직self-similar organization과 대칭을 만들어 낸다.

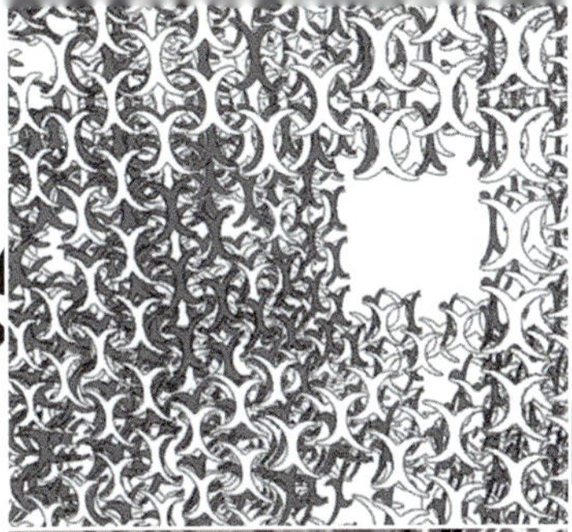

뉴욕 Artists Space에서 처음으로 설치된
H_edge

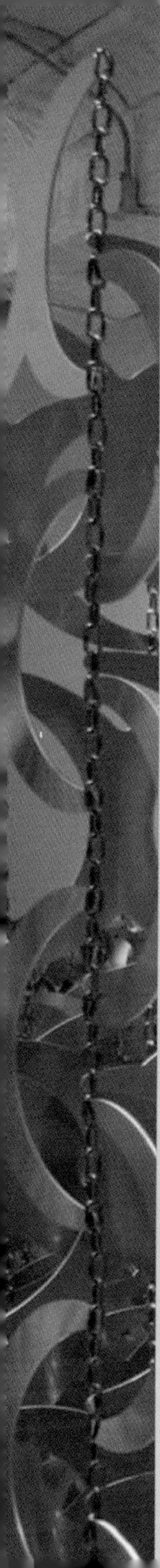

아티스트 스페이스, 뉴욕 ARTISTS SPACE NEW YORK

덜거덕거리고 흔들리는 엘리베이터를 타고 꼭대기에 도달해 내리면, 따뜻한 목재 바닥과 백색의 벽 그리고 날씬한 주철기둥cast iron column이 있는 공간에 도착한다. 방 한쪽에서는 창을 통해 빛이 들어온다. 여기는 뉴욕 그린 스트리트Greene Street에 있는 $150m^2$ 정도 넓이의 갤러리, 아티스트 스페이스로 H_edge 가 처음으로 설치되는 곳이다.

따뜻한 목재의 색이 알루미늄에 반사되고 옆에서 들어오는 도드라진 빛으로 인한 그라데이션 때문에, 작업은 신비한 빛을 낸다glow. 어느 부분에서는 마치 보석처럼 반짝인다. 또 어떻게 보면 작업은 바닥에 닿지 않고 떠 있는 듯 보인다. 방문객들의 옷 색깔은 반사돼 활기를 불어 넣는다.

사람들은 도랑trench사이를 걸어가고, 막다른 곳에서 멈춰서고, 창을 통해서 안에서 밖을, 혹은 밖에서 안을 내다본다. 이들은 변화되는 스케일shifting scale의 미로 안에 사로잡혀 있다.

H_edge를 처음 설치할 때, 숙련도learning curve는 시간이 지날수록 크게 향상되었다. 신속하게 스틸체인을 펼치는 것, 알루미늄 판을 살짝 구부리고 돌려서 집어넣으면서도 상하지 않게 하는 것 등. 두터운 장갑이 필요하고, 꽤 긴 지구력이 필요하다는 것.

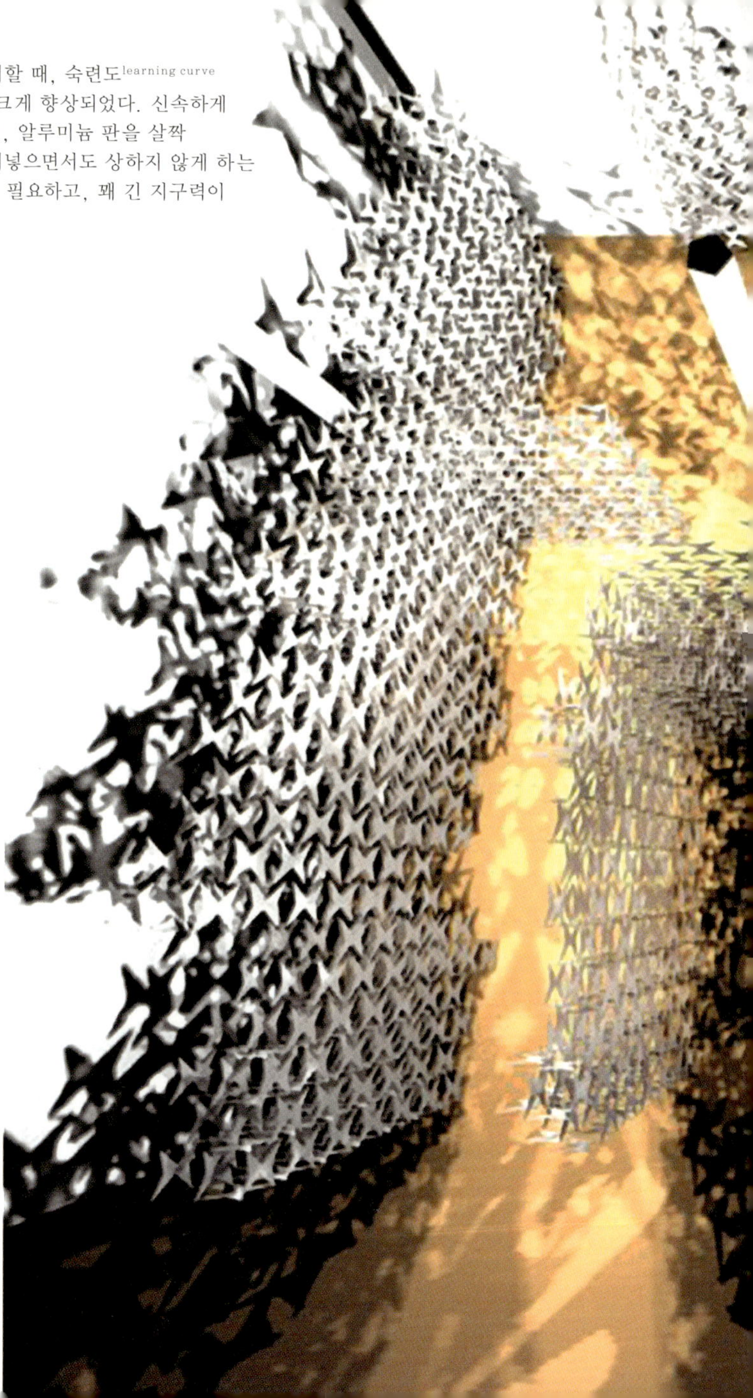

아티스트 스페이스 시각화 – 도랑trench과 동굴cave의 조감도

H_edge의 시공은 불가능한 것들을 만들어 낸다:

보이드의 다발[parcel]

회귀[regression]의 끈[strings]

자신의 결과에 끊임없이 적용되는, 그러나
결론이 없는 논리

판과 체인이 같은 비율[sliding ratio]로 조립되지만, 여기에 명확한 것은 없다. 무엇인가를 '가늠'[measure] 한다는 것은 의미를 잃는 것이다. 어디에도 '닫힘'[closure]이 없는 구조이지만, 형태는 존재한다.

가까이서 보면 연결부위는 반짝이고, 판들은 지지하고 있다. 판의 가장자리는 아라비아 풍[arabesque]으로 공간을 수놓는다. 명확한 모양이 없기 때문에, 올가미[trap]가 가득하고 시간을 못 느끼는 꿈처럼 기이한 숲 속에 있는 듯이 느껴진다.

Tension

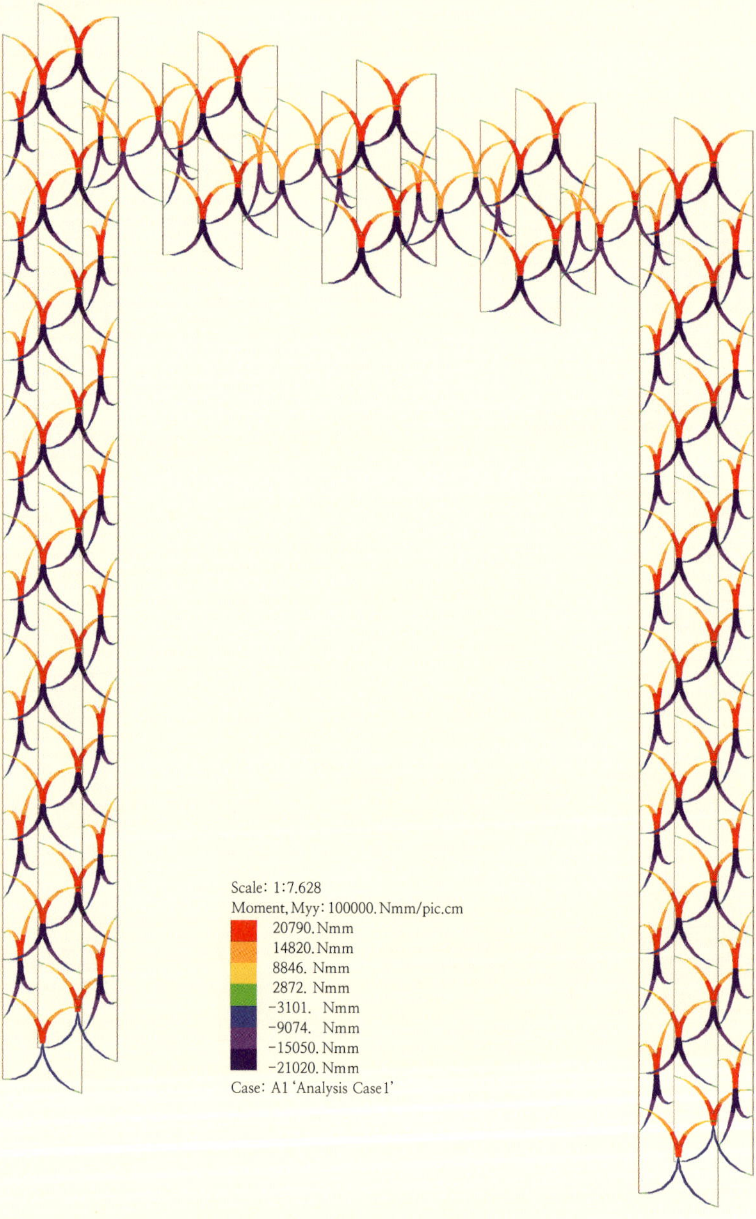

Scale: 1:7.628
Moment, Myy: 100000. Nmm/pic.cm
20790. Nmm
14820. Nmm
8846. Nmm
2872. Nmm
-3101. Nmm
-9074. Nmm
-15050. Nmm
-21020. Nmm
Case: A1 'Analysis Case1'

H_edge의 문portal 형태 골조의 구조해석

요소 전시 인스톨레이션
동경 오페라 시티 아트 갤러리

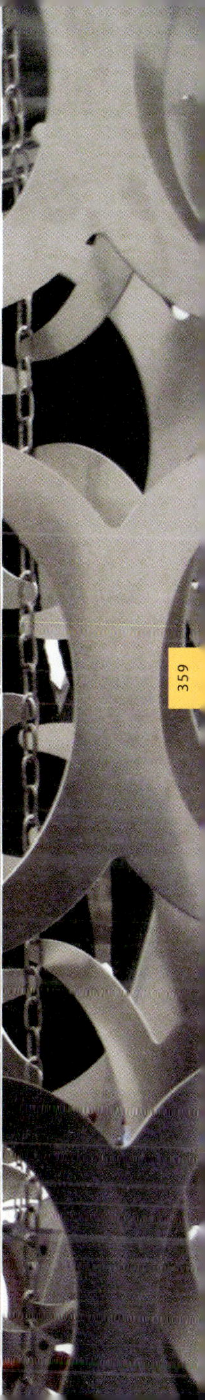

스테인리스 스틸 체인 19 X 7 MM
3
19
T

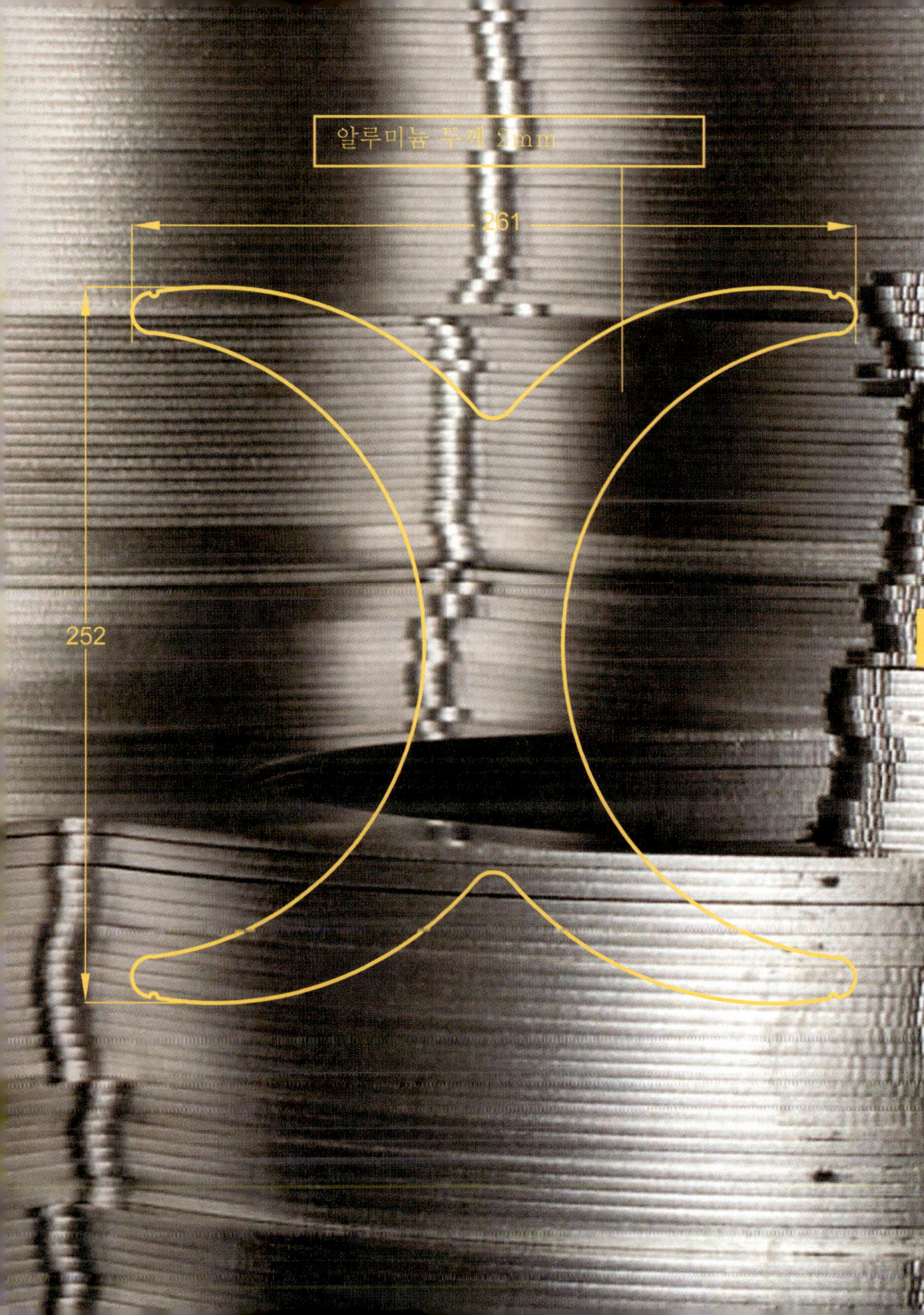
알루미늄 두께 2mm
261
252

Graham Foundation Chicago

창문 밖 가지에 대비되는 알루미늄의 이파리들

H_edge를 한번 경험하고 나면, 공간을 보는 인식은 달라진다.

길을 찾고 잃어버리는 감각 사이에서, 이 작업을 경험하는 이들에게 변화가 시작된다.

우리는 한 점 한 점에서 관찰한다.

우리가 연속체[continuum]에 가까이 갈수록 인지할 수 없어 사라지는 듯 보인다. 혹은 우리가 불연속[discrete]을 판단하는 선택이 틀린 것일까?

혹은 이쪽은 저쪽 안에 있고, 우리가 어디서 관찰하는지가 지대한 영향을 끼치는 것일까?

우리는 불연속[discrete]에서 배운다.

우리는 연속체를 발견한다.

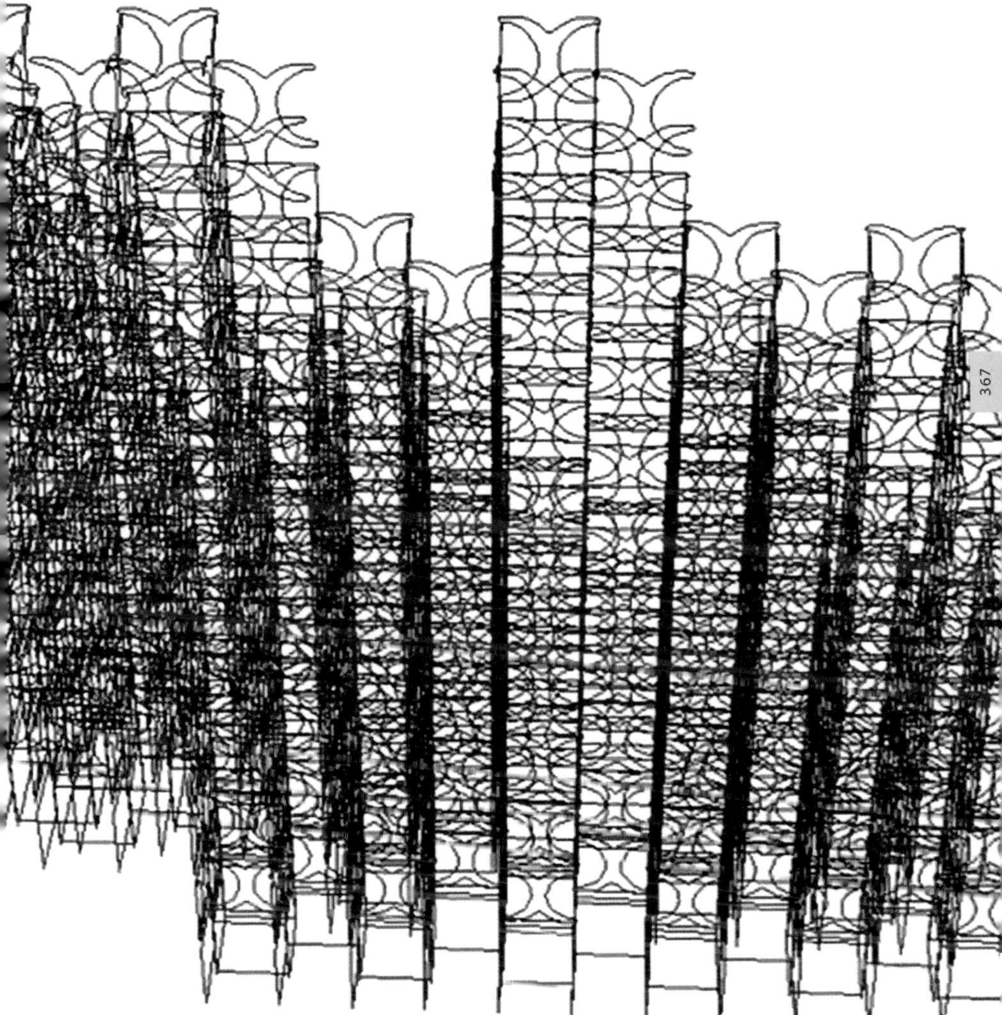

동경 오페라 시티 아트 갤러리의 H_edge

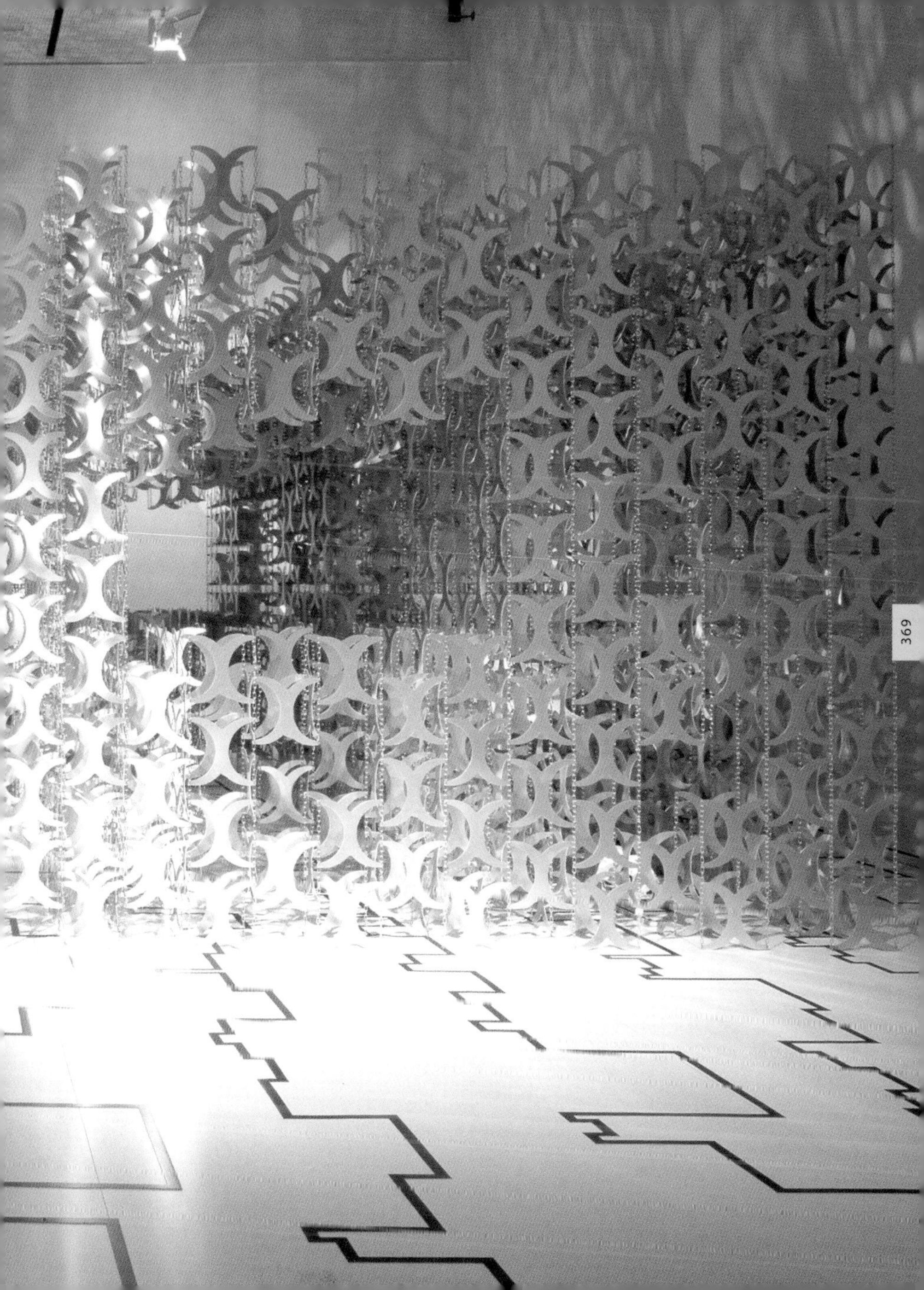

포럼 64, 카네기 미술관, 피츠버그

Element
Cecil Balmond

CENTRAL CHINA TELEVISION HEADQUARTERS   BEIJING   CHINA

CC
TV

中央电视台总部大楼 CCTV

中央电视台总部大楼 CCTV

캔틸레버들은 알 수 없는 방법으로 공중에 솟아있다. 경사
넘어지지 않고 공중에 서 있는 것은 불가능해 보이
있기에 그 무게가 캔틸레버들을 더 기울게 한다. 지진
커진다. 무너지지 않도록 어떤 식으로 건 반대 방향
'다리[BRIDGE]'처럼 여겨지는 수평의 지지대가 그 역할
만든다-안전한 유형. 지진의 진동은 이제 연결된 부
진동으로 분해되어 형태 전체에서 흡수된다. 그러
[BRIDGE]는 공중에 떠 있고, 평면적으로 구부러져 있으며
과연 공중에서 50M 길이만큼 나와 다시 연결되
과거 건물들의 사례나 다른 조사 자료들에 견주어 해
우리는 공중에 서 있는 캔틸레버는 아름답고 다리[BRID
부분을 규정[DEFINE]하기에 구부러진 다리[BENT BRIDGE]가 해답
위해 행해진 작업들은 잊혀지고, 통합된 정신-건축

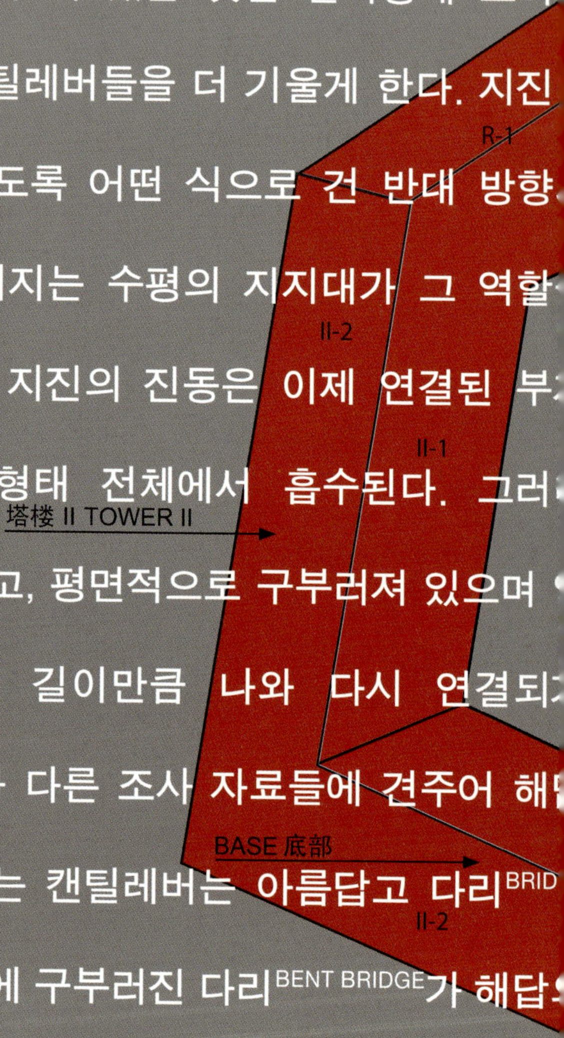

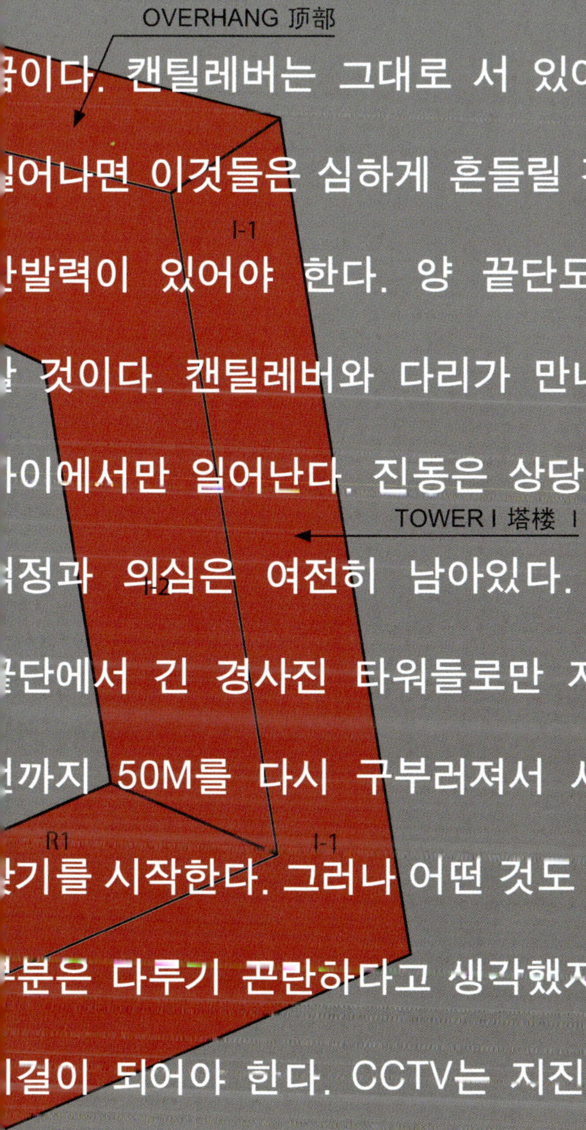

들을 따라 의심들만이 가득하다. 이 캔틸레버들이
이다. 캔틸레버는 그대로 서 있어야 하나, 기울어져
어나면 이것들은 심하게 흔들릴 것이다. 진동은 점점
발력이 있어야 한다. 양 끝단도 연결되어야 한다.
것이다. 캔틸레버와 다리가 만나 문[PORTAL]의 형태를
이에서만 일어난다. 진동은 상당부분 감쇠되고 작은
정과 의심은 여전히 남아있다. 16층 높이의 다리
단에서 긴 경사진 타워들로만 지지된다. 이 다리는
까지 50M를 다시 구부러져서 서 있을 수 있을까?
기를 시작한다. 그러나 어떤 것도 도움이 되지 않는다.
분은 다루기 곤란하다고 생각했지만, 각 부분은 다른
결이 되어야 한다. CCTV는 지진과 중력에 저항하기
로운 형태[IDEOGRAM]—으로 기억되는 루프[LOOP]가 된다.

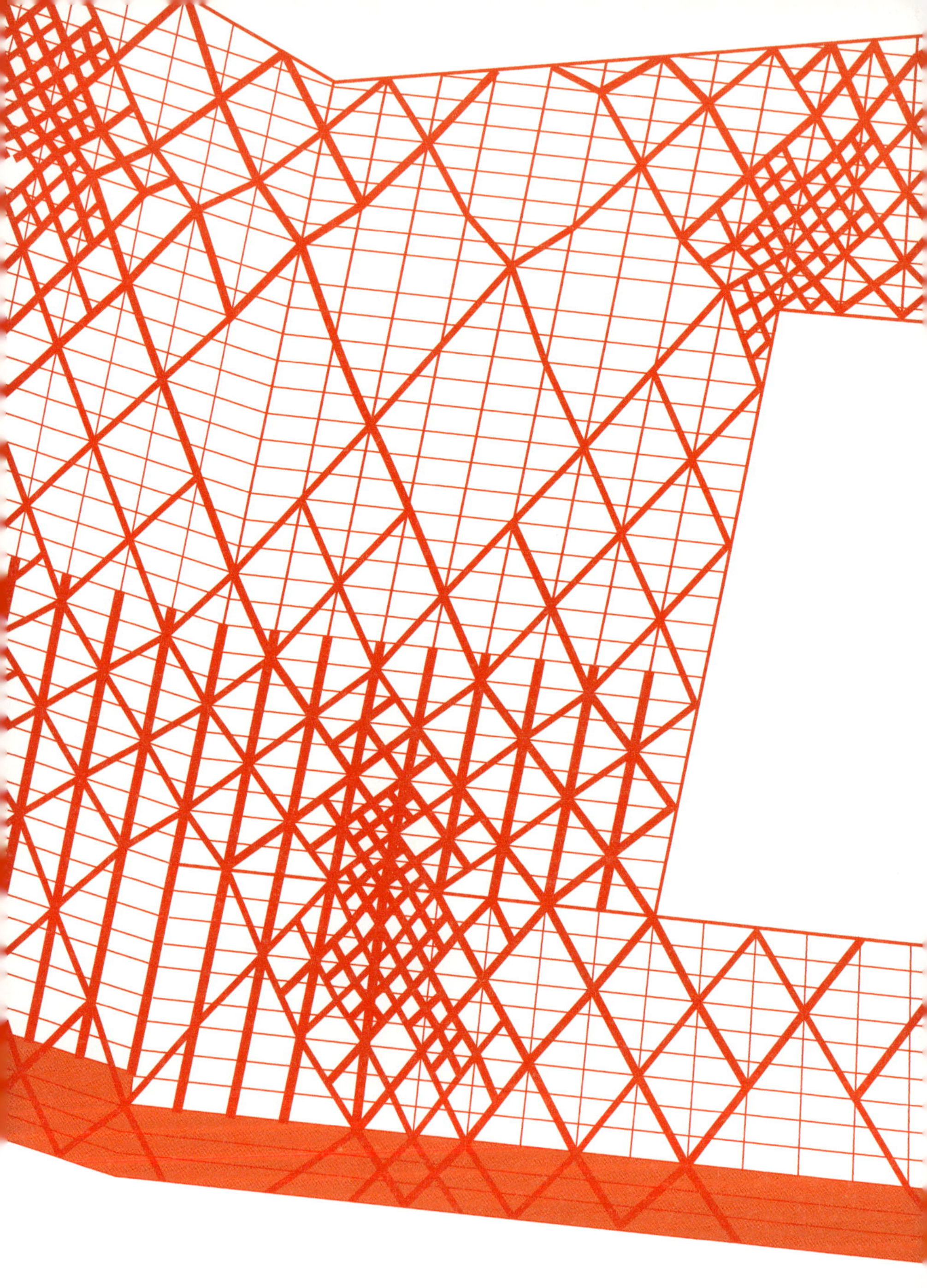

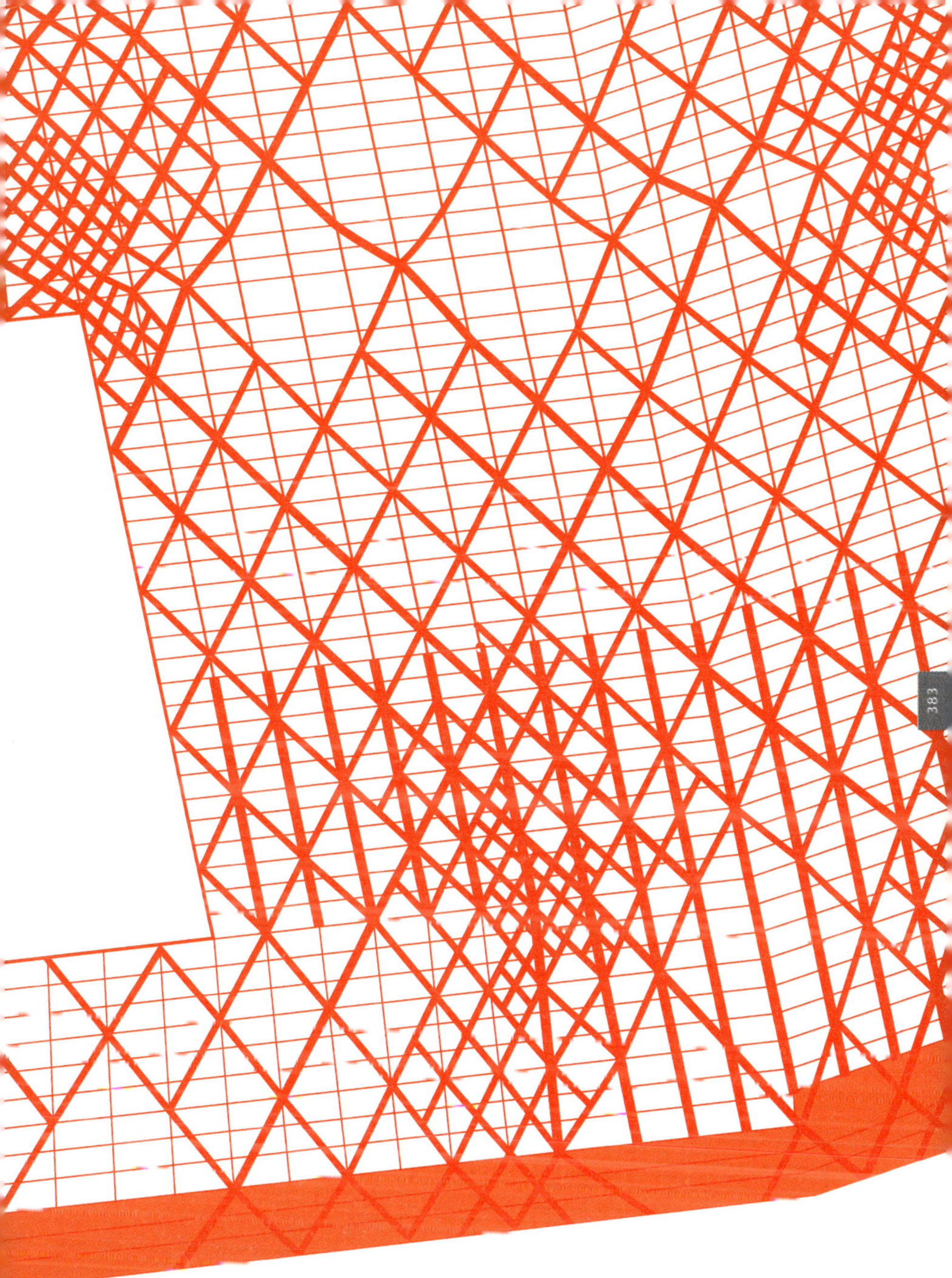

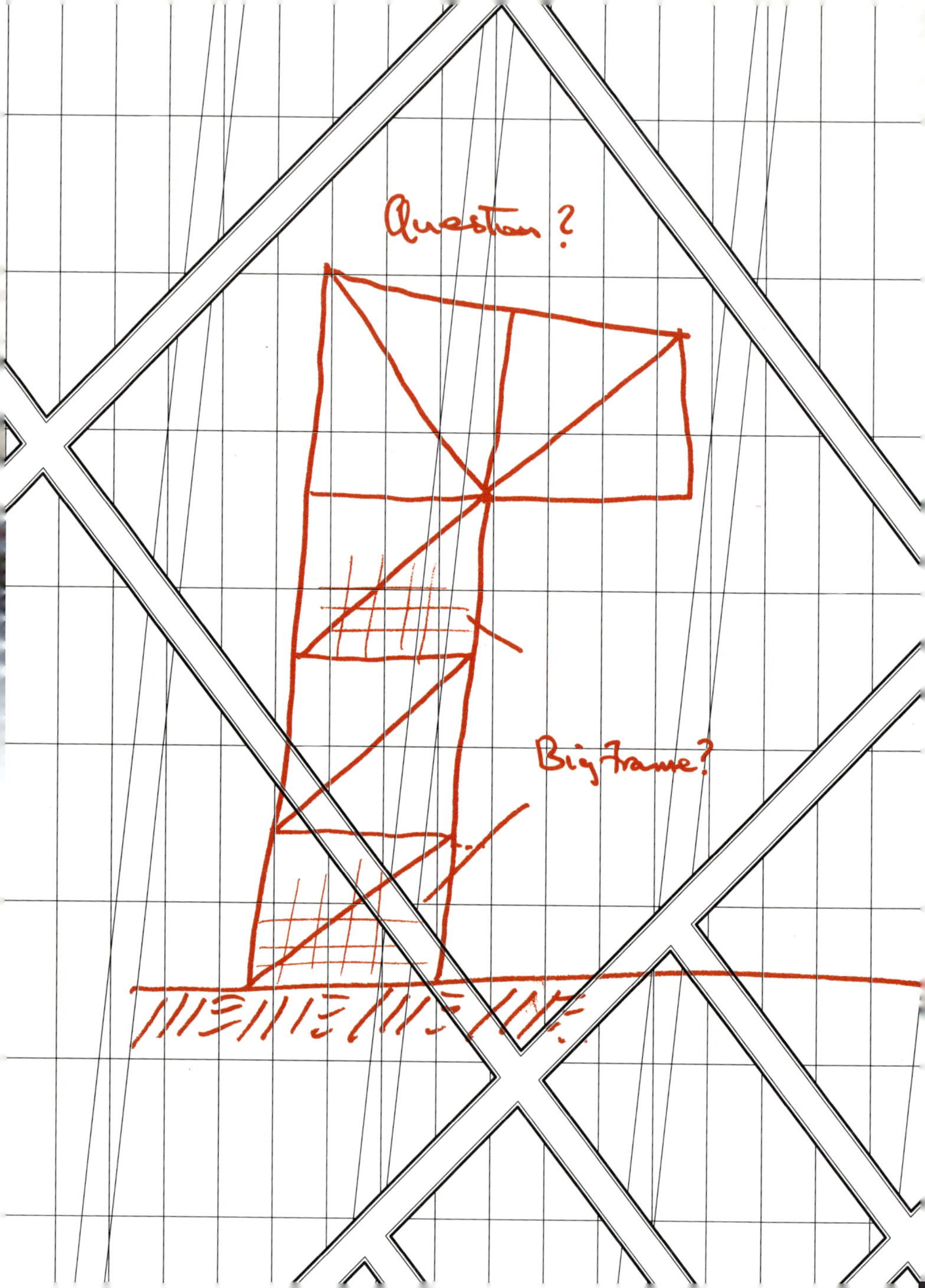
Question?
Big Frame?

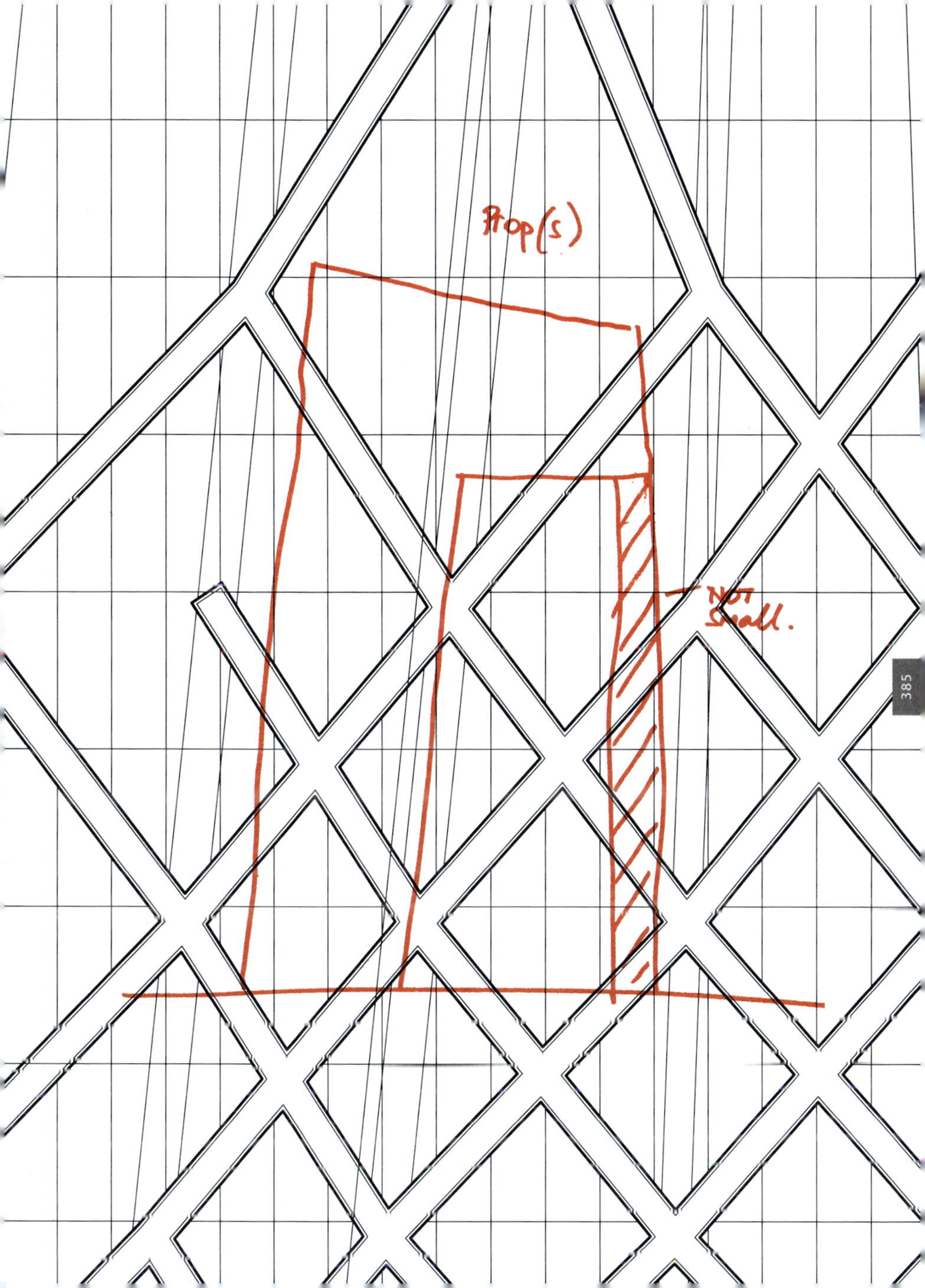
Prop(s)
Not small.

첫 번째 스케치는 선 하나가 수직으로 그어지고 수평으로 90도 꺾인 다음, 다시 아래 방향으로 꺾여 지면으로 내려오는 것이었다. 이것이 건물이라면 관습적인 의미에서의 코어가 존재할 수 없다. 그러나 혼잣말로 이야기한다. 이것은 루프[loop] —올라갔다 내려오는 닫힌 회로—이다.

돌출부[overhang]는 분명히 문제였다.

지진과 중력에 견디는 구조 시스템과 결합된 이 루프는 지진대에 위치한 이 정도 규모의 건물에서는 추천할 수 없는 방법이었다. CCTV는 고정관념[stereotype]에 대한 도전이었다; 아니면 불가능한 것일까? 단지 앞으로서 고된 해석 작업만이 결과를 말해줄 것이다.

공간을 휘감는 뱀과 수직으로 올라가 수평으로 변해 다시 내려와 지구를 삼키는 거대한 팔을 생각하며 잠자리에 들었다.

다음날 쿨하스와 나는 긴급히 통화를 했다; 이게 가능한가요?

공모전을 할 때마다 가졌던 확신을 가지고 우리는 가능할 것 같다고 이야기했다.

다리[bridge] 부분은 내쌓기 방식[corbel-like]으로 수직 타워 부분에 고정할 수 있으므로 문제가 없다. 그리고 올려보는 사람들을 긴장시키는 가장 멀리 돌출된 부분은 두 내민 부분 끝에 매달린 코너가 된다. 평면상에서 꺾인 부분은 거대한 보로 상상할 수 있다. 비틀림 보[torsion beam]. 하중은 전체 표면을 따라 흐른다.

표면을 덮자라고 생각한다. 일종의 비틀림 그물[torsion net]

CCTV는 거대하지만 면을 따라 오르내리는 패턴들이 사람들의 눈을 사로잡는다—친밀감. 아마도 살아있는 괴물 같은 모양으로 보일 수 있지만, 다가갈 수 있는 괴물이다.

Tube
Plinth / Ballast

그물 *Meshing*

쿨하스와의 작업은 보르도 빌라와 쿤스탈에서 새로운 유형을 창조해 냈고 시애틀 도서관, 포르토의 카사 다 뮤지카에서는 솔리드와 보이드의 마법을 창조했지만, CCTV 같은 창조적인 작업은 아니었다.

다음 단계는 더 어렵다—안돼! 수직 부분들이 기울어지기 시작한다. 모든 바닥들은 기둥 하나 없이 벽 사이를 가로지른다. 가새 또한 중력을 담당한다; 표면은 얇은 피부 조직tissue인 동시에 뼈대backbone가 된다.

루프 전체는 지진에 견디고 중력에 대응하기 위한 '코어'가 되어야 했다. 나는 전체 형태를 감싸는 코일을 생각했다. 그 코일은 곧 다이아몬드 형태로 발전되었다—벌집 모양honeycombs.

지나간 이야기지만, 우리는 기울어진 타워에 거대한 평형추를 사용하여 균형을 잡아주는 아이디어도 생각해 보았다. 혹은 캔틸레버 끝을 지지하기 위한 거대한 기둥을 세우는 것도 고려해 보았다—그런데 200m 높이의 기둥이라니?

불안과 흥분이 교차했다; 그리고 앞으로 일어날 일들과 불확실한 것들을 해소하기 위해 예상되는 고된 업무에 대한 걱정이 시작되었다. 심각한 뱀과 사다리 게임이 기다리고 있었다.

Memo:

{ Towers of doubt?
{ Bridge of Confidence!

- the form has hybrid nature
  cantilever in one direction/portal in the Other

- the Skin needs different densities
  like cracks in human skin

- the bracing must engage with the form,
  thick + ancient, also 'light' + technical.

- Patch zones of stress on each face
  then arbitrary crossings?
  Or strict rationale ← prefer ✓.

메모:
의심이 남아있는 타워?
확신할 수 있는 다리!

형태는 복합적인 성질을 가진다
한 방향으로는 캔틸레버 / 다른 방향으로는 문[portal] 형태

표면은 여러 밀도가 필요하다.
사람 피부에 있는 주름들[cracks]과 유사한.

가새는 형태와 연관되어야 한다.
두껍고 전통적이면서도, 또한 '가볍고' 기술적으로

각 면에서 응력을 받는 부분들의 연결
그렇다면 임의적으로 교차?
혹은 엄밀한 근거에 의해서? ← 이걸로 ✓

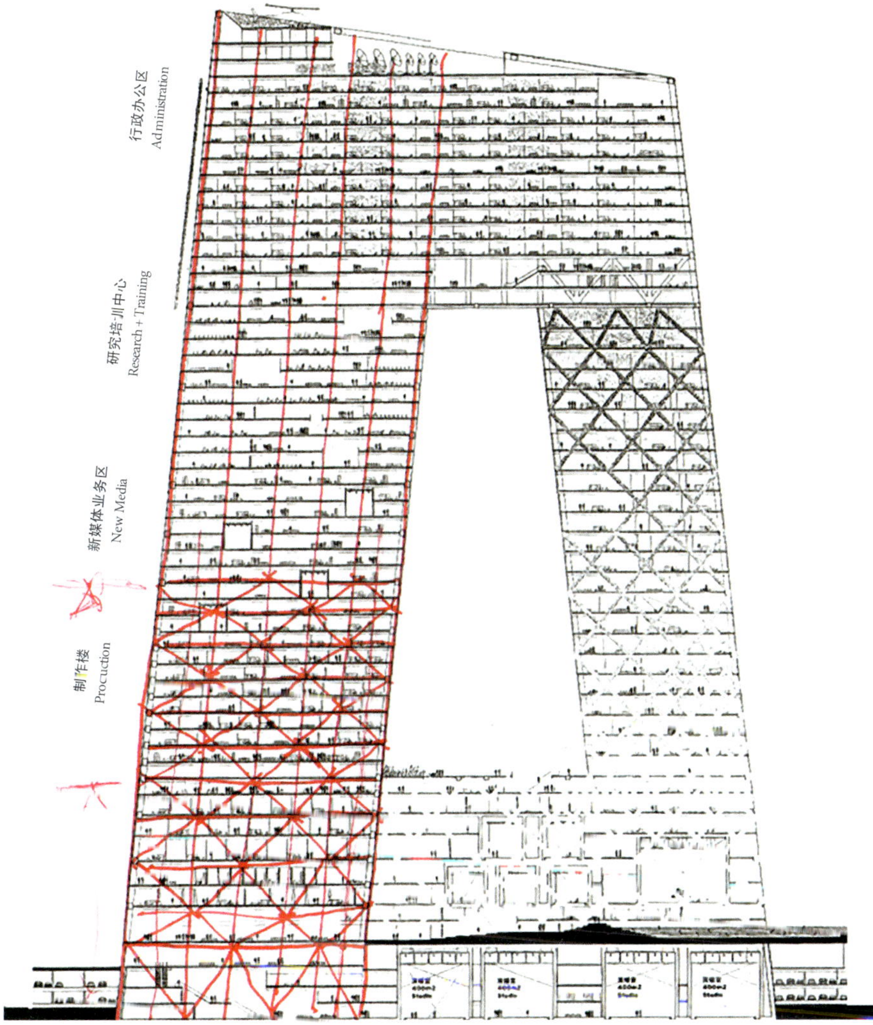

行政办公区
Administration
研究培训中心
Research + Training
新媒体业务区
New Media
制作楼
Procuction

우리는 작은 종이 모형을 만들었다.

같은 크기의 그물형태mesh로 표면을 채웠다.

그물 내에서 축력axial force을 나타내는 선들은 큰 힘을 받는 부분의 적색부터 노랑, 녹색을 거쳐 가장 작은 힘을 받는 부분의 파랑까지 색이 칠해졌다. 모형은 단지 10cm 높이였지만 이 프로젝트 진행에서 중요한 순간이었다. 내가 그렸던 다이어그램과 같은 스케일을 가진 모형을 통해 어느 부분이 힘을 많이 받고 어느 부분이 작게 받는지 명확하게 보여줄 수 있었다. 루프의 성질을 고려해 봤을 때, 이 결과를 추측으로 얻어내는 것은 불가능했다.

단순한 규칙이 적용되었다; 축력을 작게 받으면 다이아몬드 모양이 두 배 크기가 되고, 크게 받으면 반 크기가 되었다. 그 중간 크기는 없다. 엉성하지만 효과적인 '여과기sieve'

작용하는 힘들이 CCTV 표면을 따라 패턴을 만든다.

모양shape을 살펴보고, 이를 좁히고 키우며 형태form에 활력을 불어넣는다.
균질함homogenised은 이 프로젝트에 어울리는 단어가 아니다.

중력

그러나 문제가 있다; 파사드에는 기둥이라고 볼 수 있는 부재는 없고, 단지 대각선의 그물로 만들어진 표면이 중력과 지진을 감당해야 한다. 외피가 바닥들을 지지해야 한다면, 중력하중을 감당할 수 있을 정도로 튼튼해야 하며 지진의 횡력를 견딜 수 있도록 강성stiff이 있어야 한다. 이 두 조건을 만족시키기 위해 가새들은 더 커져야 한다. 형태의 강성이 커질수록 더 큰 하중들을 받게 되고, 따라서 가새의 강성이 커져야 하고 결과적으로 그물을 구성하는 부재들이 커져야 하며, 그렇다면 또한…… 우리는 꼬리잡기를 계속하고 있었고 그 사이 공모전 마감까지는 삼주 밖에 남아있지 않았다.

중력을 보다 손쉽게 땅으로 전달할 수 있도록 기둥을 고려해야만 했다. 결정이 필요했다; 파사드의 기둥이 수직이 되어야 하는가 혹은 경사를 따라 기울어져 있어야 하는가? 기울어진 기둥은 매 층 똑같은 평면들을 만들어 낼 수 있다; 그러나 수직으로 서 있는 코어와 기둥은 각층에서 평면상 위치가 달라질 것이다. 수직의 기둥은 하중을 더 잘 전달할 수 있고, 횡변형lateral deflection에 '제동장치brake' 역할을 할 수도 있다. 건물이 바깥 방향으로 움직이려고 하지만 코어가 수직으로 있을 경우, 캔틸레버와 문portal 형태를 고려하면 더 효과적일 수 있다. 기둥이 기울어져 있다면 건물의 수평 방향 움직임을 잡아줄 수 있는 것은 아무것도 없다.

결정: 수직 기둥과 코어가 중력하중의 70%를 담당한다. 표면 가새는 대부분의 지진하중과 바닥들로부터 오는 30%의 중력하중을 담당한다.

여러 번의 지진 시뮬레이션으로 건물을 테스트했다. 가새 패턴은 그에 따라 변화했다. 팀원들 중 일부는 표면 그물에 손을 대어 좀 더 '멋있게' 보이고 싶어 했지만, 나는 반대했다; 지금 디자인 단계에 있어 두배 확대와 축소된 그물은 충분한 변형variation이었다—더 필요하다면 지금이 아니고 아마도 추후에. 쿨하스가 불만을 가졌음은 명백했다. 그는 협력 작업을 할 때마다 우리가 보였던 빠른 응답에 익숙해져 있었지만, 이번에는 이것이 정말로 맞는지에 대한 확신이 나에겐 없었다. 아럽Arup의 팀은 최고의 멤버들로 구성되었고 답을 찾아내는 그들의 능력에는 확신이 있었다. 그러나 이 루프가 진정 심각한 지진대에서 서 있을 수 있을까? 우리가 확신을 가질 수 있을 때까지 삼 사 개월, 혹은 육 개월까지 걸릴 수도 있을 것 같았다.

힘가새 시스템을 중력을 위한 보와 기둥의 프레임에서 분리시키는 것은 좋은 아이디어 같았다. 이에 따라 건물 표면 위를 흐르는 응력이 라인들을 따라, 열린 채널open channel 단면들로 만들어진 가새 패턴이 파사드에 나타난다.

이는 놀랄만한 결과로 이어졌다. 프레임을 가새 뒤에 둔 것은 수직적인 타워와 연결 다리 부분에서 횡력 저항을 비약적으로 향상시켰다. 분리된 대각선 부재들이 없어진다. 층고의 변화는 연관된 대각선들도 변화시킨다. 대각선의 선들은 뱀처럼 연결된다. 표면을 따라 움직이며 그 힘들을 보여주는 용dragon이 나타난다. 만족할 만하다.

220m
211m
100m
53m
40m
40m
60m
80m
52m

Memo:

- The bridge is impossible – 16 storeys, unsupported
- joining overhang to towers can crush the corners
- closure of base socle restores centre of mass
- loop is a tube
- deep foundations – remove uplift
- it can be done!?
- "Wei Fang" – scary building

메모:

다리는 불가능하다—지지하는 것 없이 떠 있는 16층

돌출부overhang를 타워들에 연결하는 것은 접합부에 문제가 생길 수 있다.

기단부를 막아서 질량중심centre of mass를 옮긴다.

루프는 튜브tube이다.

두꺼운 기초—부상uplift을 막는다

이게 될 수 있을까?

"Wei Fang"—위험한 건물

경사면들:
저층부에서 전이가 필요한 기둥으로 하중이
전달되는 것을 피한다.

고층부에서의 트러스: 더 많은 하중을
코어로 전달하려고 할수록 더 긴
트러스 스팬이 필요

전이 레벨을 정하고 바닥을 그 아래
매단다—사용계획에 따라 전이레벨
층을 결정한다

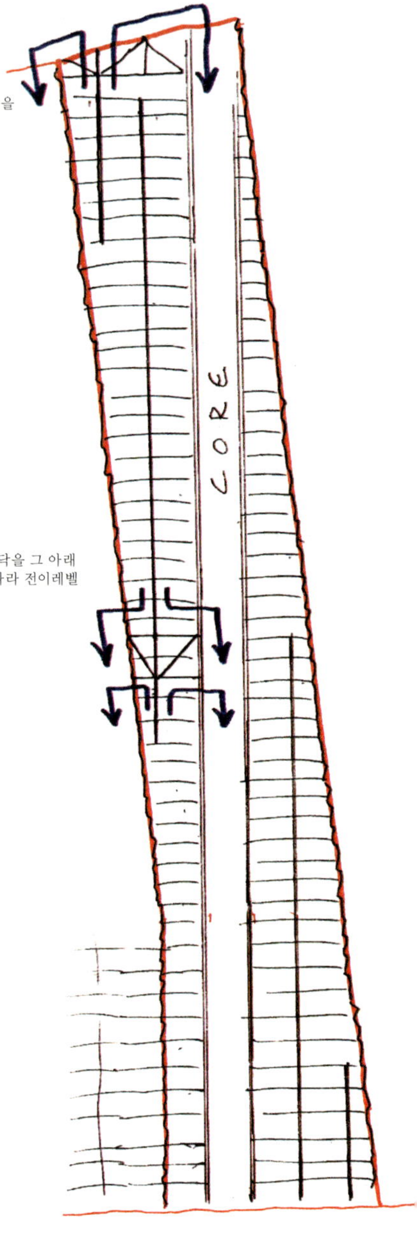

다이아 그리드 면으로 하중을 전이시키기
위한 37/38층에 위치한 트러스

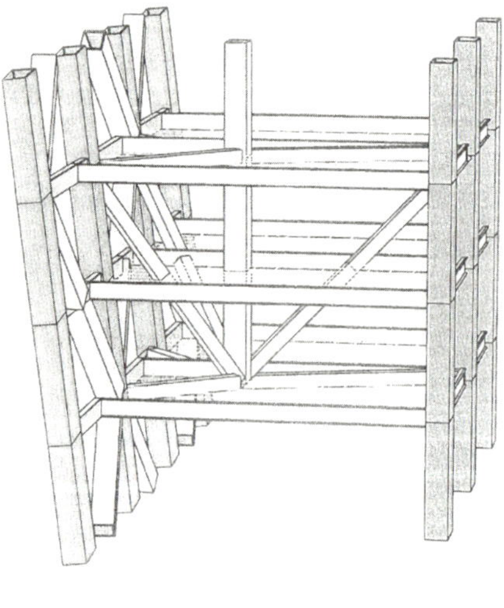

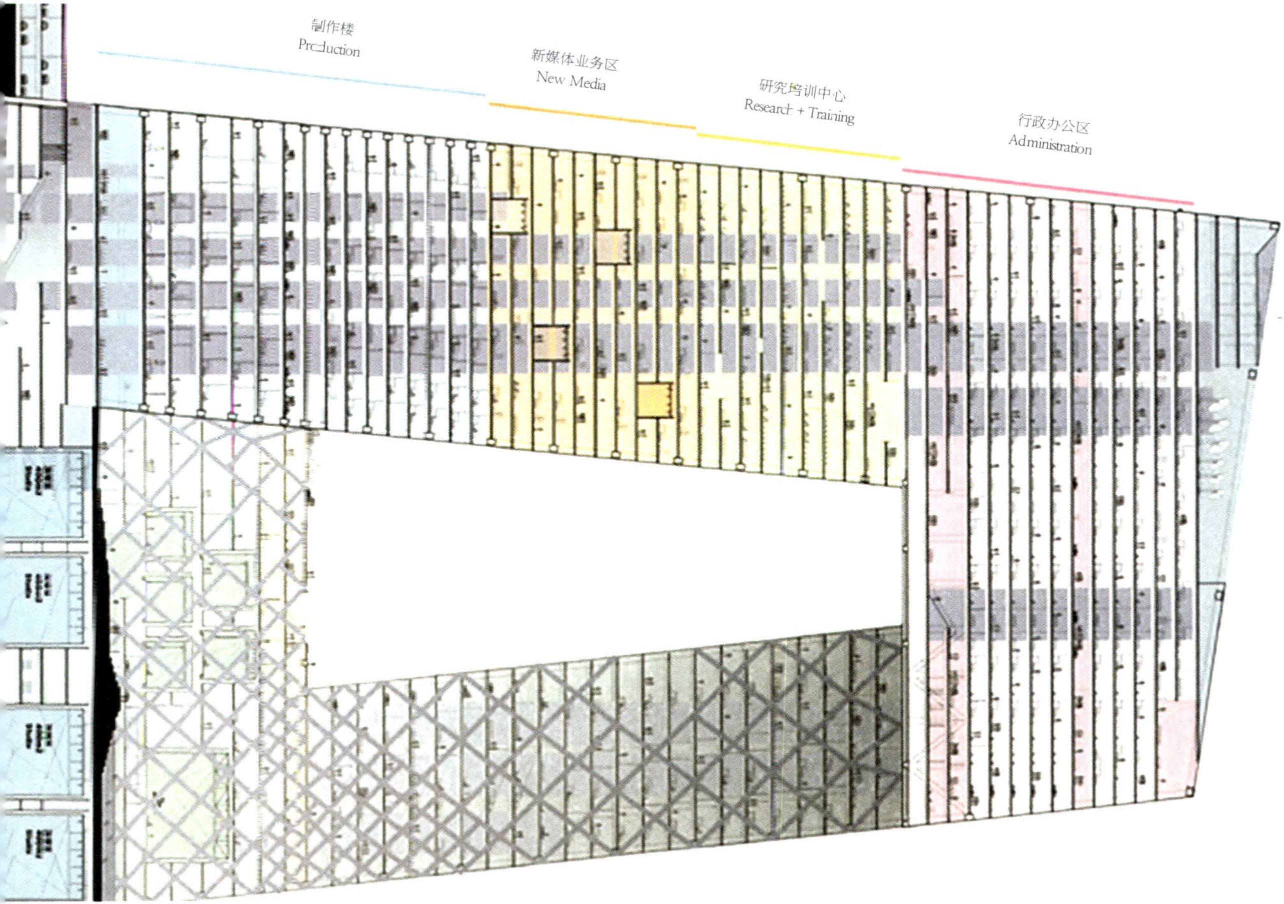
制作楼
Production
新媒体业务区
New Media
研究培训中心
Research + Training
行政办公区
Administration

크고(적색) 작은(청색) 하중 분포를 보여주는 동일한
크기의 그물을 가진 10cm 높이의 모델

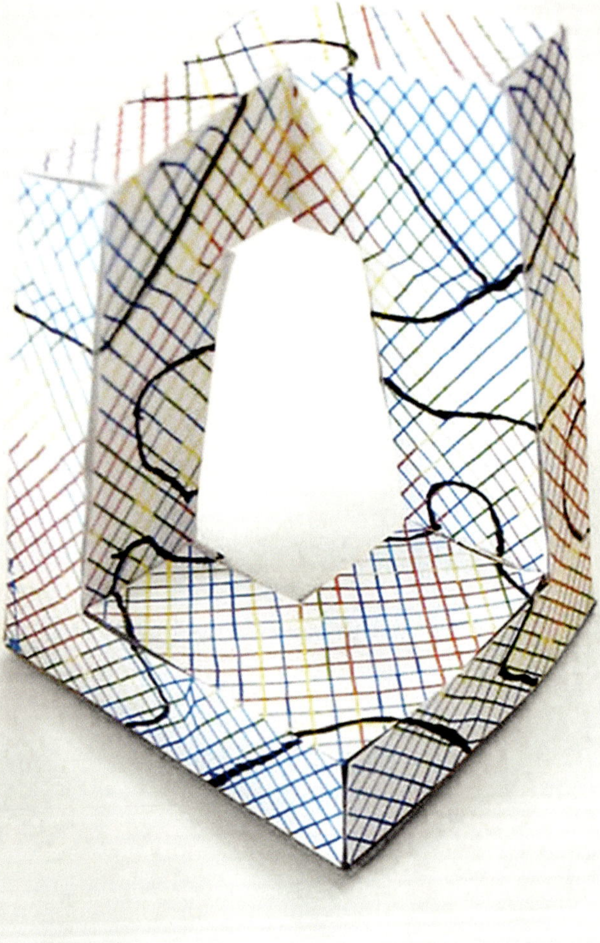

기둥과 바닥

리드를 제거함으로써 가새들의 패턴 형태가 나타난다.

다른 하중 조건들도 검토되었다. 절반/두 배의 다이아몬드 형태 리듬은 여전히 유지되었다. 형태를 펼친 면 위에 칼라 패턴들이 표시되었다. 기본 10m 다이아몬드 크기를 1이라고 하면, 절반 다이아몬드는 1/4 크기, 두 배 다이아몬드는 4배 크기가 된다.

표면에는 유사한 패턴들이 순차적으로 나타나는 꾸밈음들[grace notes]이 생겨난다.

울림을 가진 구조는 중력과 지진으로부터 형태를 보호한다. 패턴은 가믈란[인도네시아 전통 음악 연주단·옮긴이] 음악의 음계들이 표현된 것 같다.

기준 다이아몬드 한변 크기는 10m로 한다.

응력이 큰 부분에서는 10m를 반으로 나누어 5m 그리드를 만든다.

응력이 작은 부분에서는 20m 그리드가 된다.

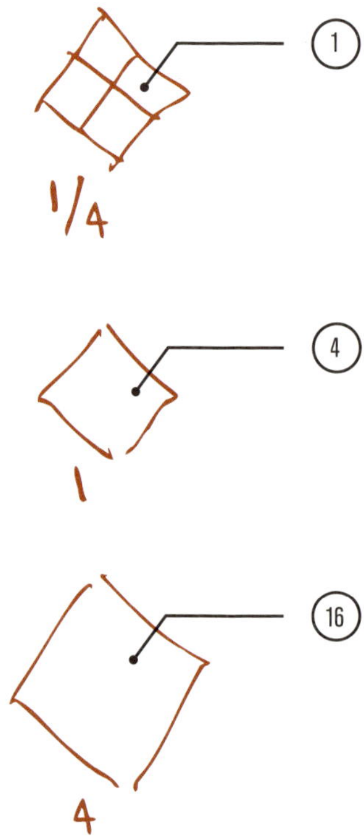

그러나 파사드의 가장 작은 다이아몬드가 1이라면 표면은 1:4:16 비율을 가지게 된다.

1/4　　1　　4

1　　4　　16

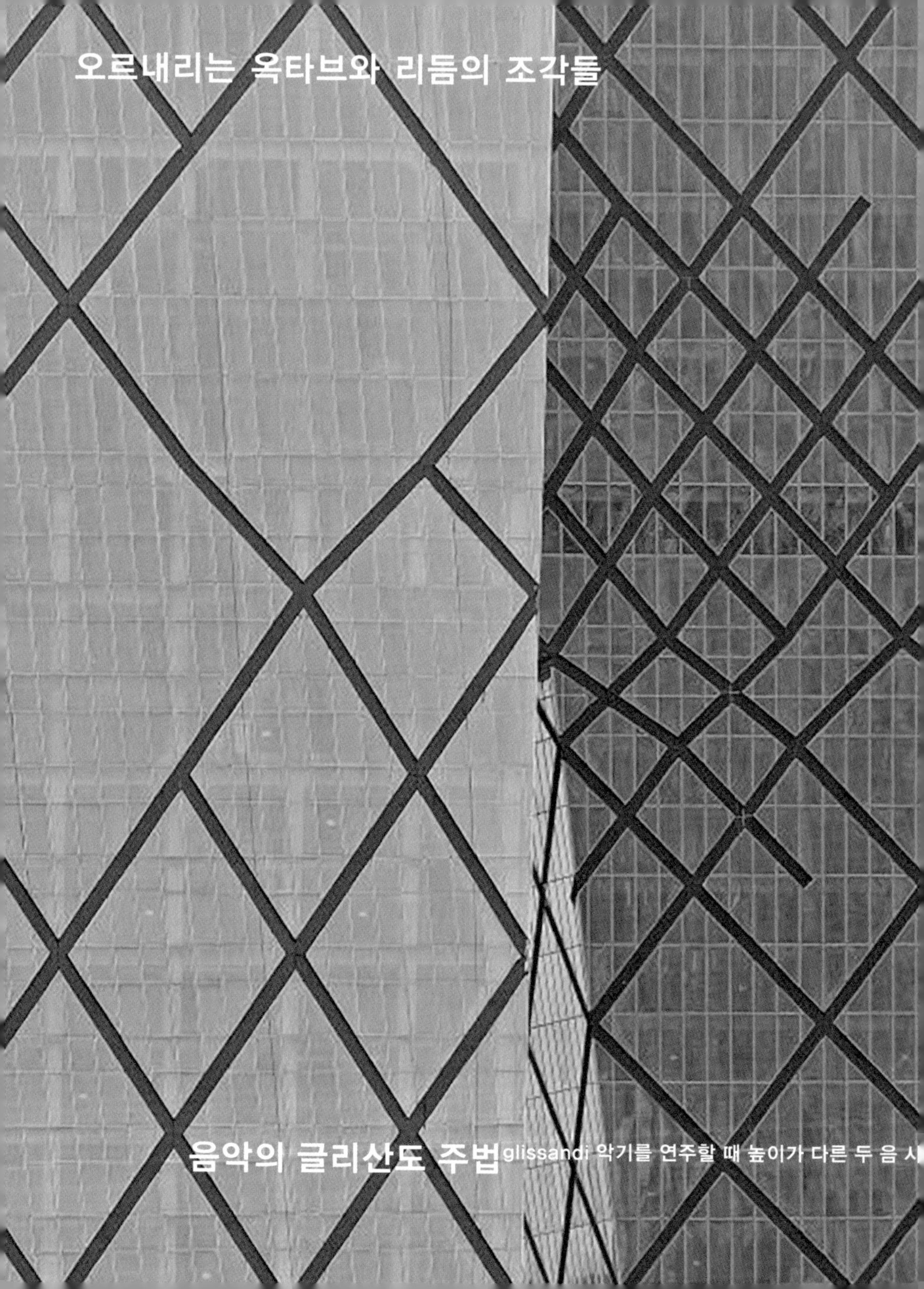

오르내리는 옥타브와 리듬의 조각들

음악의 글리산도 주법

glissandi 악기를 연주할 때 높이가 다른 두 음 사

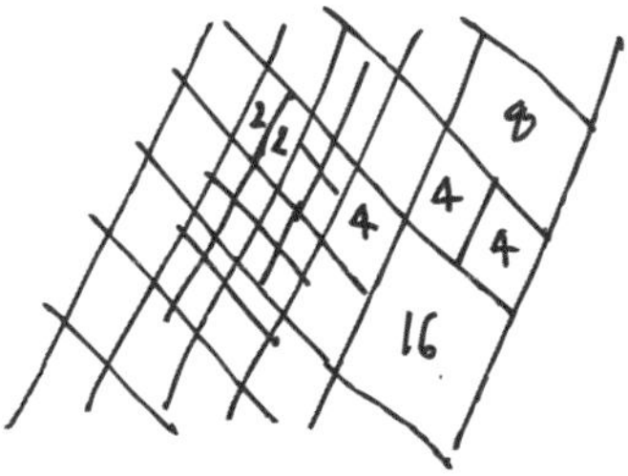

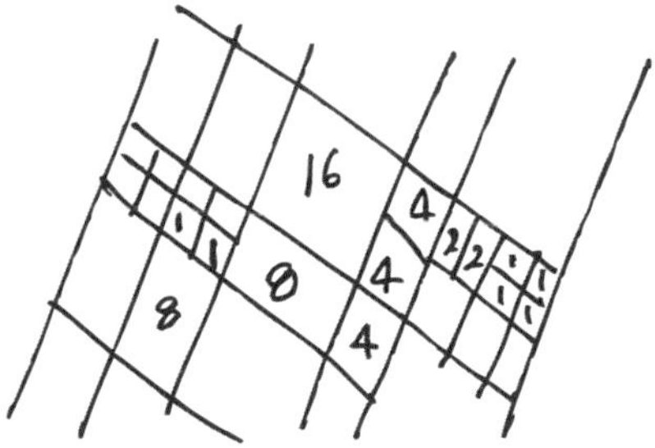

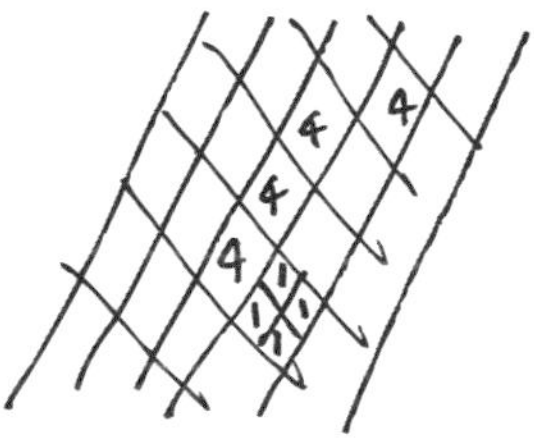

음악에서는 한 음을 낼 때 같이 울리는 배음이 다르기 때문에 고유의 음색이 결정된다. CCTV도 유사하다. 크기가 다른 각각의 다이아몬드 셀들은 다른 셀들과 공명한다.

1, 2, 4, 8, 16, ... Doubling/Octaves

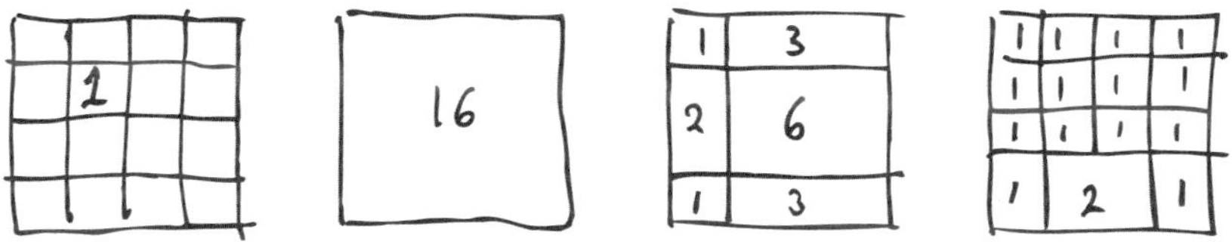

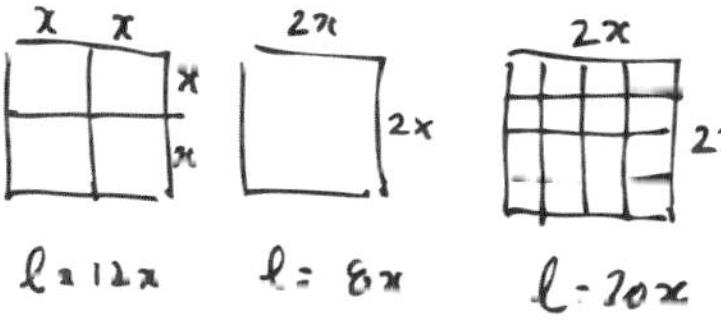

Same force, more length 'l' traveled + less stress in members.

러지며 소리내는 기법;옮긴이과 같이 다른 층고들에 의해 변형된 대각선들

건물을 연속적인 면으로 보고 그 면들을
2차원으로 펼친다

建筑形体控制点			
CCTV Geometry Control Points			
	x	y	z
A	200	200	0.0
B	200	38.7388	0.0
C	147.3670	39.3694	6.0
D	147.3670	139.3694	6.0
E	39.3694	139.3694	6.0
F	38.7388	200	0.0
G	195.1653	195.1653	46.45
H	195.1653	83.5736	46.45
J	143.1653	83.5736	46.45
K	143.1653	135.1653	46.45
L	83.5736	135.1653	46.45
M	83.5736	195.1653	46.45
N	95.6606	95.6606	161.0
O	131.0783	95.6606	161.0
P	62.15658	55.6606	161.0
Q	55.6606	55.6606	161.0
R	55.6606	123.0783	161.0
S	191.32118	123.0783	161.0
T	101.3816	101.3816	215.4314
U	178.9454	99.7934	200.3211
V	179.6098	59.129	194.0
W	61.5464	61.5464	217.0
X	63.3332	175.4057	234.0
Y	102.5554	176.1834	226.5998

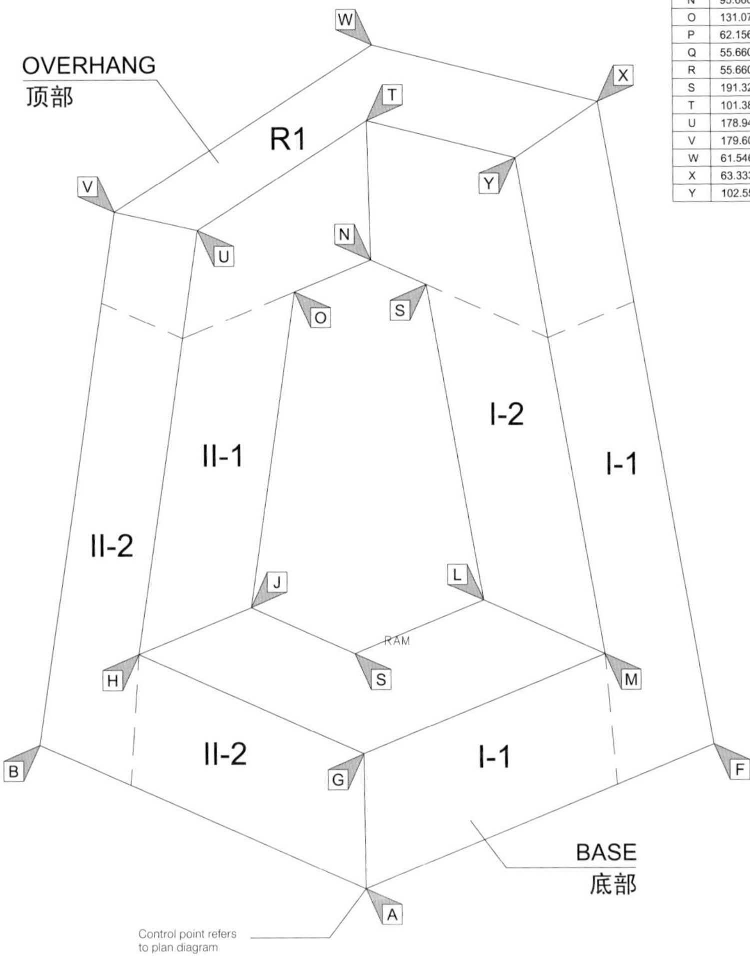

GROSS SURFACE AREAS (ABOVE GRADE)			
FACE	SURFACE AREA	FACE	SURFACE AREA
I-1	14648 m^2	II-1	9907 m^2
I-2	11812 m^2	II-2	13315 m^2
I-3	8800 m^2	II-3	13610 m^2
I-4	17183 m^2	II-4	8478 m^2
R1	7902 m^2	R2	9378 m^2
S1	4113 m^2		

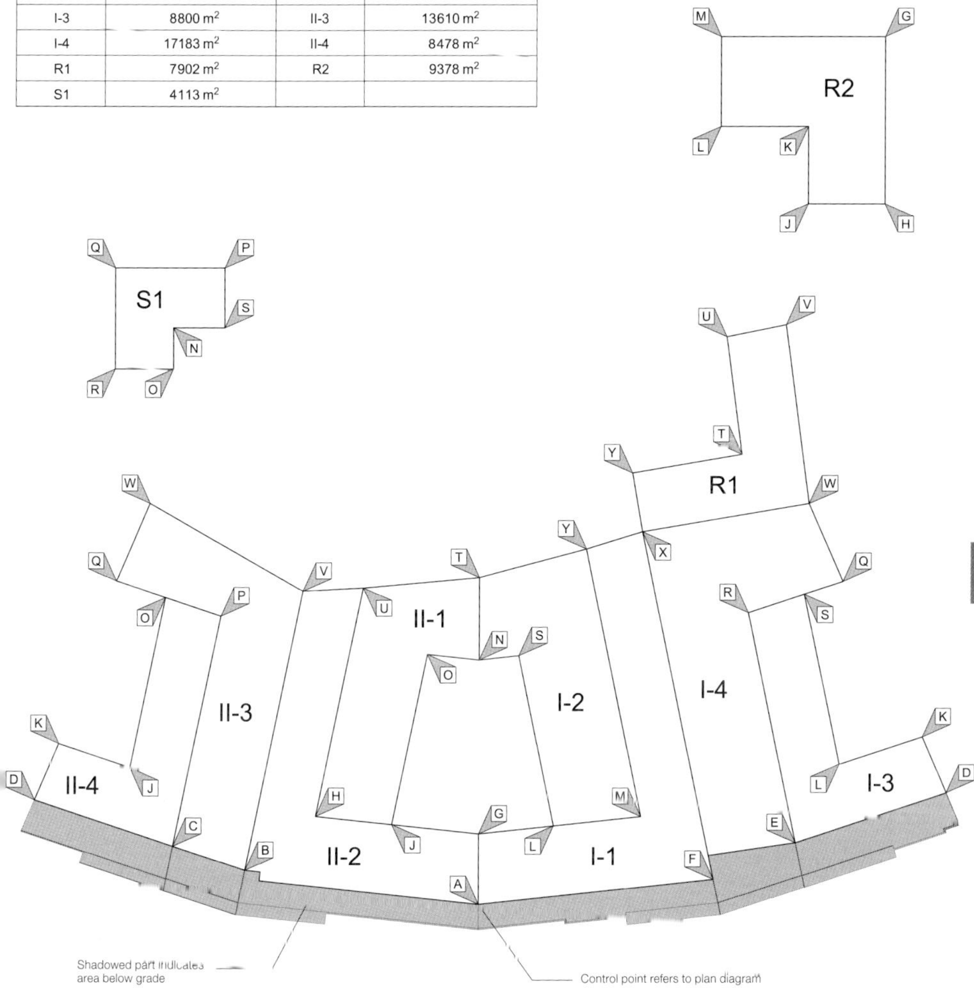

주요 사항

대지 면적: 187,000 m^2
연면적: 473,000 m^2
타워 높이: 234m/194m
타워 경사: 6°
지상층: 49층
지하층: 3층
기단부: 9층
돌출부(overhang): 9-13층 (36층 상부)

굴착 및 기초

총 굴착량: 870,000 m^3
총 굴착 기간 : 190일
일 최대 토사 반출량: 12,000 m^3
최고 굴착 깊이: 27.4 m

타워들을 지지하는 말뚝지지 온통기초(pile raft foundations)는 54시간 동안 연속하여 콘크리트를 타설하여 만들어졌으며, 이는 역대 중국의 건축 산업에서의 가장 거대한 기초이다.

콘크리트 매입 말뚝(bored piles): 1,242개(각 타워 하부 370개)
온통기초: 두께 7m
말뚝: 길이 33m/지름 1.2m

타워와 기단부 아래 기초의 콘크리트 양: 133,343 m^3
세 공장으로부터 시간당 최대 720 m^3의 콘크리트가 160대의 트럭에 나누어 반입

강구조 공사steelwork와 시공

강재량: 125,000톤 (접합부재 포함)
총 강재 부재: 41,882개 (26개월 간)
시공 속도: 8,000톤/월

돌출부overhang는 15개의 전이 트러스와 복잡한 연결부들을 포함하며, 그 중 일부는 하나의 무게가 33톤에 달함

각 타워 내부에 위치한 두 개의 타워크레인 (중국 건축산업 역사상 가장 큰) 이 부재들을 필요한 위치로 옮긴다. 각 크레인은 공사기간 동안 14번에 걸쳐 높이가 조정되고, 또한 위로 올라감에 따라 바뀌는 바닥 모서리까지의 거리를 유지하기 위해 네 번 옆으로 위치를 옮긴다.

형태 변화가 없는 중층부에서는 매달 6층씩 시공되었다.

동시 작업인원: 1,200명 (최대 3,500명)

응력 모델들의 배양incubation

시나리오

많은 힘들이 침략적으로 다가온다—바람, 지진, 타워의 여러 부분에서 다르게 위치하는 활하중live loads 등. 건물은 침략을 견뎌내고 흡수하고 물리쳐야 하는 요새가 된다. 어떤 전투도 없지만 일련의 예측되는 전쟁들이 있다.

특별한 소프트웨어를 통해 대포와 투석기 그리고 포위 작전 등을 검토한다.

정교한 후처리 프로세서들post processors이 이 침략들을 뒤쫓아 초기결과raw results를 처리한다. 최종 목표는 침략을 약화시키고 회복 가능하게 만들어 무리 없이 모든 것이 조정된 답을 찾아내는 것이다.

모든 것을 밀쳐내는 만리장성이 아닌 모든 것을 흡수할 수 있는 갑옷.

Corbelled zone
Crunch.
Internal transfer.

루프loop 형태로 인해 접속 지점에서 응력집중이 생긴다.

보통 타워에서는 어떤 층의 아래나 위나 비슷한 구조적 특성을 가지고 있다. CCTV 타워에 거대한 돌출부가 연결되어 있기 때문에 이 부분에서의 응력집중은 충분히 예상된 부분이다. 타워의 아랫부분이 기단부와 만날 때 다시 한번 강성의 변화가 일어난다.
국부적인 집중을 전체적으로 분산시킬 수 있는 구조적 방법들을 살펴보았다. 질량 비정형 지수Mass irregularity index, 비틀림 비정형torsion irregularity — 모든 것을 검토하고 확인하고 고심했다.

다리bridge 부분의 하중을 견디려면 얼마나 많이 내밀corbel out어야할까? 혹은 다리 부분 전체를 타워 부분에 올려서 연결해야 하는가? 설계는 전이 하중 분산을 위해 후자의 방향으로 발전해야 했다.

기술적인 면

설계를 하는 것은 여러 하중—일부는 중력, 혹은 건물을 위협하는 바람, 지진 등—을 다루는 것이다. 어떤 것들은 바닥의 '고정된[dead]' 무게처럼 변하지 않는 하중이고 어떤 것들은 때에 따라 '변하는[live]' 하중이다. 통계적으로는 이런 하중들의 최악의 조건들이 동시에 일어나지 않는다. 예를 들어 가장 강력한 태풍이 불 때 가장 많은 수의 사람들이 건물 안에 있고, 가장 강력한 지진이 동시에 일어나는 일은 거의 일어나지 않는다고 봐야 하는 것이다.

안전을 위한 여유치를 위하여 각 하중 조건들에 하중의 확실성에 따른 계수를 곱한다. CCTV에서의 하중 조합들은 다음과 같다.

고정하중 & 활하중 (고정하중이 지배적일 경우)
고정하중 & 활하중 (활하중이 지배적일 경우)
고정하중 & 활하중 (풍하중이 지배적일 경우)
고정하중 & 풍하중이 최대로 걸릴 경우
고정하중, 활하중, 수평방향 지진력
고정하중, 활하중 & 수직방향 지진력
고정하중, 활하중 & 수평방향/수직방향 지진력

'고정[dead]' 하중은 언제나 존재하는 변하지 않는 자중이다. '활[live]' 하중은 건물 사용 중 사람이나 바람 등에 의해 변하는 하중이다. 각각을 따로 생각한다면 가장 최악을 위한 계수가 적용되어야 한다. 그러나 조건들이 연관되어 있다면 위험성을 분산시킬 수 있는 얼마간의 조정이 허용된다. 고층 건물에서 동시에 모든 층에 모든 사람이 있는 경우는 없다. 지진이나 풍하중과 연관하여 생각할 때 중력하중들의 영향은 약간은 감소시켜 고려할 수 있다. 그럼에도 모든 층에 최대의 활하중 (최대의 하중계수가 곱해진)이 있는 경우는 고려되어야 하지만 자중을 제외하고 다른 조건들은 고려하지 않는다.

다른 조건으로 최대 풍하중이 건물에 걸리지만 자중만 있을 뿐 밸러스트ballast 배 등에서 무게를 주고 중심을 잡기 위한 무거운 물건:옮긴이 역할을 할 수 있는 사람이나 활하중이 없는 경우도 고려한다. 전도overturning 테스트의 가장 최악의 경우에도 고정하중의 90% 만 고려한다.

이 같은 조정들에 의해 건물 거동을 설계할 수 있는 가능한 하중들의 범위가 나타난다.

축약어들은 다음과 같다.

DL - DEAD LOAD
LL - LIVE LOAD
WL - WIND LOAD
Eq - EARTHQUAKE

BASE REACTIONS

ELEMENT	DL	LL	WL	Eq
TOWER 1	Vx=36MN Vy=38MN Mx=7437MNm My=689MNm	Vx=11MN Vy=12MN Mx=2650MNm My=385MNm	Vx=10MN Vy=11MN Mx=2342MNm My=1860MNm	Vx=27 MN Vy=30 MN Mx=6996MNm My=5348MNm
CORE 1	Vx=4MN Vy=6MN Mx=24MNm My=272MNm	Vx=2MN Vy=2MN Mx=15MNm My=111MNm	Vx=15MN Vy=18MN Mx=736MNm My=572MNm	Vx=42 MN Vy=48 MN Mx=1966MNm My=1558MNm
TOWER 2	Vx=40MN Vy=46MN Mx=92MNm My=13897MNm	Vx=13MN Vy=14MN Mx=208MNm My=4924MNm	Vx=12MN Vy=13MN Mx=2359MNm My=2586MNm	Vx=40MN Vy=31MN Mx=6507MNm My=8903MNm
CORE 2	Vx=0MN Vy=1MN Mx=27MNm My=367MNm	Vx=0MN Vy=1MN Mx=42MNm My=125MNm	Vx=17MN Vy=18MN Mx=695MNm My=637MNm	Vx=54MN Vy=45MN Mx=1683MNm My=2082MNm

지진 분석

CCTV 건물의 지진 대응 방법에서 주목할 점은 잦은 지진에서는 프레임이 탄성거동으로 지진파를 흡수하고, 드문 큰 지진에서는 일정부분 '소성[plastic]' 상태를 허용한다는 점이다. 지진시 건물이 심하게 손상되더라도, 건물의 구조는 무너지지 않고 사람들이 안전하게 피신할 수 있도록 해야 한다. 극단적인 지진상황에서 각 부재들은 심하게 뒤틀리더라도 서로 결합되어 있도록 설계되었다.

지진시의 세 단계의 위험 레벨이 고려되었다:

50년 재현주기의 지진	–	손상 없음
475년 재현주기의 지진	–	경미한 손상
2500년 재현주기의 지진	–	심한 손상 그러나 인명 보호

각 재현주기 내에서 해당 지진이 1번 이상 일어날 확률은:

50년 재현주기의 지진	–	63%
475년 재현주기의 지진	–	10%
2500년 재현주기의 지진	–	2%

세 위험 수준에서의 최대 수평지반 가속도[peak horizontal ground accelerations]를 중력 하중에 대한 백분율로 나타내면 각각 7, 20, 40%가 된다.

대규모 지진상황에서 전도에 저항할 수 있는지를 판단하기 위해서 건물 자중의 40%에 해당하는 하중–엄청난 힘–을 수평력으로 적용한다.

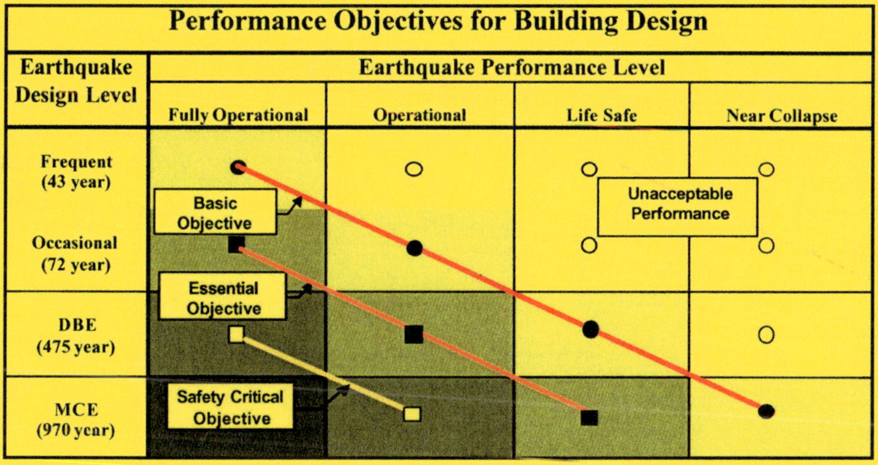

TYPICAL DESIGN SEISMIC SPECTRUM

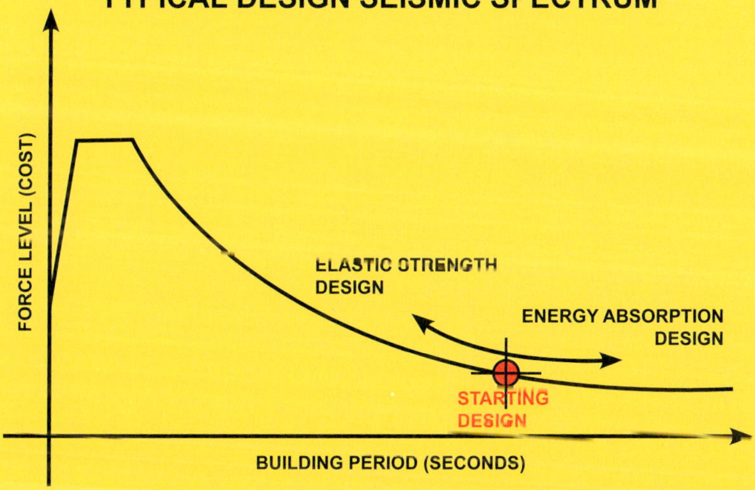

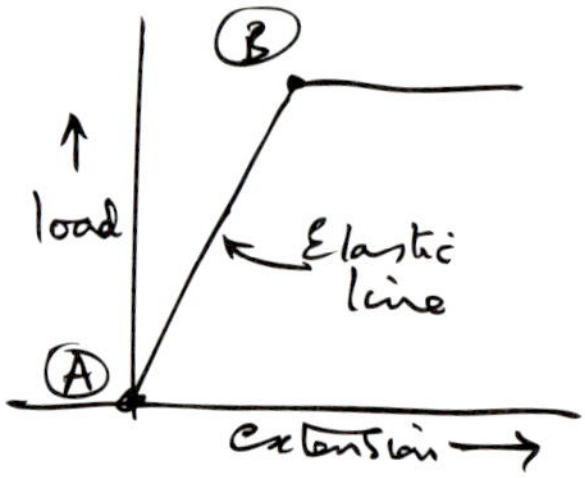

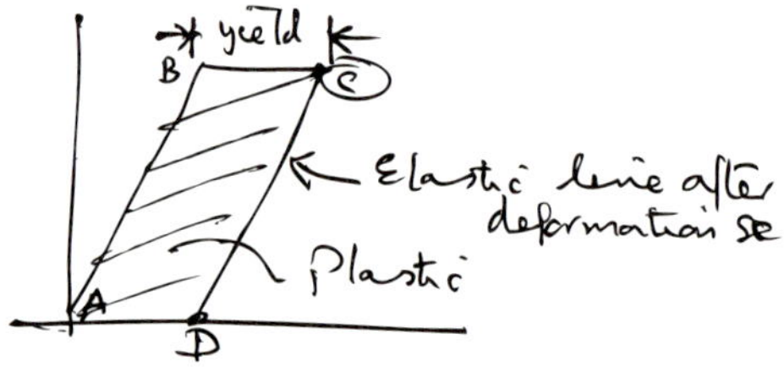

소성 *Plasticity*

보나 기둥에 하중이 걸릴 경우 그 부재는 변형된다. 힘을 제거했을 때 다시 원래의 상태로 돌아오면 이 거동을 탄성적이다 라고 말한다.

일정한 축력axial force이 작용할 때 얼마나 늘어나는 지는 재료가 가지는 기본적인 성질이다—고무는 많이 늘어나고, 철은 그보다 적게, 콘크리트는 아주 조금 늘어난다. 탄성의 범위에서 하중에 대한 늘어나는extension 정도를 나타내는 그래프는 직선이 된다. 이 직선의 기울기는 응력과 변형도의 비율에서 나오며 이는 탄성계수라고 불리는 각 재료들이 가진 고유한 성질이다. 작은 하중의 증가에도 크게 늘어난다면 탄성이 높다고 정의한다. 반대로 큰 하중 증가에도 작게 늘어난다면 탄성이 낮은 것이고 그래프의 기울기는 커진다. 물론 적용되는 하중이 없다면 늘어나지 않는다. 하중을 계속해서 증가시키면 탄성한도를 초과하는 항복점이 나타난다. 작은 하중의 변화에도 커다란 변형이 발생한다. 이때 재료는 '소성plastic' 상태가 되었다고 말한다.

위 그래프의 A와 B사이에서는 하중 대비 늘어나는 정도에 대한 재료의 탄성거동을 나타낸다. B와 C 사이에서는 재료는 항복점을 통과하였지만 여전히 하중을 지지할 수 있다. 하중이 제거되었을 때는 영구적인 변형상태로 남아있게 된다. 소성상태에 있는 재료는 변형되었지만 탄성상태와 유사하게 하중을 지지할 수 있다. 그러나 더 이상 이것은 제로게임이 아니다. 소성상태를 허용한다면 '연약한soft' 부분들을 만드는 것이고, 스트럿strut이 '충격흡수재shock absorber' 가 된다. 프레임에 작용하는 능동하중들active loads은 이 연약한 부분들을 지나 다른 루트를 찾게 된다. 전략적으로 약간의 과부하와 일부 연결부위의 소성상태를 허용하지만, 지진이 일어나는 동안에는 탄성 연결은 남아있어야 한다. 변형의 정도는 면밀히 조정되어야 한다. 과도한 인장extension정도와 내하력load carrying capacity은 관련되어 있다; 부재가 심하게 뒤틀리면 무너진다.

CCTV 구조 구성에서 피할 수 없는 점이 있었는데, 캔틸레버 바로 아래에 있는 코너 기둥들은 많은 하중을 부담한다는 점이다. 만약 이 곳의 기둥 부재가 바닥면으로부터으로 전달되는 국부적인 하중만을 담당하도록 설계되었다면, 전달된 하중은 점차적으로 코너 바깥쪽으로 전달될 것이며 이 경우 바깥쪽에 거대한 기둥이 필요하다. 그래서 이 코너들을 향해 하중이 전달되기 전에 흡수될 수 있도록 바깥 쪽에 위치한 특정 부재들의 단면들을 보강하고 적절히 배치하여야 했다.

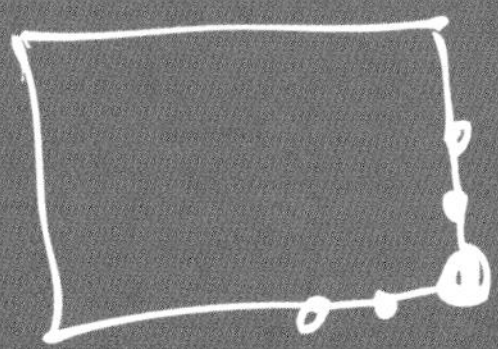

타워의 구조 부재 크기들에 대한 조정을 위해서 실제 발생했던 지진 응답 스펙트럼 기록과 인공적으로 만들어 낸 응답 스펙트럼을 사용하였다.

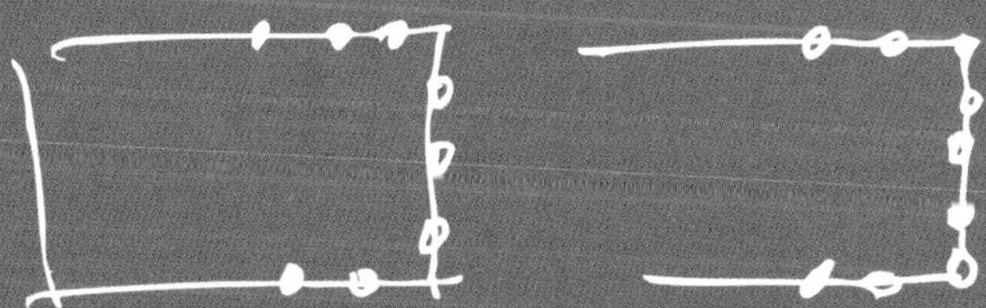

주: 돌출부overhang 아래 있는 코너 기둥과 가새 부재들은 시공의 마지막 순간까지 남겨져 있었는데, 이는 고정하중은 다이아몬드 그리드를 통해 인접한 기둥들로 전달하고 코너의 부재들은 최종적으로 온전히 풍하중과 지진하중을 담당하게 하기 위해서였다.

타워들과 기단부 사이에는 두 구조의 기초 사이에서 일어날 수 있는 변위를 제어하기 위해 지연 조인트delay joints 를 노입하었다.

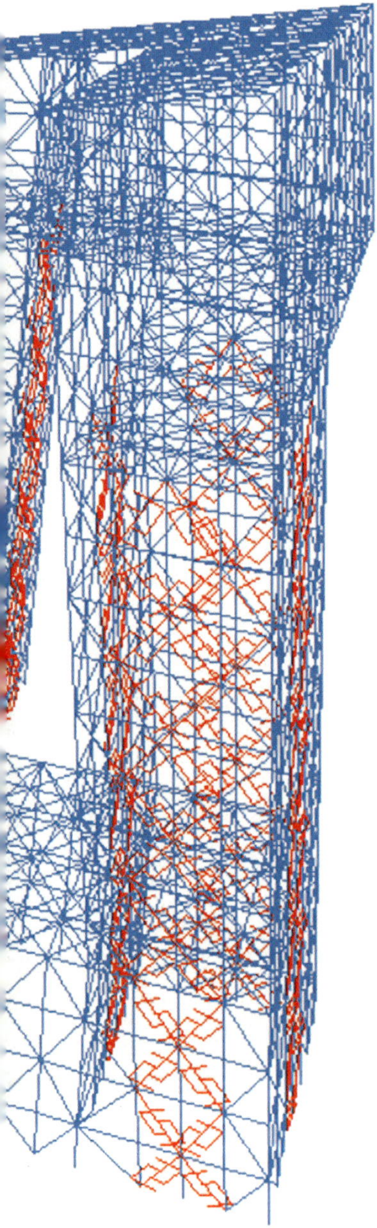

해석

루프loop에서 생길 수 밖에 없는 역설은 각각의 독립적인 해석들이 신경망처럼 복잡하게 얽혀야 한다는 점이다.

일부 조인트들에서는 소성의 정도를 최소한으로 제한한다. 각 조인트들을 '조정tuned' 한다. 해석이 계속됨에 따라 쫓고 쫓기는 게임a cat and mouse game이 된다. 프레임에 적용된 하중으로 그물mesh이 변형되고, 최대 응력이 가해진 일부 부재들은 지탱 한도를 줄여 소성을 허용하고, 다른 곳에 하중을 가해 또 다른 부재에서 최대 응력이 나타나게 하고, 이번엔 그 부재에서 소성을 허용하고 등등…. CCTV 네트워크는 피아노처럼 정밀한 '조율tunings'을 거친 구조가 되어갔다.

많은 계산을 거치는 동안 대각선 그물mesh은 계속해서 필요강도를 만족시키는 결과를 보여주었다; 민감한 표면을 가지게 된 루프는 이제 위험을 흡수하면서 제 성능을 드러내 보인다. 용dragon의 스케일은 거대하고 생각했던 것보다 강했다.

비행기가 와서 충돌하면 어떻게 될까?

9/11의 대재앙을 생각하면서 점보 제트기가 강재보와 충돌하여 부재들이 분리되는 경우를 해석하였다. 국부적으로 일어나는 심각한 손상의 경우 부분적으로 취약점이 생기지만, 부재들이 부분적으로만 손실된다면 하중들이 그물mesh을 통해 다른 부분으로 전달될 수 있었다. 우리는 직접 충돌에도 견딜 수 있는 CCTV를 계산해 냈다.

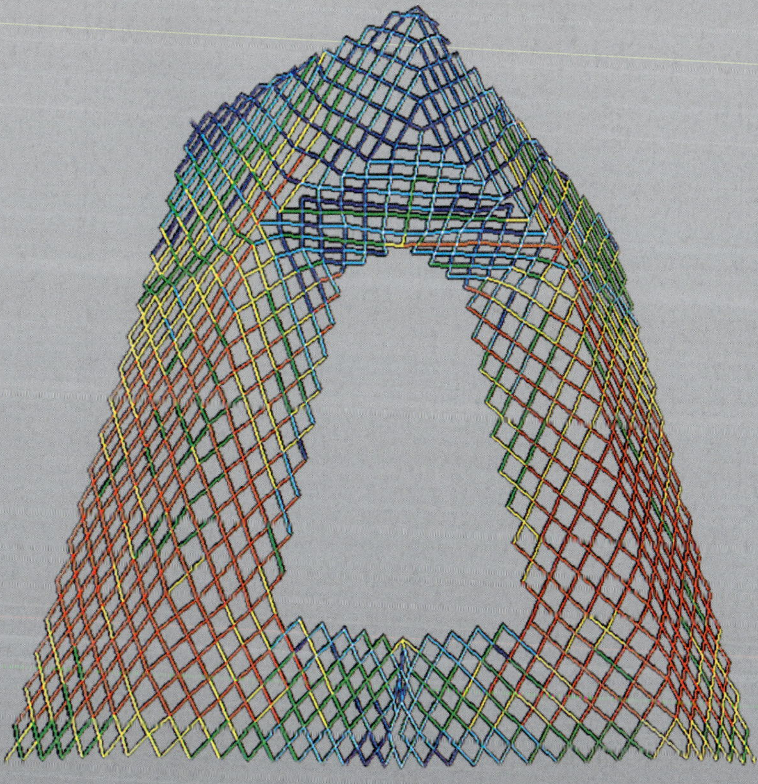

기초에서 부상uplift을 검토하기 위한 여러 방법들

10층이 추가된 경사진 튜브

캔틸레버 추가

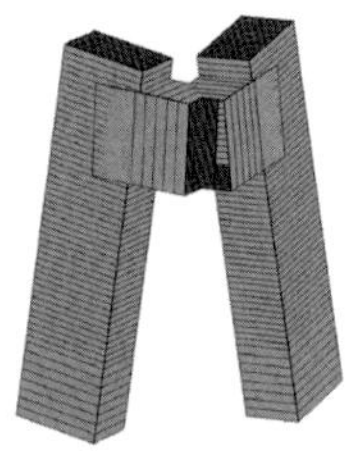

캔틸레버를 통해 두 경사진
튜브의 연결—대칭적

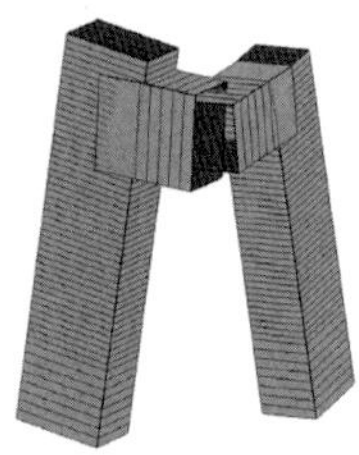

캔틸레버를 통해 두 경사진 튜브의
연결—비대칭적

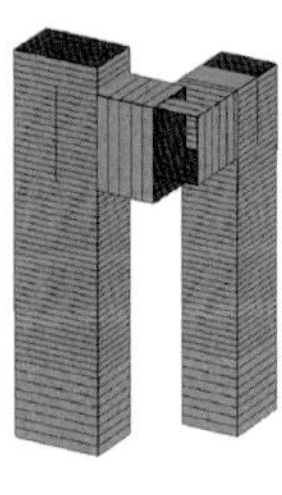

캔틸레버를 통해 두 수직 튜브의
연결

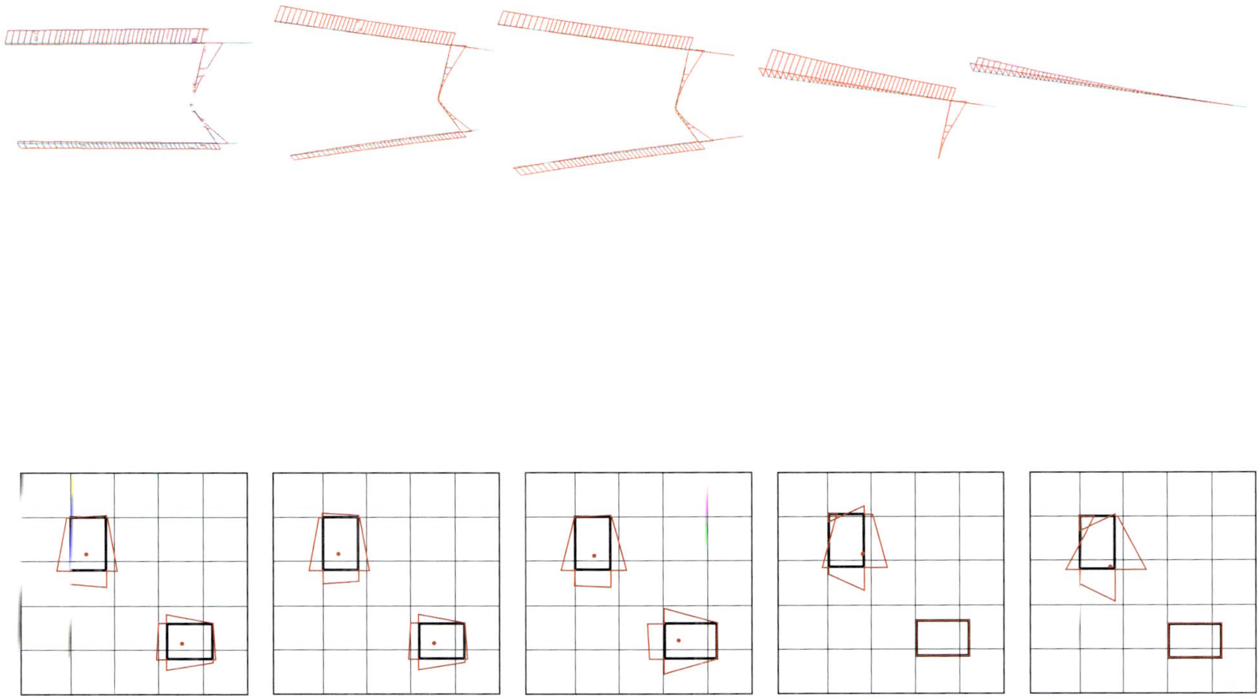

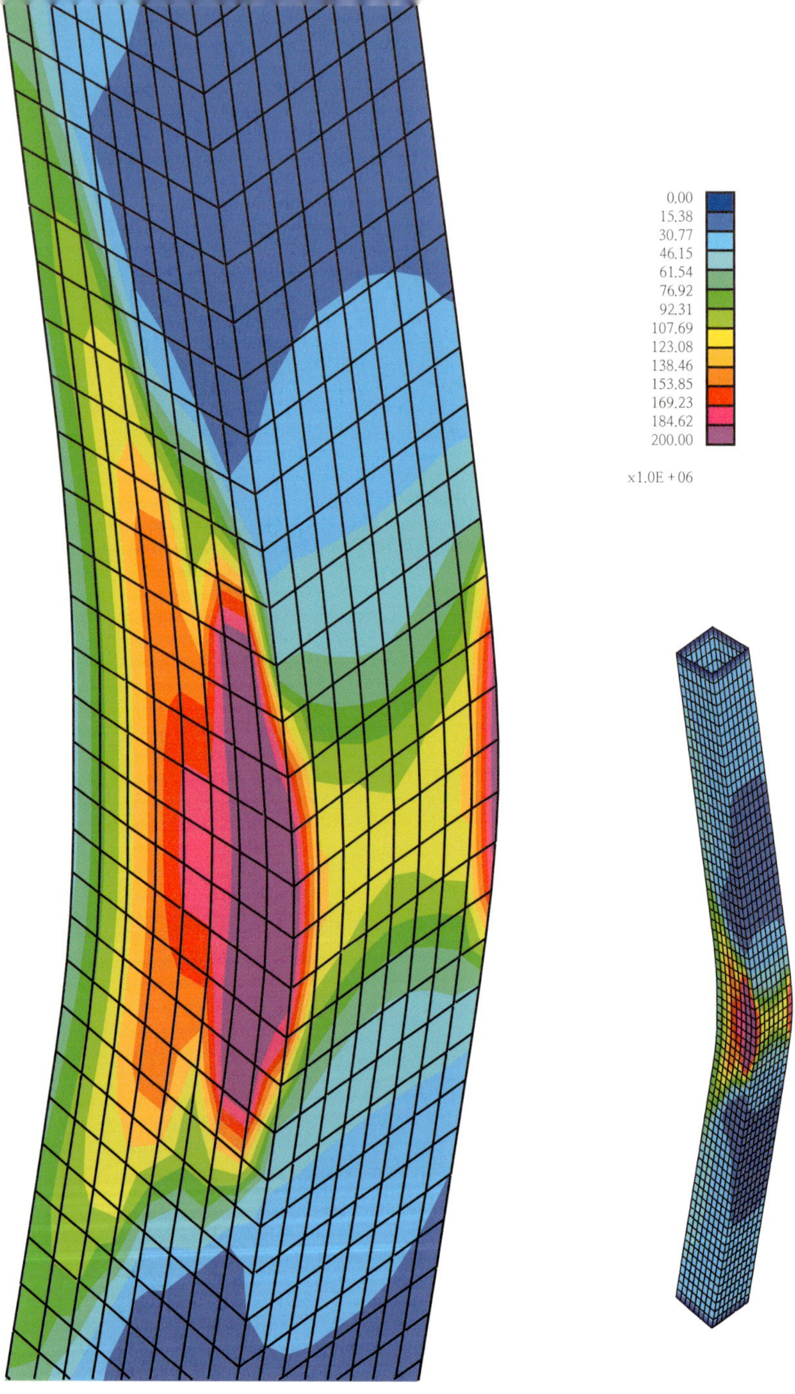
0.00
15.38
30.77
46.15
61.54
76.92
92.31
107.69
123.08
138.46
153.85
169.23
184.62
200.00
x1.0E + 06

가새의 비선형 수치 시뮬레이션은 후좌굴축력post-buckling axial force과 변형 성능저하deformation degradation를 밝혀내어, 그 결과는 다시 전체적인 비선형 3D 모델에 적용되었다.

축방향의 허용 축소량acceptance limits for axial shortening이 결정되었다. 후처리 프로그램은 수정된 부재 특성을 도출해내고, 이는 다시 탄성해석에 사용된다

단계Phasing 해석

가새 패턴의 확정과 함께 탄성해석도 완료되었다. 지진 응답 스펙트럼이 사용된 첫 번째 수준의 지진 위험도를 포함한 모든 하중조건들이 포함되었다.

개별적인 부재들도 검토하였다. 전체적인 안정성도 문제 없었다. 일부 부재들도 두 번째 지진 위험도에 대응하여 검토함으로써 모든 기둥이 소성 상태 전의 탄성상태로 남아 있을 수 있게 되었다. 세 번째 위험 수준에서는 접합부에서 소성상태를 허용한다. 해석 후에는 얻은 데이터를 처리하여 성능비capacity ratios을 얻을 수 있는 특별한 프로그램을 개발하여 각 부재들의 극한 조건을 면밀히 살펴보았다.

총 10,060개, 총 길이 90km에 다르는 강재 부재의 수가 막대하고, 또한 각각의 위치에서 예상되는 하중조합의 수도 적지 않았기 때문에 하중 패턴에 따라 단계별로 처리될 수 있는 후처리 프로그램post-processing software programs이 사용되었다. 이 프로그램은 동시에 4 부분의 계산을 각각 수행한다 – 가새, 테두리 보edge beam, 강재 기둥, 철골철근콘크리트. 네 마법사와 같이 그물mesh과 내부에서 디자인을 결정하는 복잡한 지시사항들을 전달한다.

잠시 동안의 생각은 걱정을 다시 불러온다 – 어떻게 될는지는 두고 봐야 알 수 있다. 단 한번의 유레카적인 순간 없이 긴 시도들을 거쳐 온 고통스런 과정이었다. 한번의 임시변통instant fix 없이, 탐정들이 그러하듯 우리는 작은 결과들을 순차적으로 모아 큰 퍼즐을 완성했다 – CCTV.

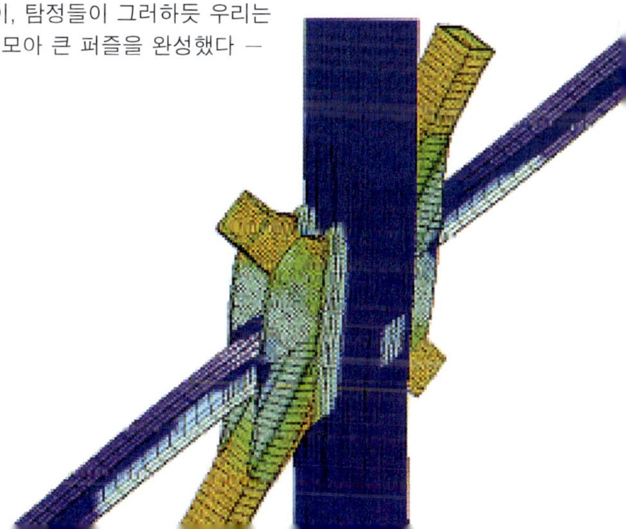

델
요소 모델
질 orthotropic steel material 모델
50mm
두께 35mm
factor 0.1
floor diaphragms rigid

가정
의 단위 면적당 강재량 200kg/m² 와
표면 강재량 적용

중 계수를 '1'로 고려했을 때
중 응력 – N/mm²

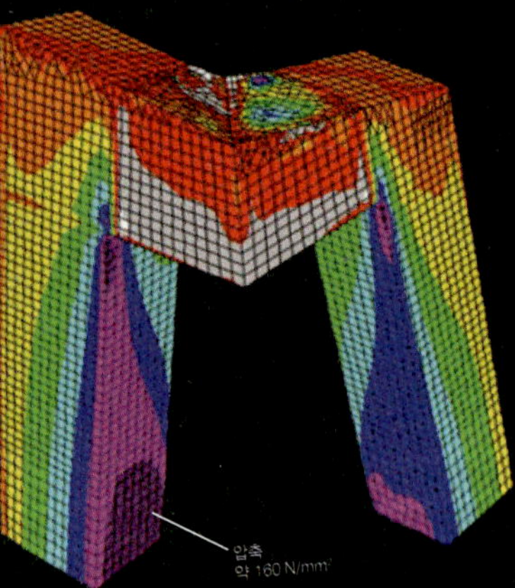

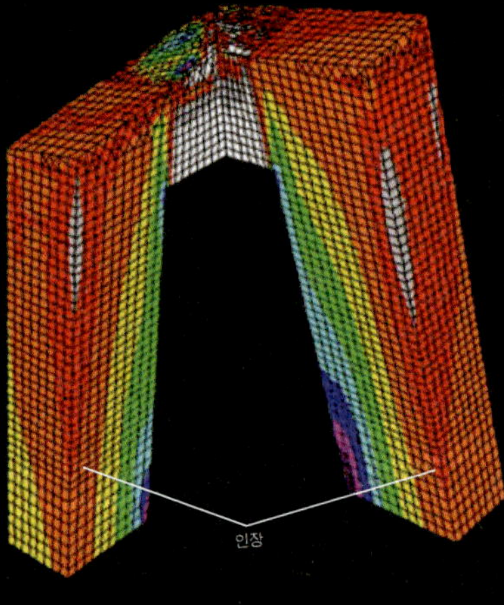

튜브 구조 원리
균일한 그리드의 기둥과 테두리 보edge beams
+
패턴화된 대각선 가새
=
가새 튜브 시스템

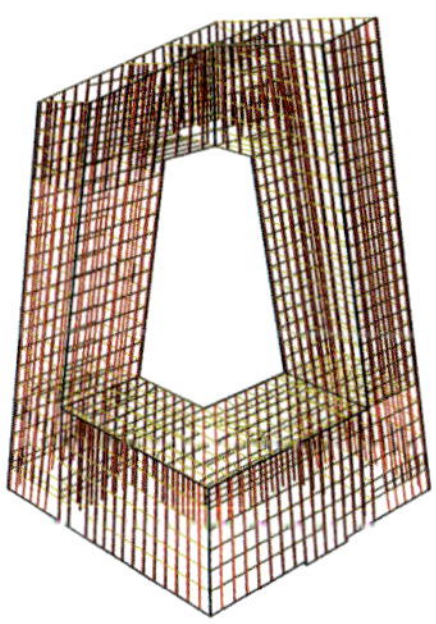

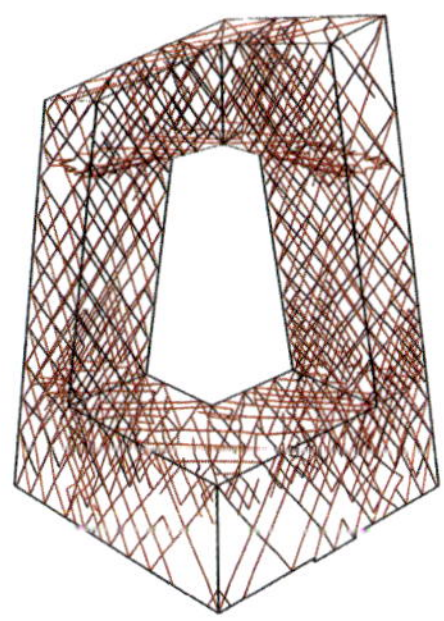

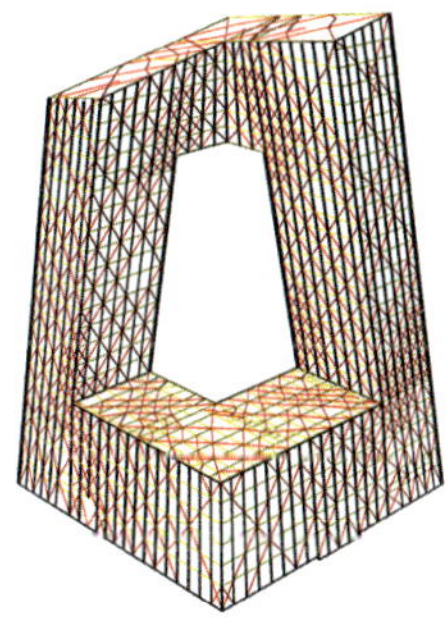

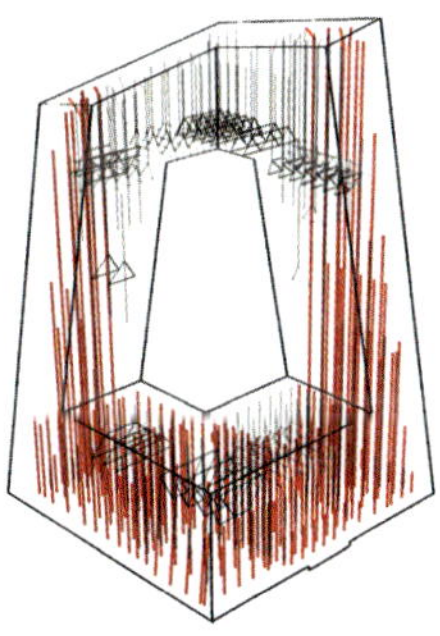

말뚝 머리pilecap에서 시작되는
내부 기둥들

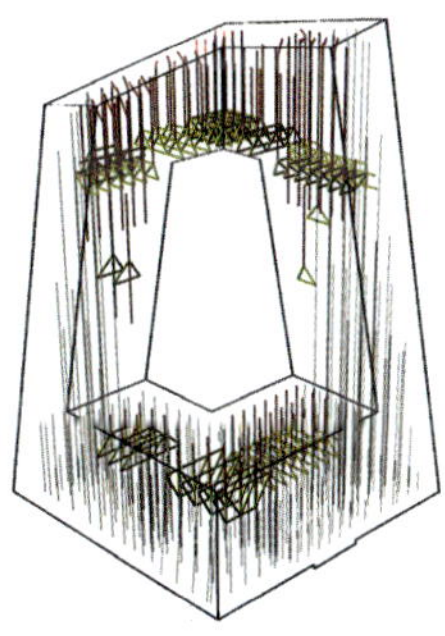

전이 구조 위에서 지지되는
내부 기둥들

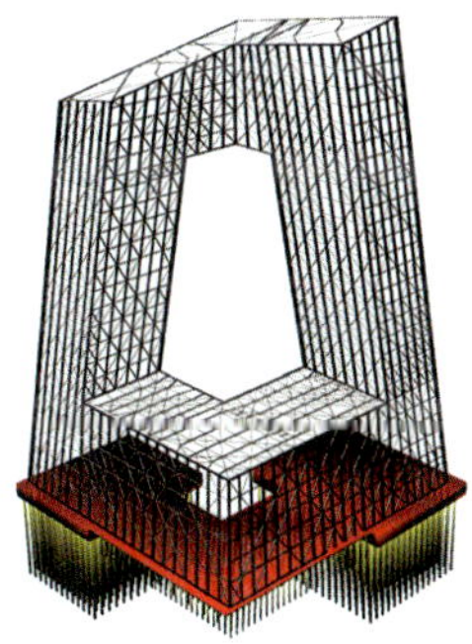

기초 시스템

특수한 구조일 경우 중국의 법규를 충족시키기 위해서는 '진동대shaking table' 테스트가 필수적이었다. 연성이 철과 유사한 구리를 이용하여 주요 구조 부재들을 포함하는 7m 높이의 모형이 제작되었다.

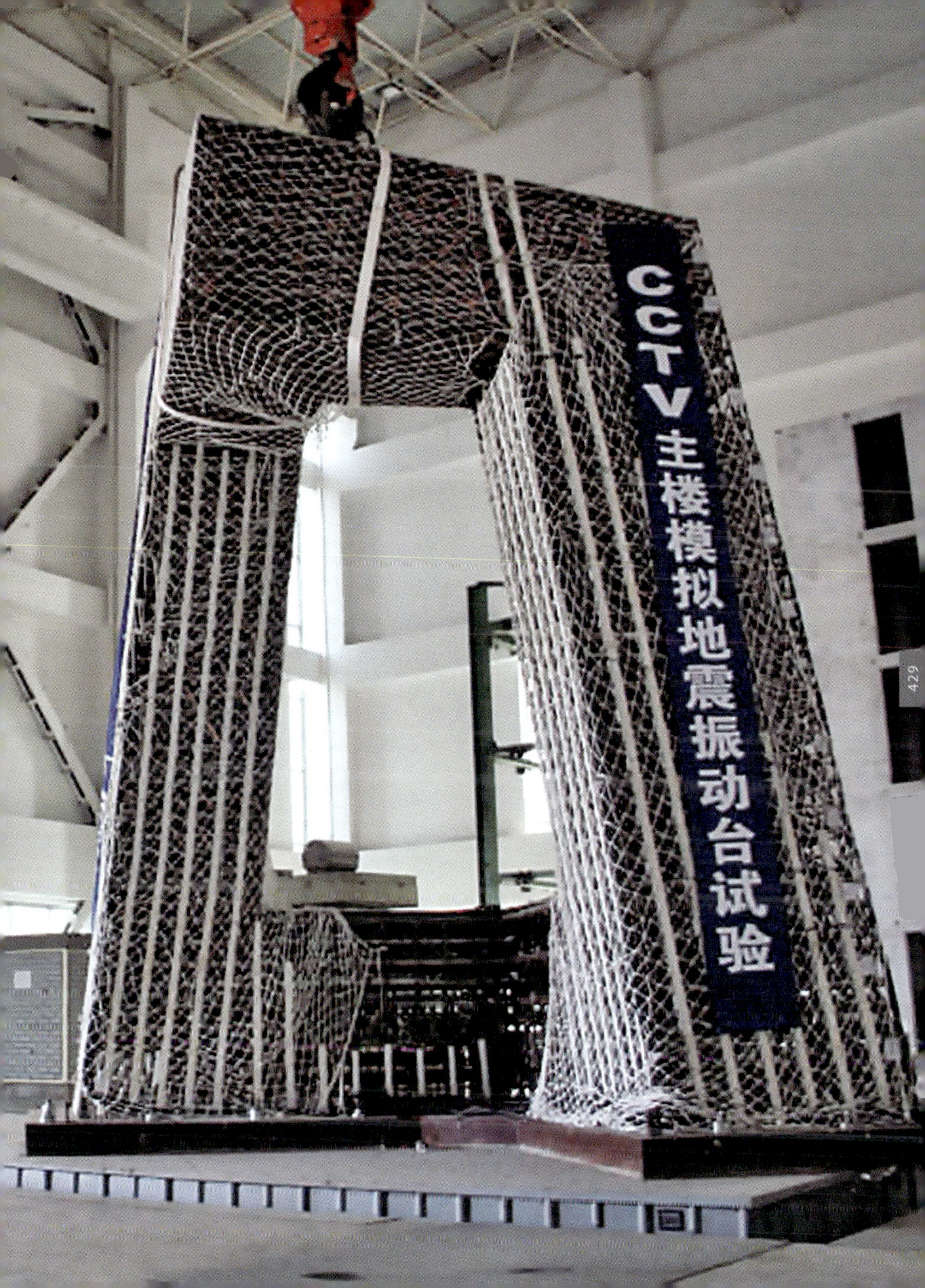
CCTV主楼模拟地震振动台试验

지진 상황에서의 진동 양상들

기본적인 휨bending과 비틀림torsional 양상들

MODE 1 : 4.1 s

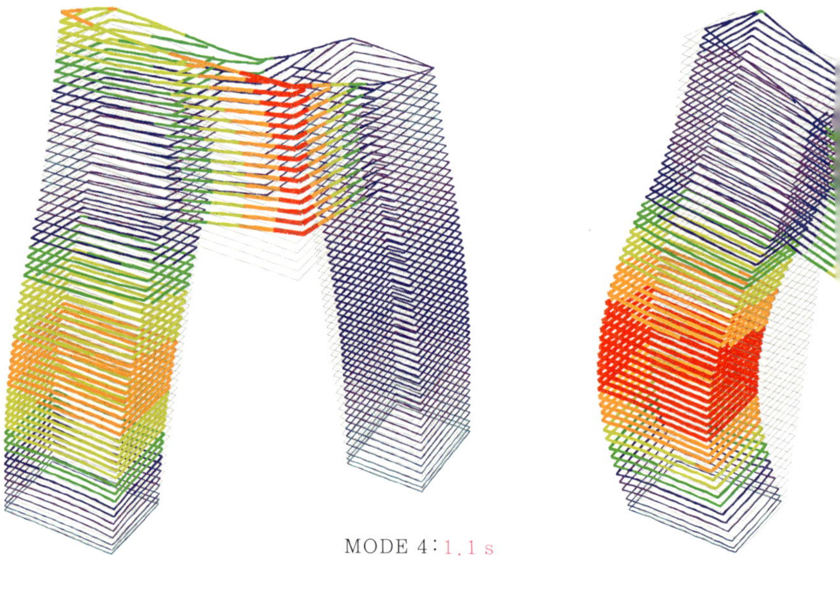

MODE 4 : 1.1 s

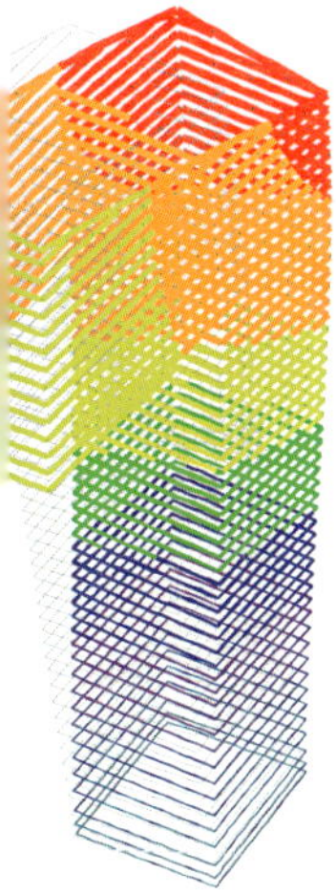

MODE 2 : 2.9 s

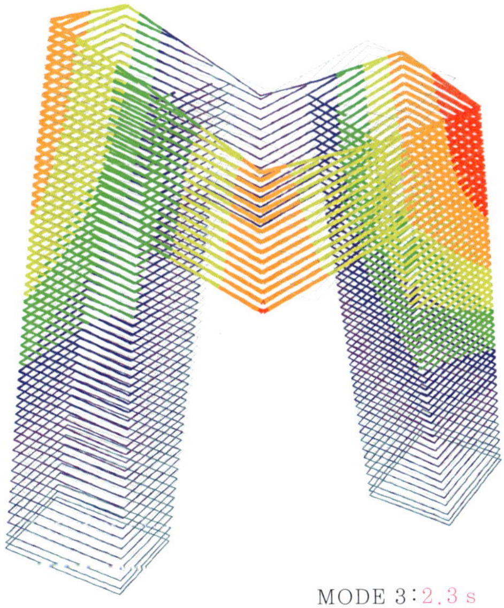

MODE 3 : 2.3 s

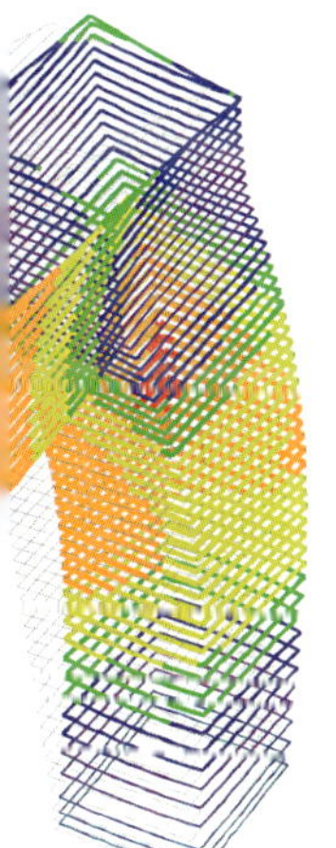

MODE 5 : 0.95 s

MODE 6 : 0.8 s

위상topology, 유형typology, 조판typography

지진 상황 동안의 뒤틀림twists과 경련convulsions

기준 대각선 그리드의 2배 확대/축소를 이용한 그물 mesh 패턴 위에서의 최종 부재력 분포도

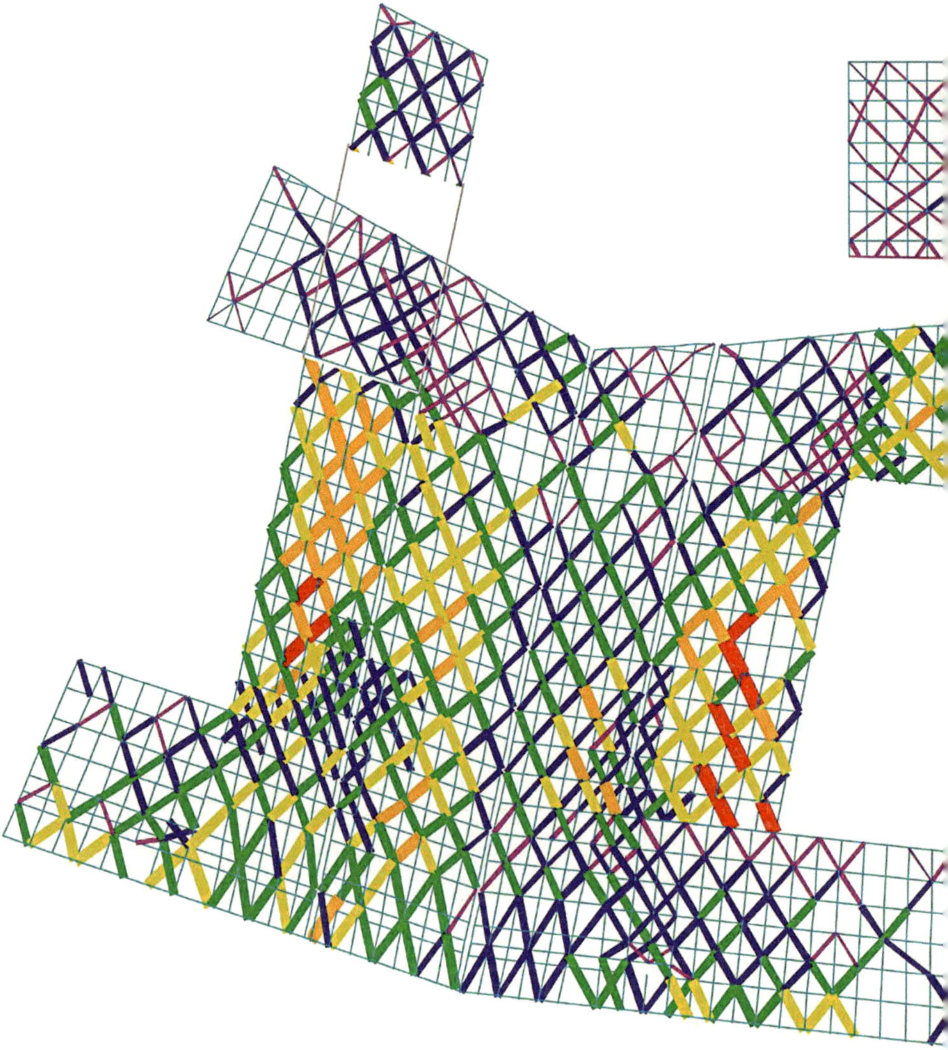

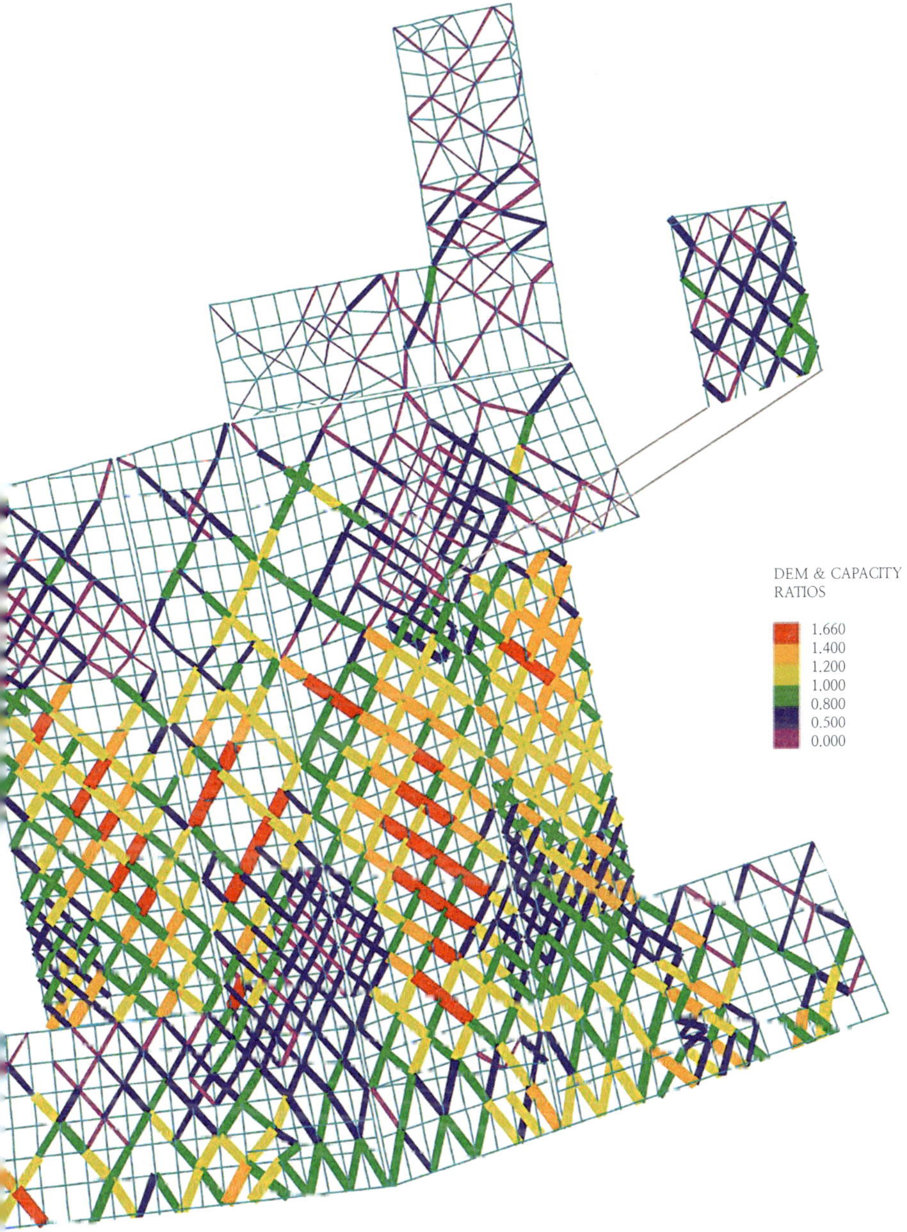
DEM & CAPACITY
RATIOS
1.660
1.400
1.200
1.000
0.800
0.500
0.000

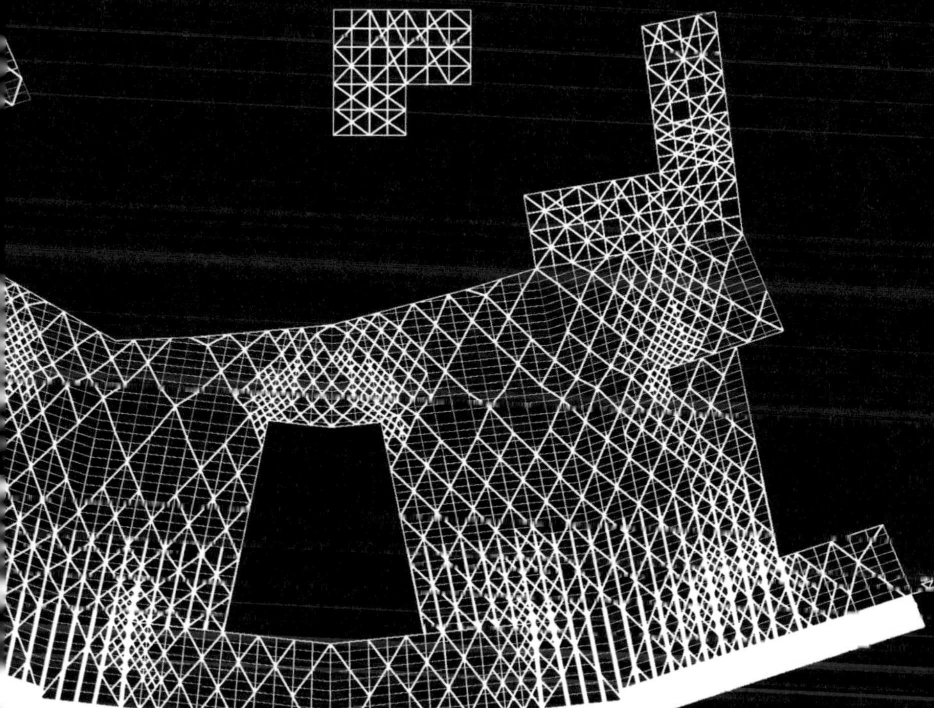

구조 바닥판 구성

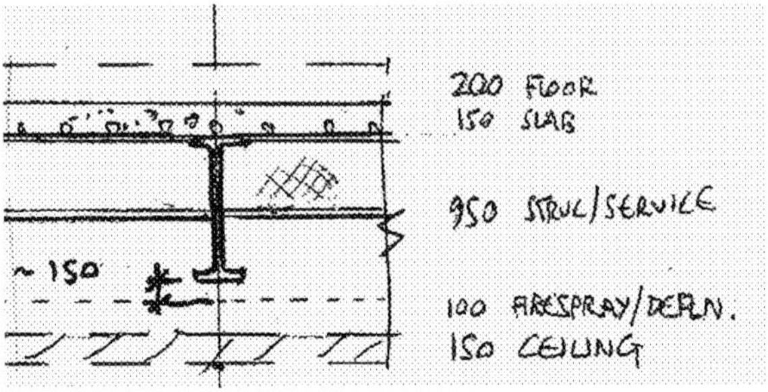
200 FLOOR
150 SLAB
950 STRUC/SERVICE
~150
100 FIRESPRAY/DEFLN.
150 CEILING

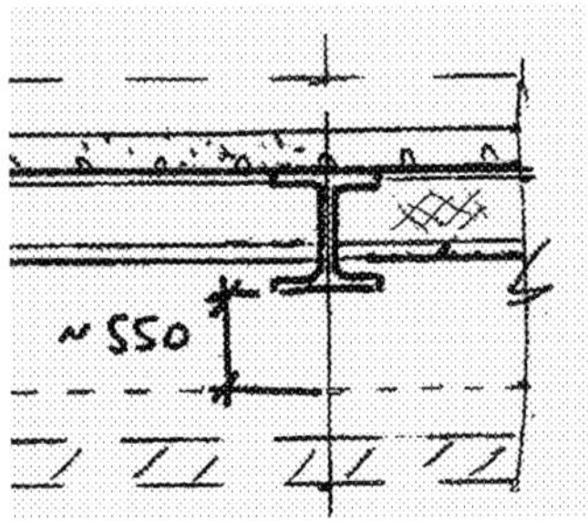
~550

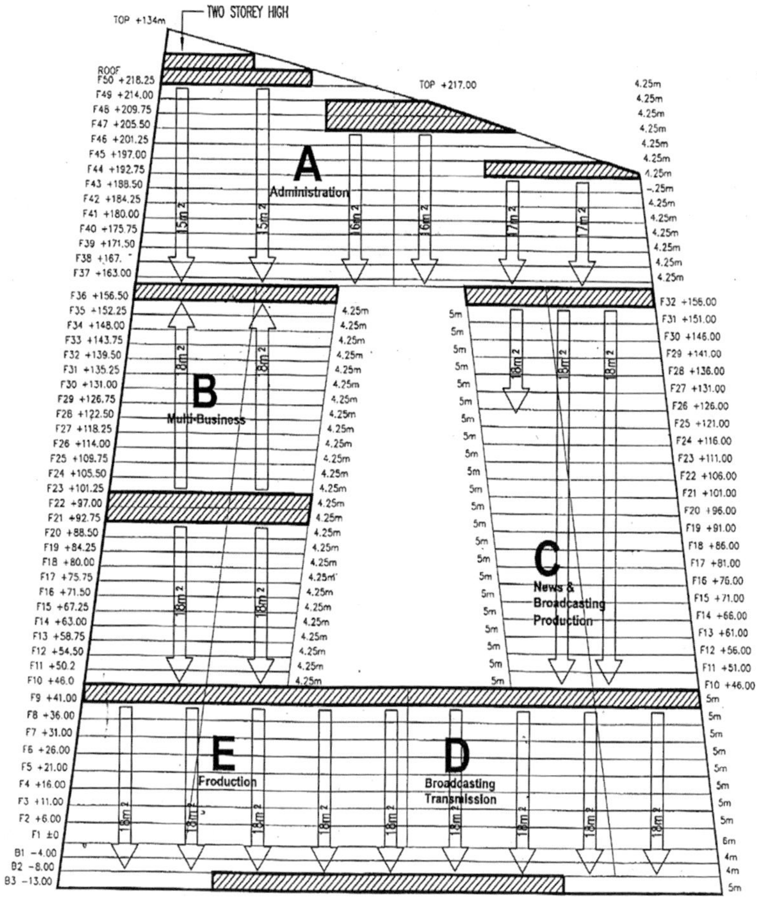
TWO STOREY HIGH
TOP +134m
TOP +217.00
A
Administration
B
Multi-Business
C
News & Broadcasting Production
D
Broadcasting Transmission
E
Production

각 층에서 코어의 위치가
변화하는 평면

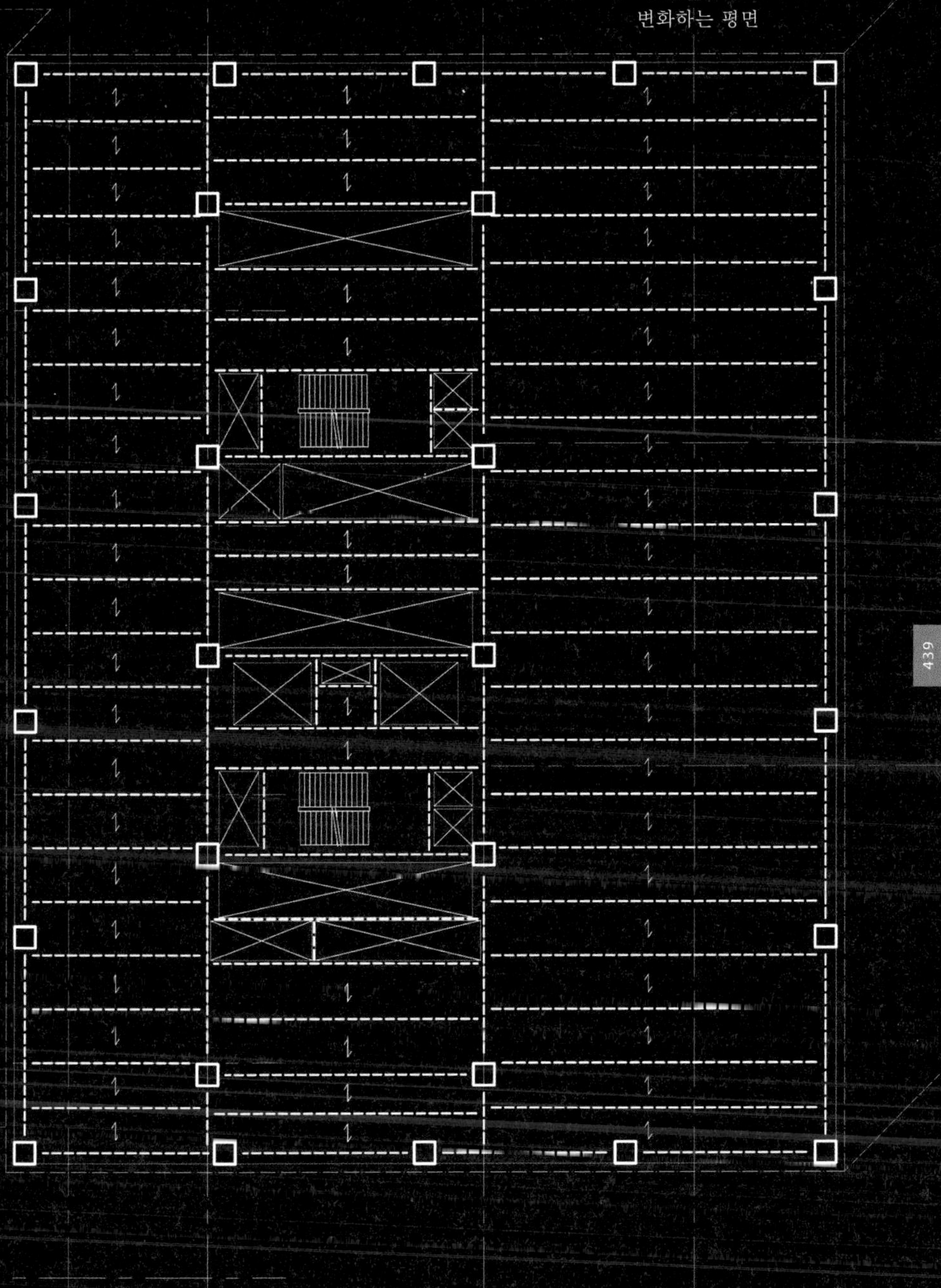

Arup, London / Hong Kong / Beijing: Project Princip
Project Director Beijing: Michael Kwok; Project Manag
Chris Carroll; Technical Adviser Beijing: Goman H
Stuart Smith; Team: Carolina Bartram; Paul Cros
Andrew Luong; John MacArthur; Hamish Nevile; D
Ahmed; Wayne Chan; Dean Clabrough; Omar Diall
Steve Peet; Fei Tong; Paul Tonkin; Ben Urick; Willia
Michelle Wong; Stella Wong; Eric Wu; Angela Yeun
Stephen Jolly; Iain Lyall; Mechanical: Lead: Cloda
Olly Base; Graham Beadle; Peter Brickell; Kenne
William Zhang; Annie Chen; Rachel Harris; Alex Ha
Wong; G B Wang; Electrical: Lead: John Pullen; Lead H
Eow; Dane Green; Sabrina Wong; Geoff Balrow; To
Bob Jones; Tony Monroe; David Seager; Olumayo
Health: Lead: David George; Team: Graham Humphrey
Jun Chen; Yang Ming; De-Ming Wen; Security: Dav
Haddon; Ryan Sukhram; Andrew Webster; Geotechnic
Lui; ATG: Xiaonian Duan; Colin Ho; Yang Wang; Contr
Minson; Fire: Lead: Mingchun Luo; Longde Zhao; Tea
Dagang Guo; Gene Kwan; Kang Li; He Wei; Kelvin Won

ecil Balmond; Project Director: Rory McGowan; eijing: Craig Gibbons; Structure: Lead Structure CCTV: oject Manager: Alexis Lee; Lead Structure TVCC: immy Dino; Richard Lawson; Zhao-Fan Li; Peng Liu; ook; Chas Pope; Andrew Smith; Terence Yip; Abdul am Hatch; Jonathan Kerry; Ronald Li; Man-kit Luk; hitby; Robin Wilkinson; Baiqian Wan; Yihua Wang; eorge Zhao; Services: Directors: Alistair Guthrie; van; Lead Beijing: Lewis Shiu; Team: John Allcock; hong; Judy Coleman; Eddie Scuffell; Jodh Singh; i Hollingsbee; Paul Lander; Martin Walton; William Beijing: Kenneth Sin; Team: Chi Wing Chow; Chai Kok ampbell; Stephen Chan; Mike Evans; Nathan Hattersley; oluade; Sam Wise; Alba Xu; Kai-sing Yung; Public ob Lau; Adam Martin; Glen Swinney; James Cheung; adden; Simon Brimble; Philip Barker; Jeff Green; John ark Choi; Jack Pappin; Gary Ge; Dominic Holt; James avid Pritchard; Wind: Roy Denoon; Alex To; Andrew ngela Chan; Barbara Lane; Susan Lamont; Shi Bibo; upport: Susan Li; Nalisha Morar; Mabel Wong; Ling Zhuo

팀/사람들

세계 각지에서 여러 팀들이 CCTV를 만들기 위해 모였다. 로테르담, 런던, 홍콩, 베이징, 상하이에 있는 디자이너들—수직동선, 파사드, 지질을 담당하는 작지만 전문화 된 그룹들, 프로그램 계획, 마감, 구조 디자인, 기계, 전기 설비 등을 담당하는 큰 그룹들—은 때로는 혼란스럽게 때로는 집중하며 24시간 일했다. 통역과 그로 인한 추측second-guessing (의심을 해오면 다른 안을 찾아보라는 건지 혹은 지시를 하는 것은 체면이 손상된다고 생각하는 건지?)의 문제에도 작업은 쉼없이 진행되었다.

OMA는 로테르담에 있는 그들의 사무실 1층 전체를 이 프로젝트를 위해 사용하였다. 한 건물을 위해 다국적으로 구성된 대규모 팀의 놀랄만한 작업들을 조정해나가는 작업에서 쿨하스는 즐거움을 느끼는 듯 했다. 유럽 사무실이 늦은 저녁까지 일하고 문을 닫으면 중국에서는 업무가 시작되어 업무의 공백 없이 더 긴 시간 동안 일이 진행된다. 인터넷을 통해 파일들을 주고받는다. 수백만 바이트의 정보들이 사이버 세계에서 날아다니고 때로는 분실된다. 한때 아럽의 컴퓨터 시스템이 정지되자 CCTV 프로젝트 전체가 멈춰 섰다.

이런 대단한 일에 매달리는 것은 중독적인가 보다. 모든 사람들이 이 프로젝트에 사로잡혀 있었다. 아무도 말하진 않았지만, 이런 거대한 크기의 불가능해 보이는 프로젝트의 현실화에 대한 희망으로 가득 차 있었다. 상당 시간 동안 백오십 명의 영혼들이 단지 CCTV를 위해 생각하고 먹고 마셨다. 우리는 가새와 다른 부재들의 테스트를 위해 거대한 모형을 제작했다. 이 모형이 놓여진 바닥에는 출입금지선이 쳐져 있었다. 마치 미래의 거인을 만들기 위한 실험실을 방문한 듯 했고, 기적이 일어나길 희망하고 있는 듯 했다.

도면들: 한 벽 가득 도면들을 붙였다: 평면, 단면, 입면 등. 계속해서 벽을 왔다 갔다 하며 주의 깊게 검토했다.

첫 번째 코너 기둥이 전단 연결재와 함께 도착했다.

큰 강판을 용접하여 거대한 기둥을 만들고 여기에 콘크리트를 타설하여 합성기둥을 만든다.

2T25
LINKS b1
T25
LINKS c1
LINKS b2
T25
LINKS a
LINKS a
LINKS d
LINKS b1
LINKS b2
2T25
2T25
LINKS b1

타워의 온통 기초

비선형적 특정 지반 시간이력응답 생성Nonlinear site specific tme history response generation

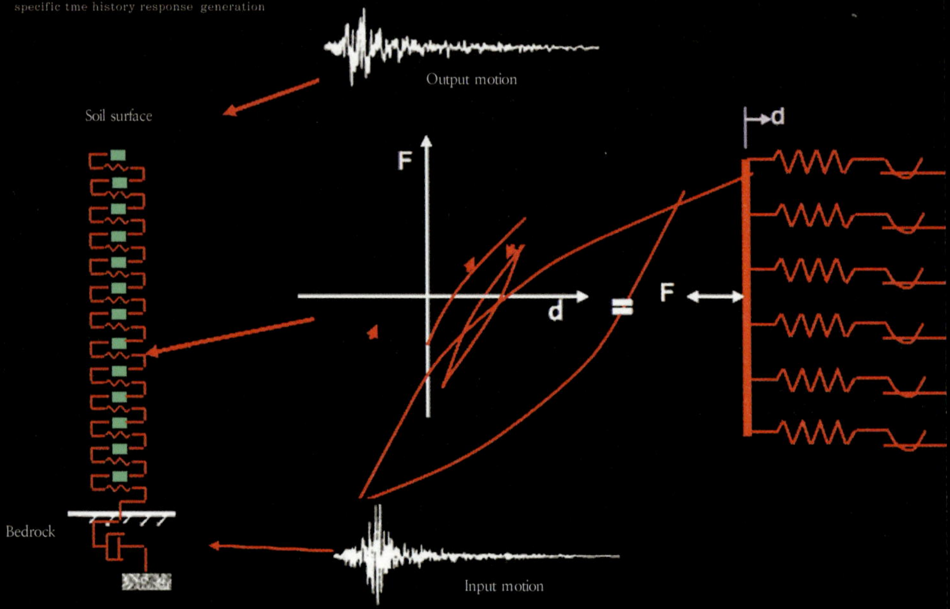

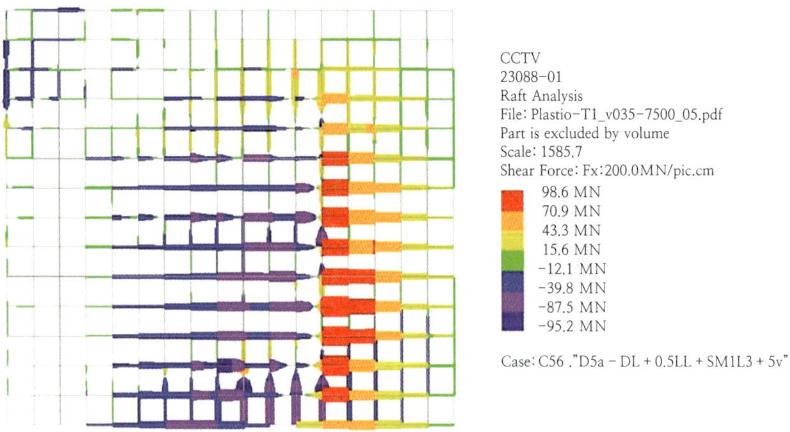

기초

주 타워는 지름 1.2m, 길이 50m의 말뚝 위 온통기초 위에 서 있다. 지반으로 전달되는 힘들의 크기와 분산을 고려해서, 온통 기초는 최대 7.5m 두께가 되며, 그 크기는 타워들의 면적보다 커서 타워로부터 전달된 힘들을 보다 효과적으로 지반으로 전달한다. 온통기초의 중심은 각 타워들 아래 하중 중심과 거의 일치하며 전도로 인해 발생할 수 있는 영구적인 인장력은 말뚝들로 전달되지 않는다. (일부 말뚝들에는 심한 지진시 어느 정도의[limited] 인장력이 발생할 수 있다.)

말뚝 머리와 결합된 세 개 층의 지하층 밑에도 온통기초가 있다. 인장말뚝들[tension piles]이 기둥 위치 사이에서 수압으로 인한 부상을 막는다. 반지름 600mm 길이 15-20m의 인장말뚝들은 역시 온통 기초 밑에 위치한다. 부 코어와 기둥들 밑에 위치한 반지름 1.2m의 지지말뚝들[end-bearing]은 스튜디오 부분에서 내려오는 거대한 하중을 전이시키는 트러스를 지지한다.

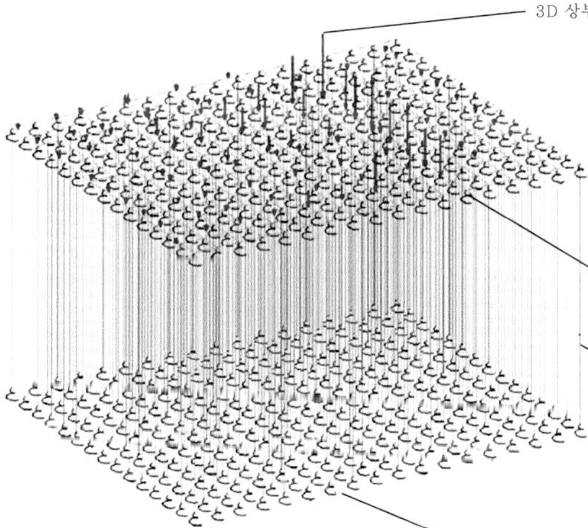

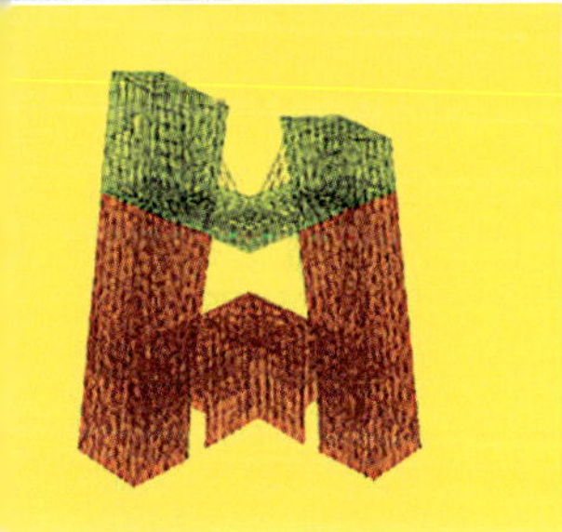
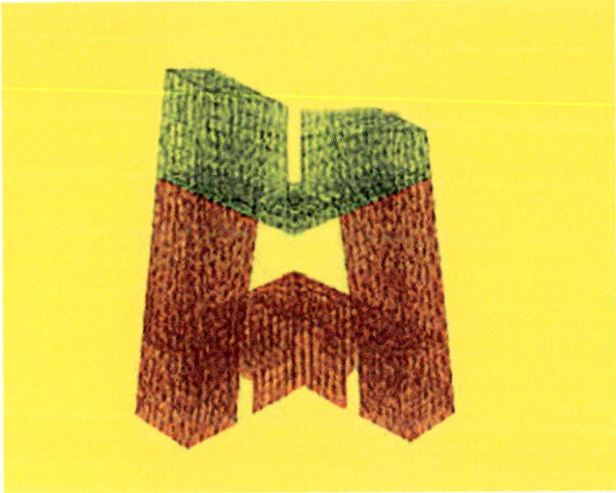
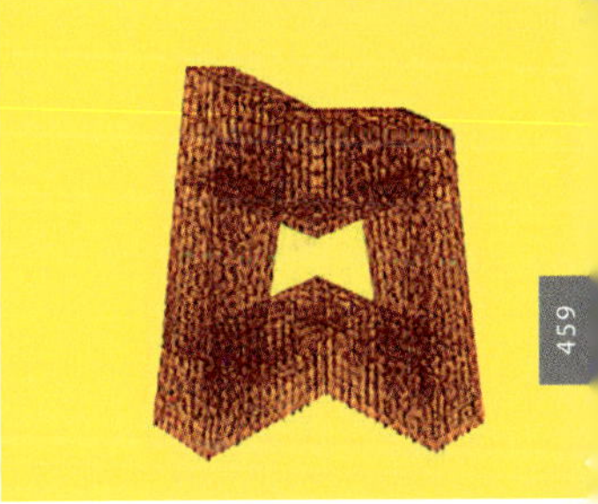

연결다리bridge 부분에서 상부 층들을 지지하는 하부 층에서의 격자형태

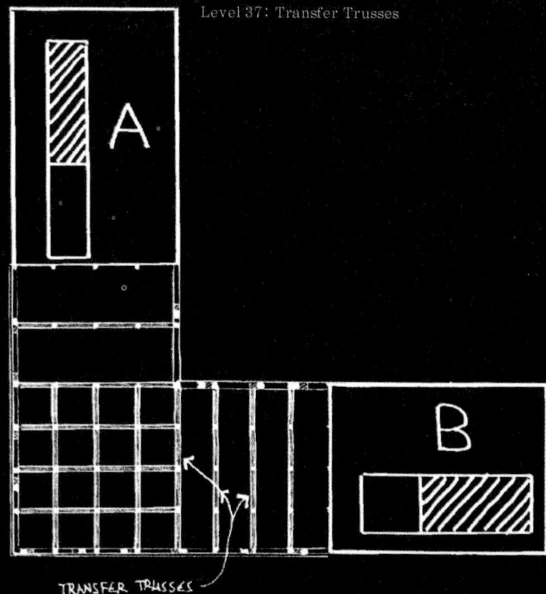

Level 37: Transfer Trusses

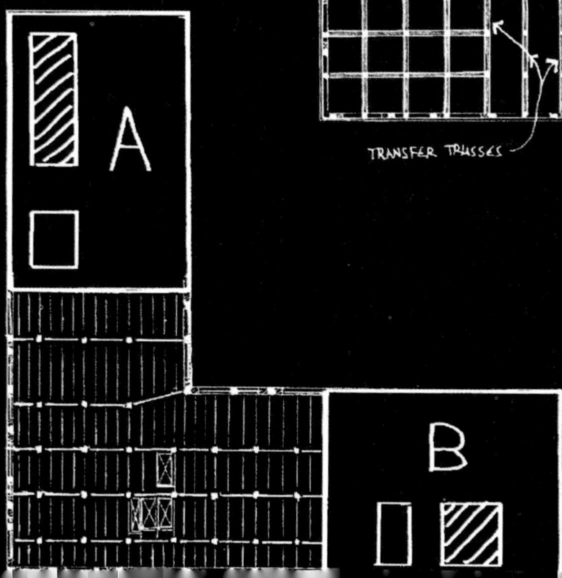

Level 44: Typical Level

연결다리bridge 레벨 37에서의 전이 트러스 스터디:
기준 높이 8m의 트러스와 10 x 10m 기둥 그리드

①

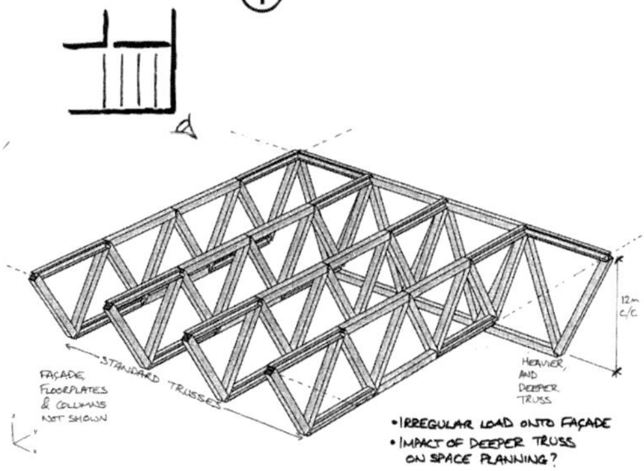

③

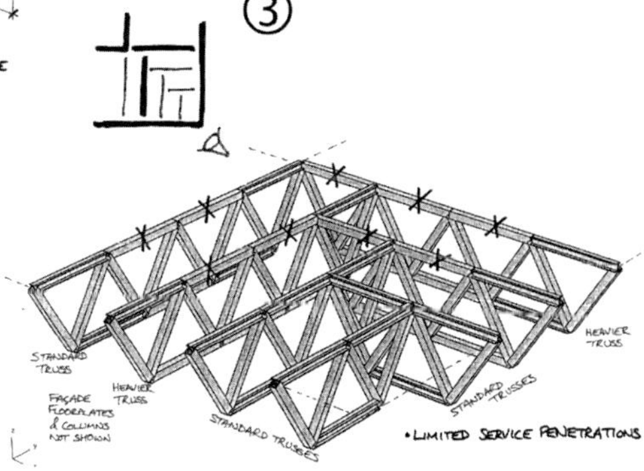

②

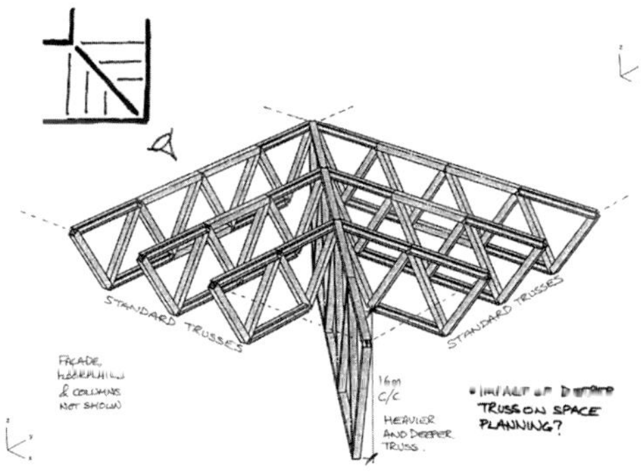

④

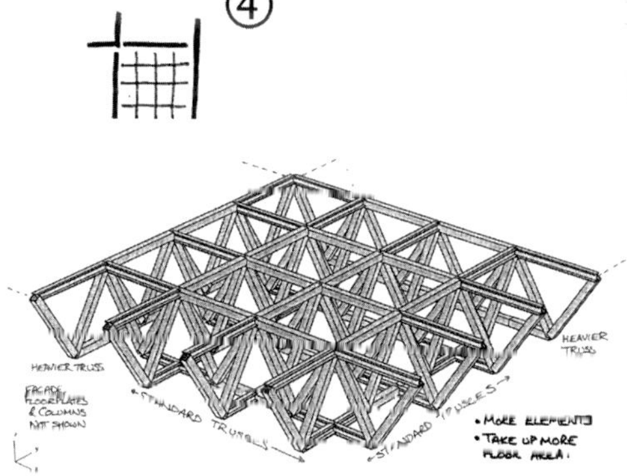

캔틸레버들을 연결하는 3개층에서의 지그재그 모양 연결부위.
타워들을 연결하기 전에 온도하중을 담당할 핀들로 고정하고,
연결 부위들을 48시간 동안 완전히 용접한다.

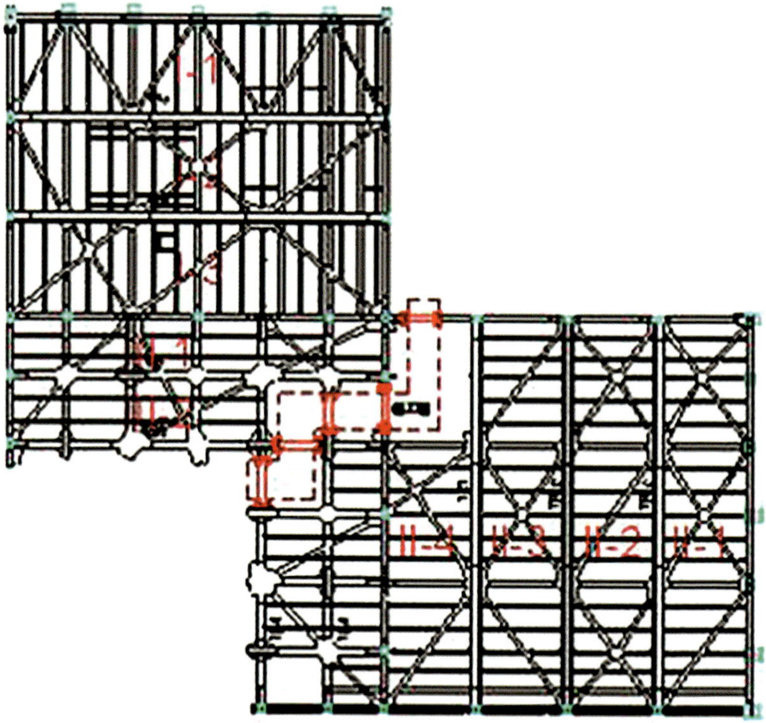

1st Stage: F37 Combined Plan

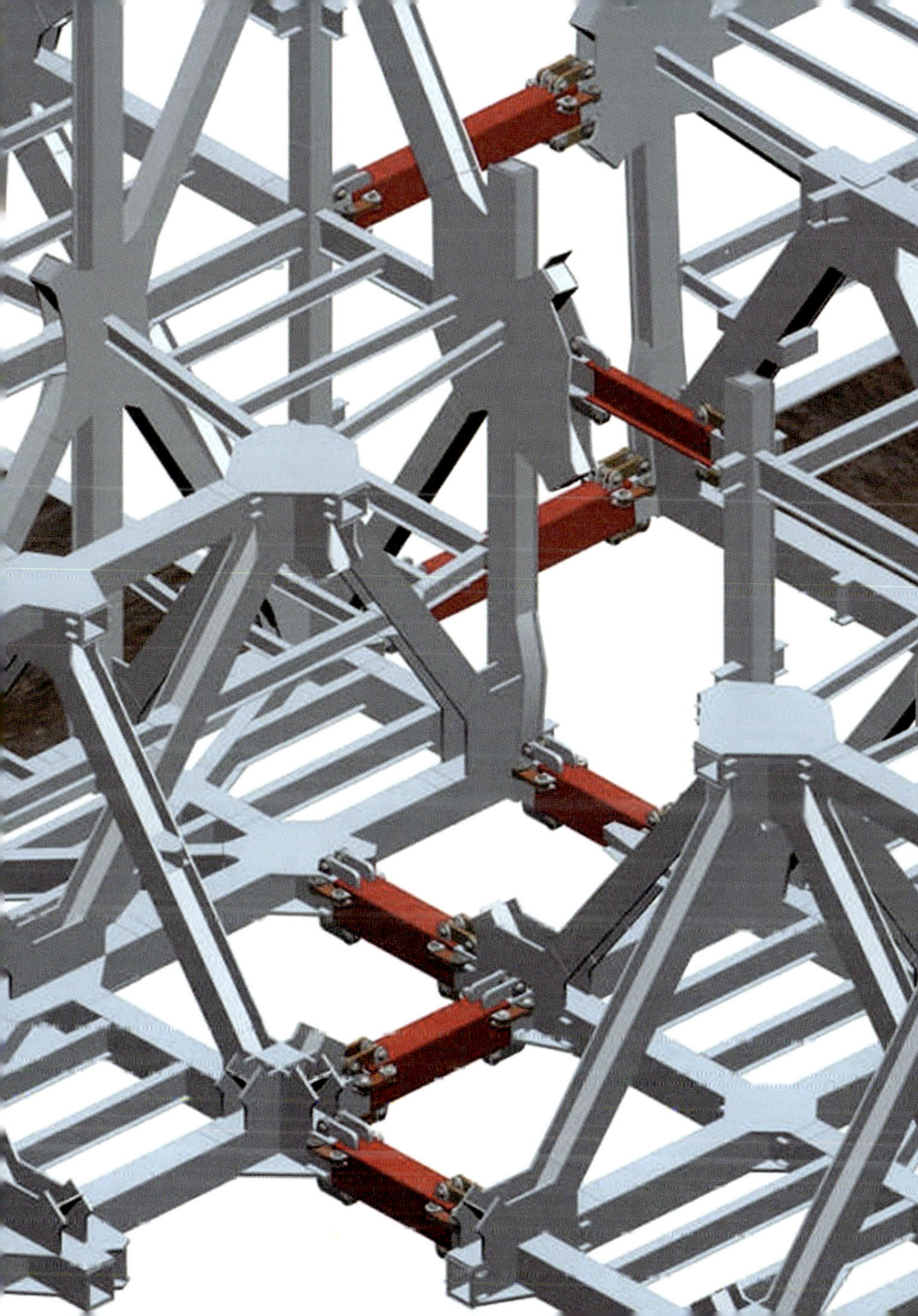

적법성

중국의 법규 (GB50011-2001)는 건물의 내진설계를 위해 셋백의 정도, 비대칭 같은 건물의 모양이나 높이를 제한한다. 법규를 벗어나는 건물들은 반드시 내진설계 전문가 패널의 심의seismic design Expert Panel Review (EPR)를 거쳐야 하고 건설부 장관the Ministry of Construction의 허가를 받아야 한다. CCTV는 강재 튜브 구조의 건물로서 높이에 대한 법규는 충족하였으나, 형태가 문제였다.

북경시 지진국The Seismic Administration Office은 설계 안을 검토하기 위해 중국의 저명한 기술자들, 전문가들, 학자들로 구성된 열두 명의 검토단을 조직하였다. 그들은 건물의 내진성능, 피해 대책, 그리고 안전에 관련된 모든 면을 검토하였다. 공식 프레젠테이션 전 신뢰를 쌓고 의견을 구하기 위해 세 번의 비공식적인 회의가 열렸다. 검토단에 세간의 이목이 집중되었다.

이 유례 없는 프로젝트에 대한 일반인들과 정부의 걱정은 커지고 있는 상황이었다; 그러나 걱정들은 점차적으로 승인들로 바뀌어갔다. 총 9달이 걸렸다. 우리(서양인)의 눈으로 보기에는 전혀 진전되지 않아 보였으나 이 전략은 먹혀 들었다. 중국에 파견된 아럽Arup 팀들은 아무 조건이 달리지 않은 공식적인 승인을 받아—유례없는—기적을 만들었다. 유럽에 있는 OMA와 우리는 환호했다. 앞으로 남은 것은 지금까지 실현된 적이 없는 건물을 만드는 것이다.

나는 중국을 왕래할 수 있는 복수 비자multy-entry visa를 얻었다.

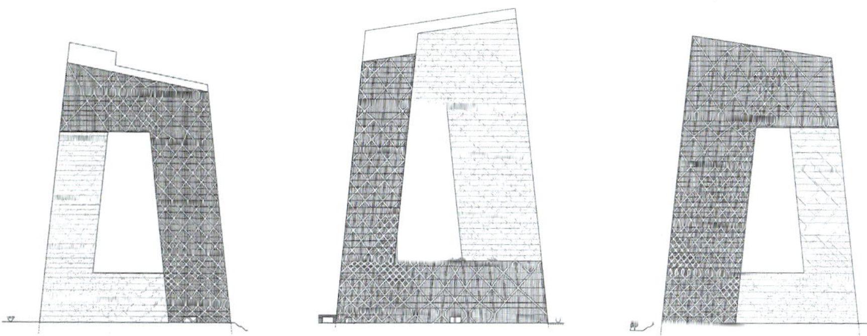

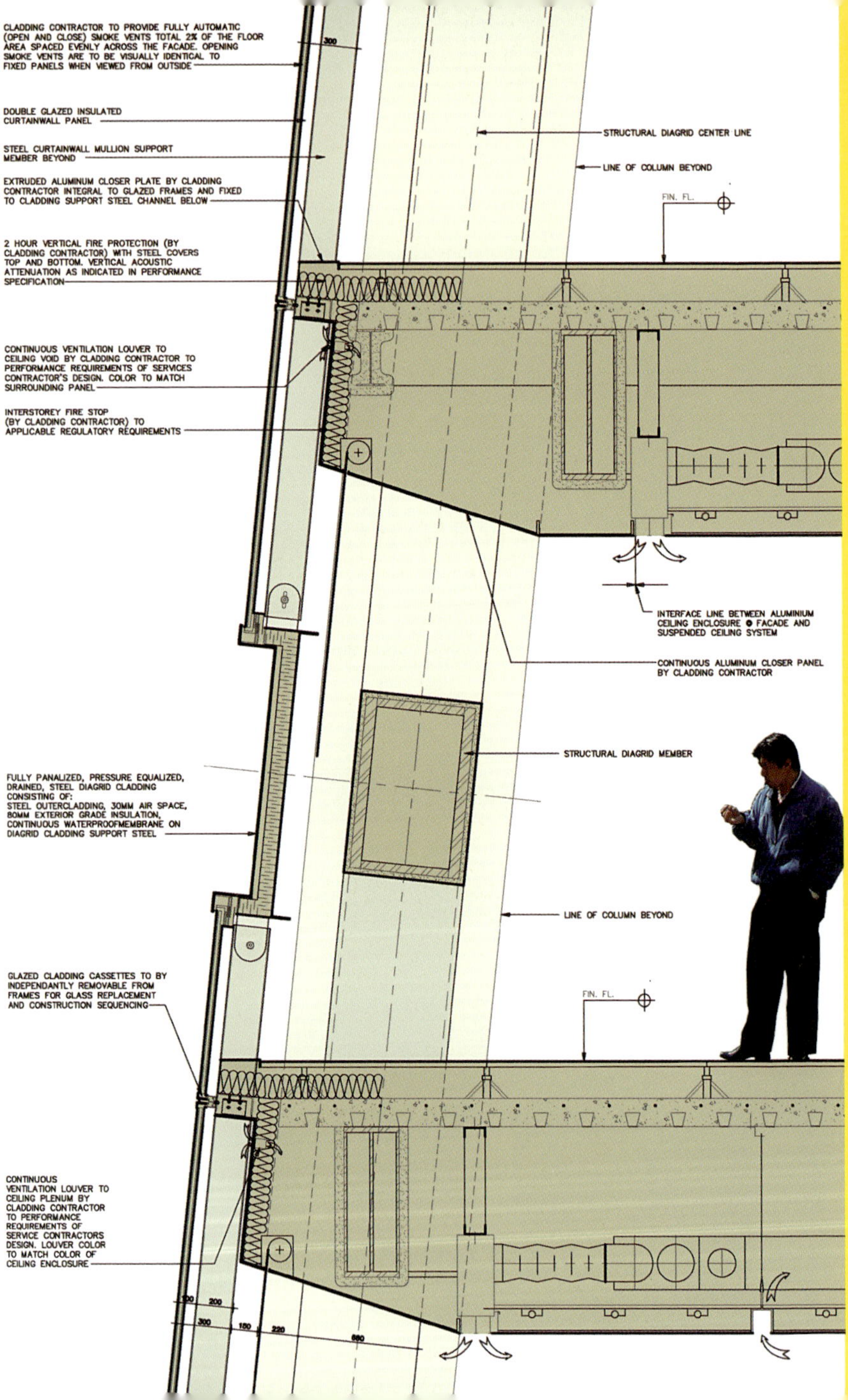

CLADDING CONTRACTOR TO PROVIDE FULLY AUTOMATIC (OPEN AND CLOSE) SMOKE VENTS TOTAL 2% OF THE FLOOR AREA SPACED EVENLY ACROSS THE FACADE. OPENING SMOKE VENTS ARE TO BE VISUALLY IDENTICAL TO FIXED PANELS WHEN VIEWED FROM OUTSIDE
300
DOUBLE GLAZED INSULATED CURTAINWALL PANEL
STRUCTURAL DIAGRID CENTER LINE
STEEL CURTAINWALL MULLION SUPPORT MEMBER BEYOND
LINE OF COLUMN BEYOND
EXTRUDED ALUMINUM CLOSER PLATE BY CLADDING CONTRACTOR INTEGRAL TO GLAZED FRAMES AND FIXED TO CLADDING SUPPORT STEEL CHANNEL BELOW
FIN. FL.
2 HOUR VERTICAL FIRE PROTECTION (BY CLADDING CONTRACTOR) WITH STEEL COVERS TOP AND BOTTOM. VERTICAL ACOUSTIC ATTENUATION AS INDICATED IN PERFORMANCE SPECIFICATION
CONTINUOUS VENTILATION LOUVER TO CEILING VOID BY CLADDING CONTRACTOR TO PERFORMANCE REQUIREMENTS OF SERVICES CONTRACTOR'S DESIGN. COLOR TO MATCH SURROUNDING PANEL
INTERSTOREY FIRE STOP (BY CLADDING CONTRACTOR) TO APPLICABLE REGULATORY REQUIREMENTS
INTERFACE LINE BETWEEN ALUMINIUM CEILING ENCLOSURE @ FACADE AND SUSPENDED CEILING SYSTEM
CONTINUOUS ALUMINUM CLOSER PANEL BY CLADDING CONTRACTOR
STRUCTURAL DIAGRID MEMBER
FULLY PANALIZED, PRESSURE EQUALIZED, DRAINED, STEEL DIAGRID CLADDING CONSISTING OF: STEEL OUTERCLADDING, 30MM AIR SPACE, 80MM EXTERIOR GRADE INSULATION, CONTINUOUS WATERPROOFMEMBRANE ON DIAGRID CLADDING SUPPORT STEEL
LINE OF COLUMN BEYOND
GLAZED CLADDING CASSETTES TO BY INDEPENDANTLY REMOVABLE FROM FRAMES FOR GLASS REPLACEMENT AND CONSTRUCTION SEQUENCING
FIN. FL.
CONTINUOUS VENTILATION LOUVER TO CEILING PLENUM BY CLADDING CONTRACTOR TO PERFORMANCE REQUIREMENTS OF SERVICE CONTRACTORS DESIGN. LOUVER COLOR TO MATCH COLOR OF CEILING ENCLOSURE
100
200
300
150
220
660

실내에 침투한 거대한 구조물:
예술 + 건축

후기notes

렘Rem과 나는 석양 무렵 호하이 호수Houhai Lake 근처를 지나던 택시 안에서, 이 프로젝트를 위해 북경에 집을 살까에 대해 이야기 하고 있었다.

작고 허름한 식당에서 여러 팀원들과의 저녁. 테이블 위에는 몇 접시의 요리들이 있고 우리는 젓가락으로 음식을 집어 먹는다. 맛있어 보이지도 않고 그리 맛이 좋지도 않다. 내 생각에는 런던에 있는 차이나 타운의 음식이 더 나은 것 같다.

그리고 끊임없는 칭타오 맥주 – 훌륭하다! 저녁 후 이어지는 사이트 방문. 아무것도 보이는 것은 없었지만 여기 북경에서 일어날 일들에 대한 생각으로 머리 속이 가득 찬다. 누가 여기 입주하게 될까? 모든 생각은 강렬하게 다가온다. 모험을 하고 있는 입장에서 부정적인 것을 생각할 수는 없다.

덥고 비좁은 택시 안의 운전사와 나 사이에 있는 흠집난 플라스틱 칸막이. 보기 흉하다. 나에게는 말하기 힘든 주소 – 퉁명스러운 대답들.

당 관계자들이 방문시에 이용할 목적으로 지어진 거대한 인민 호텔은 정부 고위 관료들을 위한 별동의 건물들과 함께 수 헥타르에 걸쳐 있었다. 길이 50m 수영장. 렘Rem은 천천히 물위를 오르락 내리락 하며 매일 해왔던 수영을 한다. 나는 가만히 배영 자세로 물위에 떠서 중국의 하늘을 본다.

공기 중에 있는 오염물질들이 나를 따라온다 – 누런 색

교통체증이 심한 구 시가지의 뒷골목을 걸어 다닌다. 얼마나 오래 이런 모습이 남아있을까? 이것들을 밀어버릴 새로운 계획이 멀지 않을 것 같은데.

건축주와의 회의: 활력에 찬 젊은 여성이 회의를 진행한다 – 허 핑He Ping. 그녀와 함께 몇몇 젊은 사람들도 함께 있다. 그들 뒤로 말없이 바라보기만 하는 나이 든 사람들도 있다. 긴 뒷줄의 나이 든 사람들은 듣기만 하고 말이 없다. 과거는 뒷줄에 있고 미래는 앞줄에 있다.

OMA와 ARUP은 교대로 협상에 참여하며 회의를 이어간다. 마Qingyun Ma는 우리가 생각하기에 우리에게 필요한 이야기들을 참을성 있게 통역해주고 있다. 그는 서로의 의도를 곡해하지 않고 전달하기 위해 계속해서 침착하게 큰 역할을 하고 있다. 언제쯤 계약이 성사될까? 회의는 계속 진행되었다.

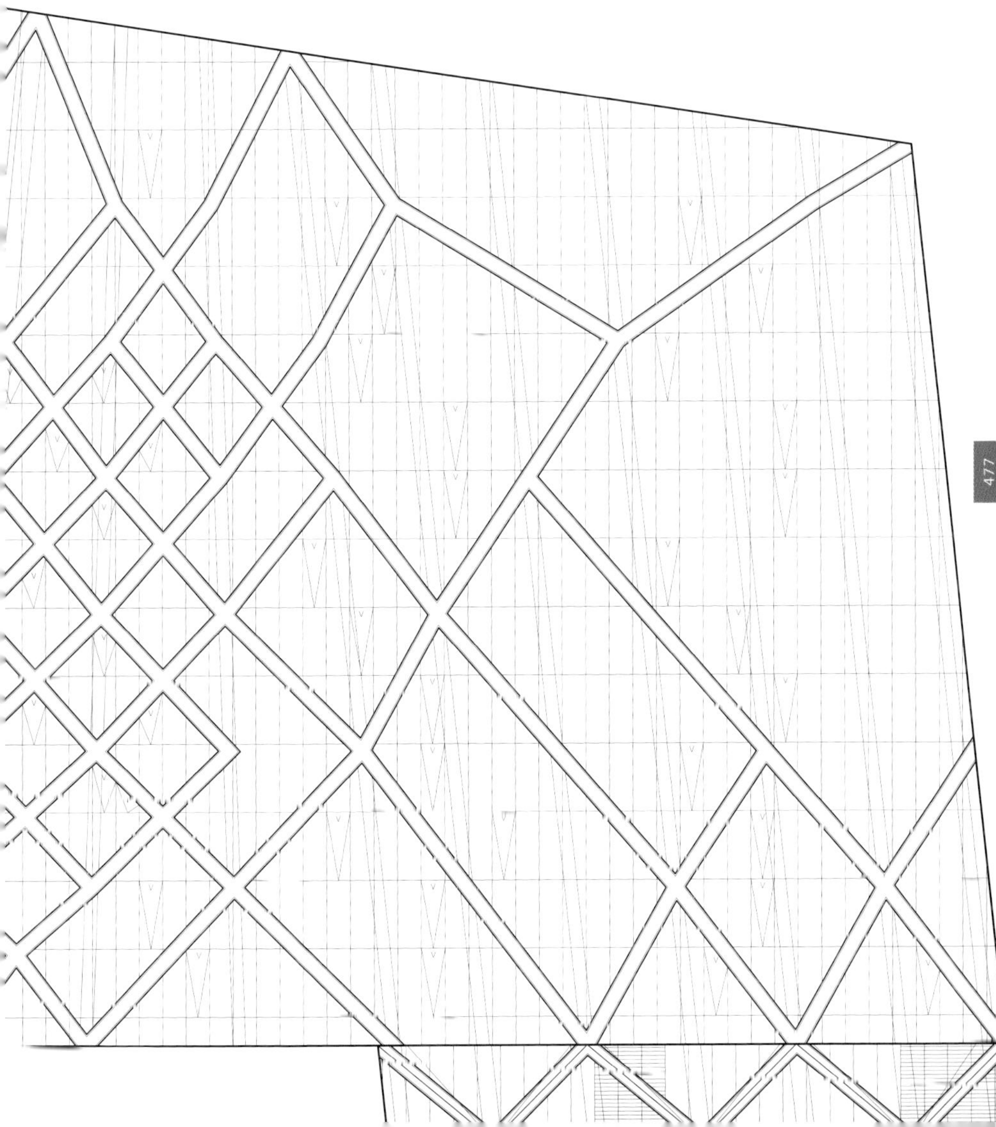

긴장되는 첫 번째 회의에서 내가 프로젝트 프레젠테이션을 했다. 사람들은 내가 그들에게 이 프로젝트가 가능하다는 것을 확신시켜야 한다고 이야기했다. 몇 장의 슬라이드가 지나가고 가능성에 대한 질문이 나온다. 나는 가능한지는 아직 확실하지 않으나 아럽Arup에서 해온 다른 프로젝트들 — 시드니 오페라 하우스, 퐁피두 센터 등의 예를 들며 전례 없었던 시도들이 '최초'가 되어왔다는 것을 이야기했다.

나는 구조를 전이하는 방법들에 대해 이야기했다. 이 건물은 두 가지 — 문portal과 캔틸레버의 특징을 가지고 있다고 이야기하며 유형과 그물mesh면들에 대한 확신을 보여주었다. 두 유형이 서로에게 기대며 안정성을 가지고 있다는 점. 모두가 걱정하는 점은 공중에 떠 있는 거대한 돌출부overhang였다.

그러나 나도 여전히 지진이 일어나면 캔틸레버와 다리bridge가 통제할 수 없게 비틀릴 수 있다는 점은 걱정이 되었다. 나는 설계안에 포함된 지진에너지 흡수 방안들에 대해서 이야기 했다. 그들은 전혀 믿지 않는 듯한 눈치였다. 그러나 그들은 서로 신뢰하며 대화를 통해 문제를 풀어가려고 하고 있었다. 서구의 어느 건축주도 이런 태도를 가지고 있지는 않았다.

우리가 상대하는 건축주 쪽의 허 핑He Ping은 그녀의 공부를 '끝내기' 위해 옥스포드에 다녀왔다고 이야기했었다. 중국은 새로운 문화혁명의 과정에서 외부 세계와 다시 경쟁하기 위해 젊은 인재들을 전면에 내세우고 있으며, 그녀도 그 일원으로 선택되었을 것이다. 대담하고 매우 신선했다. 서구에서라면 이런 젊은 여성에게 CCTV 같은 대단한 사업체를 지휘할 책임을 맡길 수 있었을까?

올레 쉬렌Ole Scheeren은 OMA의 현지 건축가site architect와 프로젝트 매니저 역할을 위해 북경에 파견되었다. 아럽Arup의 로리 맥고완Rory Mcgowan 역시 아럽 측의 업무수행을 위해 중국으로 향했다. 구조해석 작업을 위해서 런던에서는 크리스 캐롤Chris Caroll이, 홍콩에서는 크레이그 깁슨Craig Gibbsons이, 북경에서는 고만 호Gorman Ho가 각각 역할을 맡았다.

거대한 굴착. 깊은 지하층과 그보다 더 깊은 타워 아래의 기초들을 위한 굴착. 거대하다. 노란 헬멧을 쓴 작업자들은 보강 케이지들과 비교하면 개미 같다.

첫 번째 철골 기둥들이 사이트에 도착했다. 거대한 플랜지들, 웨브에서 튀어나와 있는 전단 볼트들. 이를 콘크리트가 둘러싸서 연결할 것이다. 바닥에 내려놓은 기둥들은 가슴 높이 만큼 되었고, 무게는 수톤에 달했다. 대각선의 부재들이 이들 기둥에 붙어서 가새 패턴을 만들게 된다. 이 구조들이 담당해야 하는 것들에 대한 많은 생각들. 한번의 심호흡!

각각을 연결하는 작업은 공중에서 일어나는 의식ceremony이다; 소규모의 작업자들은 거대한 부재들을 제자리에 위치시키고, 차가운 파란 용접 불꽃이 이를 환히 비춘다. 다른 곳에서는, 멀리서 보면 입면 전체에 반딧불이 날아다니는 듯한, 철골을 다듬는 오렌지 색의 불꽃들이 쏟아진다. 때때로 다른 절단 작업에서 발생하는 갑작스런 불꽃들 — 황홀한 장관. 느린 진행. 각 연결부는 며칠에 걸쳐 조립되고 설치되며 점차적으로 불가능해 보이는 부분을 줄여가고 있었다. 타워들은 점차 가까워 지고 있었다.

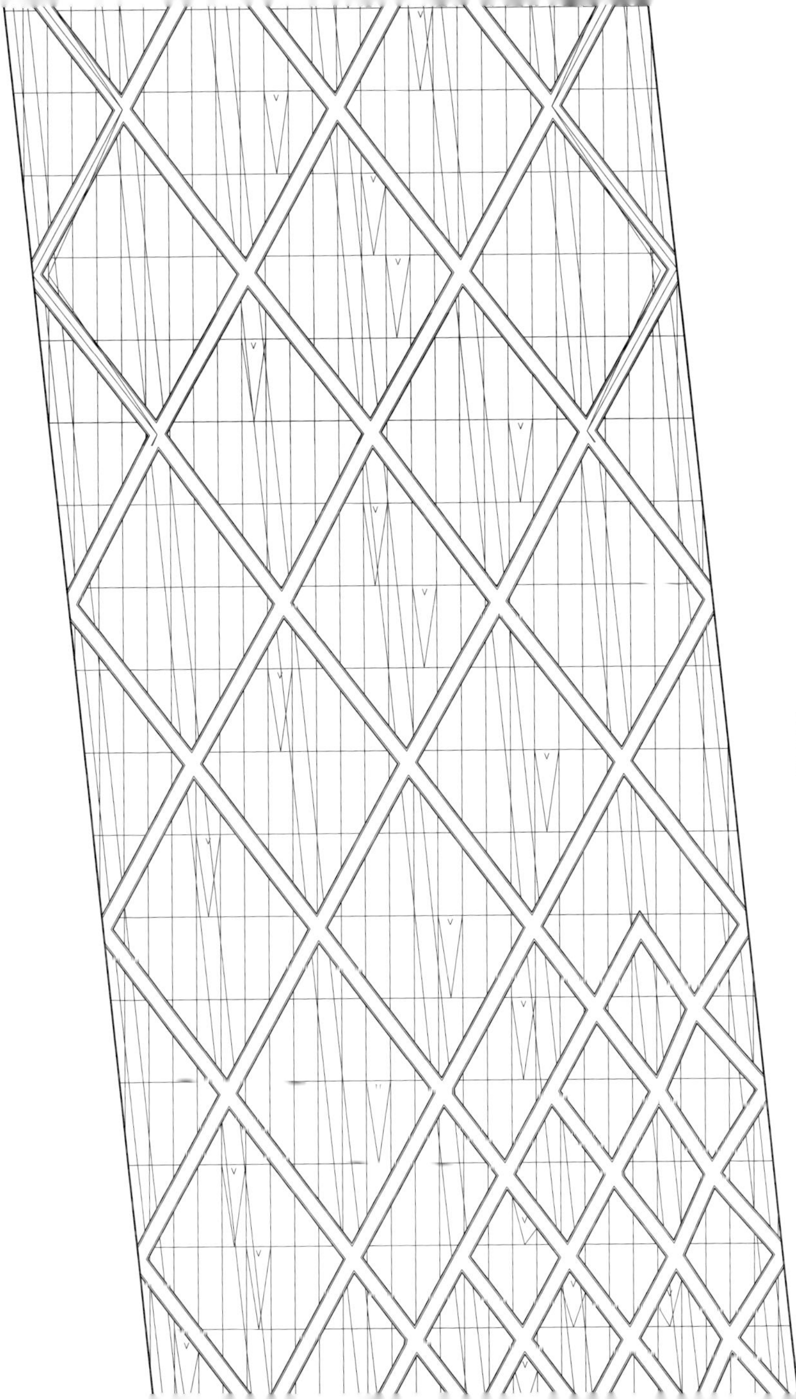

파사드의 패턴. 그물로 된[meshed] 다이아몬드들의 리듬이 눈에 들어오기 시작한다.

높이가 높아지면서 캔틸레버들을 계속해서 측정한다. 도면보다 조금 더 기울어져 있으면, 강골조들을 제자리로 다시 조정하여 타워의 자중을 안으로 가져온다.

200m 상공에 떠 있는 16층의 돌출부[overhang] 바로 밑까지 흔들리며 운행하는 호이스트를 타고 올라간다.

강재 보들 사이에 놓아진 임시 발판 위를 걷는다. 아직 메탈 데크는 설치되지 않아서 아래의 안전그물 밑으로 지면까지의 심연을 본다. 그 곳에서 걸어 다니면서 보이는 사람들과 차들은 곤충들 같다. 저 밑에는 공사장에 들어서기 전 기도를 할 수 있는 작은 사당이 있다.

타워들을 연결하는 것은 북경 전체의 관심거리였다. 언론의 가십란들이 들썩거린다. 우리는 타워들을 겨울에 연결하기로 했다; 타워들이 갈라지는 것을 막는 연결[stitch] 부위는 삼개층에 걸쳐 있어야 한다.

운이 좋게도 어느 날 돌출부[overhang]에 올라와 보니, 작업자가 두 타워를 처음으로 연결한 임시 보위를 걸어 다니는 것을 보았다. 사람들은 환호했다. 이 임시 보는 타워들 사이의 간격이 맞는지를 확인해보는 테스트였다. 그리고는 이 임시보는 불태워지고 실제 강재 연결보가 설치될 것이다. 11월 5일 새벽 5시, 영구적인 연결이 완성되었다. CCTV가 닫힌 것이다. 나는 북경으로부터 이 소식을 듣고 믿을 수 없었다. 마침내 여기까지 온 것이다.

한달 후 아렙의 이사진과 돌출부[overhang]에 올라 현기증 나는 이 곳에서 경이로운 작업을 보여주었다. 어떤 이는 나를 껴안았다 — 아주 익숙지 않은 행동이었다.

이것을 해내겠다는 건축주와의 오래 전 약속이 내 귓가를 맴돌았다. 쿨하스와 허 핑[He Ping]이 함께였으면 더 좋았을 텐데. 정말 좋은 날이었다.

노자Lao Tze는 말한다 — 물처럼 되어 강물과 함
두어라. 인공으로 조작하려고 하는 자들은 실패
않는 법을 조언했다. 생각하는 것은 다툼에나 필요
사랑하라. 지식은 행복과 지혜를 멀어지게 한
재앙이 다가온다. 우리가 무위無爲할수록 더 자유로
놀랍게도 그는 좋은 정부란 아무 것도 하지 않
큰 흐름에 따라 자기를 고집하지 말라고 하였
공자는 허난, 산시, 산동 지역의 봉건 제후국들
행동하고 나서 말하라고 이야기한다. 군자는 그들
통치방식을 비판하면서 행동 윤리를 더했다. 군주
되어야 한다. 중국 발전의 중심에는 밀고 당김의 순

러라. 다른 것들을 동요시키지 말고 그대로

이다. 이것이 노자의 사상이다. 노자는 생각하지

이다. 사고의 부재가 평화를 지킬 수 있다. 자연을

람들이 더 욕심을 부리고 취하려고 할수록 더한

있다는 오래된 확신이 노자의 이야기이다. 또한

이라고 이야기한다. 물줄기의 한방울 물이 되어

정적인 강함과 인내에 대한 메시지. 비슷한 시기

유하고 있었다. 그는 말하기 전에 행동하고

동이 본보기가 되도록 행동한다. 공자는 과거의

려고 하는 사람은 자신의 말에 책임지는 사람이

리고 억제와 자연스러운 삶 사이의 균형이 있다.

财富中心
如家快捷

SERPENTINE PAVILIONS LONDON UK

PAV
ILI
ON

다니엘 리베스킨트

Daniel Libeskind 와 아럽Arup

서펀타인 파빌리온 2001

내가 참여한 첫 번째 서펀타인 파빌리온 프로젝트; 리베스킨트Libeskind와 나는 그때 V&A 프로젝트를 위해 같이 일하고 있었는데, 갤러리 앞 잔디밭 위에서 수평적인 나선형태가 흥미로운 또 다른 제안이 될 것 같다고 생각하였다 V&A 프로젝트는 수직적인 나선형태: 옮긴이. 우리는 그것을 18회전Eighteen Turns이라고 불렀다:
공원을 프레이밍하는 일련의 경계와 축들. 회전하는 형태가 겹쳐있는 사이에서 열린 부분들이 생기고 이는 방문자가 지나갈 수 있는 통로로 이용된다. 이 파빌리온은 단순히 닫혀있는 공간이 아닌, 지나가다 대충 만든 것처럼 임시적으로 보이는 즉흥적인 쉼터shelter가 된다.

1mm 알루미늄 쉬트—리벳 접합

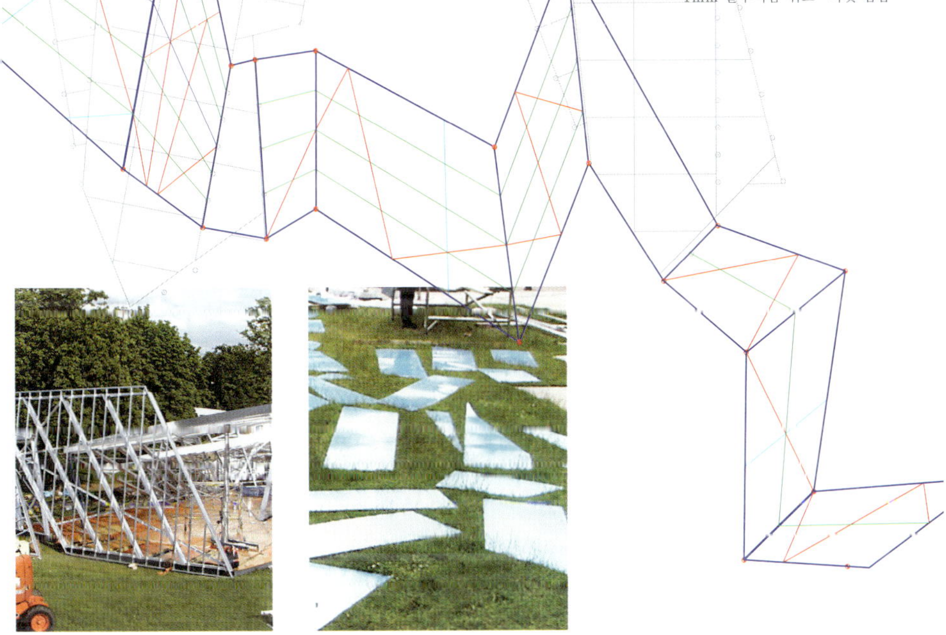

뼈대framework는 각기 다른 각도로 만나는 평면들 사이에서 모양과 크기가 정해진다.

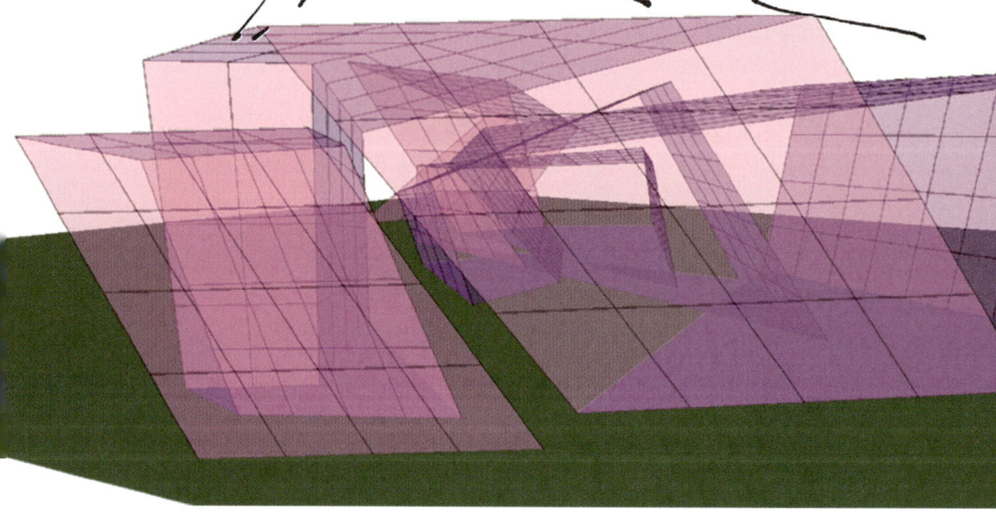

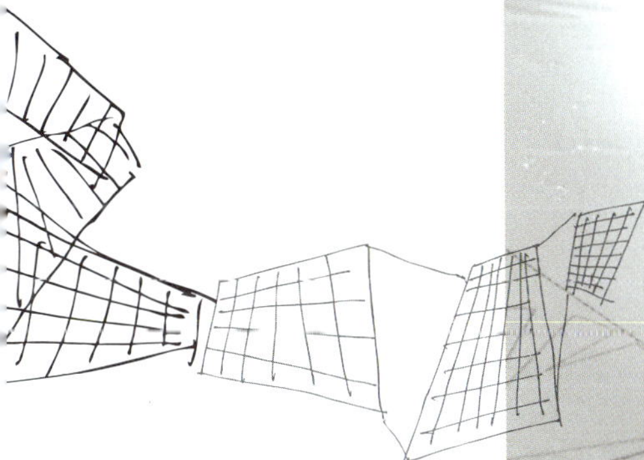

스터디 모형

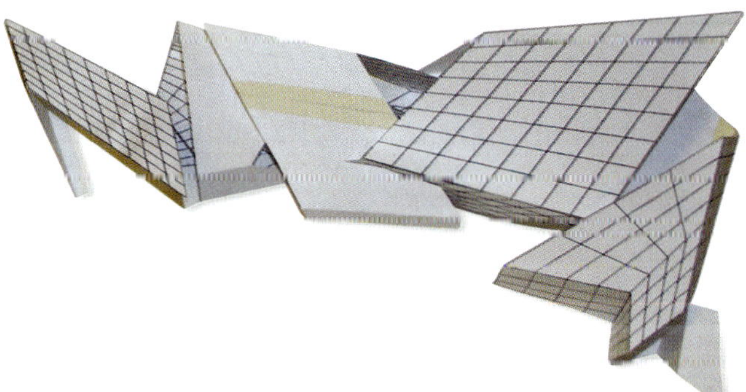

심하게 기울어지고 교차하는 평면들은 바닥, 공원, 사람들을 변화하는 색들의 콜라쥬로 만들어 반사시킨다.

가새를 위한 날카로운 지그재그 라인들은 기울어짐을 더 강조한다.

알바로 시자Álvaro Siza / 에두아르도 수토 드 무라Eduardo Souto de Moura와 아럽Arup

서펀타인 파빌리온 2005

알바로 시자는 이 파빌리온을 '웅크린 동물'로 구상했다—단면상으로는 아치 프레임arching frame. 전통적 방법의 목재 그리드 쉘 구조가 제안되었으나 균일한 골격과 일정한 두께를 가진 단면을 생각해보면 너무 정적으로 보일 것 같았다—좀 더 다이나믹함이 필요했다. 그리하여 상호보완적인reciprocal 결합을 이용하여 그리드를 재조정했다. 한 부재가 다른 부재에 끼워져서 전체적으로는 빗겨가는shifting 효과가 나오도록 하였다. 구조상 각각의 선부재들은 점a node에서 만나지만 그 점을 지나지 않는다.

파빌리온 전체에 보이는 옵셋과 빗겨감은 전제적인 형태를 통해 진동vibration의 느낌을 만들어낸다. 장부맞춤Mortice and tenon joints방식으로 만들어진 목재구조는 토속적으로 보이기도 하고 중세시대의 것처럼 보이기도 한다. 그리드로 만들어진 동물이 마침내 생명을 얻었다. 이 동물의 표피는 폴리카보네이트 패널로 만들어졌으며 태양빛을 저장하여 황혼 무렵 수천 개의 눈처럼 빛나는 조명들이 박혀있다. 이 동물은 형태상으로 웅크리고 떨고 있지만 항상 깨어있고 행인들을 사로잡는다.

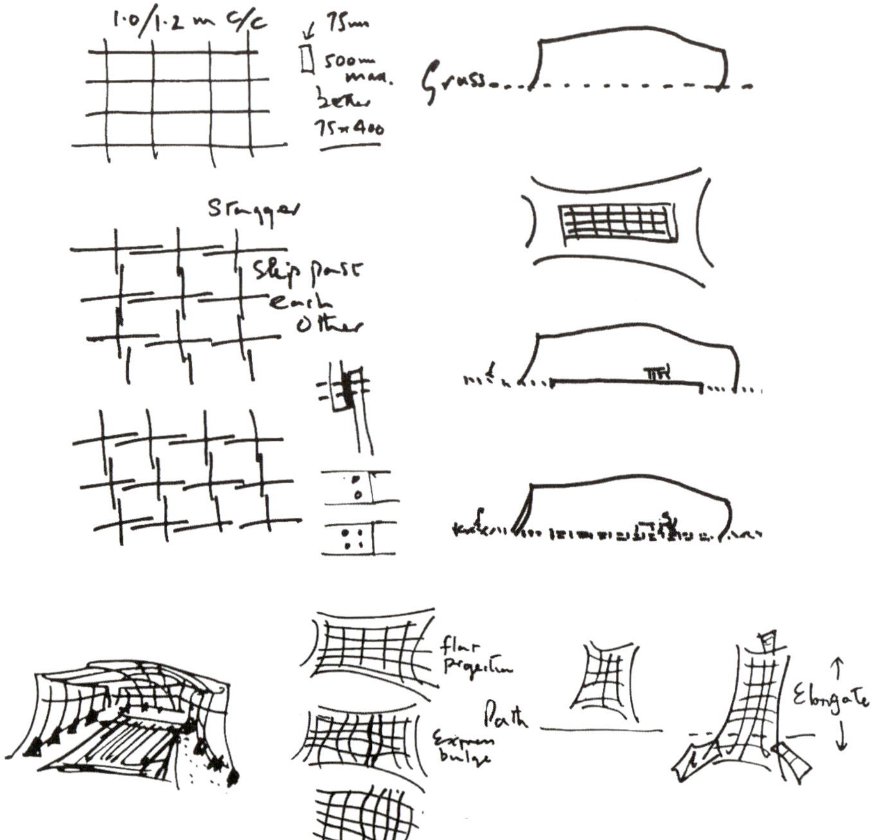

Stress models

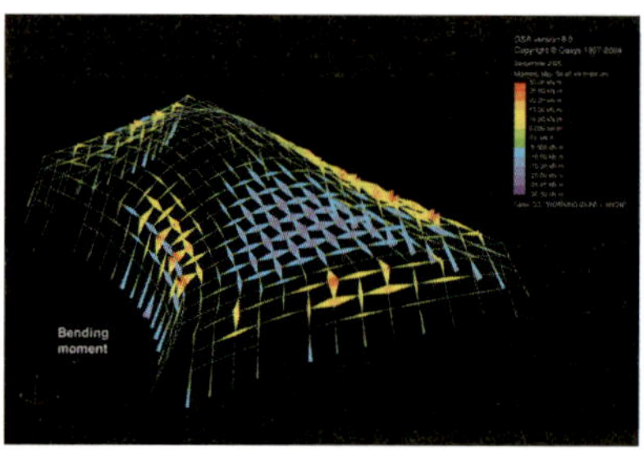

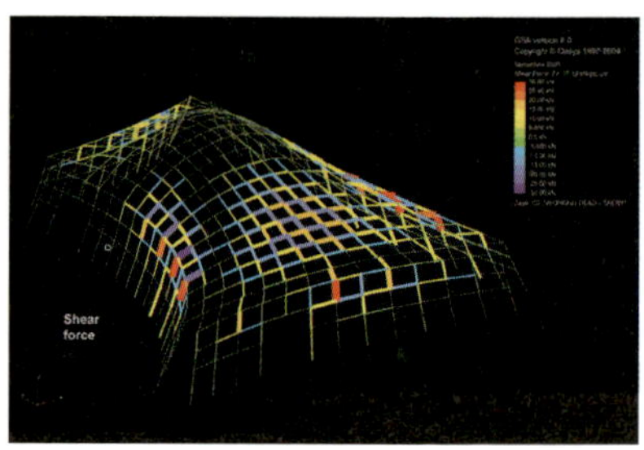

장부맞춤Mortice and tenon joints을 이용한 손쉬운 연결

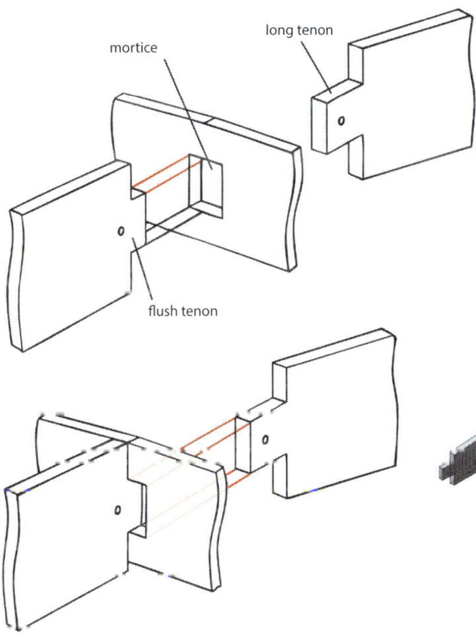

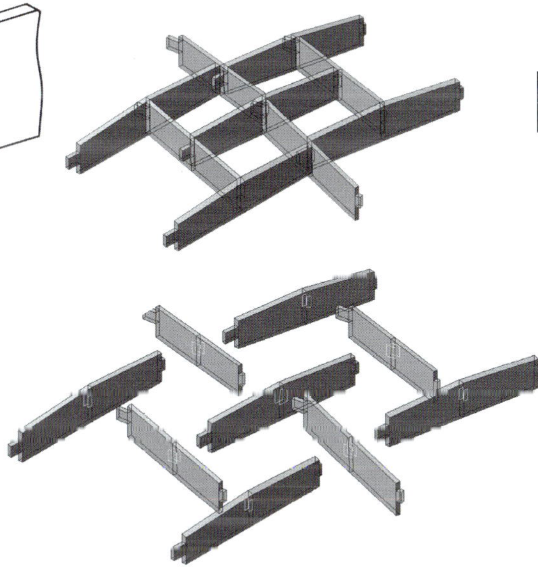

건물의 하부를 열어놓음으로써 카페 테이블에 앉아있는 방문자들은 공원을 볼 수 있게 된다.

옵셋되어 빽빽하게
밀집된 부재들은
인상적인 지붕을 만든다

렘 쿨하스[Rem Koolhaas]와
세실 발몽[Cecil Balmond]
아럽[Arup]

서펀타인 파빌리온 2006

렘 쿨하스는 이 프로젝트가 건물로서의 파빌리온이 아닐 것[non pavilion]이라고 선언하였다. 그는 이 파빌리온이 이벤트나 한스 울리취 오브리스트[Hans Ulrish Obrist] 와 함께하는 일련의 대담과 인터뷰가 될 것이라고 이야기했다. 이것은 갤러리와 오브리스트에 의해 진행될 마라톤[Marathons, 서펀타인 갤러리에서 진행하는 행사의 이름;옮긴이]의 성공적인 시작점이었다. 설계의 시작에서 우리는 먼저 갤러리에서부터 밖의 잔디밭 위 나무들까지 걸쳐지는 차양[awning]에 대해 이야기했다—원형 안의 정사각형 아래 갤러리 중앙 룸과 같은 사이즈의 모임을 위한 공간. 벽은 없었다.

그러나 이런 이벤트들은 바람과 비로부터의 보호가 필요하기 때문에 정사각형 평면은 육면체 방으로 바뀌게 된다. 원형은 구로 바뀌면서 풍선이 되어 띄운다. '공기주머니 ballonet'라고 불리는 볼륨은 헬륨가스로 채운다. 패브릭 풍선은 지면에서 케이블에 의해 투명한 원형 구조물과 연결된다. 이 풍선이 원형 폴리카보네이트 위로 내려오면 닫힌 상태가 된다. 바람이 없는 맑은 날에는 이것을 띄운다—커피를 마시고 대담을 들으면서 떠 있는 건축floating architecture을 본다.

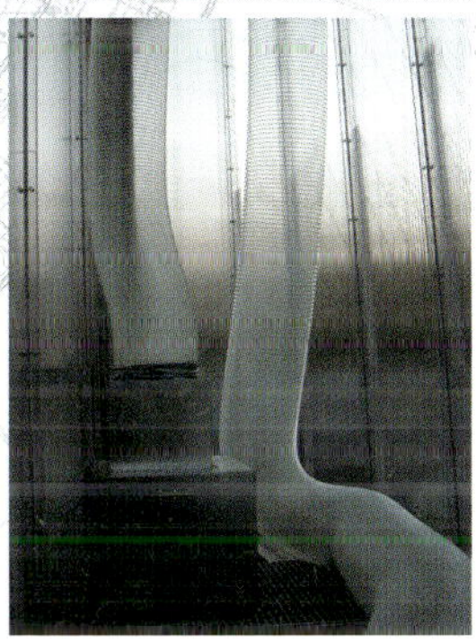

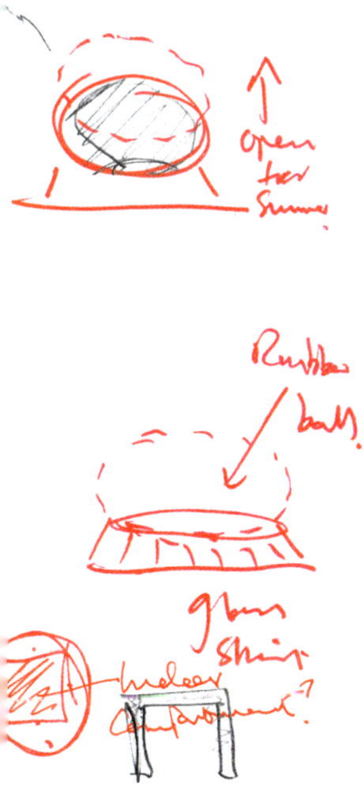

Open for Summer
Rubber ball
glass strip
Indoor compartment?

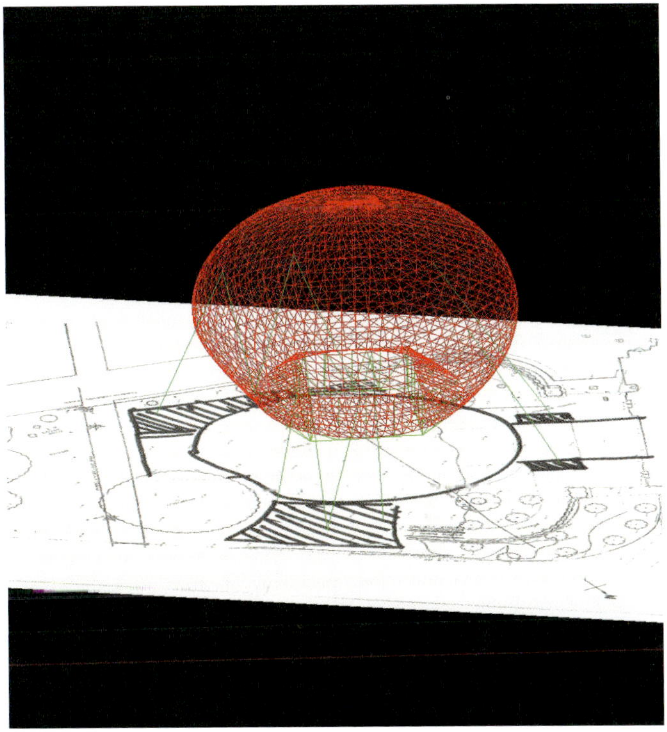

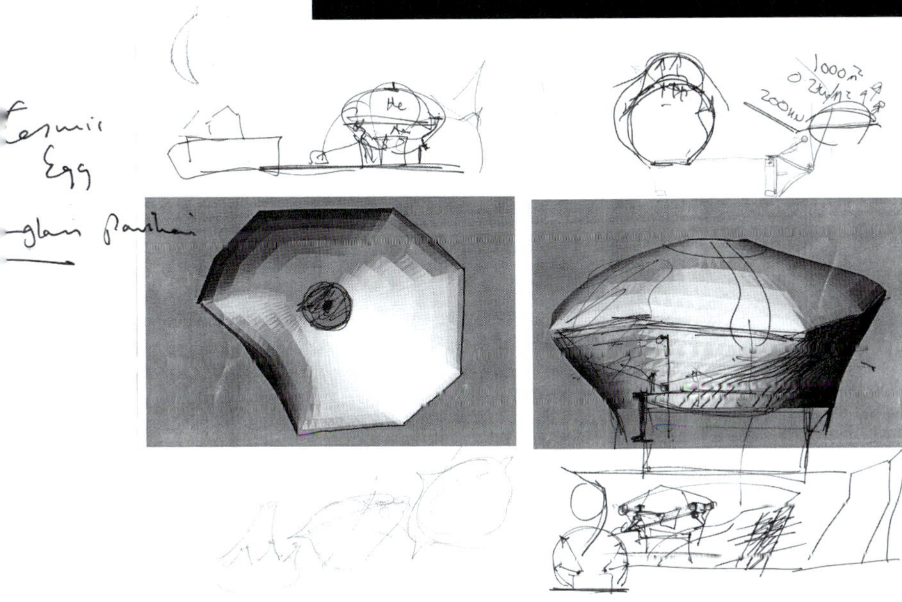

Cosmic Egg
glass pavilion
1000m²
200kN

떠 있는 방은 각 부분들이 서로 연결되어 있지 않은 비 중력적인anti-gravity 장치이다. 이것이 비 건축적non pavilion인가?

가느다란 폴리카보네이트 링에 우주선spaceship이 내려앉는다.

1

2

3

4

서펀타인 파빌리온은 매년 기다려지는 이벤트이다. 각 프로젝트는 재료와 형태의 아이디어들의 실험장이고 영국에 아직 지어진 프로젝트가 없는 디자이너들이 초대된다. 이는 갤러리 관장인 줄리아 페이톤 존스 Julia Payton-Jones와 팔룸보 경Lord Palumbo이 의장으로 있는 재단 이사회의 아이디어였다. 자하 하디드 역시 이사회의 일원이다. 아럽Arup은 2001년부터 계속하여 이 파빌리온들의 설계에 긴밀하게 관여해오고 있다.

5

6

1. Zaha Hadid, 2000

2. Daniel Libeskind with Arup, 2001

3. Toyo Ito and Cecil Balmond with Arup, 2002

4. Oscar Niemeyer, 2003

5. Álvaro Siza and Eduardo Souto de Moura with Cecil Balmond, 2005

6. Rem Koolhaas and Cecil Balmond with Arup, 2006

7. Olafur Eliasson and Kjetil Thorsen, 2007

8. Frank Gehry, 2008

9. Kazuyo Sejima & Ryue Nishizawa of SANAA, 2009

10. Jean Nouvel, 2010

11. Peter Zumthor, 2011

12. Herzog & de Meuron and Ai Weiwei, 2012

12

11

10

9

7

8

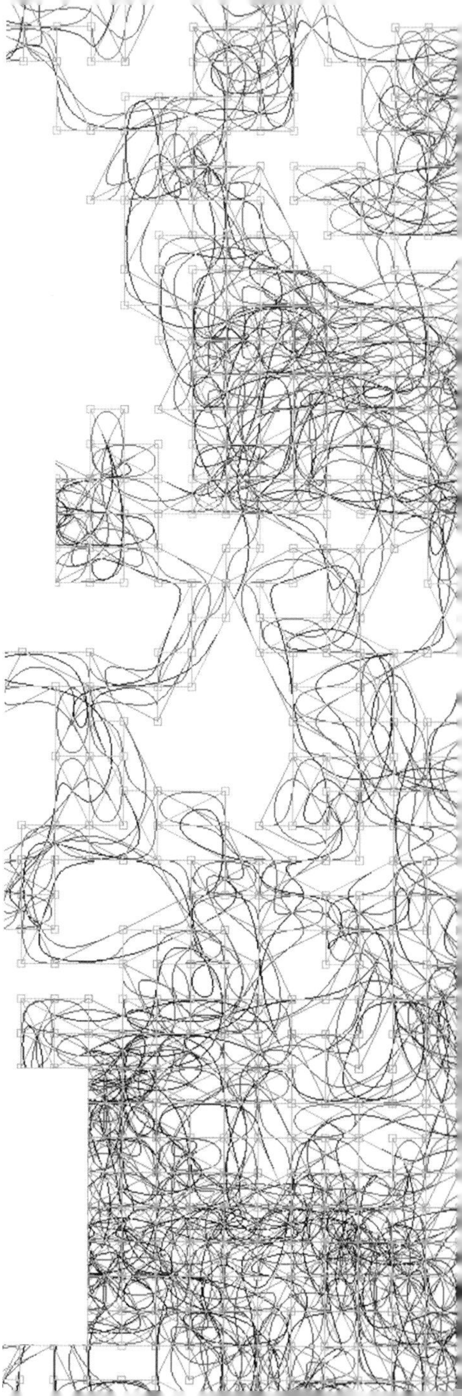

크로스오버 CROSSOVER

사람들에 의하면 골치 아픈 것들은 혼란스러운 교차로 가운데에 숨어있다고 얘기한다; 어디로 갈 것인가? 사람들은 그 골치 아픈 것들에 대해 너무도 자세하게 이야기하고 있는데, 과연 나는 두 방향 혹은 셀 수 없는 방향의 길들이 교차하는 지점에 존재하는 위기를 향해 가는 것을 걱정해야 하는 것인가?

하나의 합류점은 눈에 띄지 않고 여러 합류점이 보인다. 관찰된 사실에 대응한 가상의 의도, 실현된 실체에 대응한 찾아낸 은유, 이런 보이지 않는 과정이 디자인을 이끈다.

은유 —— 크 로 스 오 버 —— 실체

패턴은 관찰하고 사고하고, 상징물들을 표시하고 읽는 대부분의 인간 행위들의 과정에 관여하며 새로운 의미를 만들어낸다. 우리가 결과에 대응해서 현실을 인식할 때 긴밀한 연결들이 생겨난다. 이 둘은 서로 영향을 미친다.

보는 것과 인식하는 것은 순식간에 일어나는 접속들의 세계를 연결하면서, 감정과 기억으로 가는 입구가 된다. 각 이미지들의 집합은 그전 이미지들과 겹쳐있다. 탐사가 진행될수록 우리는 만들고 암호화하고 다시 만들어낸다.

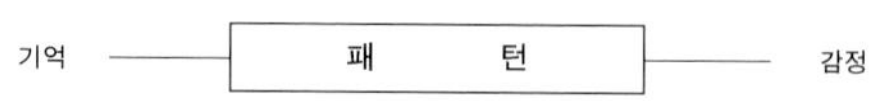

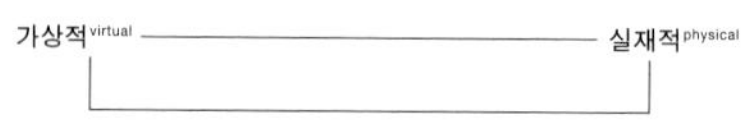

가상과 물질 세계 사이의 균형을 오가며 작업을 읽는 경험은 심미적인 수사[aesthetic forensic]이며, 원형들[archetypes]을 배경으로 가지고 있는 문화적 교섭인 동시에, 이상 대 실용에 관한 게임이다.

패턴은 어떤 재료의 모양, 비례, 부재간 결합 등의 모든 상황에서 존재한다. 개념적인 단계에서 아이디어와 결과 간의 긴장 관계가 '맞다'고 느껴질 경우 그 작업은 생명력을 갖게 된다.

풀기 힘든 형태와 재료의 문제들은 하나의 선에서 루프loop로, 막대 부재에서 문으로, 지붕에서 벽으로, 중력에서 부양으로의 변화를 만든다.

모양shape은 형태form와 대화를 시작한다. 정적인 것에서 (무방향)운동kinesis으로 변화한다.

건물의 핵심적인 특징signature은 은유와 합쳐치며 힘을 얻는다—질서/혼란/도약/파편. 이를 현실화해가는 과정이 공명을 일으킬 수도, 부조화를 일으킬 수도 있다. 그러나 물질적인 부재들로 중량물을 지지하고, 강성을 더해기는 과정을 거치며, 초기의 형체 없는 생각은 멀어지기 쉽다.

물질계에서는 그것과 결합되기 전 상태의 초기 아이디어는 남아있기 힘들 것처럼 보인다.

그러나 점진적으로 연결된 실체substance는 공간의 해석을 엮어내고, 시간을 가상과 현실의 복합적인 순간들로 엮어내는 리듬을 만들어낸다.

의도된 결과물을 예측한 대로 만들어 나가는 것이 아닌 발견해 나가며 진화하는 방법으로서의 작업은 중요한 해석들을 만들어낸다.

2002년 서펜타인 파빌리온이 그 알고리듬이 없었다면 단순한 박스로 남아있지 않았을까? 혹은 CCTV 프로젝트가 캔틸레버에서 문 형태로의 유형의 변화와 표면skin의 발전이 없었다면 다루기 힘든 괴물로 남아있지 않았을까? 코임브라Coimbra도 지그재그가 없었다면, 엮인 다리Weave bridge 프로젝트도 접힘fold이 없었다면, 다양한 공간의 이야기가 아닌 단순한 통로가 되어버리지 않았을까?

선택의 엔트로피 Entropy of choice

알고리듬은 연속적인 과정 속에 숨어있기 때문에 알아채기 힘들다.

시작이 단순할수록 결과물의 가능성이 많아진다는데 어려움이 있다. 가장 단순한 것으로부터 가장 많은 가능성들을 생각할 수 있다. 선택이 많다는 것은 그만큼 해석의 여지가 많다는 것이고 덧붙여야 할 추상적인 면들이 많아진다는 것이다—크로스오버crossover 할 것들은 많아지고 골치 아픈 것들도 늘어난다.

과정으로부터 만들어지기까지, 건물의 형태와 구조의 부재elements, 그것들의 배열, 재료와 텍스처의 특징 같은 모든 것들은 여러 해석을 가능하게 하는 것들이다. 완성된 작업은 다양한 가닥들strands을 품게 되는 것이다.

작업 결과의 특이성singularity 만을 살펴본다면 그것은 명확하다. 그러나 우리는 더 많은 가능성들을 보려고 하는 것이다. 당시의 사실과 다음 단계의 상상 사이에서 디자인의 아이디어와 결과로 생긴 실체는 서로 영향을 주고받기 시작한다.

구조는 건축과 연결되고, 예술과 과학이 겹쳐진다—형태와 그 구성configuration 사이에서 찰나의 안정이 자리를 잡는다.

다시 생각해 보는 것은 잊어버린 생각을 되돌아보게 한다.

• • •

방향 찾기: 과거 선례들의 지도를 따라갈 것인지 혹은 새로운 상황들이 해석을 만들어내게 할 것인지?

지엽성locality/병치juxtaposition/복합성hybrid

형태geometry는 알고리듬과 함께 활력을 찾고 발전한다; 복잡한 데이터들은 그 자체의 제약을 넘어선 특징qualities을 만들기 시작한다. 그러나 패턴 자체나 그것을 조직하는 기준들에 집착하는 것은 위험에 빠질 수 있는 여지도 있다.

패턴이 지배적인 경우, 장식적인, 유희적인 것들만 남는다 실체가 과도학 경우, 의미 없는 구조만 남아있게 된다. 문제는 어느 방향으로 가는가 이다 — 패턴 주도patter-ing 혹은 실체 주도substance-ing

위험 risk

유사함 속에 존재하는 위험적인
요소는 관심을 끈다.

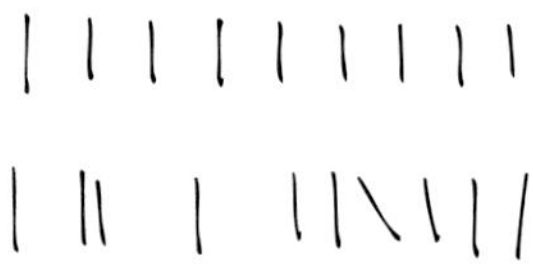

익숙함 속에 위험이 얼마만큼 있느냐는 창의적인 작업이 가치를 가질 수 있느냐 하는 중요한 잣대가 된다. 너무 많은 생소함이 있다면, 안정성security에 대한 부분이 자리잡기 힘들 것이다. 반면 너무 많은 익숙함은 안전함 뿐.

우리가 한 작품을 몇 번이고 다시 찾게 된다면, 그것은 그 안에 창조적인 것과 안정성이 잘 조화되어 있기 때문일 것이다. 익숙함에 대응한 생소함은 창조를 위한 부적talisman 같은 것이다—직감을 불러일으키며, 그리하여 우리는 발전한다.

우연을 조직화하는 과정이 좀 더 중요하게 고려되고 있기 때문에, 이성reason의 시대를 넘어서는 직관의 시대가 오고 있다고 이야기할 수 있지 않을까?

물리학, 경제학, 생물학, 지구과학, 심리학, 혹은 다른 학문분야들에서는 창발하는 질서emergent orders를 이미 받아들였다. 건축은 이 담론에서 벗어나 있다; 건축은 견고함, 정지된 형태, 대칭과 그리드 같은 고전적 개념으로부터 벗어나지 못하고 과거에 머물러 있다. 거대한 과거 선례의 유산들과 함께—누구도 모험을 하지 않는다.

모험이란 것은 비틀어지고, 다른 것들과 섞이고, 균열이 생기는 것이다.

이와 같은 방법들은 당연히도 전체 상태가 안정적이고 고정되어 있다고 가정하기에 혼란스러움이 일반화된 규준의 자리를 빼앗을 틈을 주지 않는다. 그러나 뒤틀림distortion이란, 자기 조직화하는 끊임없는 유동과는 다른 것으로, 반들어진 질서가 있으며 오래된 익숙함에 생명을 불어 넣는 악힌 개념이다 .

데이터가 질qualities을 만들어내기에, 물질의 개념은 정보의 정의definition로 이동하고 있다. 이 영역에서 점/선/면은 등고/조닝/네트워크의 단순화된 대응물이다. 작업이 시간의 흐름에 따라 발전하면서 네 번째 차원이 더해진다.

우리가 이해하는 한 모양shape 혹은 형태form는 거대한 시공간의 위상 그래프에서 단지 한 지엽적인 순간일 뿐이다. 우리의 작업은 가상과 실재 사이에 있다—사고하고, 아이디어를 제안하고, 검증하면서 만들어간다.

작업의 시작에서는 아무 것도 확실하지 않고 단지 추측할 수 밖에 없기에 각각의 결과물은 상상fantasy으로 가득 차 있다. 부정확함inexactness이 모든 것에 스며있다.

우리는 확실함을 추구할 수도 있으나, 알려지지 않은 것들의 풍부함은
우리가 어둠 속에서 꺼내온 가닥들에 내재되어 있고, 어느 밝은 날 이것을
합리적인 결과물로서 읽을 수 있게 될 것이다.

우리는 무한한 시행착오의 일부—그 속에서 교차하는[crossovers]—인 것이다.

어느 영역에 들어가

패턴을 찾고

구성하며

스케일을 받아들이고

재료를 정하고

구조를 찾으며

비례를 생각하고

조화를 확인하고

다른 영역으로 들어간다.

균형을 찾기 위해 노력하고 창조한다—질서와 혼란, 형태와 모양,
이야기와 감각, 은유와 실체

• • •

의식의 기원the dawn of consciousness 좌뇌의 생각영역과 우뇌의 환각영역이 연결되어 있어 신들의 목소리를 들을 수 있었던 선사시대의 사람들이 메소포타미아인들이 문자를 사용하면서 이 연결이 끊어지며 현재의 의식상태가 되었다는 콜롬비아 대학의 심리학자 줄리안 제인스의 이론; 옮긴이에서 주변의 자연적인 힘들과 자신을 구별함으로써 세계를 구성하고 의미를 찾는 방법을 찾게 되었다. 어떤 영역으로의 여정은 자각을 얻게 하고 의견을 확립하게 한다.
기호화coding가 시작된다.

점성술은 별자리를 패턴화하였다. 기원prayers의 의례적 형태인 종교는 이 과정을 이끌고 보호했다. 지면에 놓아진 장식물들, 레이선선사 시대나 고대의 길을 따라 나 있다고 믿어지는 가상의 선; 옮긴이, 성가, 성스러운 환상 열석들은 미신을 형태geometry로 바꾼 것들이다.

마술이 선행한 뒤 과학이 생겨나고
연금술이 생긴 뒤 그 다음은 화학이
숫자 점numerology 에서부터 수학이 생겨난다

우리는 변형하고 성장하고 진화하기 위해, 계속해서 그리고 조각하고
지어야 한다. 예술을 즐기는 것은 사고하는 것과 만드는 것 사이에
홀려있는 것이다.

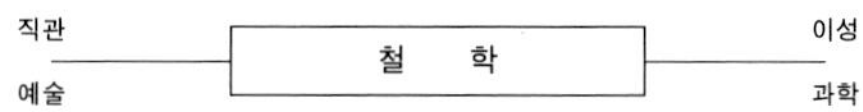

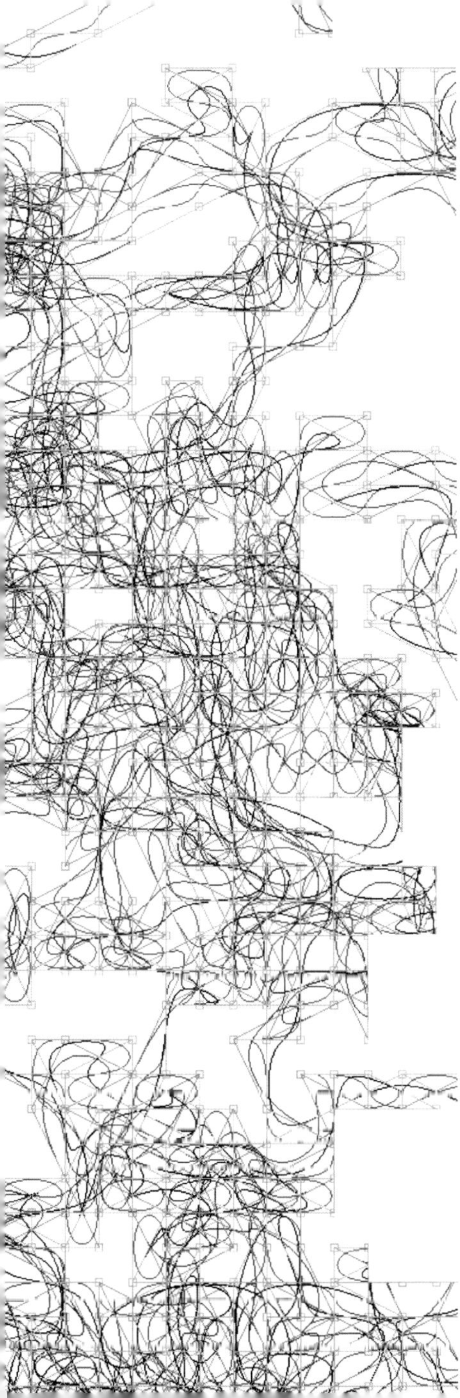

BATTERSEA MASTERPLAN LONDON UK

MAST
ERP
LAN

TRAFALGAR SQUARE
BATTERSEA MASTERPLAN

MILLENIUM WHEEL

Photograph of the Power Station in 1955

굴뚝은 100m 높이까지 솟아있고, 길이는 200m이며, 두 개의 터빈홀과 중앙 보일러실을 포함하는 폭은 150m에 달한다–거대 발전소. 건물은 거대하지만 건폐율footprint은 마스터플랜 전체 면적의 단지 17%이다. 강 너머 첼시를 마주보고 있는 이 남쪽 지역은 오랫동안 잊혀져 있었다.

비젼

배터시 공원 도로Battersea Park Road에 서면 지표면이 사라지고 대신 거대한 구덩이가 앞에 나타난다. 발전소는 이 구덩이 끝에 서 있다. 아래에서 구불구불 올라오는 길은 기울어지고 접혀있으며, 지표면 위로 올라와 건물을 지나 점차적으로 평평해지며 북쪽으로 이어진다.

건물을 바로 볼 수 있는 시선은 사라진다. 대신 시선은 빗겨 있고 건물 주위로 확대된다. 그 공간은 실제보다 커 보인다. 많은 프로그램들이 삽입될 수 있고 많은 공공 기능을 위해 사용될 수 있다.

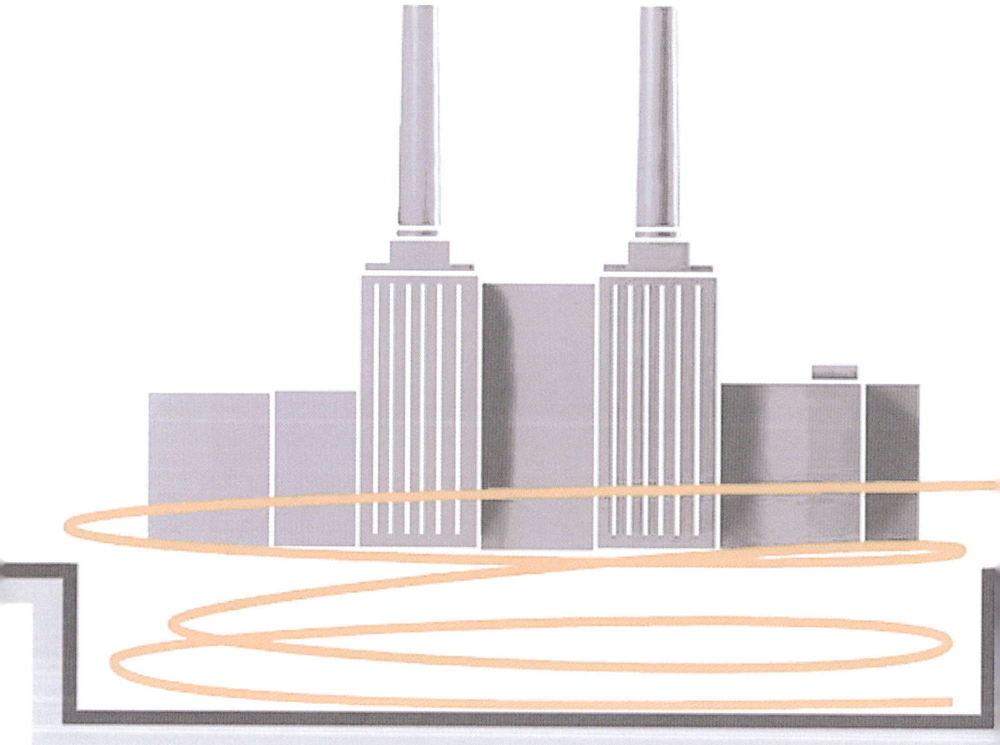

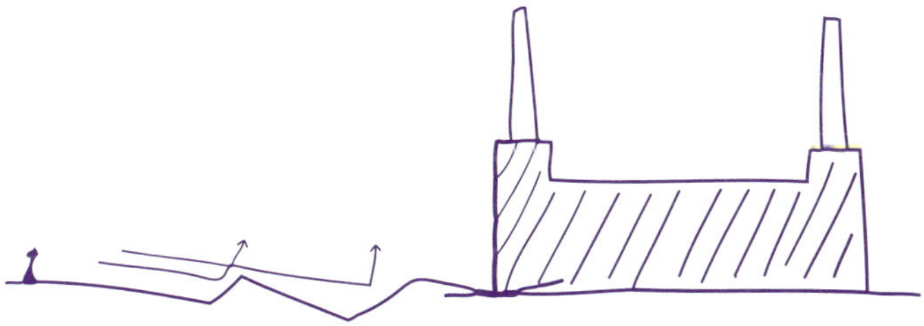

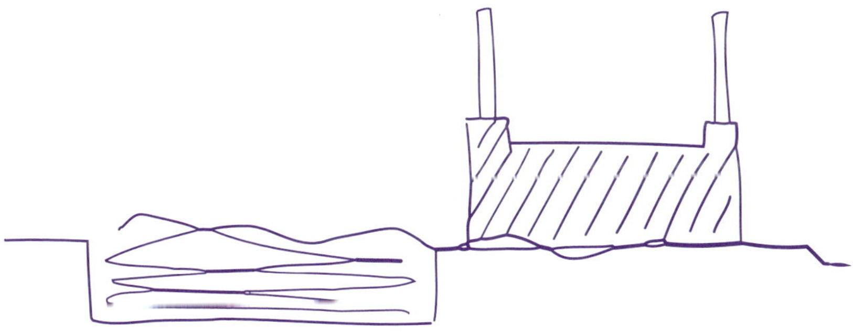

순차적인 경계를 거치는 남쪽으로의 발전

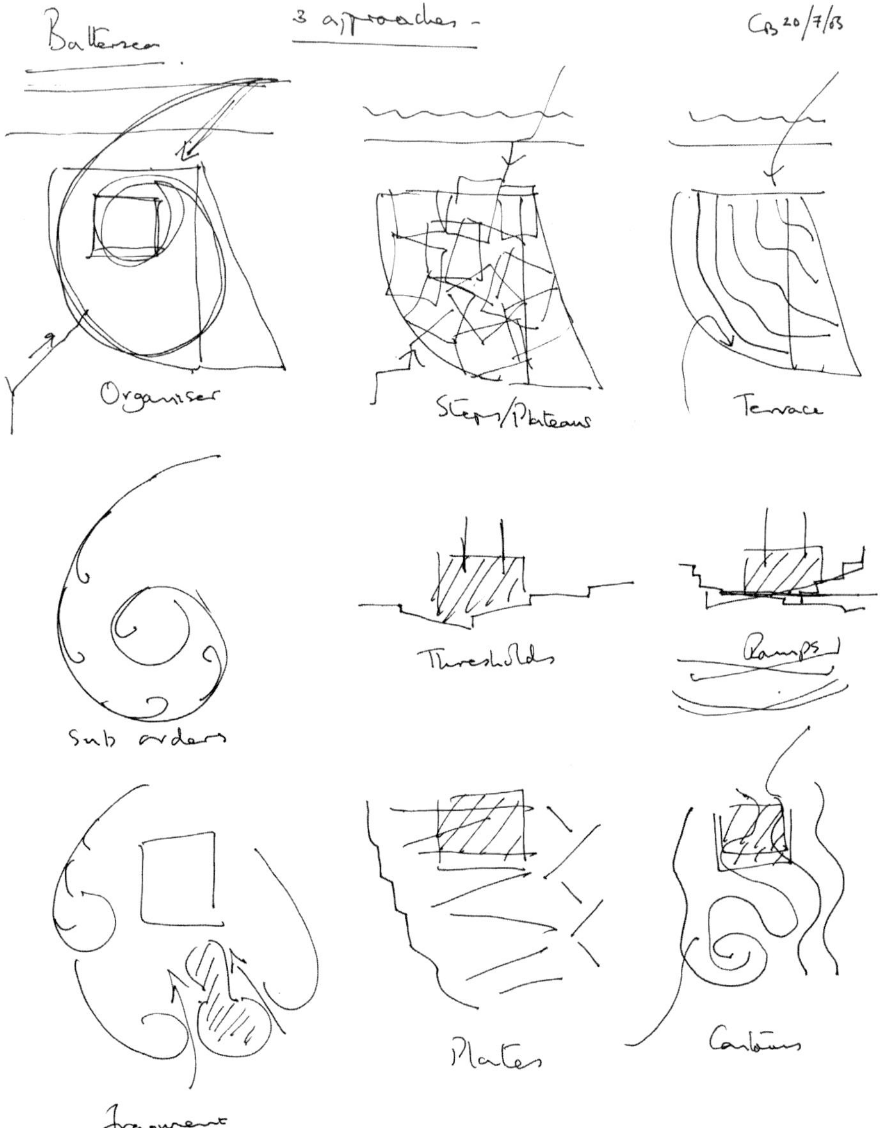

지표면의 열개rupture에 이어 대지에 활력을 불어넣기 위해 세 가지 접근 방법이 가능하다.

회전하면서 기울어진 판

수평적인 일련의 테라스와 단steps

주/부 조직organisation의 위계

남쪽의 공원계획을 위해서 결국에는 세 가지 방법이 모두 사용되었다. 지하에서 지상까지 소용돌이 형태의 움직임이 지표면으로 올라와 접힌다; 소용돌이 모양으로 상승하는 판들 사이로 지하에 빛을 제공. 이중 나선double helix으로 회전하는 주차장은 나선의 끝이 대지 경계를 따라 지표면 위에서 쌓이고 이는 두 주요 건물을 만드는 개념이 된다.

북쪽으로는 면들이 평평해지며 강쪽으로 열린 면을 만든다.

우리는 우리의 제안을 남쪽에서는 '도시의 카펫Urban Carpet'으로, 북쪽에서는 '도시의 발코니Urban Balcony'로 이름 붙였다—자유로움informal에서 짜임새formal로의 점진적인 활력energies의 감소.

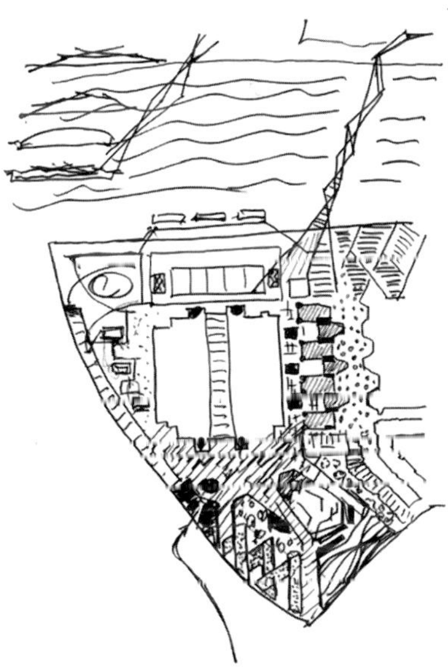

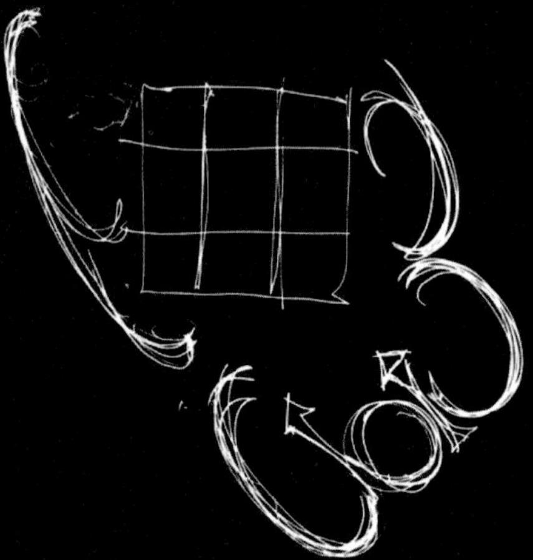
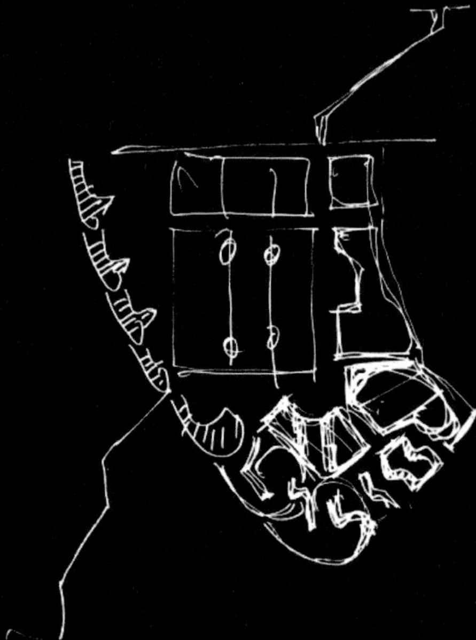
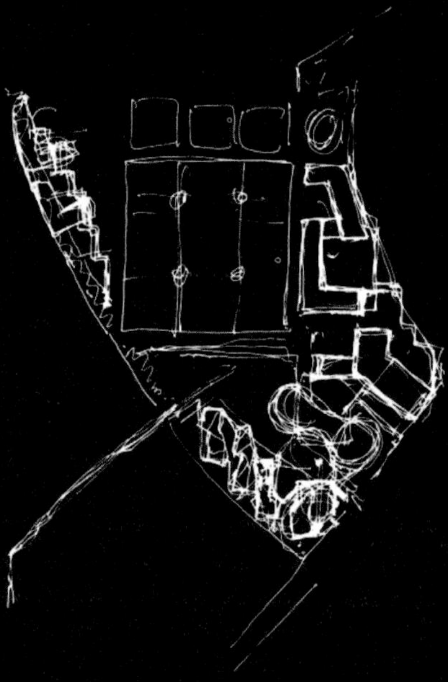
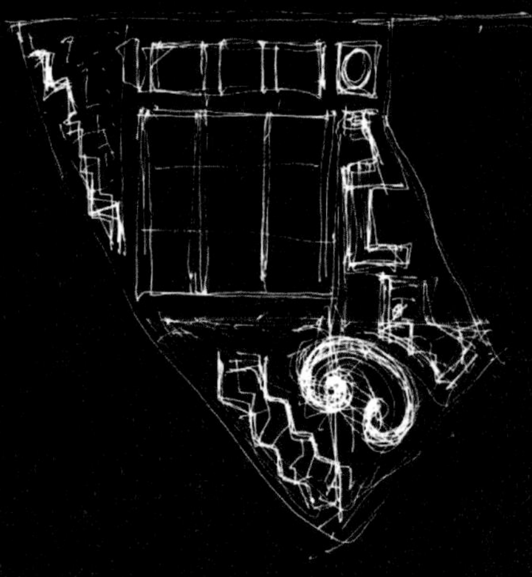

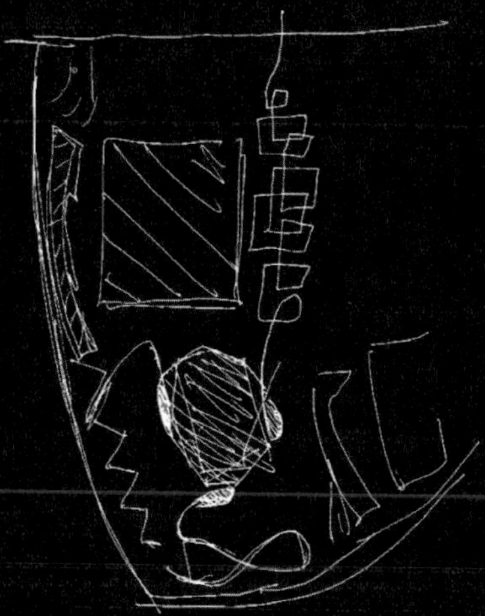

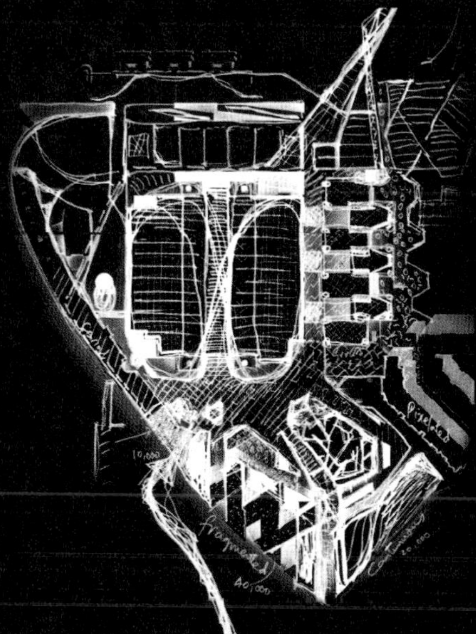
Pixelated
10,000
fragmented
40,000
20,000

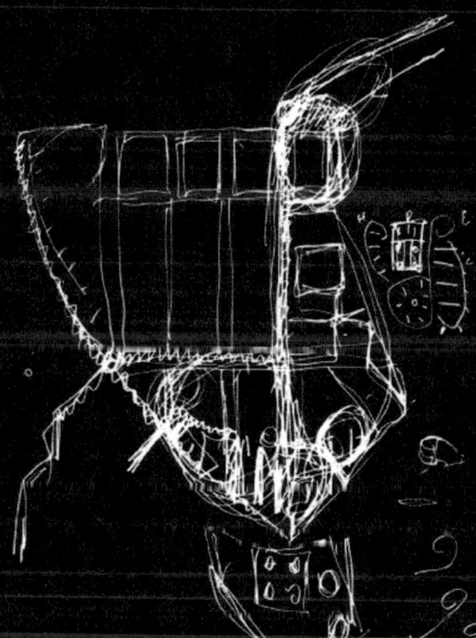

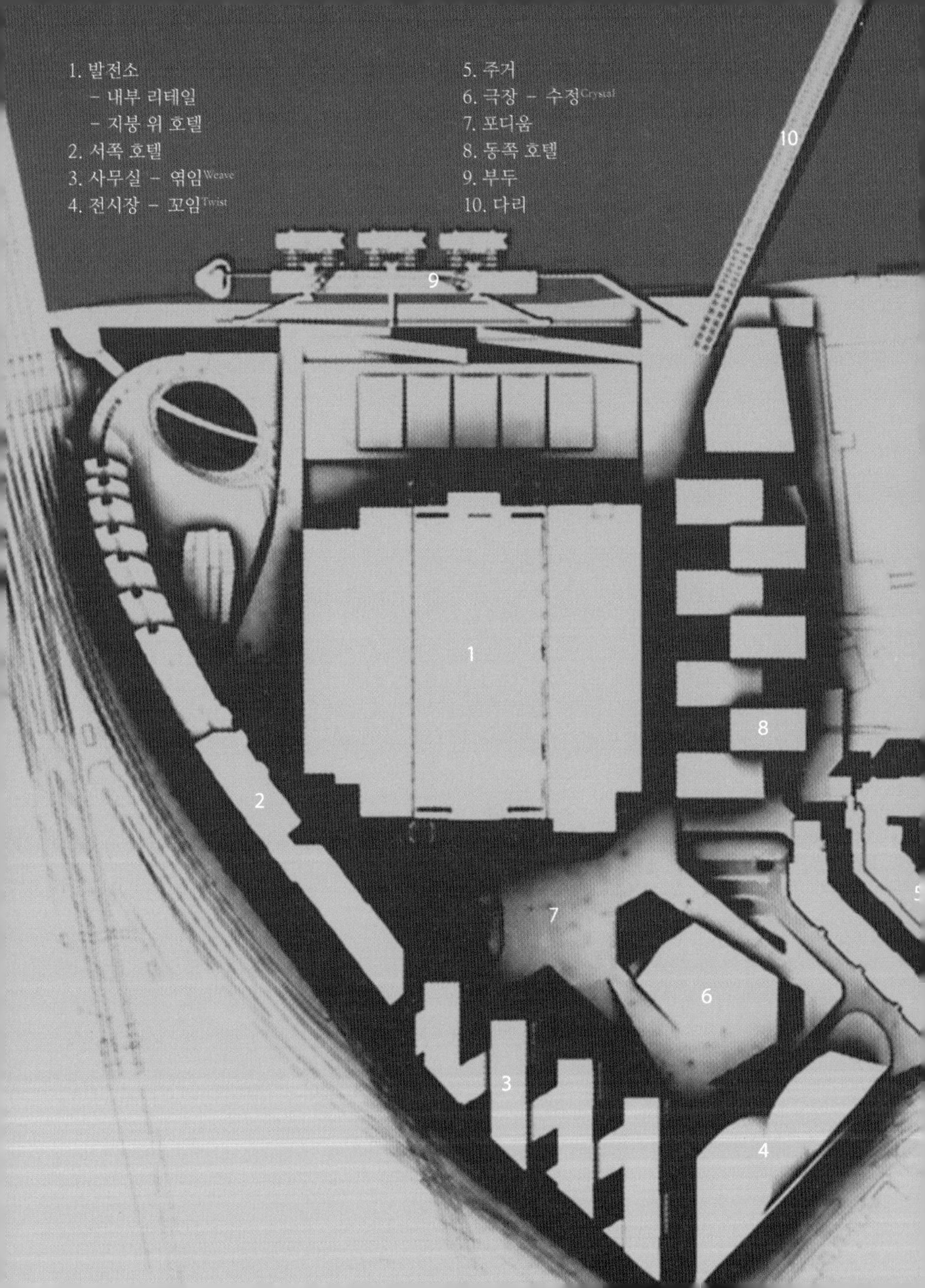
1. 발전소
- 내부 리테일
- 지붕 위 호텔
2. 서쪽 호텔
3. 사무실 - 엮임Weave
4. 전시장 - 꼬임Twist
5. 주거
6. 극장 - 수정Crystal
7. 포디움
8. 동쪽 호텔
9. 부두
10. 다리
10
9
1
8
2
7
6
3
4

평면

강에서부터 접근하게 되면, 완만하게 높아지는 단steps을 오르며 주위 경관을 감상하는 동안 서쪽 호텔 지붕 위에 다다르게 되고 이곳의 보이드들은 호텔의 공공 시설로 이어진다. 호텔에는 450개의 객실이 있다.

평면 상의 각진 사면slants들은 접힌 모양으로 정리되어 40,000m^2 규모의 오피스 건물을 만든다. 접힌 형태 사이의 빈 부분은 유리벽으로 둘러싸인 아트리움과 중정이 된다 이 건물을 우리는 엮임Weave이라고 칭했다. 건물 앞으로는 회전하는 판들이 아래로 겹쳐져 있는 넓은 앞마당이 펼쳐진다.

남쪽에서는 이런 움직임들이 높은 에너지 형태로 모이고, 극적인 바닥면들이 있는 20,000m^2 규모의 전시장product showcase을 가진 오피스가 된다 – 꼬임Twist 으로 칭한다. 배터시 공원도로를 달리는 운전자에게는 건물이 수직-수평으로 회전하면서 올라갔다 다시 반대로 내려오는 것처럼 보여, 대지로의 단순한 입구gateway보다는 웅장한 관문portal의 역할을 하도록 한다.

동쪽으로는 주거단지가 위치한다. 마스터플랜 과정에서 이 주거난시는 이미 설계되어 허가당국과는 세부계획까지 협의가 끝난 상태였으므로 손 댈 수 있는 부분은 없었다. 이 주거 단지와 강 사이에는 400실 규모의 동쪽 호텔이 대지 경계를 따라 위치한다. 템즈강 남북을 잇는 보행자 다리도 계획되었다.

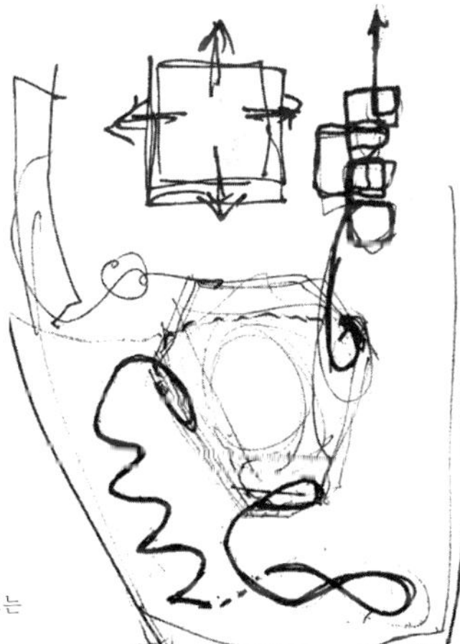

역동성을 만드는 지점들slots

주차장—나선형 움직임 Spiral Movement

Trefoil

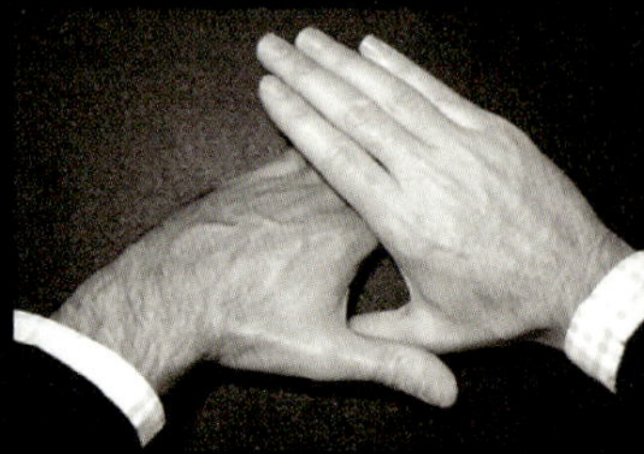

Interaction

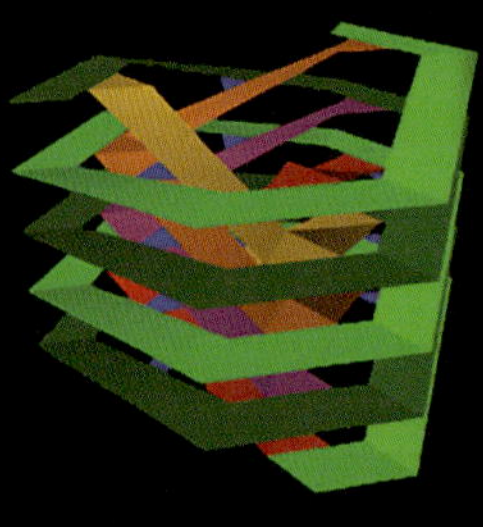

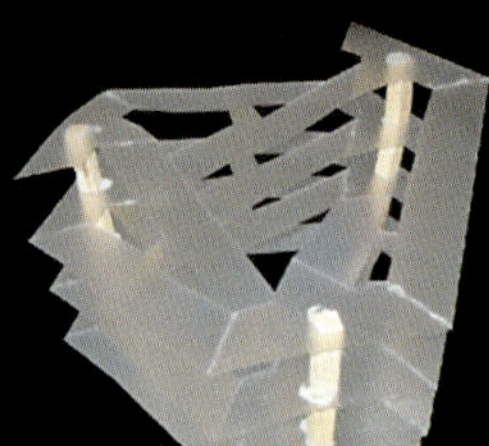

Helix

나선의 회전은 주차장 지하 바닥부터 시작한다. 넓은 판들은 4%의 경사도를 가지고 나선형으로 올라간다. 이중 나선의 다른 하나로서 급한 경사를 가진 내측 램프는 출구로 사용된다.

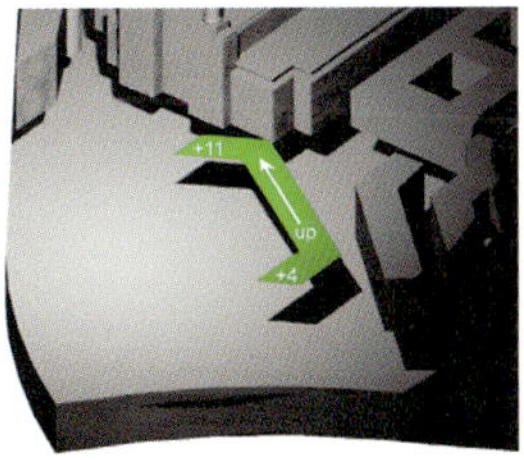

외측 나선 1–녹색

외측 나선 2 기준점–적색

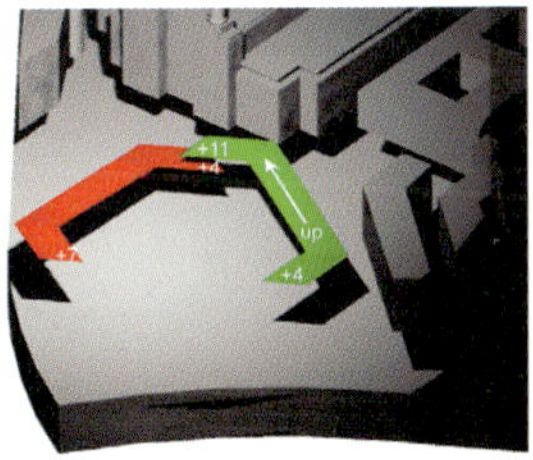

외측 나선 2–적색

외측 나선 1+2

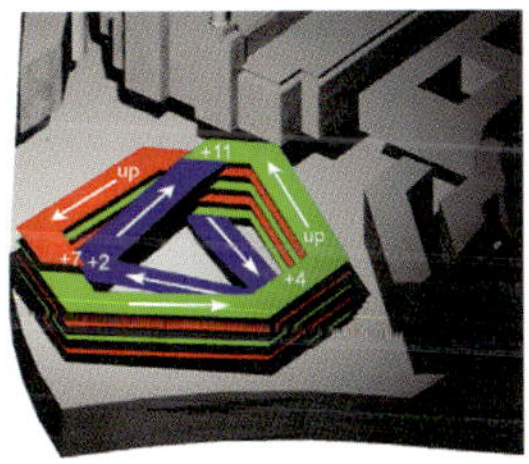

내측 나선 1–짙은 청색

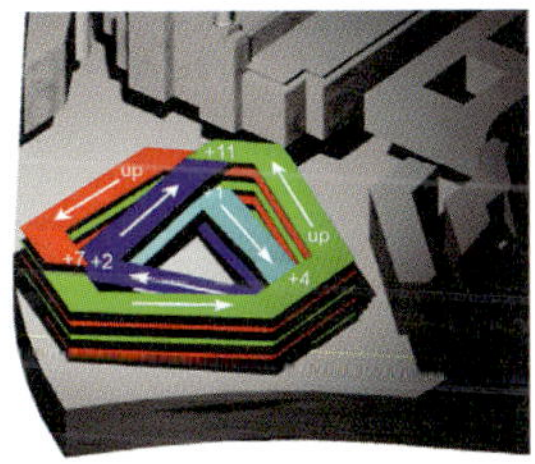

내측 나선 2–옅은 청색

외측 나선 1 확장

외측 나선 1로부터 확장된 외부시설면

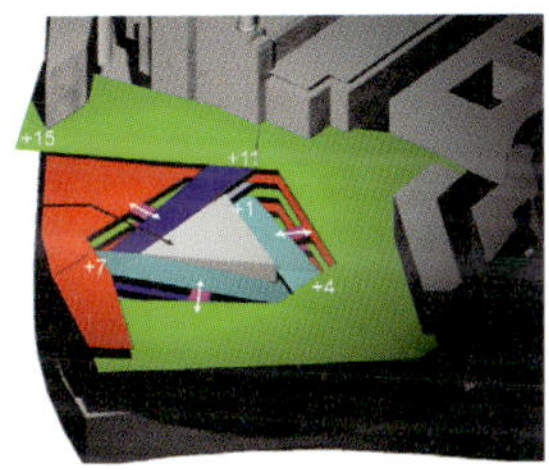

중앙 공연장 삽입

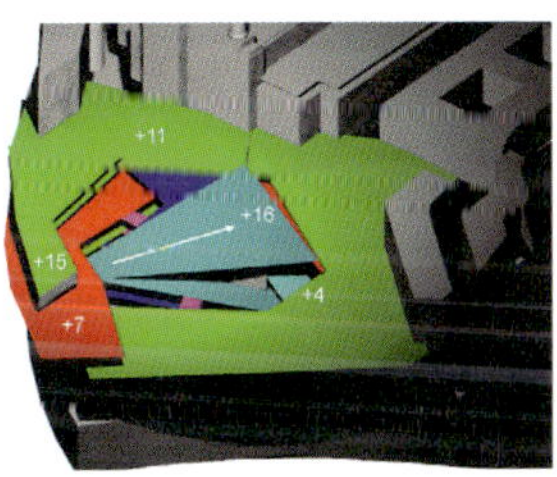

내측 나선 2로부터 만들어진 공연장 위 플라자

건물이 되는 외측 나선 1

건물이 되는 외측 나선 2

회전된 판 사이로 제공되는
자연채광과 환기

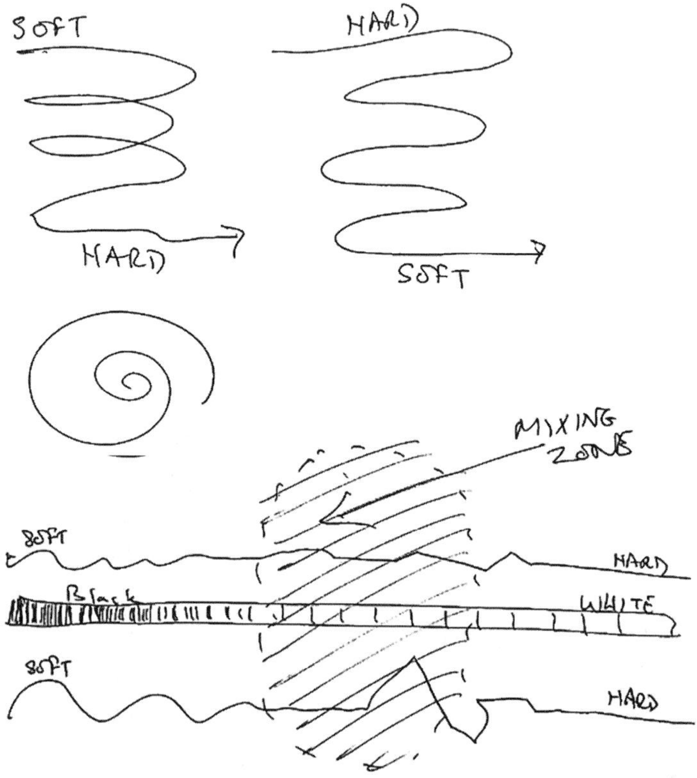

GRADIENT – Change of Potential

SOFT MATERIAL HARDENS UNDER FIRE TO CRYSTALLINE

AIR/FIRE TURN EARTH/WATER TO SOLID CRYSTAL

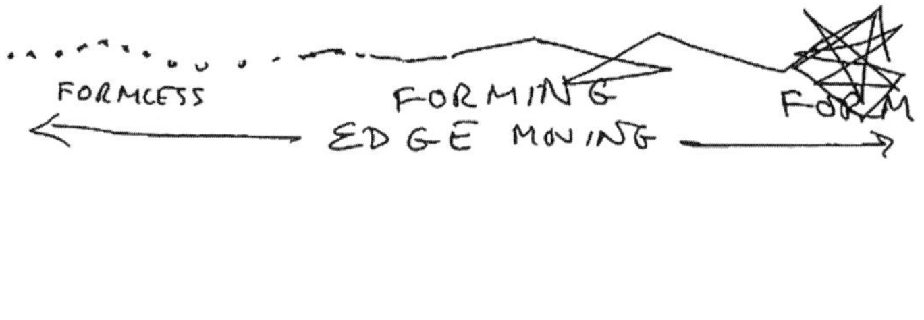

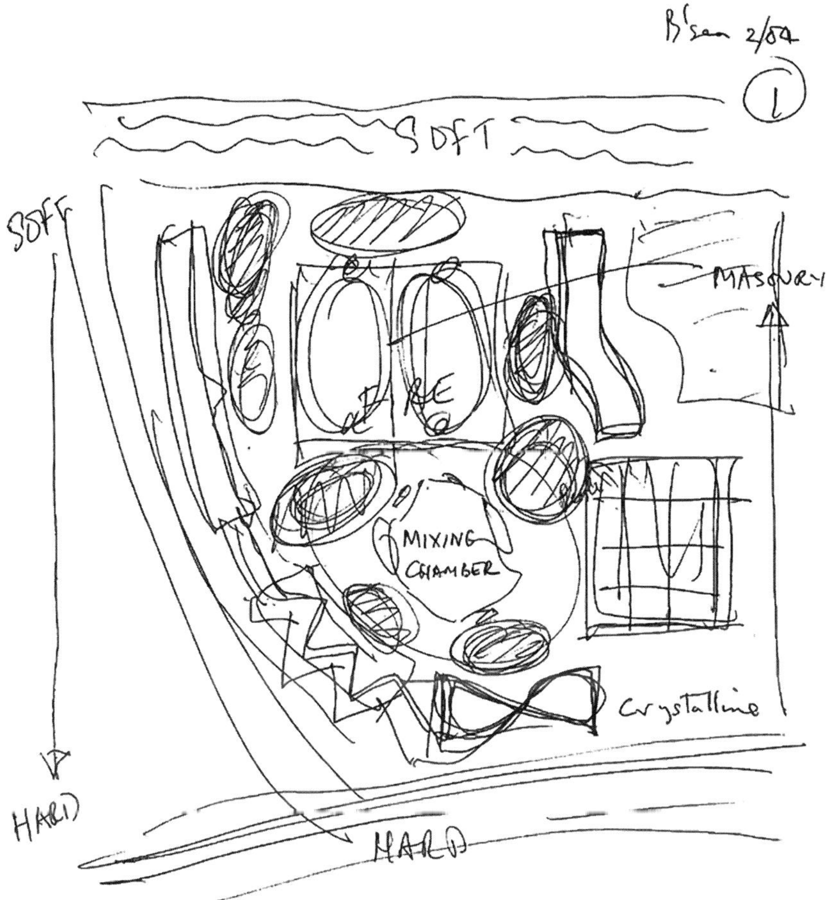

북쪽의 잔디/물로 이루어진 조경과 남쪽의 접힌 형태와 인공요소로 이루어진 조경. 이 전략은 채광에 관해서는 반대로 적용된다; 북쪽에서는 강한 점광원 채광 그리고 남쪽은 부드러운 확산광 채광.

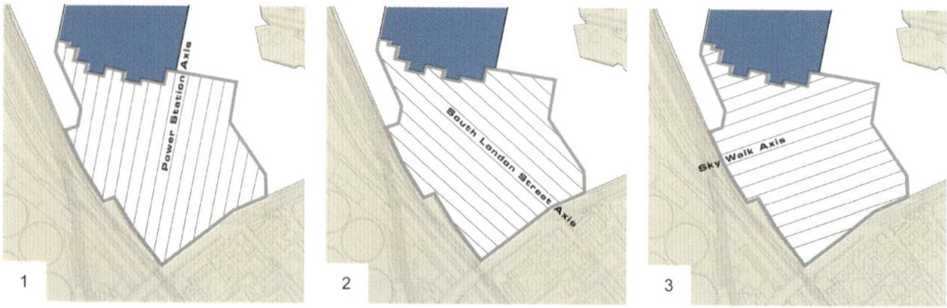

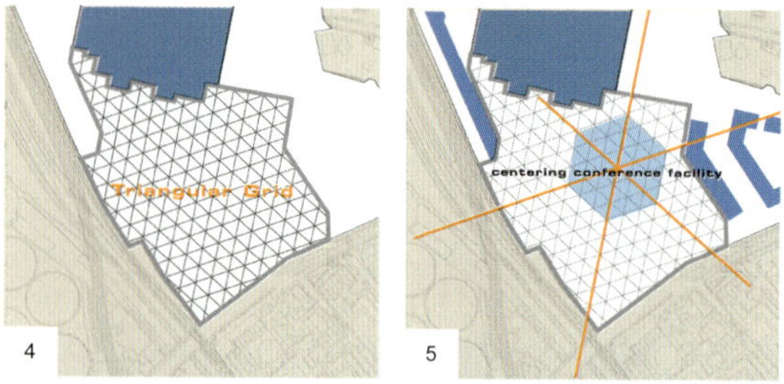

남쪽 공원에는 대지를 가로지르는 자연스러운 세 방향 축이 있다. 축이 만드는 각도는 삼각형 그리드로 발전되어 주차장에 적용된다. 세 축 중심의 지하에 있는 극장의 지붕은 플라자로 이용되며 남쪽 공원의 초점 역할을 한다.

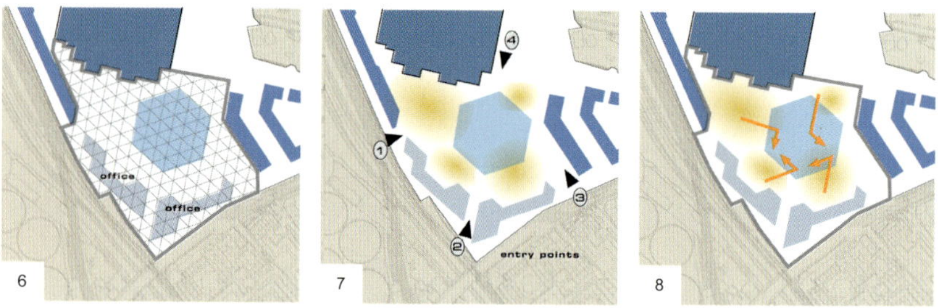

극장을 지하에 놓는 것은 대지의 사용을 자유롭게 하여 지표면groundscapes이 흥미로워진다. 나선형 판 사이의 틈들은 광정 역할을 하며 또한 도시 풍경의 경계를 만든다. 극장은 주차장의 초점 역할을 배가한다.

첫번째 스터디 모델

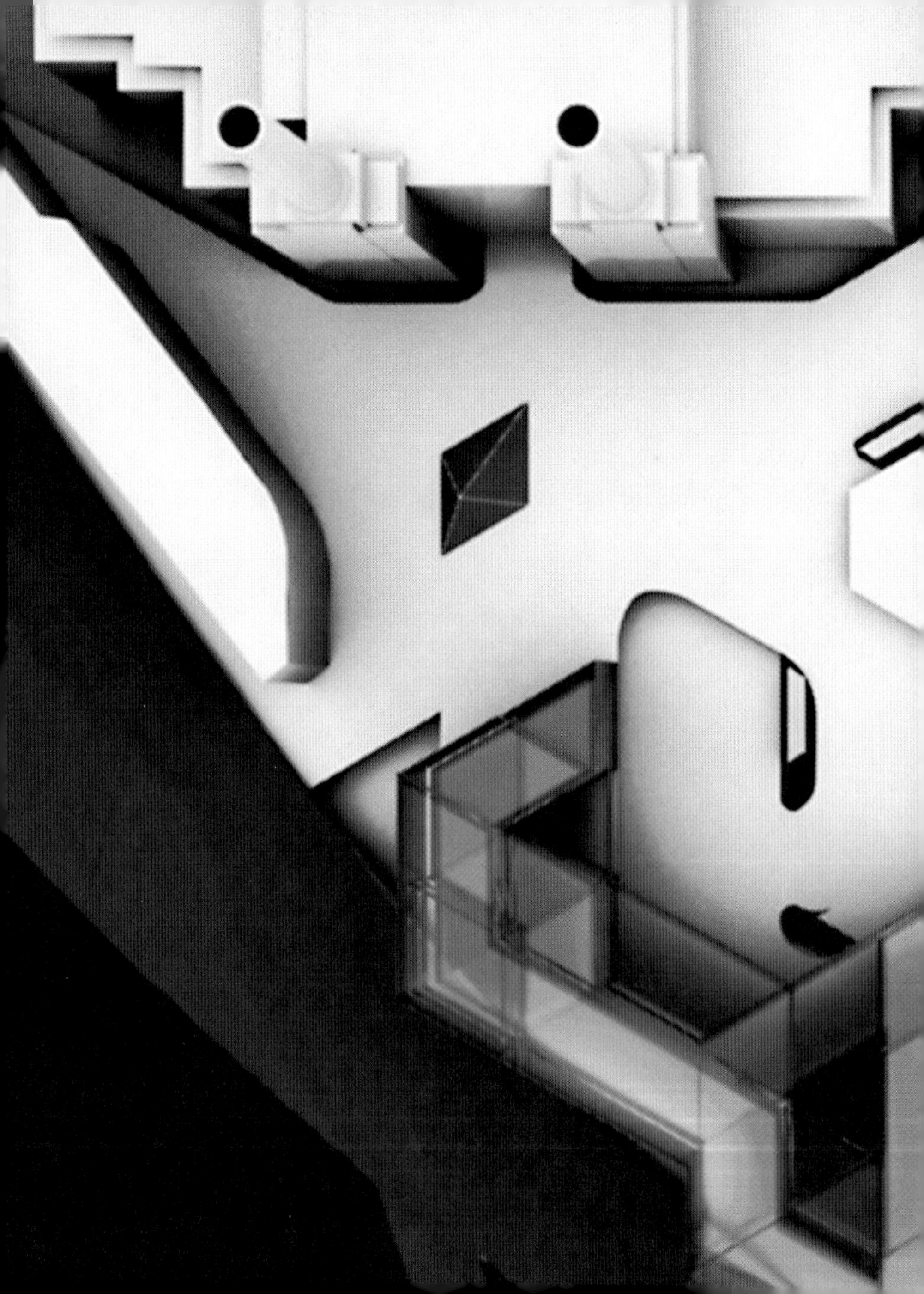

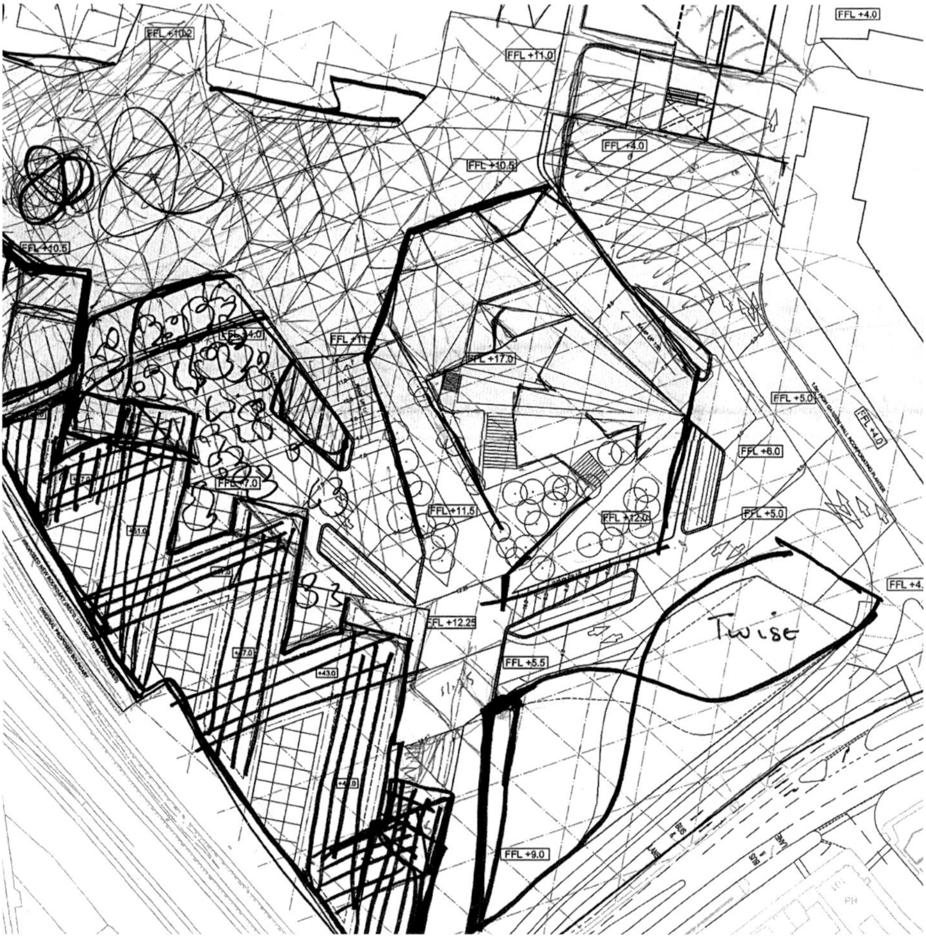

FFL +10.2
FFL +11.0
FFL +4.0
FFL +10.5
FFL +17.0
FFL +11.5
FFL +12.0
FFL +5.0
FFL +6.0
FFL +7.0
FFL +12.25
FFL +5.5
FFL +9.0

남쪽 공원 — 이중 나선 혹은 클라인 병Klein bottle?

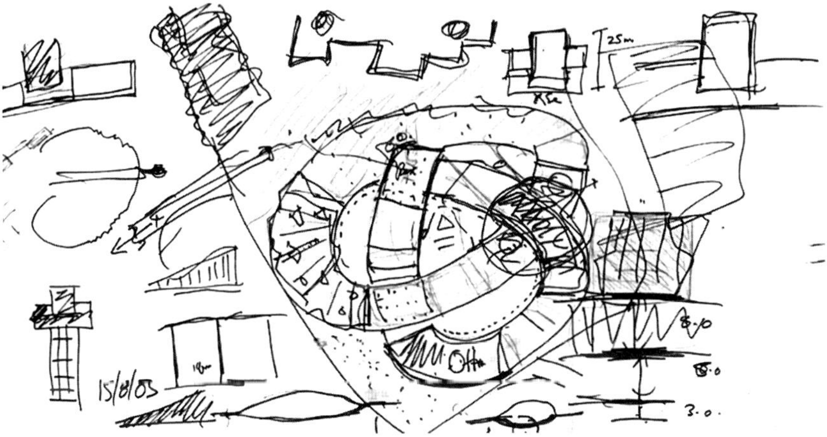

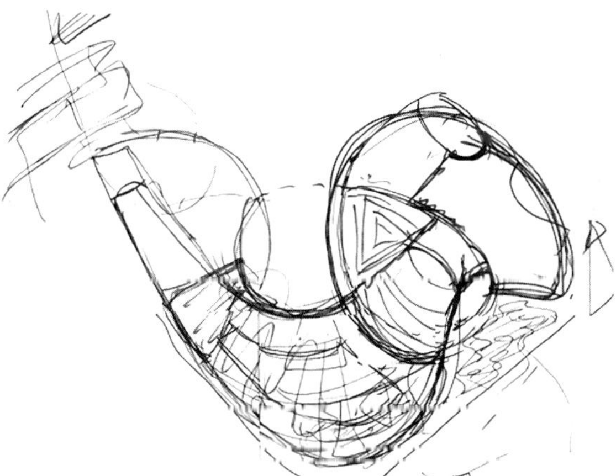

결합 Nexus

남쪽 공원에서 바닥 모서리, 난간, 하부구조의 선들은 외부조경이 되고 종국에는 건물이 된다. 모든 것을 연결하면서 동시에 경계를 만드는 가닥thread은 건물, 조경, 하부구조 등의 분류를 불가능하게 한다. '전경-배경figure ground'은 또 다른 의미가 된다. 남쪽 공원은, 프로젝트의 개념적 심장으로서의 공연장 지붕에 초점이 맞춰진, 전체적인 하나의 공공 영역인 것이다.

공연장 위의 기울어진 플라자는 발전소를 향하고 있다. 수정crystal 지붕은 아래로 내려가 극장의 입면이 되고, 이 면은 다시 지하층에서 주차장 회전면이 시작되는 곳과 만난다.

수정crystal은 발전소의 대응체이다—정밀하게 연마된 보석 대 거대하고 음울한 벽돌의 덩어리. 이 같은 스케일에서 볼 수 없는 독특한 유리 공간이며—심지어 그 안을 걸어 다닐 수도 있다—비활성화된 덩어리에 대한 대립물이다. 지붕 유리 프리즘은 낮에 빛을 받아들이고 밤에는 에너지를 발산한다.

재활성화, 재동력화가 남쪽 공원의 메세지이다.

주차장으로부터 분리되어 있는 공연장은 위치 표시물 locating object 처럼 보인다. 전체적인 형태는 사면체들의 불규칙한 적층에서 잘라내는 방식으로 만들어진다. 로비 foyer 주위를 둘러싼 유리 입면은 높이 솟아올라 플라자 레벨에서 구조 지붕이 된다.

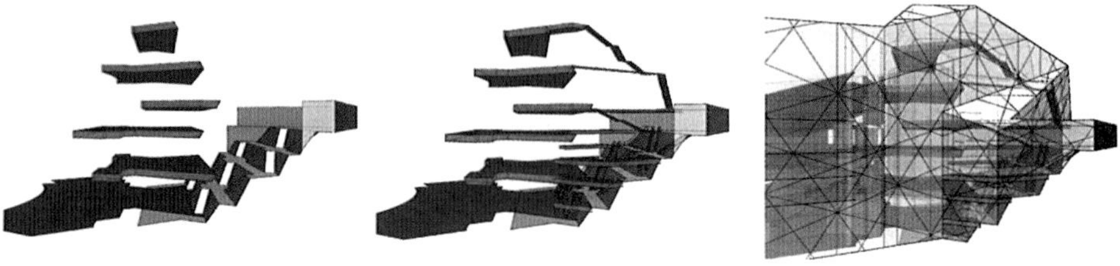

야간에 빛을 발산하는 주차장

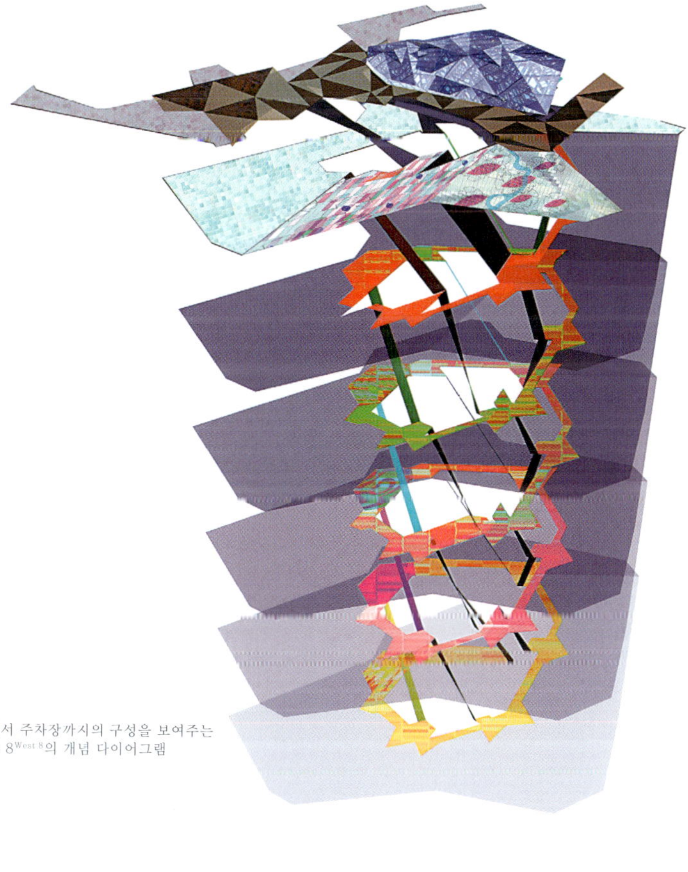

지상에서 주차장까지의 구성을 보여주는 웨스트 8West 8의 개념 다이어그램

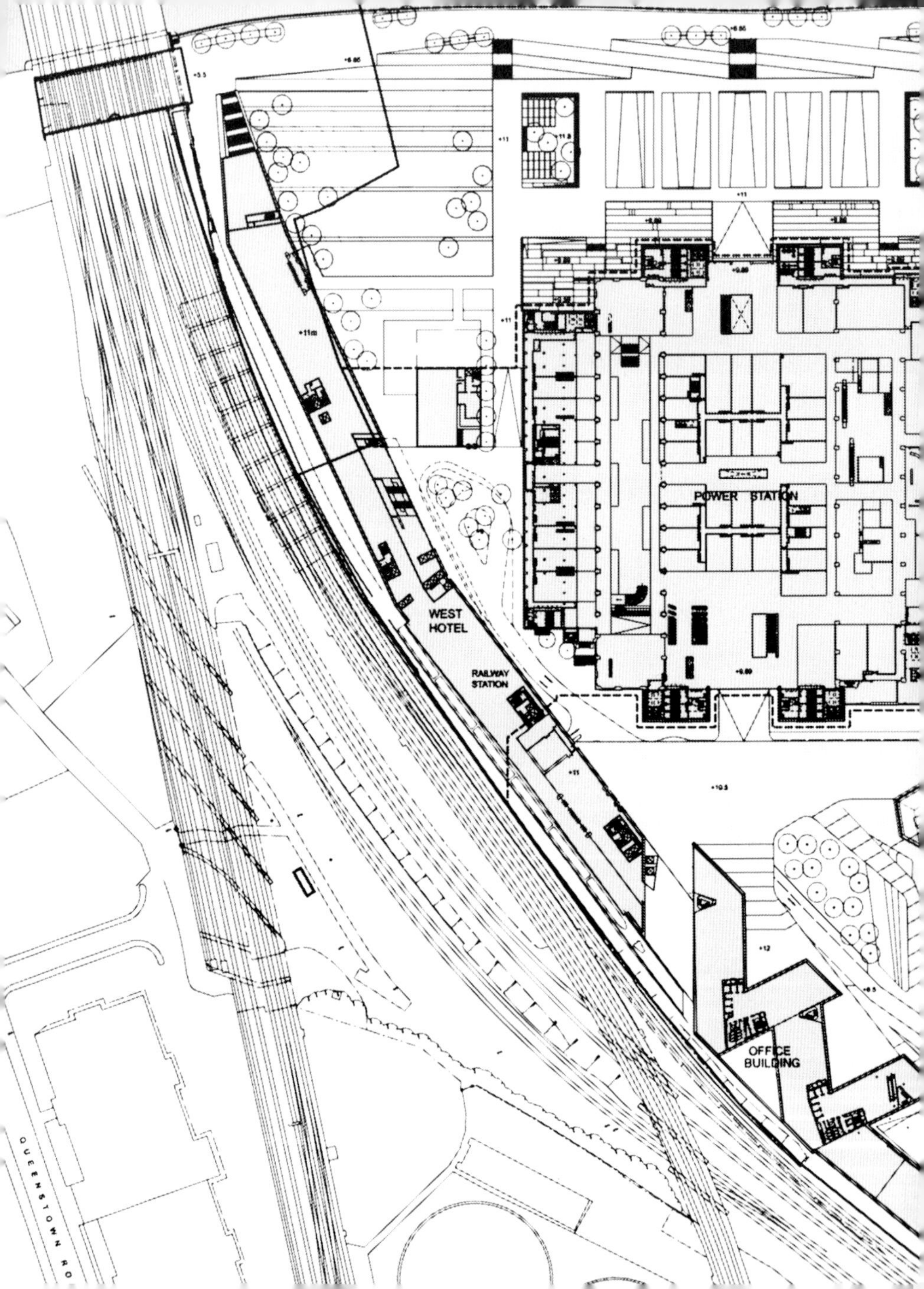

WEST HOTEL
RAILWAY STATION
POWER STATION
OFFICE BUILDING
QUEENSTOWN RO

마스터플랜	아럽 AGU Advanced Geometry Unit:옮긴이
발전소 내 리테일	니콜라스 그림쇼 건축사무소
발전소 지붕 위 호텔	론 아라드 건축사무소 Ron Arad Associates
서쪽 호텔	아럽 건축사무소 Arup Associates
동쪽 호텔	아럽 건축사무소 Arup Associates
주거	벤슨+포시스 Benson + Forsyth
사무실 -엮임Weave	유엔 스튜디오 UN Studio
전시장-꼬임Twist	아럽 AGU
극장-수정Crystal	아럽 AGU

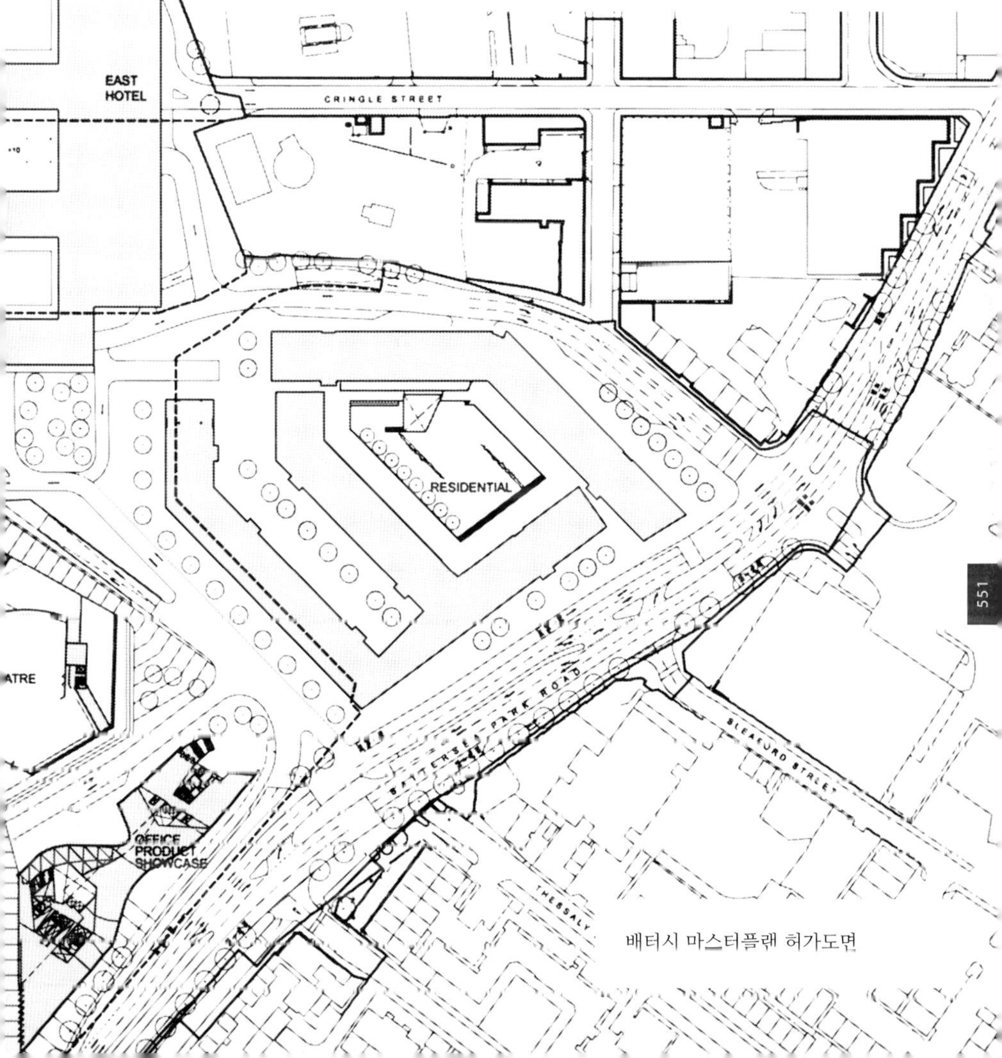

배터시 마스터플랜 허가도면

꼬임Twist으로 모아진 남쪽의 에너지

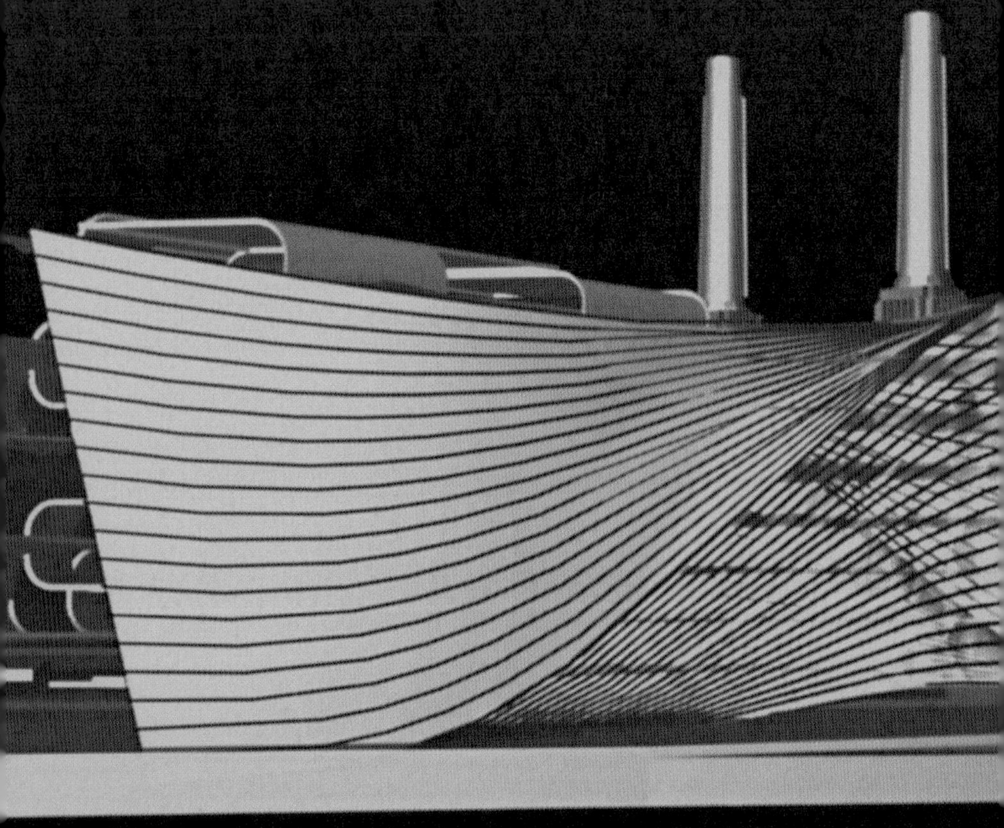

마스터플랜의 핵심부로서, 꼬임Twist은 남쪽 공원의 경계에 위치한다. 이 건물은 전체 대지의 입구 역할을 한다. 형태적으로는 지면에서부터 들어올려져 중앙으로 갈수록 좁아진다. 이 너머로 뒤쪽의 접힌 형태로 만들어진 조경이 보인다. 40m 떨어진 코어 사이에는 아무것도 없이 내부 공간이 연결되어 있다. 아트리움의 모서리는 회전하며 압축응력을 담당한다. 이 건물엔 기둥이 없다.

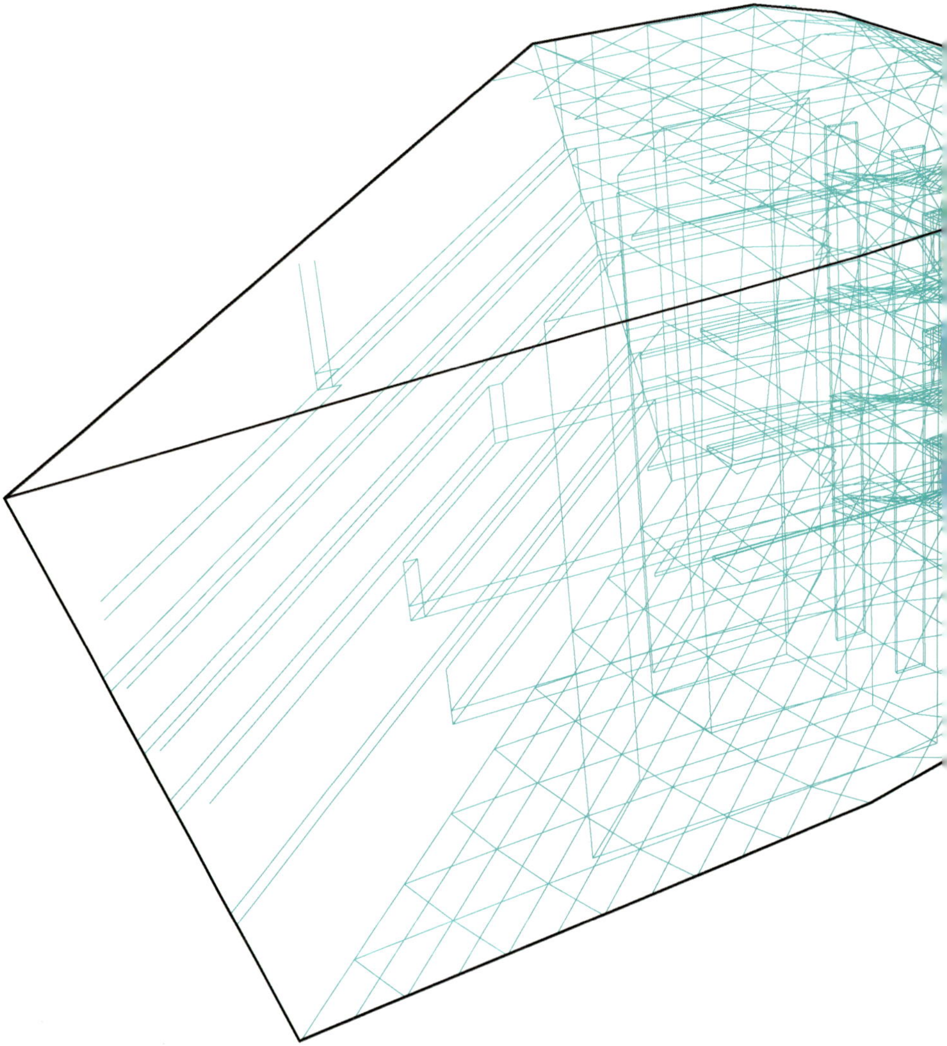

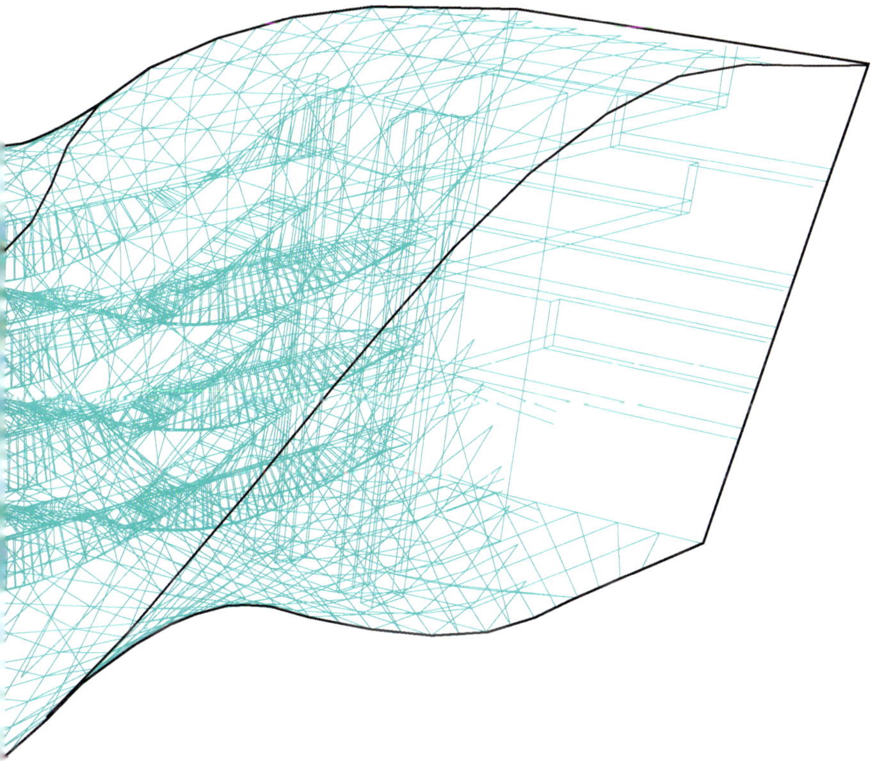

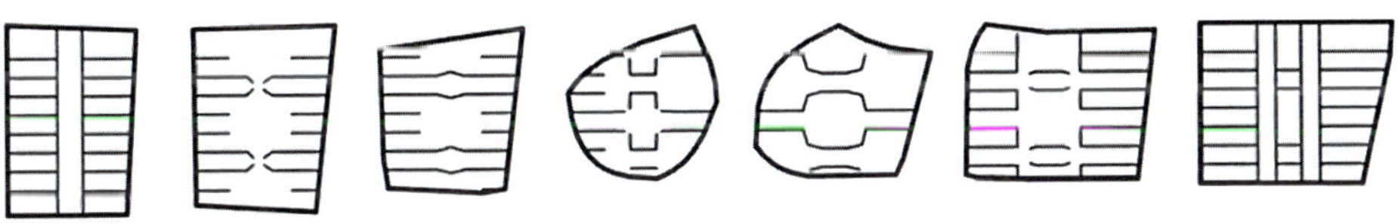

건물의 양쪽 입면에서 바닥면은
쌓인 선반 형태로 드러난다.

바깥 쪽의 일련의 휘감는 선들은 지붕이 되고 내려와 벽이 된다. 반대로 벽은 다시 올라가 지붕면을 만든다. 단면적으로 한층 건너 바닥면이 반이 되며 중층을 만들어내고 이는 아트리움으로 확장된다.

전체적인 형태는 파형[waveform]을 모아놓은 듯한 코일 형태로 보일 것이다. 수평의 바닥면과 추가된 대각선의 선들은 입면을 구성하는 삼각 그리드[triangulation]를 만들어낸다.

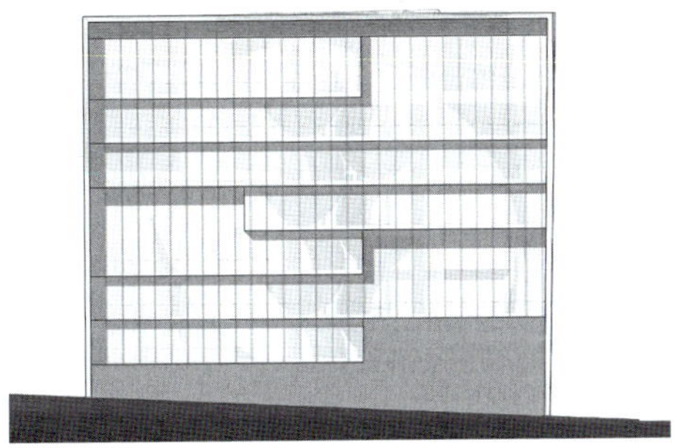

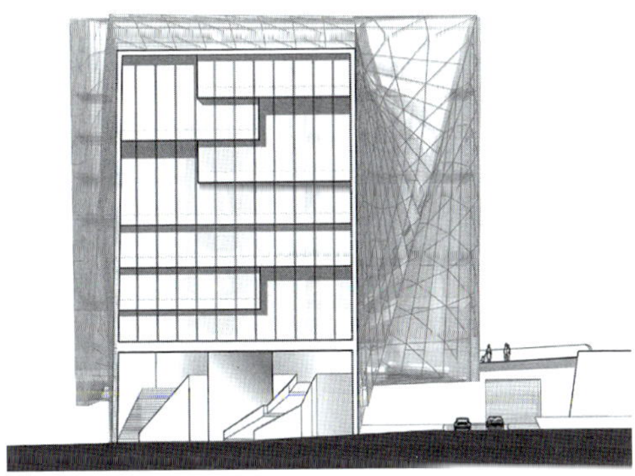

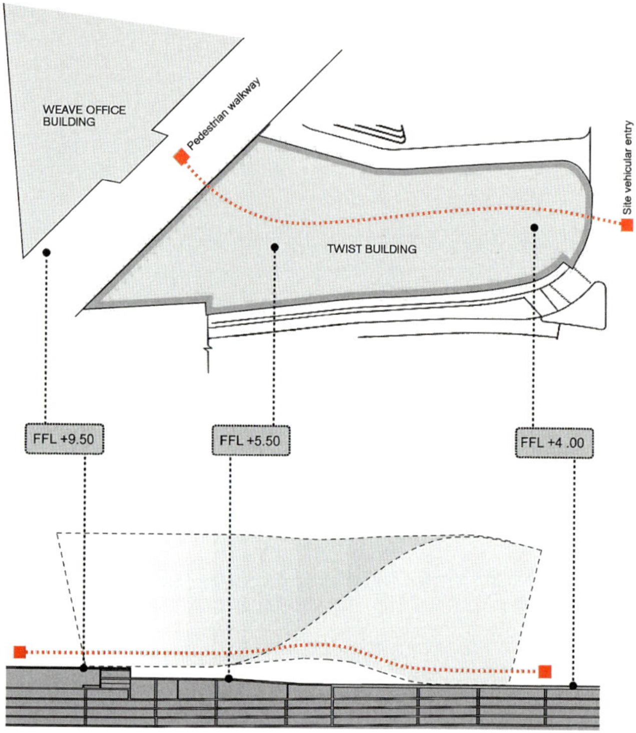

대지의 연결

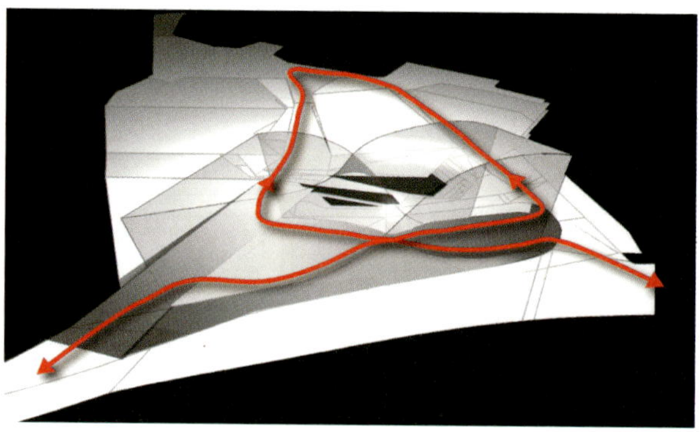

지상 레벨에서의 보행자 동선

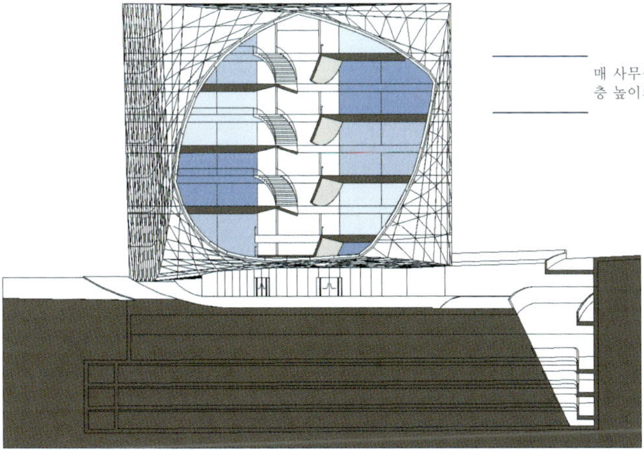

횡단면—아트리움과 이층 높이 전시장 공간

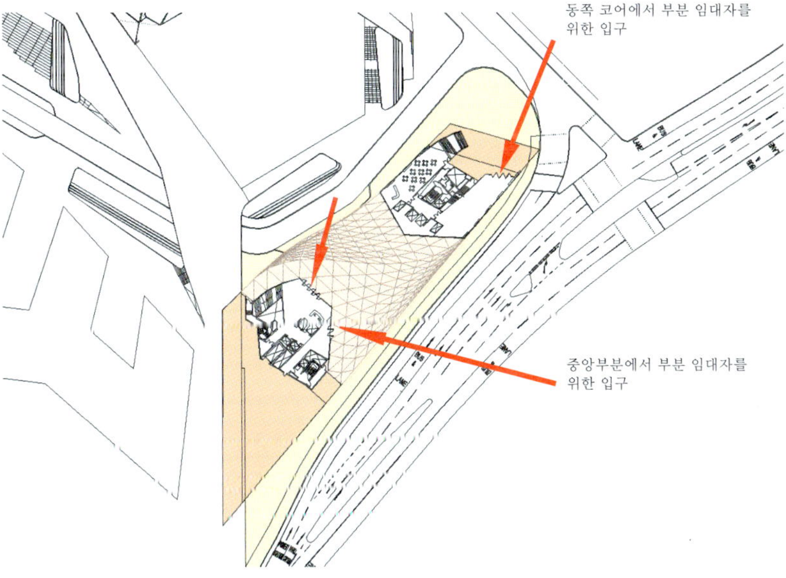

지상층 평면—임대자를 위한 입구 시나리오

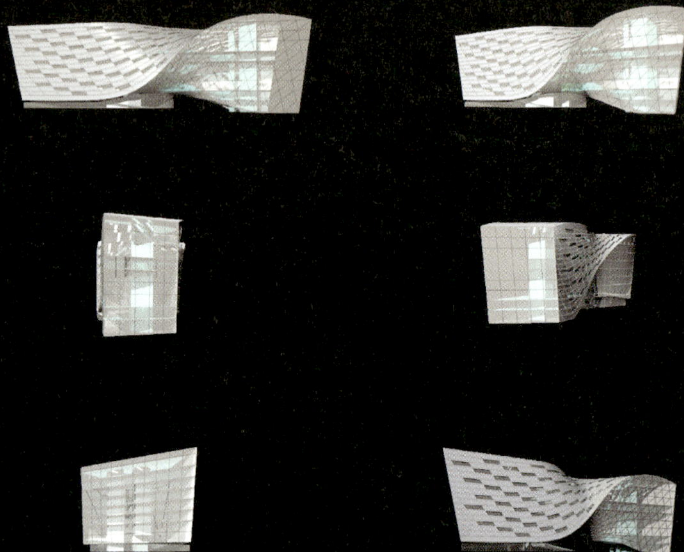

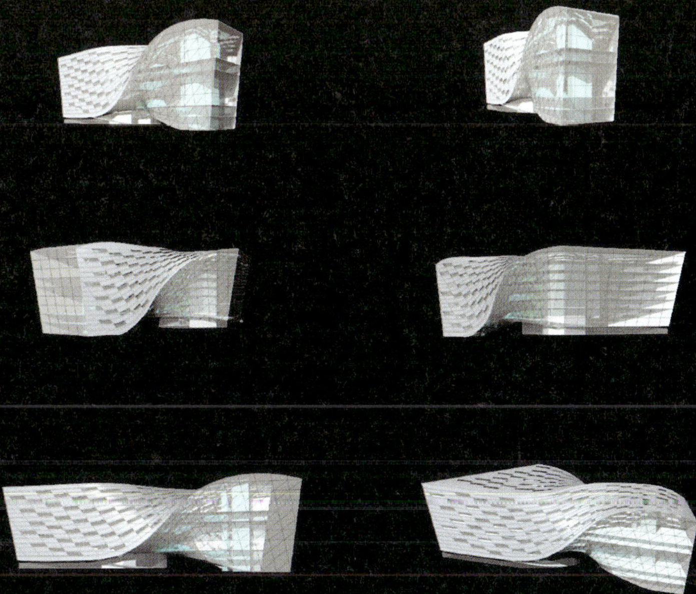

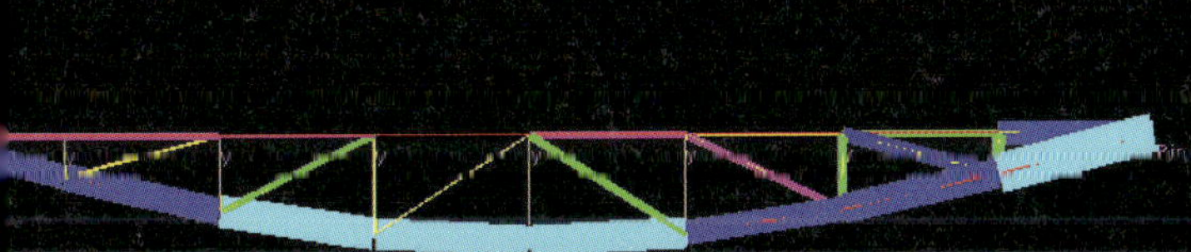

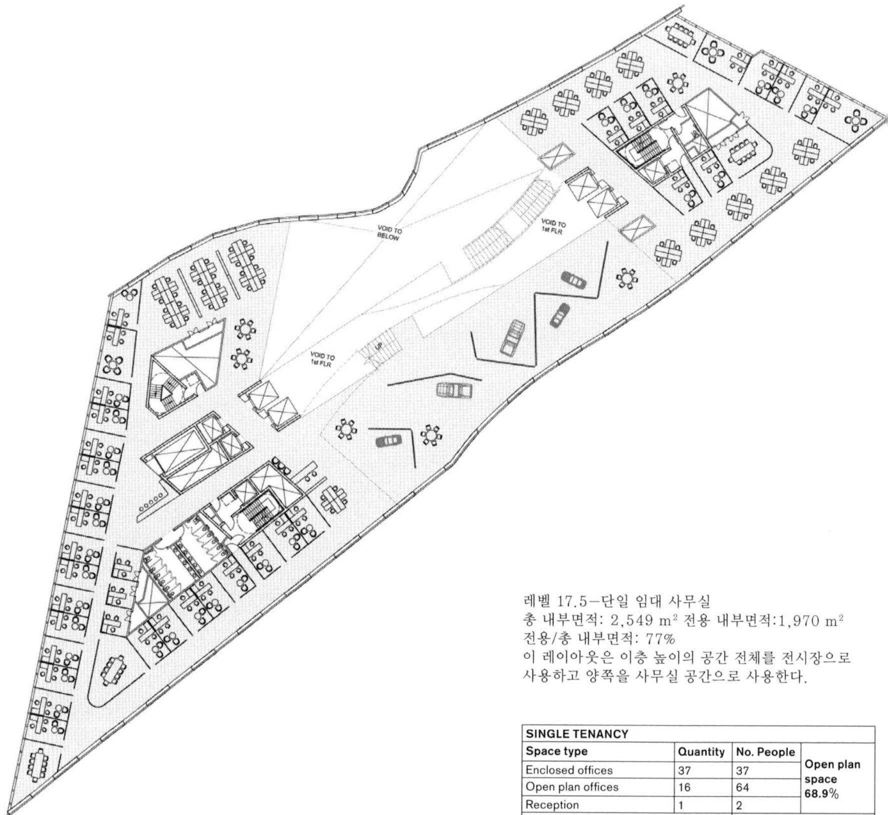

레벨 17.5—단일 임대 사무실
총 내부면적: 2,549 m² 전용 내부면적:1,970 m²
전용/총 내부면적: 77%
이 레이아웃은 이층 높이의 공간 전체를 전시장으로 사용하고 양쪽을 사무실 공간으로 사용한다.

SINGLE TENANCY			
Space type	**Quantity**	**No. People**	**Open plan space 68.9%**
Enclosed offices	37	37	
Open plan offices	16	64	
Reception	1	2	
EMPLOYEE OCCUPANCY		103	
Enclosed meeting space	4	40	**Enclosed work space 31.1%**
Open plan meeting space	6	36	
Double-height showcase	1	–	

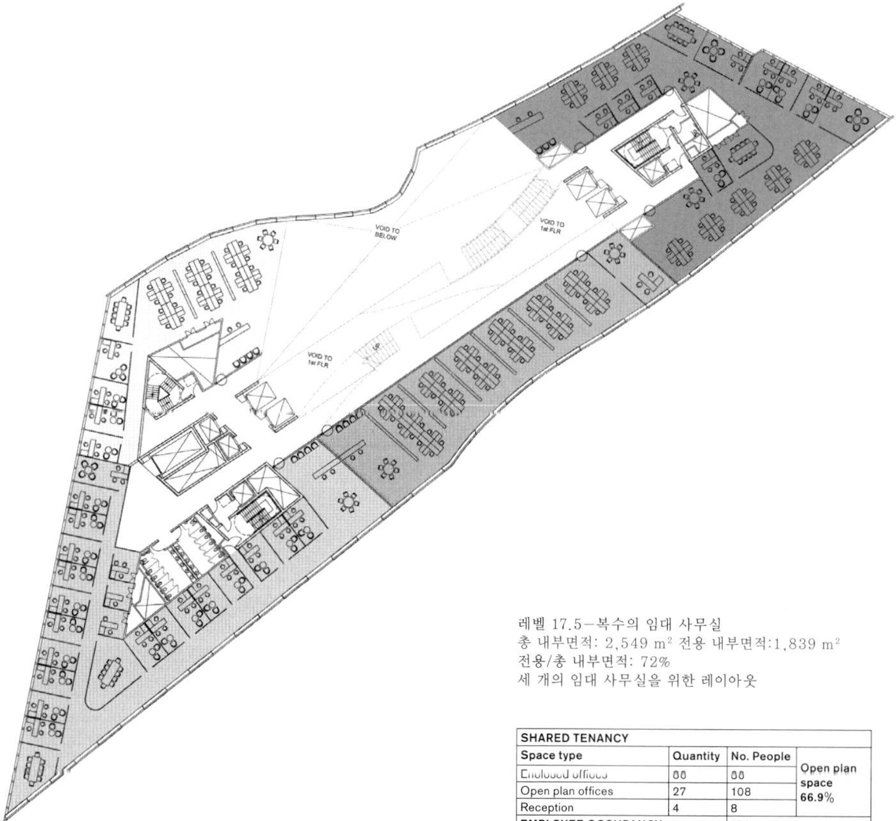

레벨 17.5—복수의 임대 사무실
총 내부면적: 2,549 m² 전용 내부면적:1,839 m²
전용/총 내부면적: 72%
세 개의 임대 사무실을 위한 레이아웃

SHARED TENANCY			
Space type	**Quantity**	**No. People**	**Open plan space 66.9%**
Enclosed offices	[illegible]	[illegible]	
Open plan offices	27	108	
Reception	4	8	
EMPLOYEE OCCUPANCY		**152**	
Enclosed meeting space	6	60	**Enclosed work space 33.1%**
Open plan meeting space	5	30	

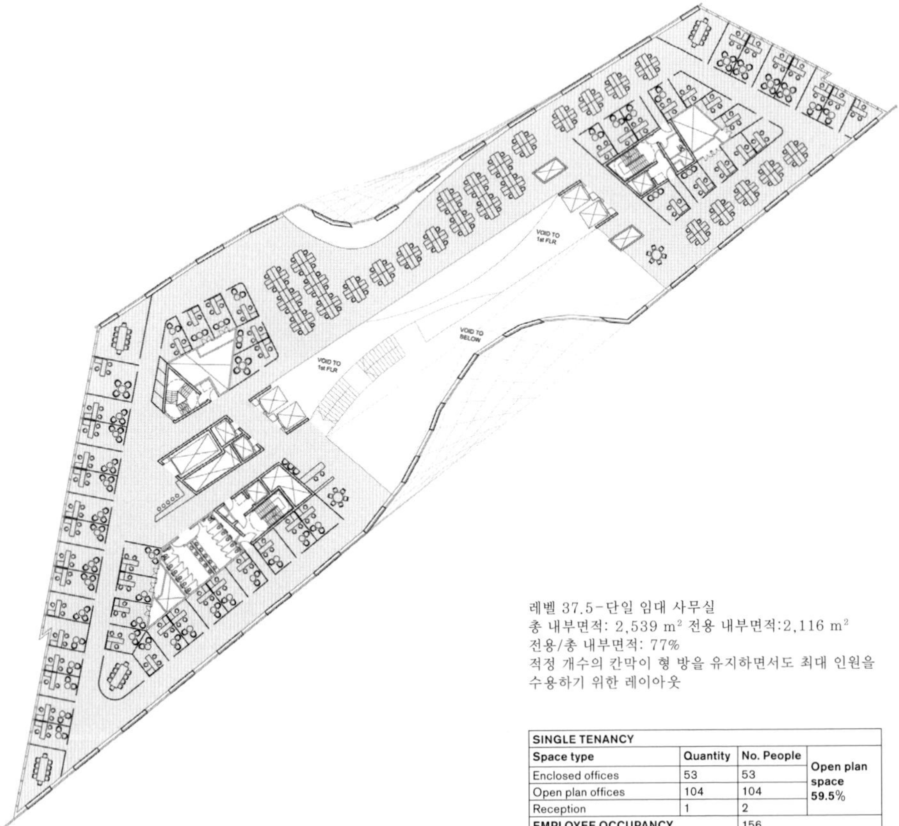

레벨 37.5-단일 임대 사무실
총 내부면적: 2,539 m² 전용 내부면적:2,116 m²
전용/총 내부면적: 77%
적정 개수의 칸막이 형 방을 유지하면서도 최대 인원을 수용하기 위한 레이아웃

SINGLE TENANCY			
Space type	**Quantity**	**No. People**	**Open plan space 59.5%**
Enclosed offices	53	53	
Open plan offices	104	104	
Reception	1	2	
EMPLOYEE OCCUPANCY		156	
Enclosed meeting space	4	40	**Enclosed work space 40.5%**
Open plan meeting space	2	1	

레벨 37.5-복수의 임대 사무실
총 내부면적: 2,539 m^2 전용 내부면적:1,988 m^2
전용/총 내부면적: 73%
2-3개의 임대 사무실을 위한 레이아웃

SHARED TENANCY			
Space type	Quantity	**No. People**	**Open plan space 55.4%**
Enclosed offices	0	0	
Open plan offices	56	56	
Reception	2	4	
EMPLOYEE OCCUPANCY		121	
Enclosed meeting space	5	50	**Enclosed work space 44.6%**
Open plan meeting space	1	6	

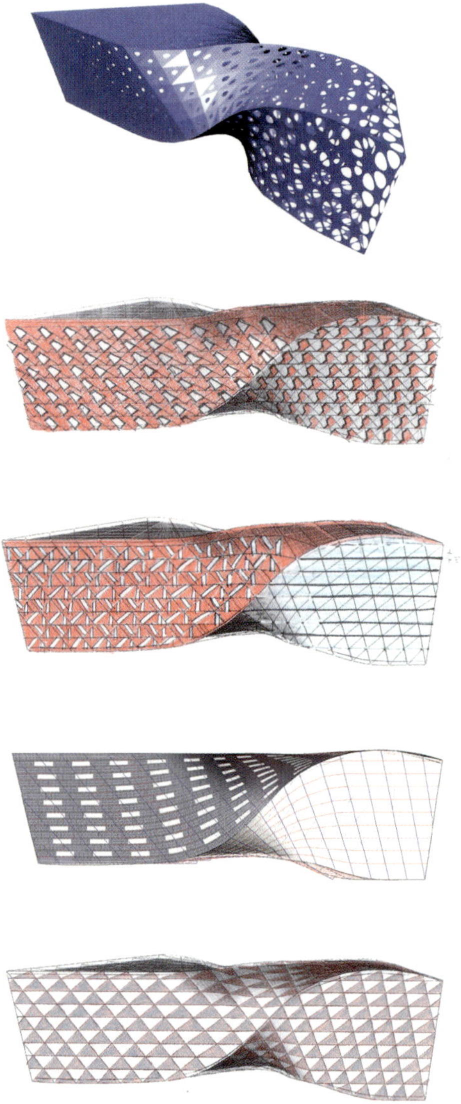

재료와 패턴을 위한 입면 스터디

조각과 전시장, 꼬임Twist은 구축a tectonic을 위한 치환metathesis

들어낸다.

모형-보르도의 아끄 앙 레브Arc en rêve에서 전시된
왼쪽의 초기 매스 모형과 오른쪽의 최종안 모형

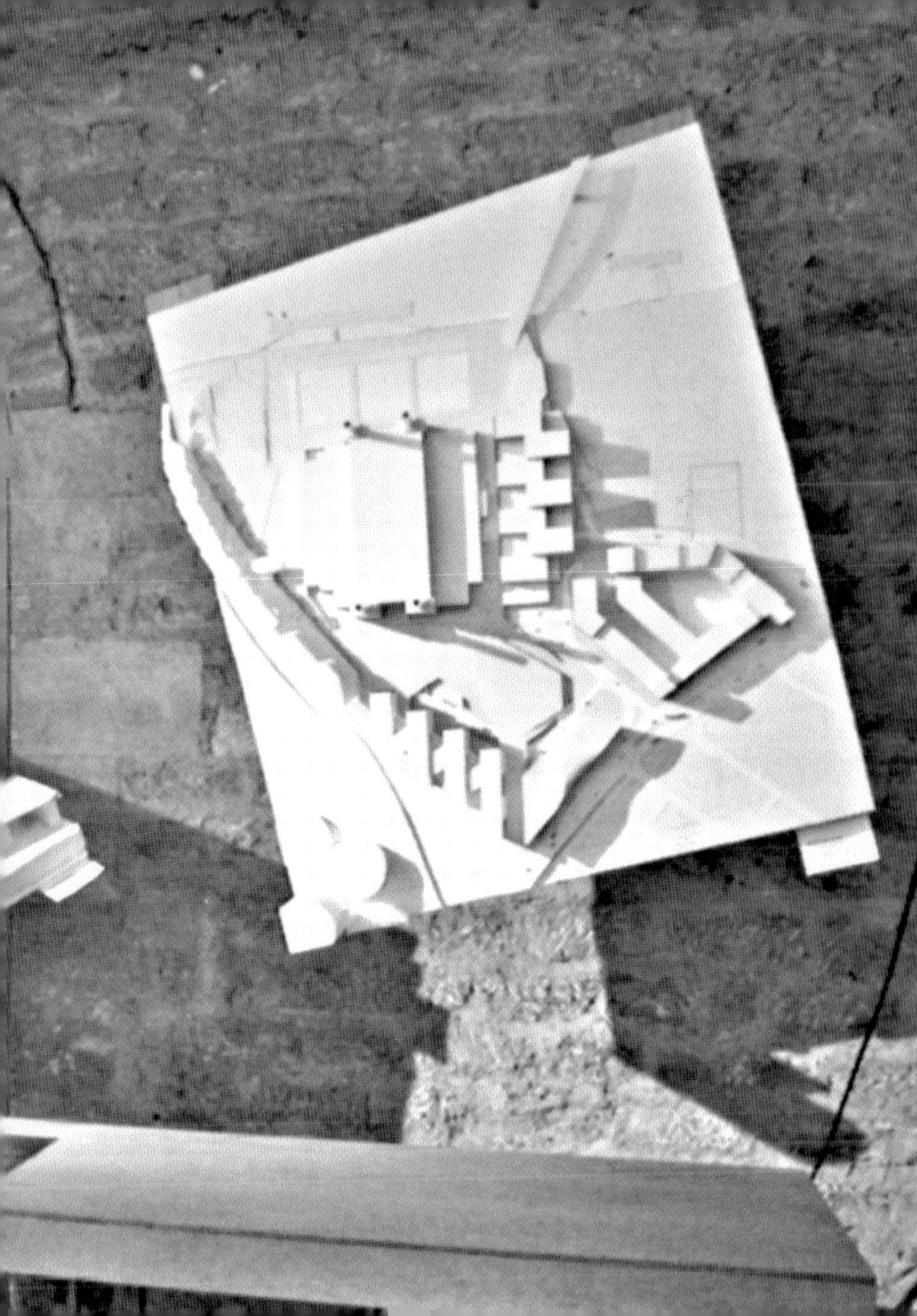

조경설계
북쪽 공원 - 구스타프슨 포터 Gustafson Porter
남쪽 공원 - 웨스트 8 West 8

반복되는 역사

시체는 천천히 썩어간다. 발전소 주위의 황폐하고 낡아가는 도시의 풍경은 을씨년스럽다; 강을 따라 늘어선 버려진 창고들, 그 남쪽으로는 알 수 없는 용도의 배후지들.

배터시[Battersea] 지역을 위한 몇몇의 마스터플랜 계획이 제안되었으나 어느 것도 추진되고 있지 않은 상황이었다. 그러나 2002년 아럽[Arup]이 제안한, 업무시설/주거/호텔/리테일 등이 조닝 방식으로 구성된 안이 허가[outline planning]를 받았다. 이 안은 건축주의 사업성 확보라는 목적 역시 만족시키고 있었다. 건축주의 조언자들은 영국 산업계의 영향력 있는 세 명의 귀족들[Sirs]이었다. 파크뷰의 빅토르 황[Victor Hwang]도 사이트의 방문자 센터로 이용 할 목적으로 2002년에 지어진 서펀타인 파빌리온을 구입함으로써, 이 프로젝트를 위한 의욕을 표현하였다. 건축주의 말을 빌리면 그는 이 프로젝트가 '지금 혹은 새로움이 아닌 다음'을 위한 계획이기를 희망하고 있었다.

아럽 AGU는 2005년 새로운 마스터플랜을 수행하기 위한 계약을 체결하였다.

프로젝트 예산은 14억 달러였고 1단계 설계가 시작되었다. 계획의 일부분을 담당할 건축가들이 계약되었다; 발전소/레저/리테일을 담당할 그림쇼 건축사무소, 두 개의 호텔을 담당할 아럽 건축사무소, 사무실 빌딩을 담당할 유엔 스튜디오, 주거단지를 담당할 벤슨+포시스 건축사무소, 꼬임[Twist]/극장/주차장/마스터플랜은 아럽 AGU 등. 론 아라드 건축사무소에서는 발전소 상부의 특급호텔 설계를 담당하였다. 우리는 2년간 이 일에 매달렸고 상세허가[detailed planning]를 받았으며 실시설계에 착수했다. 배터시[Battersea]는 드디어 지어지려고 한다. 우리 모두는 그렇게 생각하고 있었다.

그러나 갑작스런 충격: 건축주가 전화로 알려온 내용은 이 대지가 팔렸다는 것이었다. 마스터플랜은 더 이상 필요 없었다. 한 순간에 2년 동안의 수많은 작업과 사람들과의 협력이 끝났다는 것을 믿을 수 없었다.

대지의 새로운 주인은 대지 전체를 주거단지로 채우고 싶어했다 — 어떤 것도 주거만큼 잘 팔리진 않는다. 그리고 경제위기가 닥쳐왔고 대지는 다시 버려진 채 남게 되었다. 그리고 다시 팔렸다

새로운 계획은 더 많은 주거의 건설이었다.

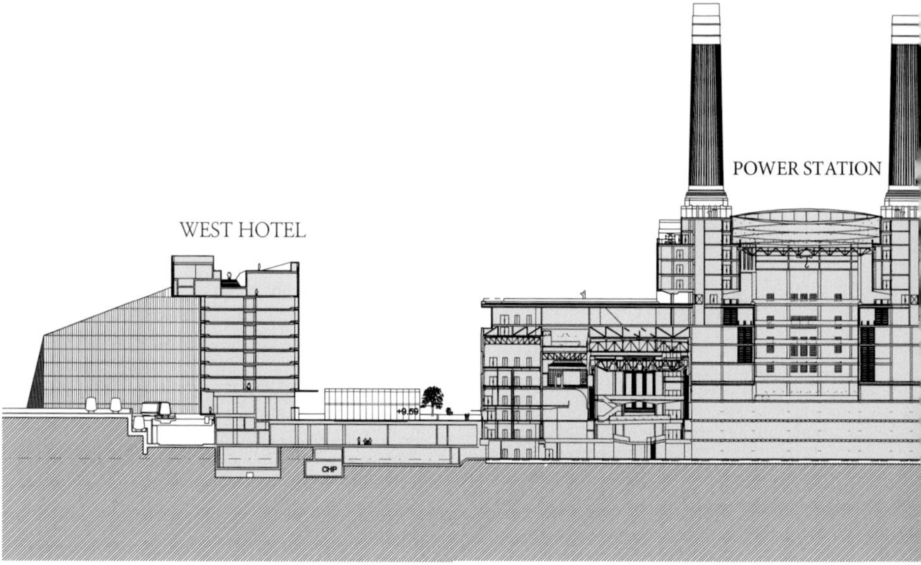

Section A - A

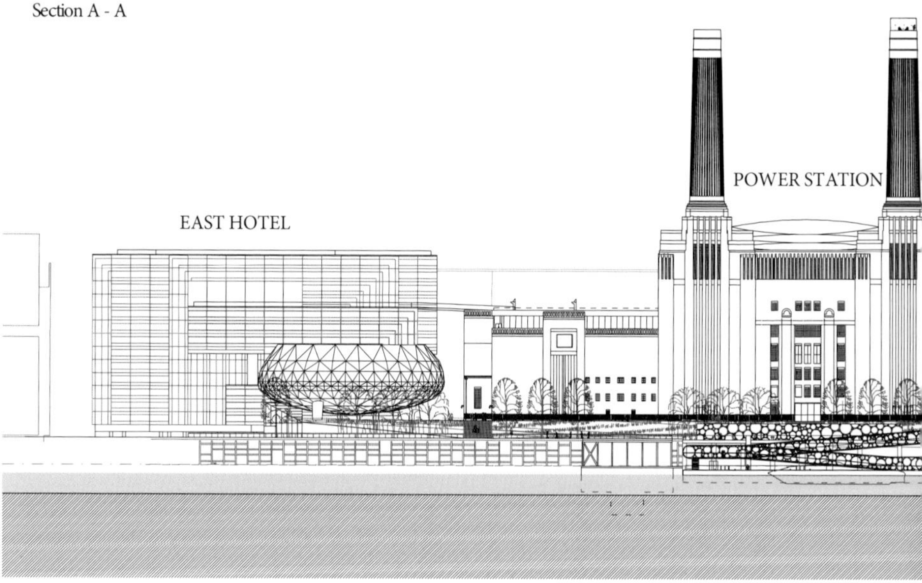

Elevation B - B

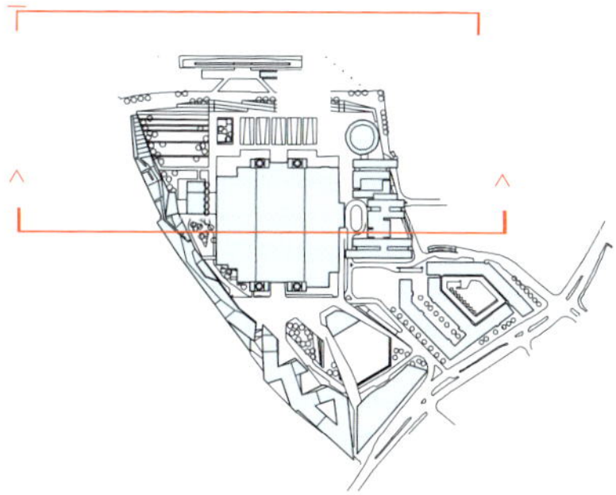

EAST HOTEL

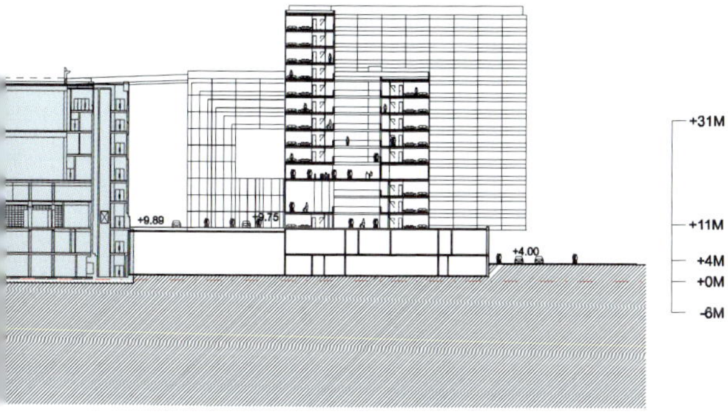

WEST HOTEL

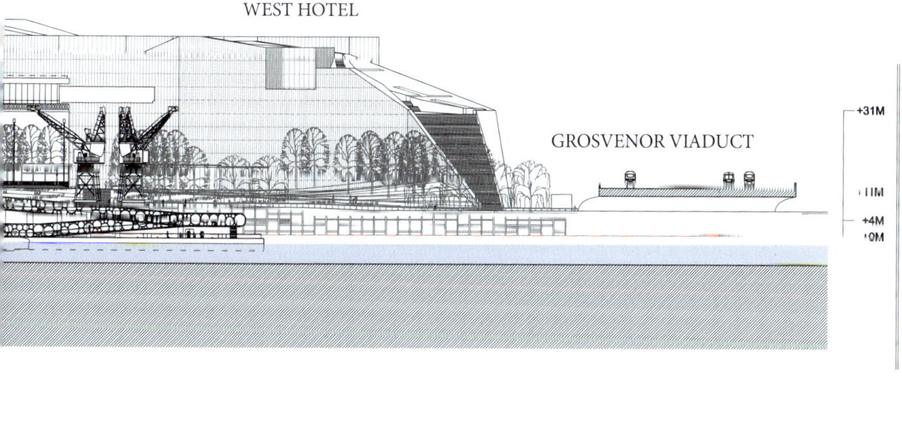

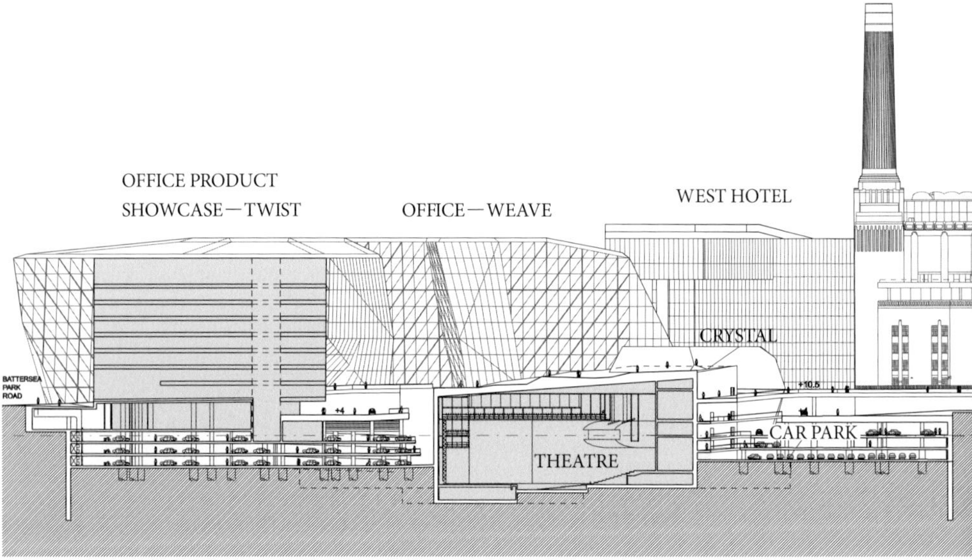
OFFICE PRODUCT
SHOWCASE－TWIST
OFFICE－WEAVE
WEST HOTEL
CRYSTAL
BATTERSEA
PARK
ROAD
+4
+10.5
CAR PARK
THEATRE

Section C-C

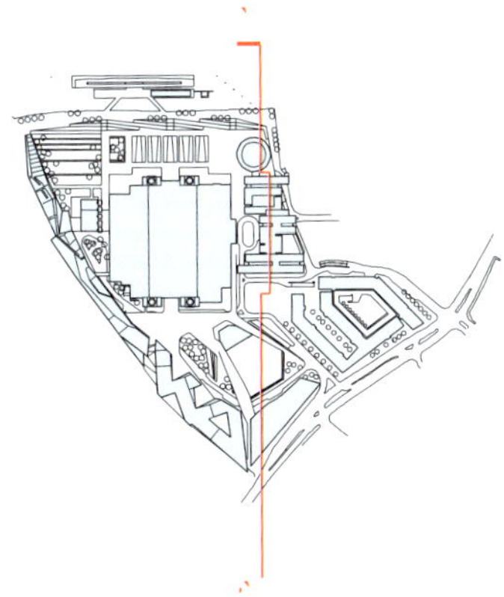

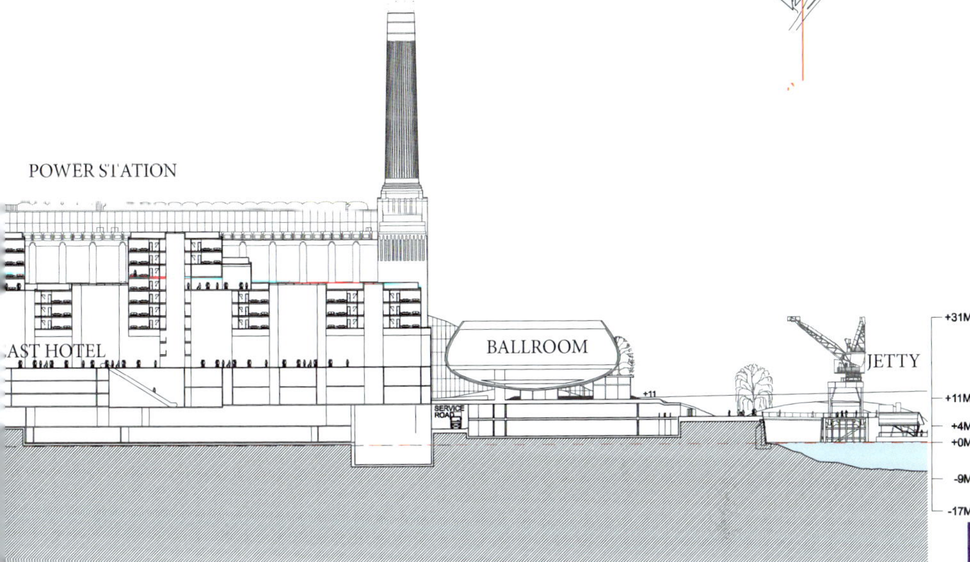
POWER STATION
AST HOTEL
BALLROOM
SERVICE ROAD
+11
JETTY
+31M
+11M
+4M
+0M
-9M
-17M

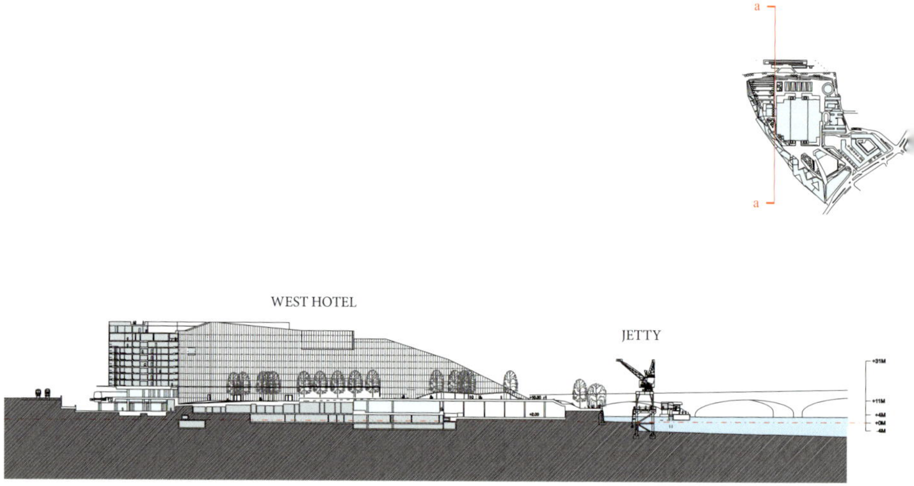

Section D - D

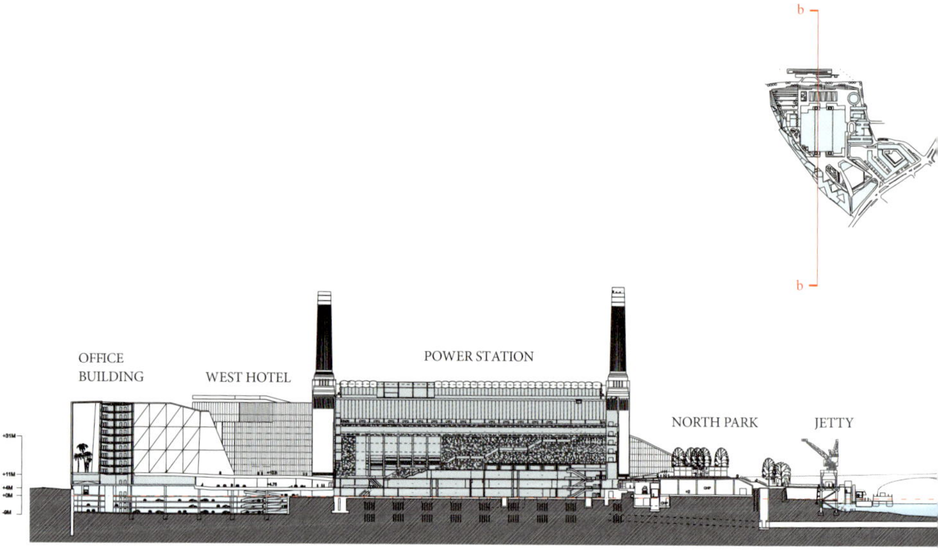

Section E - E

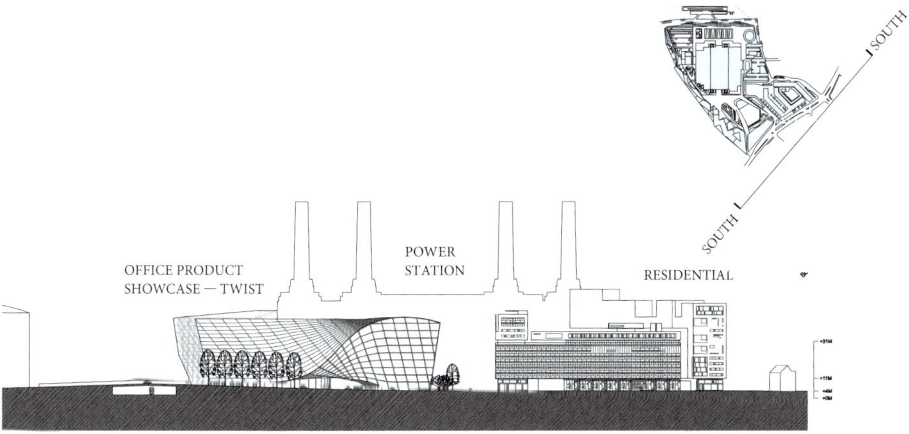

South Elevation — Battersea Park Road

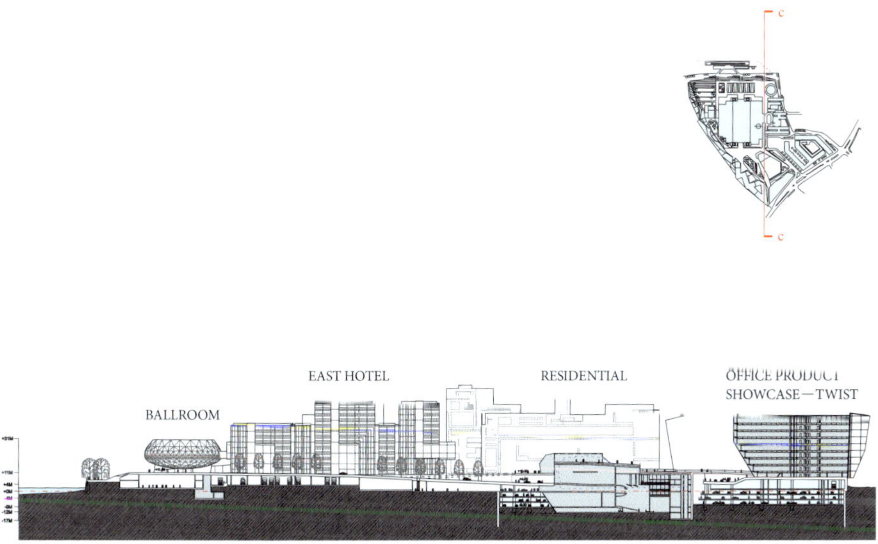

Section F - F

Detailed Planning Submission of South Park

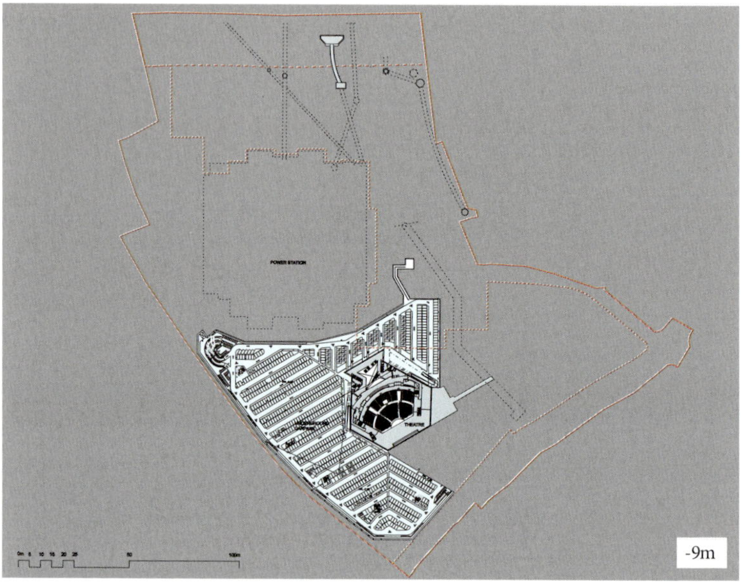

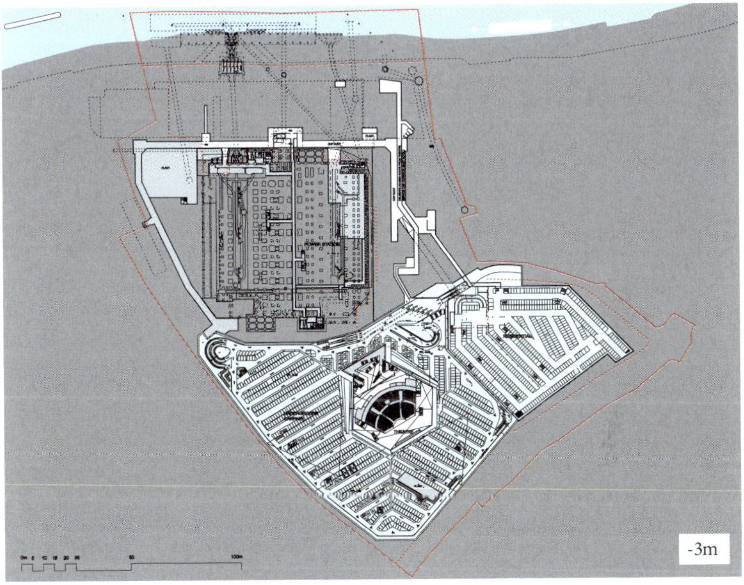
POWER STATION
THEATRE
-3m

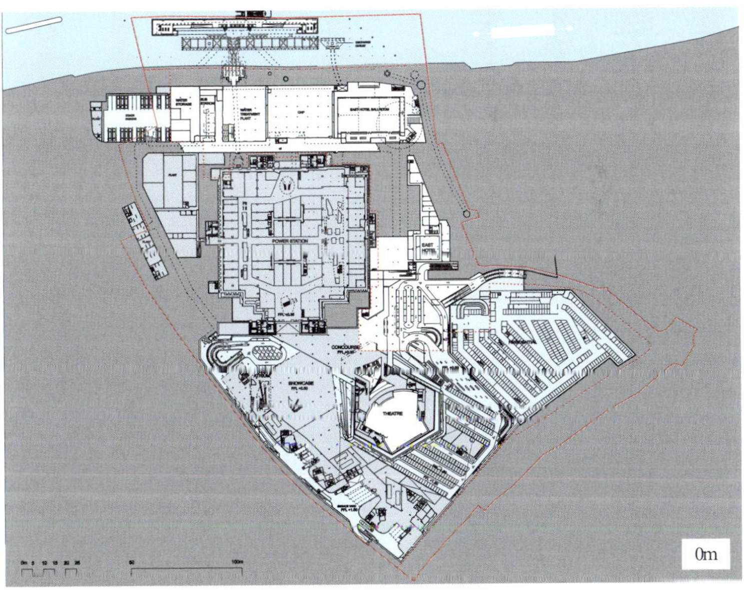
POWER STATION
EAST HOTEL
CONCOURSE
SHOWCASE
THEATRE
0m

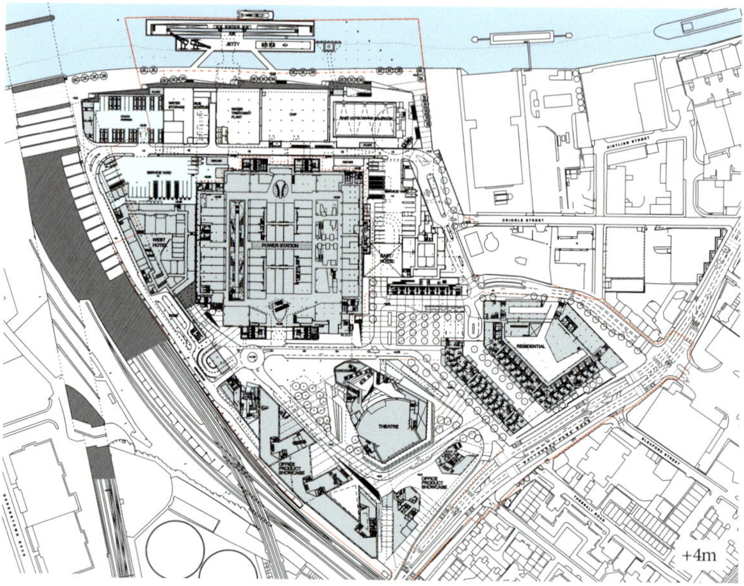

JETTY
POWER STATION
WEST HOTEL
EAST HOTEL
RESIDENTIAL
THEATRE
OFFICE PRODUCT SHOWCASE
OFFICE PRODUCT SHOWCASE
KIRTLING STREET
CRINGLE STREET
+4m

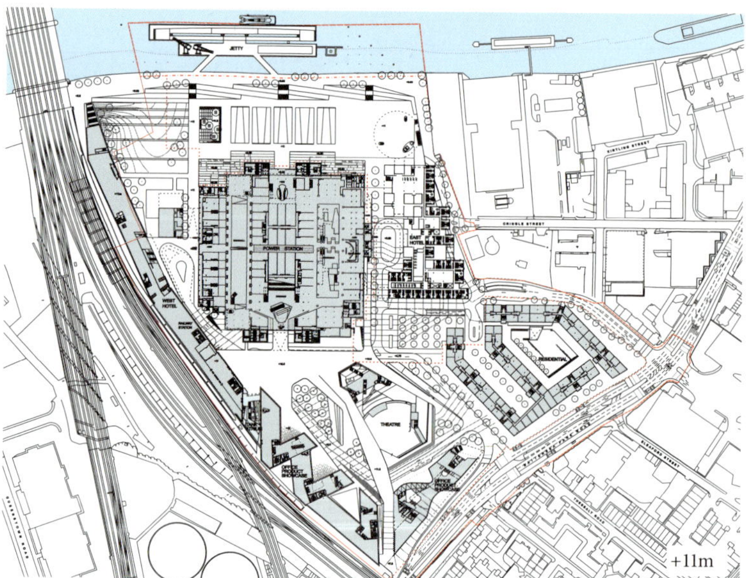

JETTY
POWER STATION
WEST HOTEL
EAST HOTEL
RESIDENTIAL
THEATRE
OFFICE PRODUCT SHOWCASE
OFFICE PRODUCT SHOWCASE
KIRTLING STREET
CRINGLE STREET
+11m

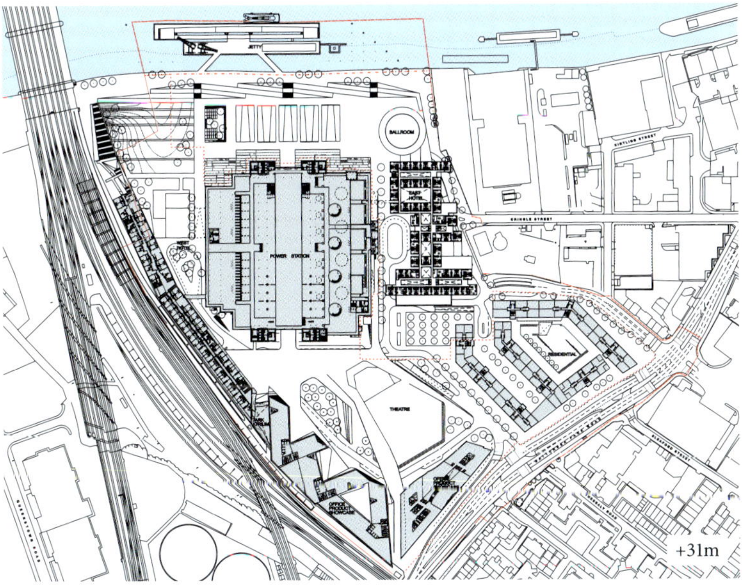
JETTY
BALLROOM
EAST HOTEL
WEST HOTEL
POWER STATION
RESIDENTIAL
THEATRE
OFFICE PRODUCT SHOWCASE
KIRTLING STREET
CRINGLE STREET
+31m

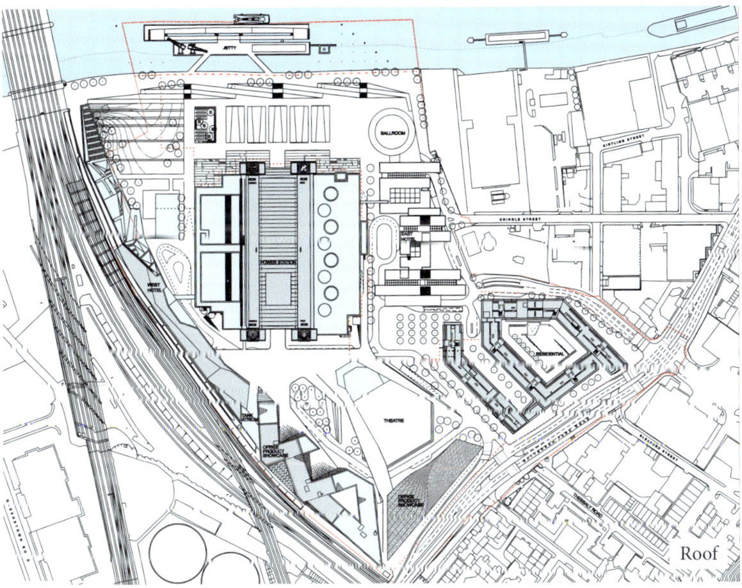
JETTY
BALLROOM
EAST HOTEL
WEST HOTEL
POWER STATION
RESIDENTIAL
THEATRE
OFFICE PRODUCT SHOWCASE
KIRTLING STREET
CRINGLE STREET
Roof

허가 서류로부터 발췌, 2006

2.3 오픈 스페이스와 조경; 공공 영역

계획안은 남/북측 공원에서 공공이 이용 가능한 공간을 제공한다. 이 공간들은 안팎에서 연결된 일련의 공간으로 인식되고, 동선의 흐름을 강화하며 건물들의 모서리에 의해 경계가 정해진다. 낮 뿐만 아니라 밤에도 '빛의 정원'으로 인식되어 활동의 공간과 시각적 즐거움을 제공한다. 이 공간들의 자세한 설명은 다음과 같다.

- 강변길—대지의 북쪽 경계에서 템즈 강변을 따라 동서로 나 있다.

- 북쪽 공원—발전소 북쪽에 위치하는 새로운 '도시의 발코니'

- 갤러리아—북쪽 공원의 '도시의 발코니'/강변길과 남쪽 공원을 연결하는 공공 보행자 통로. 이 보행자 전용로는 발전소 동쪽 터빈홀과 동쪽 호텔 사이에 위치한다.

- 서쪽 공원—발전소 남쪽 지상 레벨에 위치한 지붕으로 덮여진 입구porte-cochère와 강변 길을 연결하는 일련의 야외 테라스. 이 장소는 서쪽 호텔과 발전소 서쪽 벽 사이에 위치한다.

- 남쪽 공원—둘러싸인 주변 건물의 형태와 매스 사이에 만들어지는 단일 공간

    - 서쪽에는 '엮임Weave' 사무실 건물과 서쪽 호텔
    - 남쪽에는 '꼬임Twist' 건물
    - 동쪽에는 주거단지 구역
    - 북쪽에는 발전소와 그와 인접한 동쪽 호텔
    - 아래에는 반지하의 극장을 둘러싸는 약2750대 규모의 주차장. 이와 인접하여 주거단지 아래 약 750대 규모의 주차장

발전소 마스터플랜은 독특하고 새로운 도시의 지향점을 만들고자 한다—사람들을 위한 장소. 이를 위해 주변 교통의 요지로부터 대지로 접근하는 지점들에서 최대한 접근을 용이permeable하게 한다. 연결성은 여러 레벨로 이루어진 공공 영역들을 이어주는 요체이며 이는 '도시의 카펫Urban carpet'이라고 이름 붙여진 개념적인 장치를 통해 달성된다.

남쪽 공원에서 이 '도시의 카펫Urban carpet'은 한 개의 바닥면이 -9.0m 레벨의 주차장부터 +11.0m 레벨의 가장 높은 외부조경까지 4-5개층을 나선형으로 엮어 만들어진다. 이 면은 주차장 전체를 형성할 뿐 아니라 외부조경 및 주변건물과 거리를 연결한다. 대지 전체를 지배하는 삼각형 그리드는 주차장 그리드로 이용되고 또한 극장이 되는 중앙의 육각형 박스를 만든다. 주차장 바닥은 극장 주위를 돌며 대지 전체에 걸쳐진 나선형 형태가 된다. 이 나선형태가 지상 레벨로 올라오면 대지 주변의 중요 연결 지점들과 만나고, 극장 지붕 위로 올라와 주변과 연결된 다층의 외부 조경면을 형성한다. 이 다층의 외부조경 중 가장 높은 레벨에서 주 보행로와 주요 차량 도로들이 분리된다.

극장은 프로젝트의 초점으로서 남쪽 공원의 중앙에 위치하고 있는데, 이 극장 주위를 둘러싸고 있는 정원 공간과 함께 연결된 공공 영역을 구성한다. 극장의 형태는 주차장에 묻혀있다. 이는 극장 지붕의 기울어진 판이 공공 영역의 일부로서 기능하게 한다. 지붕의 조경은 보행자 전용으로, 남쪽 공원의 정원과 매끄럽게 연결되어 있다.

중앙 공중elevated 광장은 발전소 남쪽에 위치하며, +4.75 m 레벨에서 +11.0 m 레벨을 연결하는 너울거리는 형태의 공공영역 내에 위치한다. 이 공적인 공간은 넓은 개방된 공간으로 완만한 슬로프로 구성되어 발전소 입구에서 가장 높은 곳이 된다. 이 면들의 틈을 통해 차량들에서 방문자들이 내리는 +4.75m 레벨에 자연채광을 제공한다.

배터시 공원 도로에서 대지로 진입하는 보행자 주 출입(+8.0m 레벨)은 대지의 서남쪽 코너에 있다. 전시장과 사무동 사이에 위치하면서, +11.0.m 레벨부터 +4.75m 레벨 사이의 남쪽 공원으로의 시각적, 물리적 연결을 만들어낸다.

서쪽 호텔 입구 앞의 광장은 발전소와 서쪽 호텔 사이 +9.6m 레벨에 위치한다. 이 광장은 약간의 차량통행이 허용되어 차량, 보행자, 자전거 등이 함께 사용하는 곳이다. 남쪽의 '도시의 카펫urban carpet'과 북쪽의 '도시의 발코니urban balcony'를 이어주는 곳으로, 발전소와 호텔 사이 계단식으로 형성된 조경들과 템즈강으로 연결되는 북쪽 광장으로 구성되어 있다.

보행로는 남쪽 공원에서부터 서쪽 호텔 밑 +11.0m 레벨에 위치한 기차역을 거쳐 서쪽 공원으로 이어진다. 이 서쪽 공원은 서쪽 호텔과 발전소 서쪽 터빈 홀 'A'의 벽이 경계가 된다. 나무와 계단식으로 되어 있는 잔디밭을 거쳐 템스 강변길로 연결된다. 강 북쪽으로부터 발전소 쪽으로 트인 전망을 제공하며, 파빌리온 건물이 포함되어 있다.

CHP 플랜트 위, +11.0m 레벨에 위치한 북쪽 공원 '도시의 발코니urban balcony'는 간헐적인 야외 활동을 위한 공간이다. 이 곳의 계단과 램프는 템스 강변길로 이어진다. 강변길은 대지 북쪽 전체를 가로지르고 있으며, 서쪽으로는 배터시 공원 Battersea Park으로 연결된다. 동쪽 경계를 따라 분기된 강변길은 크린글 도로Cringle Street로 연결된다.

동쪽 호텔과 발전소 사이를 가르는 +9.785m 레벨에 위치한 길은 발전소 내 행위들이 연장되고 강에서 남쪽 공원으로의 연결길 역할을 하는 선적인 공간이다. 이 공공적인 길 옆에는 동쪽 호텔과 연계된 일련의 중정들이 위치한다. 주거단지 내에는 레저시설과 녹화된 지붕 테라스들로 구성된 넓은 사적인 정원이 지하 주차장 위에 위치한다.

3.0 발전소 건물

3.1 형태

발전소는 이 대지 개발의 핵심적인 포인트이다. 2급 보존건물Grade 2 listed building로서 역사적으로 중요하고 보존되어야 하는 건축적 가치가 있는 건물이다. 이 프로젝트의 '왕관의 보석 jewel in the crown' 으로서 이 곳은 기념비적이고 문화, 상업, 레저, 오락 기능들이 혼합된 장소이다. 템스 강가에 위치하여, 타워브리지/도크랜드Docklands 에서부터 배터시 지역으로 이어지는 런던 남쪽 강가변 문화의 띠 London South Bank cultural ribbon 개발의 서쪽 종착역이 될 것이다.

그러나 내부공간의 거대한 스케일과 특색 없는 벽들은 이 내부공간과 주위 마스터플랜을 계획하는 사람들에게 큰 도전을 안겨주었다. 이를 위한 우리의 계획안의 해결방법은 개념적인 것이다. 배치 계획시 발전소를 속이 꽉 찬 덩어리가 아닌 중심에 거대한 중정을 가진 건물로 표현하는 것이다. 이것으로 인해 이 건물은 마스터플랜과 별개가 아닌 마스터플랜 안으로 포함되며 마스터플랜의 심장이 된다.

기념비성

여기에는 거대한 세 개의 내부공간이 있다.; 두 개의 터빈 홀 (각각의 사이즈가 테이트 모던의 주공간 사이즈와 비슷한)과 거대한 중앙 보일러실. 이 제안에서는 중앙의 보일러실이 상하좌우의 기능을 연결하는 기념비적인 현관 역할을 하게 된다

하늘이 이 공간의 천정이 되고, 이 건물의 특징인 굴뚝과 거대한 프리캐스트 콘크리트 판들은 벽이 된다. 지붕에는 경량 철골로 지지되는 ETFE 쿠션을 덮는다.

영원성과 일시성

이 기념비성은 건물 내에서의 일별 사용 상황과 같이 고려되어야 한다. 건물 내 산업용 궤도 크레인은 공간 전체를

커버하고 거대한 설치물을 만들고 해체하는데 이용할 수 있다. 양쪽벽을 연결하는 다리들은 해체 가능하다. 전광판들은 남쪽 끝의 벽과 천정의 넓은 면을 덮는다. 그리하여 이 공간은 카르낙Karnk 사원이나 타임스퀘어 스케일 사이에서 일어날 수 있는 모든 행위들을 담을 수 있게 된다.

픽셀화된 풍경
이 영구적인 구조물의 바닥과 벽들은 원형으로 픽셀화된 거대한 프리캐스트 콘크리트 면들로 되어 있다. 여러 크기의 빛나는 금속 디스크들로 영구적인, LED 조명으로는 움직이는, 빈 부분은 투명한 이미지를 만들어낸다. 이 방법은 중앙 보일러 하우스에만 적용된다. 양쪽의 두 터빈 홀은 기존의 건축적 어휘를 유지한다; 한쪽은 1930년대, 다른 쪽은 1950년대.

공중 광장
양쪽 터빈 홀 지붕은 중앙의 보일러 하우스에서 연결되고 상부 호텔들은 여기에서부터 들어올려져 수평적으로 틈을 두고 그 위에 위치한다. 결과적으로 트라팔가 광장Trafalgar Square만한 '공중 광장'이 되는 것이다. 새로운 픽셀화된 벽 뒤에 위치한 두 개의 에스컬레이터는 방문자들을 위로 인도한다. 꼭대기 층에 도달하면 방문자들은 이 고지대plateau에 위치한 상업시설을 만나게 되는데, 이 상업시설들은 일련의 계단식 광정 주위에 위치한다. 이곳의 일부분에는 얕은 인공연못과 지붕이 있는 정원이 있고, 다른 부분에는 코벤트 가든 시장Covent Garden market에서 발견할 수 있는 즉흥적인 공연이 가능한 작은 원형극장들이 존재한다. 이 시설들은 내부시설과 픽셀화된 조경이 있는 지붕 윗면을 연결한다.

3.2 구성

철학
외부 공공 영역들은 남북, 동서방향의 보행자로와 합쳐지며 발전소 내로 확대된다.

출입구
발전소로 들어올 수 있는 6개의 주요 출입구들이 있으며 이것들은 이미 제출한 주차장과 CHP 설계와 일치한다.

- 상부 주차장 레벨에서의 남쪽 출입구: 주차장에 내린 방문자들은 엘리베이터를 이용하여 +0.35m 레벨에 위치한 로비foyer를 거쳐 발전소로 들어가게 된다. 장애인을 위한 주차구역은 주차장의 가장 높은 레벨인 +0.0m 에 위치하여 발전소의 가장 낮은 층으로 바로 접근이 가능하다.

- 도로 레벨에서의 남쪽 출입구: 이 입구는 +5.03m 레벨에 위치하여 드롭오프가 가능하다.

- 포디움 레벨에서의 북쪽 출입구: 북쪽의 주 보행자 출입구로서 +11.0m 레벨의 북쪽 테라스에서 램프를 거쳐 +9.89m 레벨에서 보일러 하우스 북쪽으로 진입한다.

- 포디움 레벨에서의 동쪽 출입구: 갤러리아 포디움 레벨에 위치한 작고 분리된 출입구로 동쪽 호텔과 인접한 더스트 벙커로 진입한다.

- 포디움 레벨에서의 서쪽 출입구: 두 번째 분리된 출입구로 서쪽 호텔 전정으로 이어진다. 발전소 하부 레벨에서 동쪽 출입구와 함께 중요한 동-서방향 보행축을 형성한다.

7.0 '수정crystal' 중앙 홀과 극장

7.1 형태

주차장의 중심에 위치하고 있는 극장은 수정crystal을 설계할 때 이용하였던 형태와 같은 그리드를 따라 설계된다. 수정crystal은 극장으로 연결되는 중앙 홀을 덮고 있으며, 남쪽 공원의 유일한 건물 형태로 존재한다.

수정crystal 은 남쪽공원의 초점으로 방향 지시점의 역할을 한다. 유리구조체가 -12.0m 레벨의 극장 홀부터 +17.0m 레벨의 가장 높은 조경면까지 뚫려 있는, 아트리움을 감싼다. 수정crystal의 밑에 위치한 중앙홀은 발전소와 극장, 동쪽 호텔 사이 +0.0m 레벨에서 비를 피할 수 있는 보행로를 제공하며, 차량으로 도착한 방문자들을 위한 두 곳의 드롭오프가 있다.

차를 이용하는 방문자들이 공공영역으로 올라갈 수 있는 주요 루트는 모든 지하 주차장 레벨(-3.00 m, -6.00 m, -9.00 m)에 위치한 중앙 홀/로비에서 시작한다. 여기서부터 수정crystal 내의 계단, 에스컬레이터, 엘리베이터를 타고 주요 레벨들로 진입이 가능하다.

18m 층고가 필요한 극장 무대로 인해, 극장은 지하로 깊이 내려가며 가장 낮은 레벨은 드레싱룸이 위치한 -16m가 된다. 2045명을 수용할 수 있는 극장은 -12m 레벨에서 주진입이 가능하며 후면 진입은 -8.66m에서 이루어진다.

다이아몬드 형태의 중앙에는 공연장이 위치하고 외부 벽을 따라 극장에 필요한 대부분의 기능들이 위치하는데, 왼쪽과 오른쪽에는 서비스/지원 시설들이, 남쪽에는 무대와 전망 엘리베이터 등이 위치하고 있다.

조직
수정crystal의 유리입면과 극장의 외부입면은 남쪽공원에서의 경험을 통일시켜줄 수 있도록 동일한 3차원 패턴이 이용되어 구조적/시각적 패턴으로 이용된다.

수정crystal은 투명한 구조 유리로 만들어진다. '루브르의 피라미드Pyramid du Louvre' 로서 발전소를 돋보이게 하는 역할을 한다. 이 곳이 입구 홀 역할을 한다는 점도 동일하다. 발전소 앞에 서있으므로 해서, 방문자들이 대지에 진입하면서 바라볼 때 발전소를 배경으로 하는 중경中景 mid-ground을 만든다. 발전소는 불투명하고 수정crystal은 투명하다. 발전소는 거대하고 수정은 자그맣다. 발전소가 강건하다면 수정은 깨지기 쉽다. 그리하여 수정은 가벼운 구조유리로 만들어진다.

극장의 둘레로는 수정의 형태적 패턴이 확장된다.

배터시 극장은 두 부분으로 나눌 수 있다. 공연장과 지원시설들은 남쪽의 곡면 벽 쪽에 담기고 다른 공공 동선과 시설들은 북쪽 수정부분에 위치한다. 아트리움과 몰mall로서의 수정은 극장, 주차장, 동쪽 호텔, 발전소 그리고 남쪽 공원을 연결한다. 관람자, 방문객, 쇼핑을 하는 사람들은 주차장을 거쳐 발전소에 있는 쇼핑을 하든, 동쪽 호텔의 컨퍼런스를 참가하든, 극장의 공연을 보든지 관계없이 수정crystal을 거쳐 이동한다. 극장의 표검색은 공연장 문에서 이루어진다. 그러므로 일반인들의 수정공간의 접근은 평상시 공연의 여부에 관계없이 가능하며 항시 활력이 넘치는 공간이 된다.

TEMENOS SCULPTURE   MIDDLESBROUGH   UK

TEM EN OS

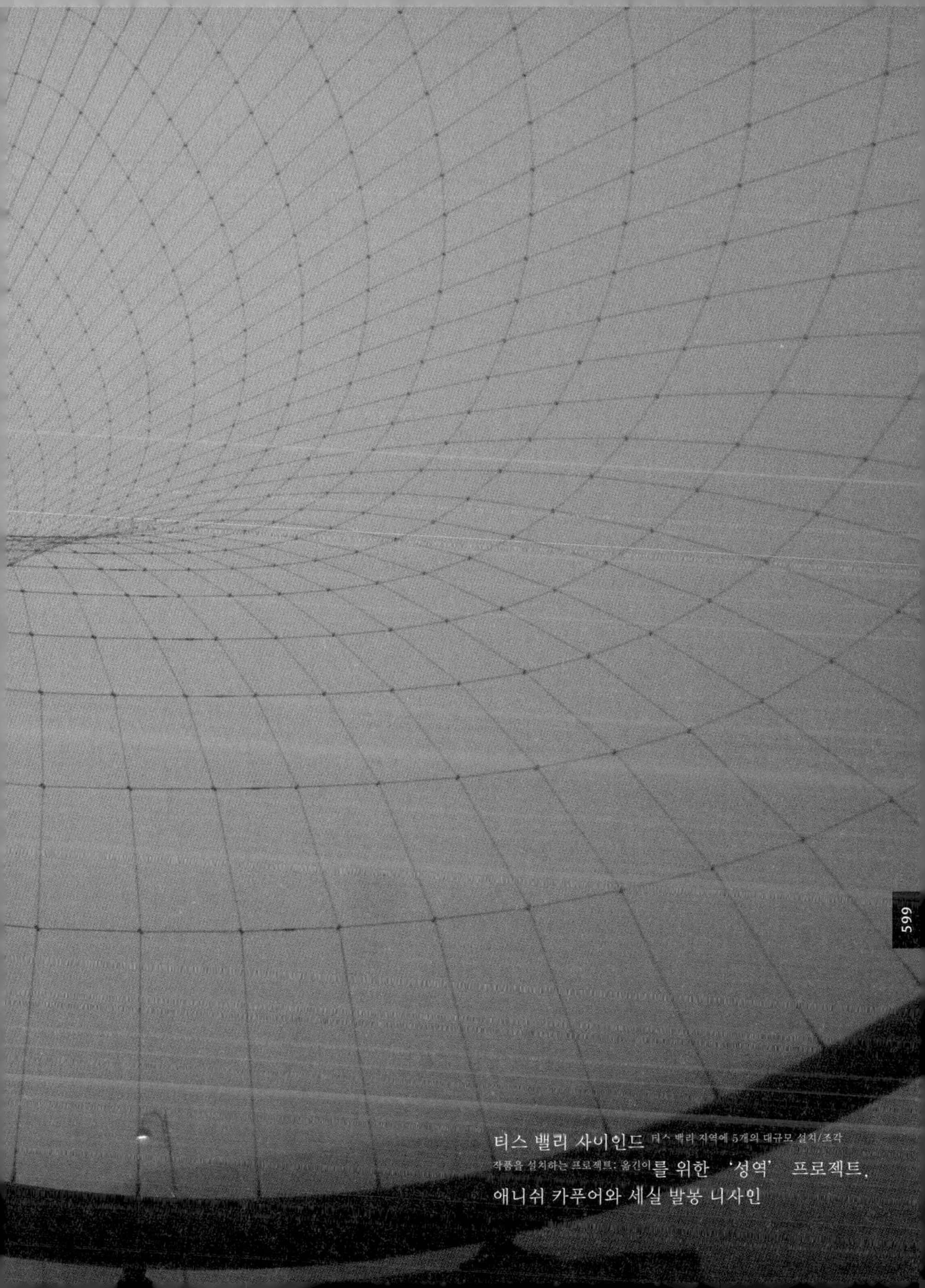

티스 밸리 사이인드 티스 밸리 지역에 5개의 대규모 설치/조각 작품을 설치하는 프로젝트: 옮긴이를 위한 '성역' 프로젝트, 애니쉬 카푸어와 세실 발몽 니사인

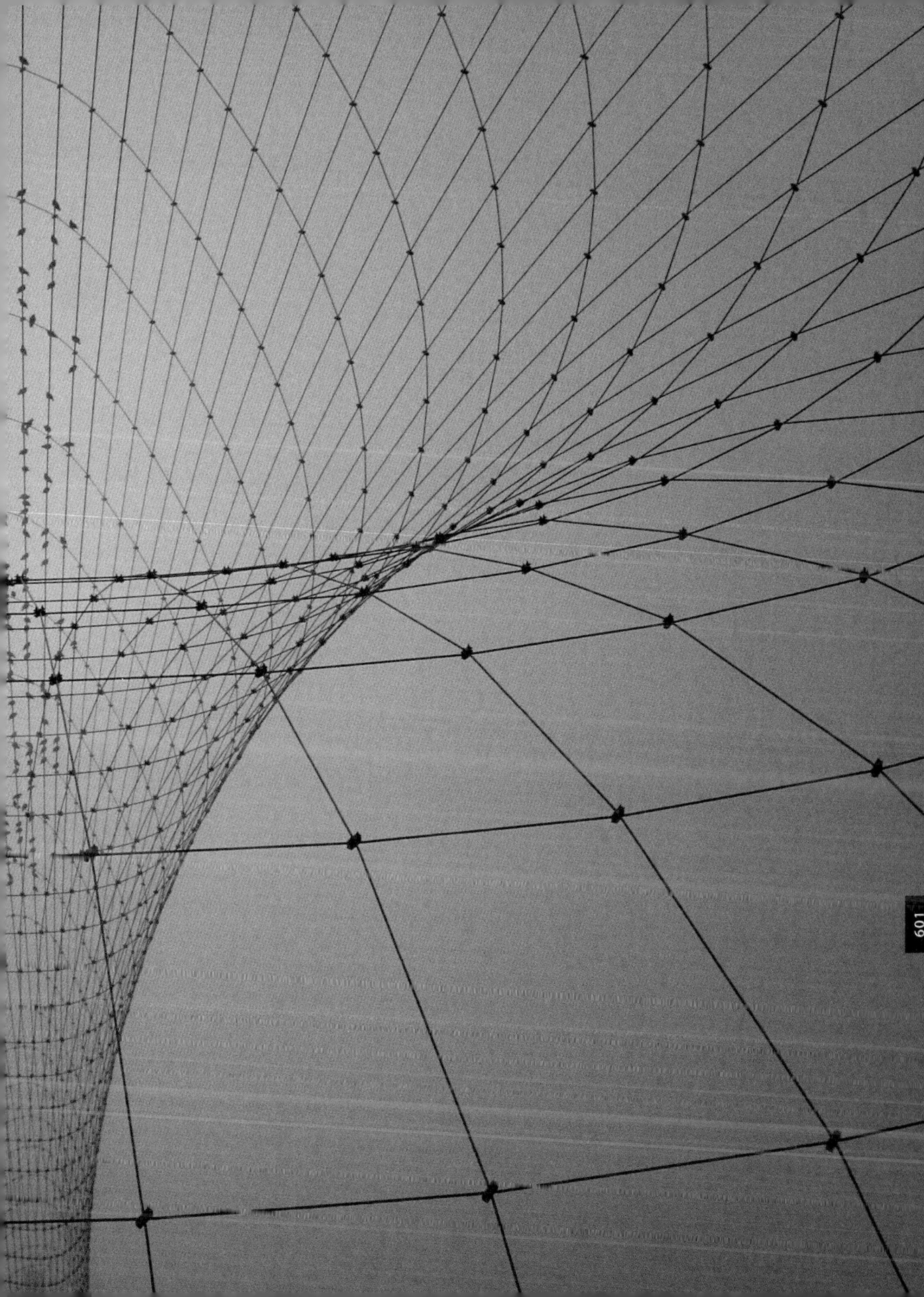

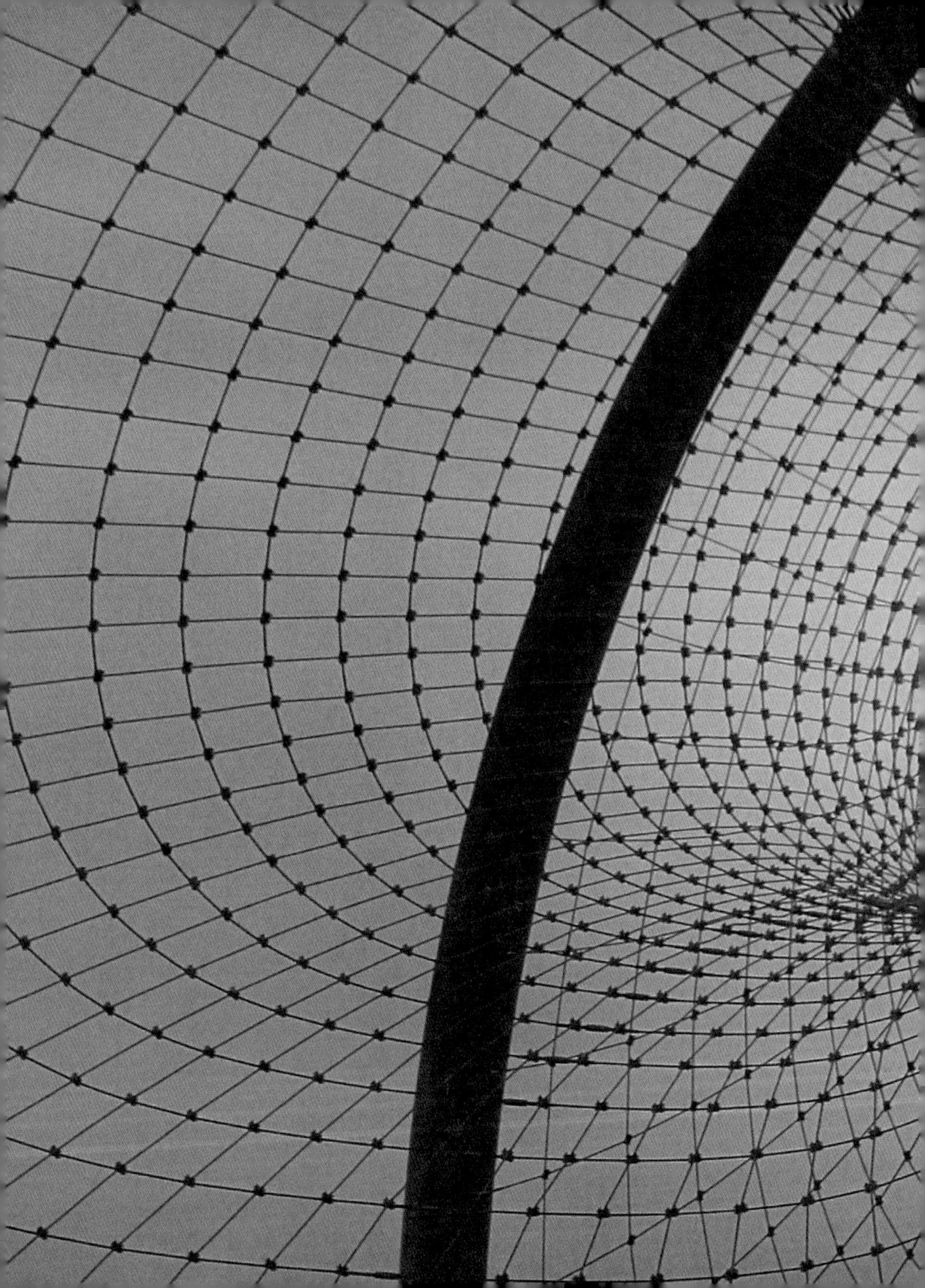

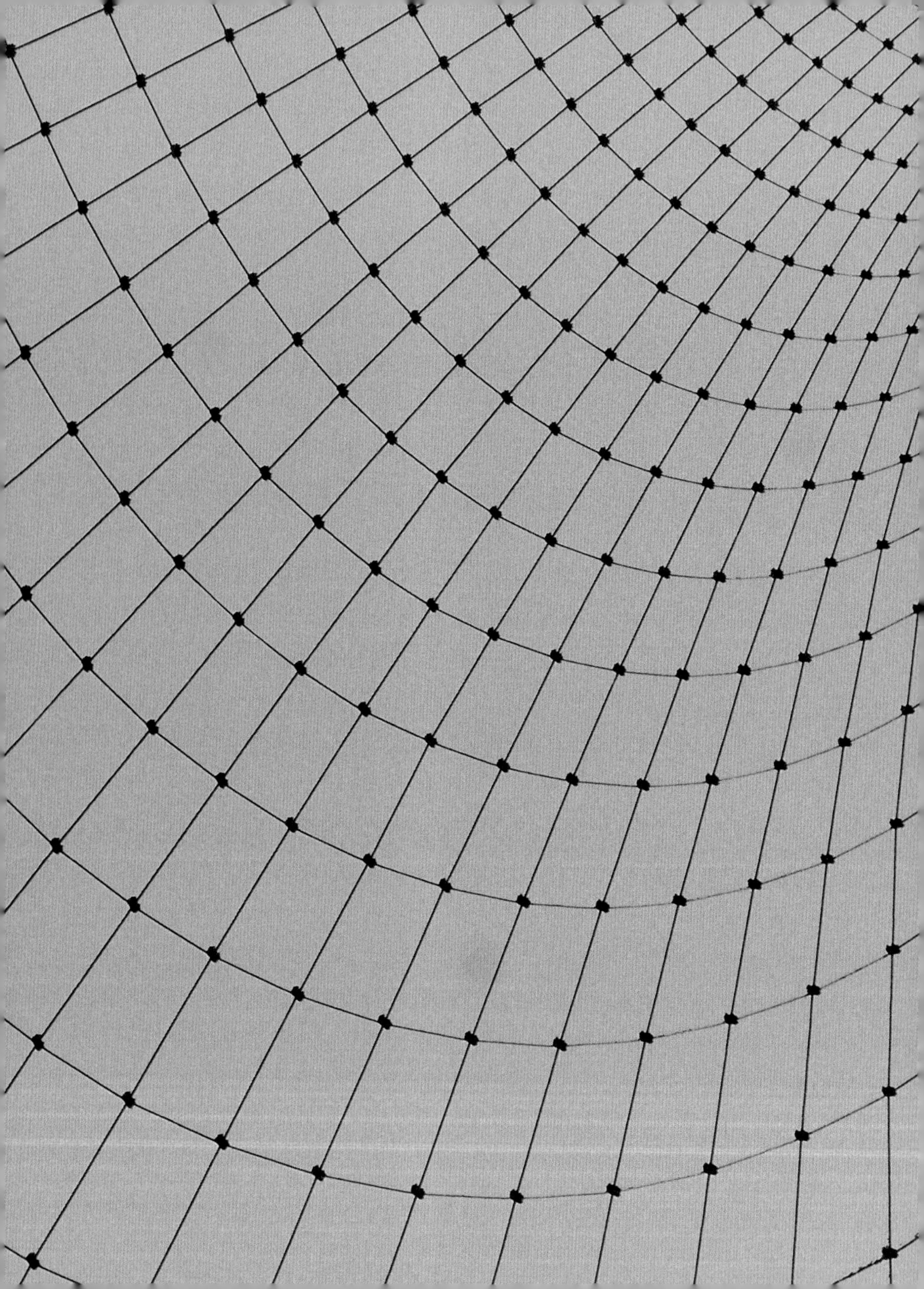

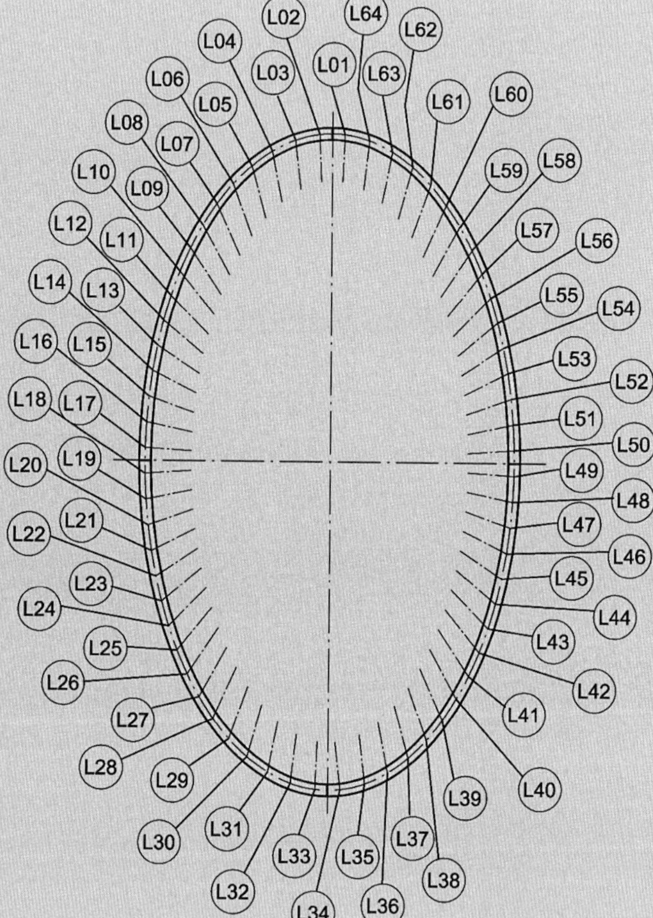

L01
L02
L03
L04
L05
L06
L07
L08
L09
L10
L11
L12
L13
L14
L15
L16
L17
L18
L19
L20
L21
L22
L23
L24
L25
L26
L27
L28
L29
L30
L31
L32
L33
L34
L35
L36
L37
L38
L39
L40
L41
L42
L43
L44
L45
L46
L47
L48
L49
L50
L51
L52
L53
L54
L55
L56
L57
L58
L59
L60
L61
L62
L63
L64

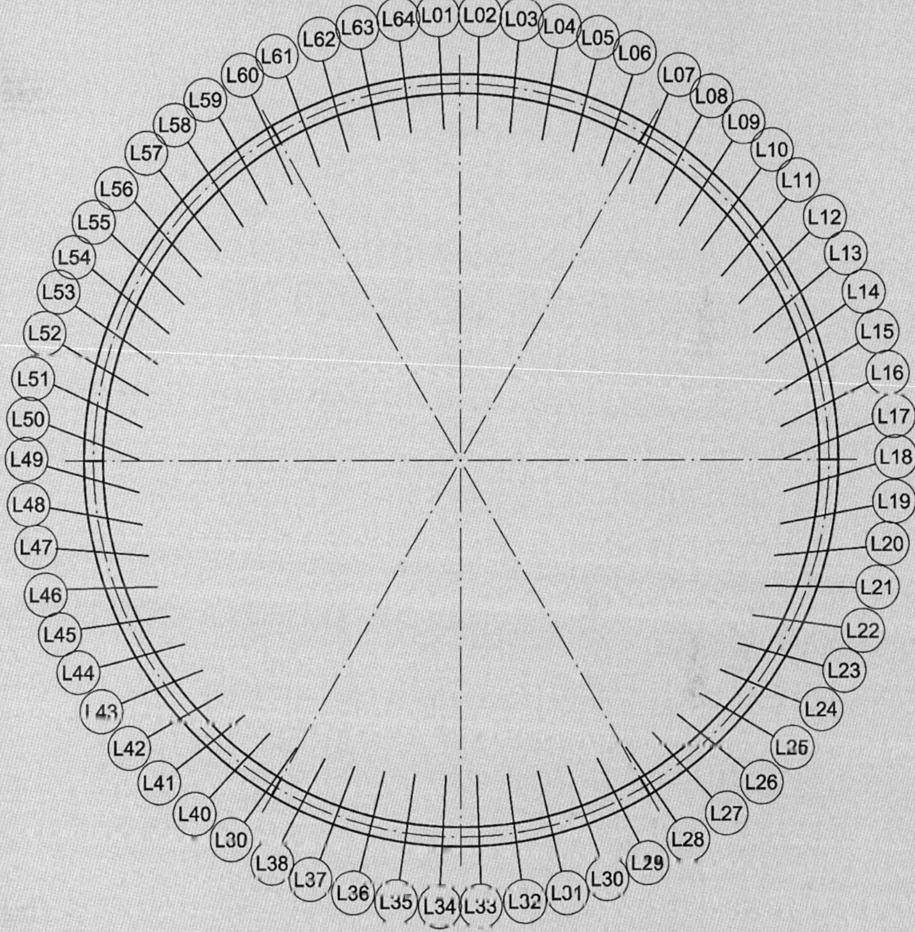
L01
L02
L03
L04
L05
L06
L07
L08
L09
L10
L11
L12
L13
L14
L15
L16
L17
L18
L19
L20
L21
L22
L23
L24
L25
L26
L27
L28
L29
L30
L31
L32
L33
L34
L35
L36
L37
L38
L30
L40
L41
L42
L43
L44
L45
L46
L47
L48
L49
L50
L51
L52
L53
L54
L55
L56
L57
L58
L59
L60
L61
L62
L63
L64

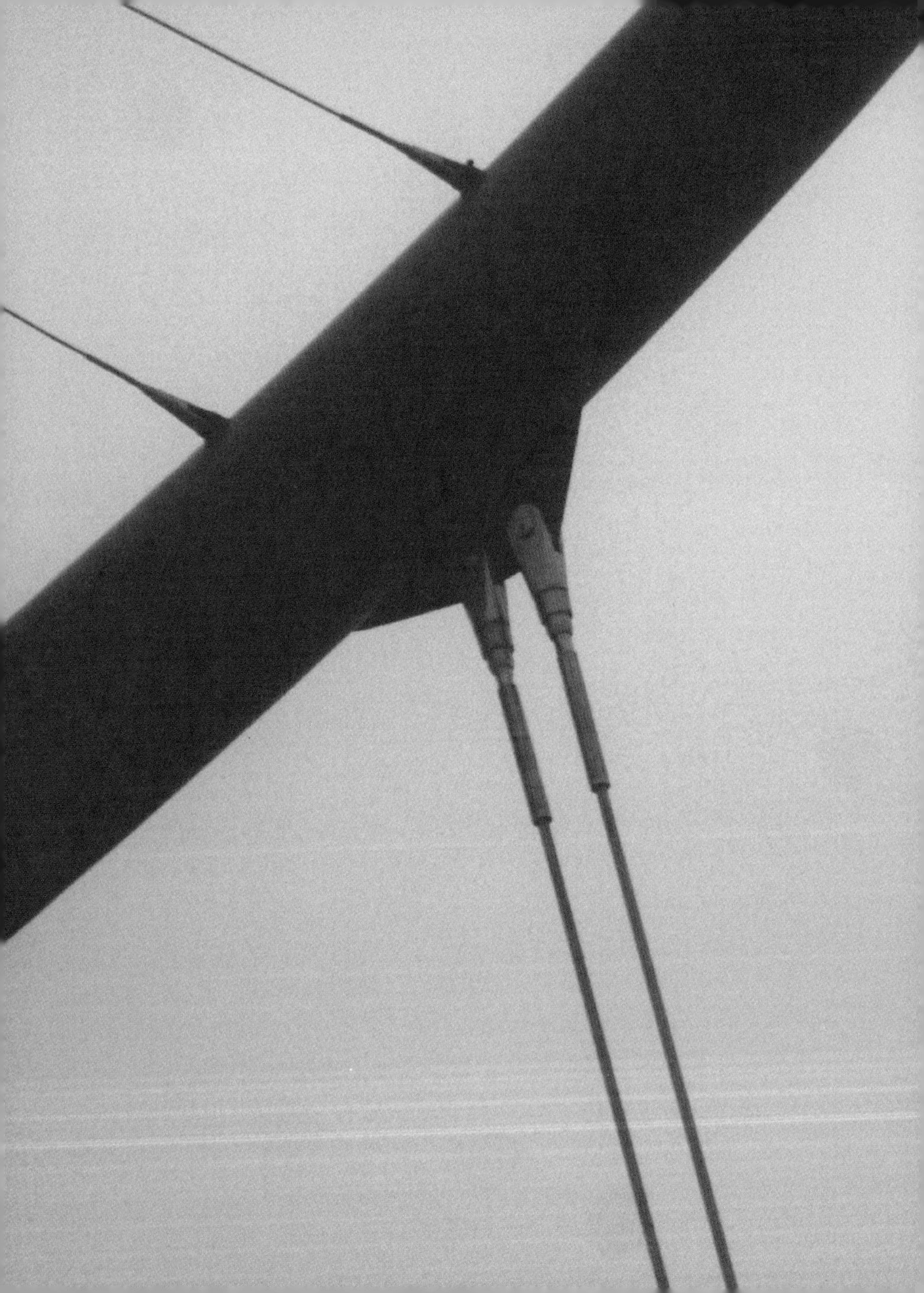

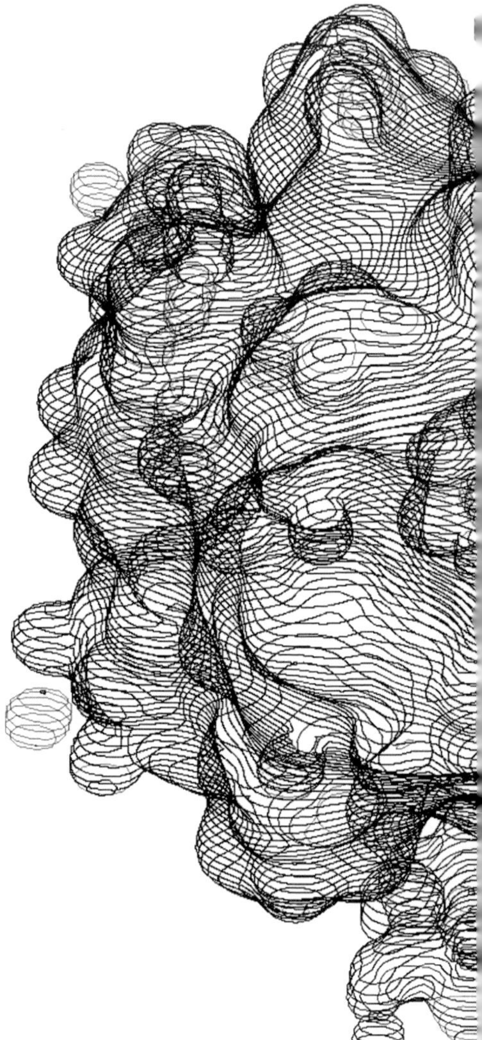

시간과 차원

누군가에게 이것은 거의 움직임이 없지만 다른 누군가에게는 빠르게 간다 — 시간은 우리가 어떻게 생각하느냐에 달려 있다.

선형적인 시계의 시간은 객관적으로 측정된다. 그러나 경험적인 측면에서의 시간은 시계의 똑딱거림을 초월하여 가상의 차원으로 들어간다.

시간이 선형적으로 느껴지지 않을 때, 시간의 경과는 느끼는 상태에 따라 달라진다. 욕망과 연결된 사건들은 인식되는 시간을 빠르게도 혹은 심지어 사라지게도 한다.

불안하거나 즐거운 순간들은 불규칙적이고, 느끼는 상태들은 다양하다. 생일, 결혼식 날, 즐겁고 슬픈 순간들, 칭찬받거나 비난 받는 순간들, 이런 시간들은 기억된다. 죽음이나 탄생 같은 인생에서 중요한 순간들은 심지어 사라지지 않는 흔적으로 남게 된다.

그러나 시간이란 것은 우리의 육신과 얽혀 있기에 3차원의 공간에 존재하는 우리는 시간의 경과를 경험한다. 염색체에 숨겨 있는 우리 세포 내의 생체 시계는 탄생에서 노화라는 운명적인 한 방향으로 흐른다. 생체대사에 의해 지배되고 낮과 밤으로 반복되는 상황을 통해 오르락 내리락 하는 기복도 시간의 화살과 연결된 물리적인 현실이다.

꿈을 꿀 때 무의식의 특별한 형태는 육신을 잃고 초월적인 차원supra-dimensions으로 들어간다. 이런 경험이 잠 잘 때만 존재하는 것은 축복이다. 시간의 경과를 경험하지 못한다면, 시작과 끝으로 구성되어 있는 우리 삶의 여정도 끝날 것이기 때문이다.

시작해서 끝난다는 개념이 없다면 의미의 고통도 없을 것이고 기억할 결과도 없을 것이다. 역설적으로 시간이 없다면 우리의 삶도 없다.

죽음 없이는 사후세계나 천국도 있을 수 없기 때문에 종교에서는 시간의 차원을 인정한다. 그리하여 '심판의 날'은 내일이 되건 다가올 어느 날이 되건 올 수 밖에 없는 시간의 화살 위에 있다.

머나 먼 선사시대 어떤 부족들은 과거의 일을 앞으로 일어날 일로 이야기했다. 그들의 시간은 우리의 시간과는 반대로 흐르고 그들의 과거는 미래의 기억이다. 또 다른 부족은 시간을 인척들의 이름 혹은 주위 자연과 섞어 불렀다 — 새벽 엄마, 겨울 삼촌, 네시 사촌. 그들에게 정확한 측정 셈법은 없다. 시계의 시간도 마찬가지이다.

그러나 나의 순간들은 물리적 차원들로 규정되는 육신 안에서 이리저리 느껴지는 시간으로 가득 차 있다. 이런 시간들을 기록하고 만들어내는 규칙들algorithms은 우리의 문화와 신념들의 체계로 이루어져 있는 네트워크이다. 또한 우리는 은유와 상징 그리고 실체 사이에서 우리가 만들어 낸 정도로만 시간을 통제한다.

시간의 기록

직선은 시계의 시간과 같다 — 한 순간에서 다른 순간으로, 변화는 없다.

낮에서 밤으로 같은 연속적인 계절의 변화는 시간의 경과를 반복한다. 파도처럼 이것은 방향성이 뚜렷하고 시계의 시간은 이를 쫓는다.

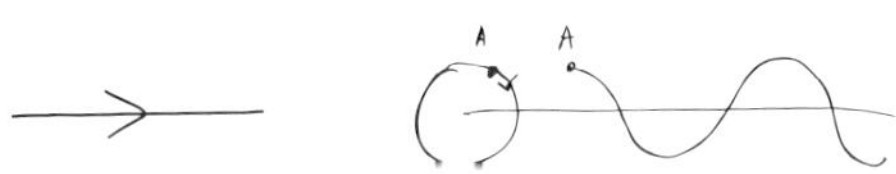

정확하게 측정한다는 것은 구획화의 개념이 따라야 한다 — 년/일/시/분 등을 위한 구분의 설정. 디지털의 세계에서는 더 잘게 나눌 수도 있고 원자 시계를 가지고 있다면 심지어 나노초까지 나눌 수 있을 것이다. 인터넷을 통해서는 어느 시간이나 침투 가능하다. 클릭 한번으로 동시에 여러 세계에 들어갈 수 있다 — 우리는 새롭게 분할되는 시간의 영역에 있는 것이다.

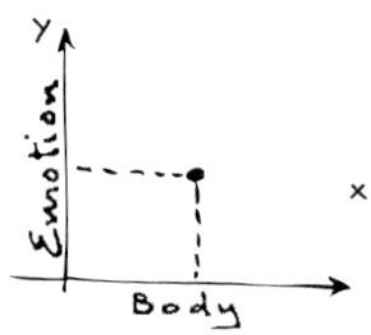

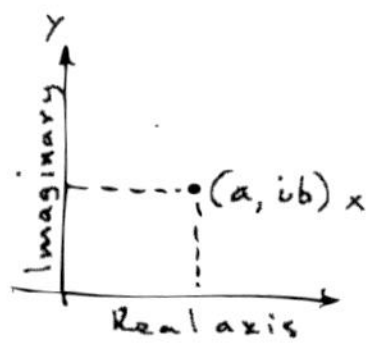

이 '분할[fraction]'은 하나는 가상의, 다른 하나는 물리적 공간에 고정된 두 부분으로 되어 있다. 두 직교축을 가진 그래프에서 가상과 물리적인 부분은 각각의 두 축으로 표시될 수 있다.

그러나 그래프에서의 표시는 반은 측정되는, 나머지 반은 느껴지는 두 축의 혼합이다. 유추하여 이는 수학에서의 복소수로 표현할 수 있다 — 허수 y축과 실수 x축. 허수부를 포함하긴 하지만 이 별난 숫자의 조합은 계산 가능하고 많은 공학 부분에서 사용된다*.

시간의 그래프는 육신의 시간과 감정의 시간의 혼합된 순간들이 표시된다. 시간의 경과와 경험을 표현하는 이런 그래프는 많은 변화가 있지만 자기유사적[self-similar]이고 심지어는 숨겨진 규칙에 의해 만들어진 것 같은

*주: 복소수(a,ib)는 실수부 a 와 허수부 b를 가진다. -1의 루트 값이 i로서 계산상으로만 존재한다. 교차곱셈을 이용하여 i의 제곱(= -1)을 만들어내어 사칙연산이 가능해진다.

프랙탈의 성격과 닮았다. 나의 그래프는 차원을 넘나들고 사건을 크게 혹은 작게 만든다.

우리의 시간은 우리 자신에 의해 마법에 걸린다.

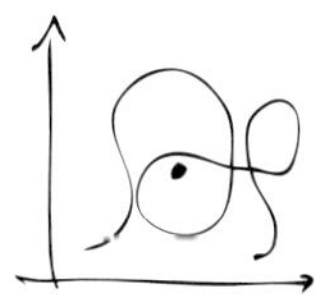

경험이 순전히 감정의 축인 y축에만 놓여있다면, 시간의 경과는 0이 될 것이다. '느끼는 것'이 전부이다. 이 경우 측정이 불가능할 것이다.

행동하고자 하는 본성은 그래프를 x축으로 이끈다. 그러나 꿈과 상상의 흥분들의 본성은 다시 가상의 축으로 이끈다.

노이로제

'회사 임원이 될 때까지, 혹은 결혼할 때까지, 혹은 일확천금을 얻을 때까지'. 서양의 생각에서 방향이란 항상 성취와 짝지어진다. 성공이란 것이 돈이나 다른 측정 가능한 것이라면 그래프는 x축에 가깝게 존재할 것이다; 좀더 목표에 집중할수록 가상의 축에서 멀어진다.

그러나 단순히 '감정'에만 집중하는 것은 인생을 노이로제로 만들어버리는 운명의 덫에 빠질 위험이 있다. 나 자신이 가상의 y축에서 알 수 없게 움직이고 있는 순전히 감정적인 사람이 된다면, 성장의 중농이나 물리적 세계로 들어가도 싶은 마음이 남아 있지 않게 될 것이다. 어떤 시도도 하고 싶지 않게 될 것이다. 왜 침대에서 일어나야 하는가? y축은 안정된 정지상태로부터 벗어나려는 것을 막는다.

시간의 화살표가 수평축에만 머무르는 것도 정신적으로 역시 좋지 않다. 감정이 없는 신체는 스트레스를 받기 시작한다. 육체와 감정이라는 판도라의 상자는 긴밀히 연결되어 있기 때문에 다른 하나 없이는 문제가 생기는 것이다.

시간은 습관을 통제하거나 문제를 일으키는 박테리아를 키운다. 세포가 자랄 때 제멋대로인 바이러스의 상태는 육체의 조절에 잠재되어 있는 질서들과 싸운다.

• • •

앞으로 나아가는 습성이 강한 x축 위에서 시계의 시간은 간격들을 만들어 내고 이것은 질서의 개념을 만든다. 규정과 훈련 같은 것들은 가치를 가지기 위해서는 시간의 길이라는 가정들 위에 있어야 하는 것이다. (시간이 만약 주기적인 것처럼 보인다면, 개개인의 발달이란 것은 사라지고 집단적인 행동패턴이 나타날 것이다. 진보로부터의 도피는 멈춰서 제자리에서 빙빙 도는 것이며, 다시 말해 단지 숨만 쉬고 존재하는 것이다.)

이야기를 만들어 내는 의미와 행동을 가진 경로가 있어야 한다. 창조와 종결, 희망과 후회, 시작과 끝은 필수적이다 — 이것들 없이는 자연적인 힘들도 존재하지 않는다.

시간의 자취

나의 시간 그래프는 세 가지 성격을 가지고 있다: 국지성locality, 병치juxtaposition, 복합성hybridity. 이것들의 자취는 복합적인 구성을 만든다.

국지적: 시간은 순간에 기초해 있다. 느끼는 감정이나 경험하는 시간의 경과들은 x나 y축, 혹은 대부분의 경우처럼 그 두 축 중간 어딘가에 위치한다.

병치: 시간 그래프의 한 부분이 다른 부분들과 같이 놓이는 것. 병치는 리듬을 만들어낸다 — 급하고, 뒤틀어지고, 불규칙하고 혹은 규칙적인.

복합: 다른 시간들에서 동시에 일어나는 경험들의 중첩. 다른 것들과 떨어져 있는 어떤 복합적인 순간은 새로운 국지점이 된다.

의미는 여러 스케일을 오간다. 경험된 시간의 그래프는 작은 리듬이 큰 패턴과 어울리고 디테일이 여러 스케일에 걸쳐 있는 프랙탈적인 그물을 만든다. 이 프랙탈 그래프의 모양이 당신 성격의 그래프이다.

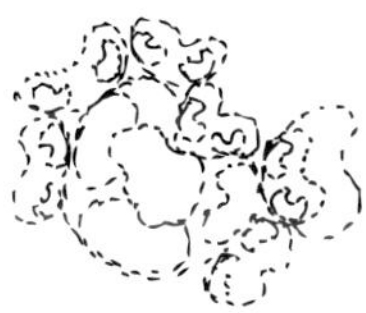

음악에서의 화음처럼, 시간의 그래프들은 연관된 사건들에 대한 특징signature 이거나 열쇠가 된다. 반복되는 패턴들은 운이나 운명의 개념을 만든다.

미래

컴퓨터를 이용하여 우리는 모든 시간에 접근할 수 있다. 이를 파괴적인 방향에서 생각한다면, 이것으로 인해 역사란 것은 있을 수 없을 것이고 배양, 양육, 성장 같은 개념들도 존재할 수 없을 것이다. 창조적인 방향에서 생각한다면, 이것은 동시성이나 다차원에 대한 넓은 시각 같은, 우리가 아직 알지 못하는 새로운 가능성의 구조들을 만들어 낼 수 있다.

언어도 빠른 소통을 위해 암호화 될 수 있을 것 같다. 기호의 힘을 믿었던 어느 고대사회처럼, 은유가 사실을 대체할 수 있다. 심지어 숫자도 압축된 암호문으로서 단어를 대체할 기호로 사용될 수 있다.

가상세계가 커질수록 물리적인 세계는 없어진다 — 하드웨어가 점점 소프트웨어보다 덜 중요해진다.

우리의 질문은, 과연 우리는 새로운 기술의 발달로 과거의 가치가 커지고 있는 나선형의 시간 위에 있는 것인지, 혹은 새로운 컴퓨터 과학과 기호의 발달은 새로운 시간과 차원의 도래를 알리는 계시가 될 수 있을 것인지?

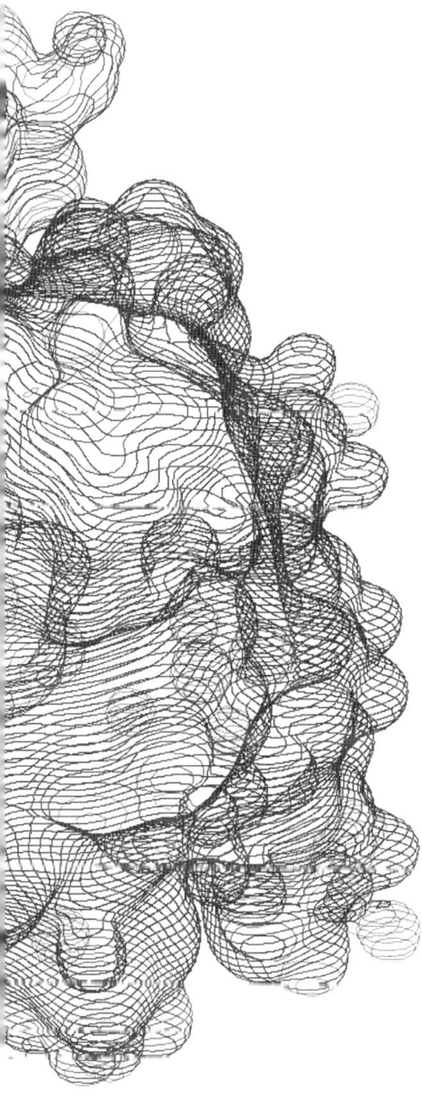

OPERA HOUSE TAICHUNG TAIWAN

TAI CHU NG

혈구[CORPUSCLE]

흑색과 백색이 수직적으로 교대로 나타나는 3차원 체스보드를 상상한다면, 또한 이때 같은 색 끼리는 수직적으로 연결되어 있지만 모서리들이 휘어[flex]져서 연결되어 있다면, 흥미로운 볼륨이 나타난다. 이것이 타이중 오페라 하우스이다. 이 프로젝트는 아럽AGU [Arup Advanced Geometry Unit:옮긴이]와 협력하여 토요 이토에 의해 설계되었으며 공모전 당선작이다.

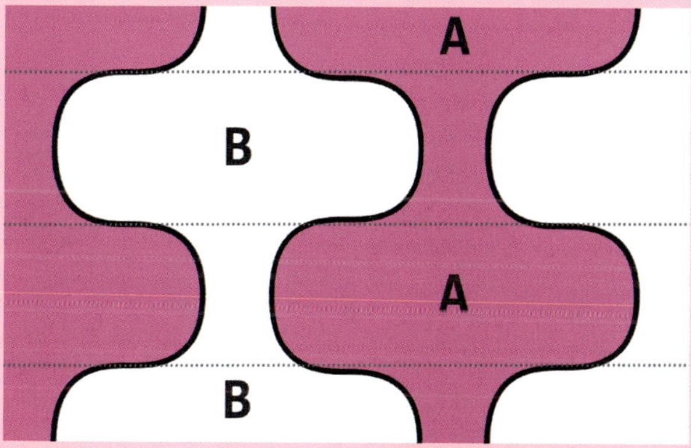

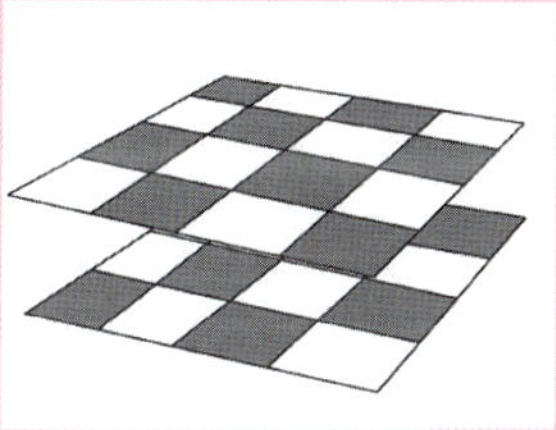

세포와 그 사이의 간질, 스폰지, 혹은 산호 같이 생긴 이 건물은 새로운 그리드 생성[emergent grid]에 대한 연구로부터 진행되었다 — 굴곡진 형태[undulations]는 프로그램과 하부구조를 담기 위한 흥미로운 바탕[template]이 된다. 기본적인 조직방식은 명확하지만, 이 3차원 메쉬는 휘어 있는 선들로 인해 느슨해지기도 하고 넓어지기도 하며 유연해져야 하는 것이다. 이 방법은 형태로부터 실세 사용 가능성을 테스트하며, 기능이 형태를 따를 수 있는가에 대한 도전이었다.

시도 *provocation*

논의를 위해 이 이중곡면들을 현수면이라고 부르자. (정확하게 현수선의 단면은 아니지만 이 면들은 안팎으로 늘어뜨린 선들로 이루어진 것처럼 보인다). 이 빈 형태에 바닥, 벽 혹은 극장 전체를 끼워 넣음으로써 건물의 기능들이 채워지고 연결된다.

여기서의 문제는 두 가지 체계의 충돌이다. 하나는 평평한 부분이 없이 자연스럽게 연결된 형태, 그리고 다른 하나는 평평한 바닥, 수직의 벽, 극장의 좌석경사 등과 같은 관습적인 필요사항들.

형태가 어떻든 프로그램의 배치를 위해서는 수평적, 수직적 고려를 해야 한다. 직교 체계에 익숙해진 존재로서의 우리는 곡선의 세계에 들어가는 것은 익숙한 기준에 대한 도전이다: 엘리베이터는 수직으로 움직이고 있으며, 계단도 수직적으로 연결되고, 등등.

바닥은 이 현수면에 의해 생긴 둥근 단면들hump 위에 위치해야 하는가 혹은 둥근 단면들 사이에 끼워져야 하는가? 둥근 단면 위로 연속적으로 바닥면을 놓는다면 곡면의 수직적 영역들이 수평 바닥면에 의해 절단된다. 두 번째 방식으로 바닥면이 그 사이 끼워지면 둥근 단면들이 유지되지만 바닥들은 형태 의존적인 격막diaphragm이 된다.

이토의 사무실에서는 바닥이 둥근면 위로 연속적으로 놓여진 안을 고려했었다. 이 안은 이상보다는 실용을 택한 것이지만 익숙함에 대한 고려 때문에 아이디어의 근본을 흔들 수는 없다. 그리드는 이 건축적 시도에서 연속적이어야 하나, 비어 있는 굴곡진 형태는 우리가 익숙한 관습적인 사각 틀에서의 막힌 공간을 만드는 방법과 맞지 않는다. 대신, 유연한 형태로 세포 같이 변화하는 공간을 만들어야 하는 것이다.

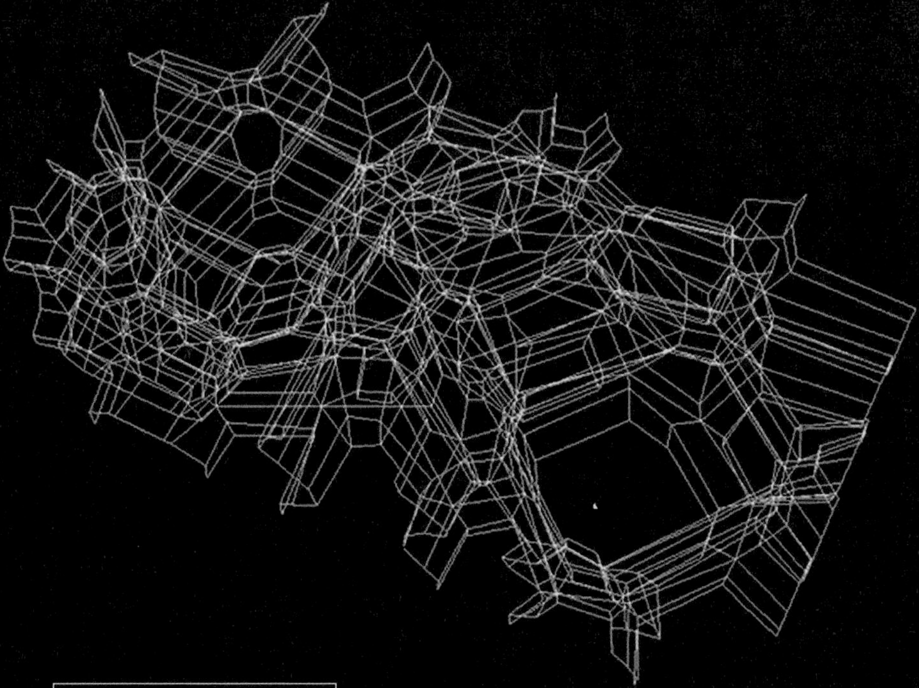

기초형태 모형 (라이노)

면/선/점

↓

데이터 삽입

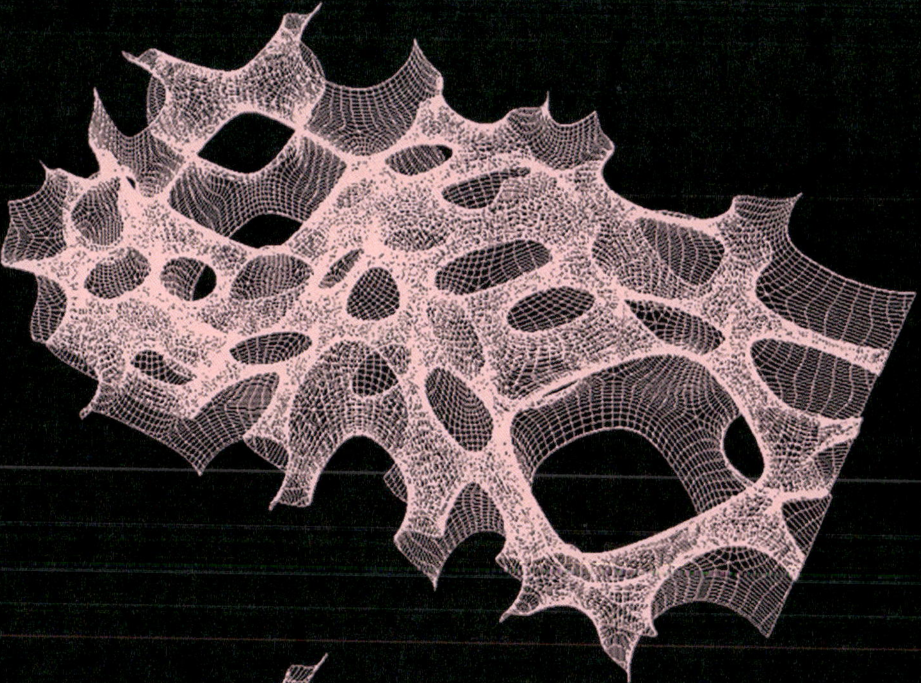

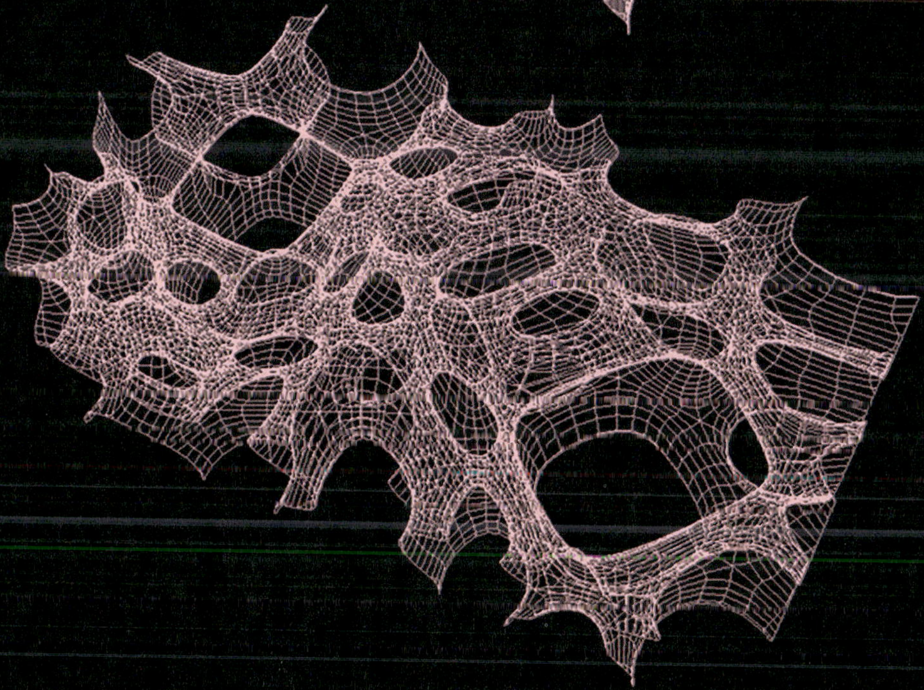

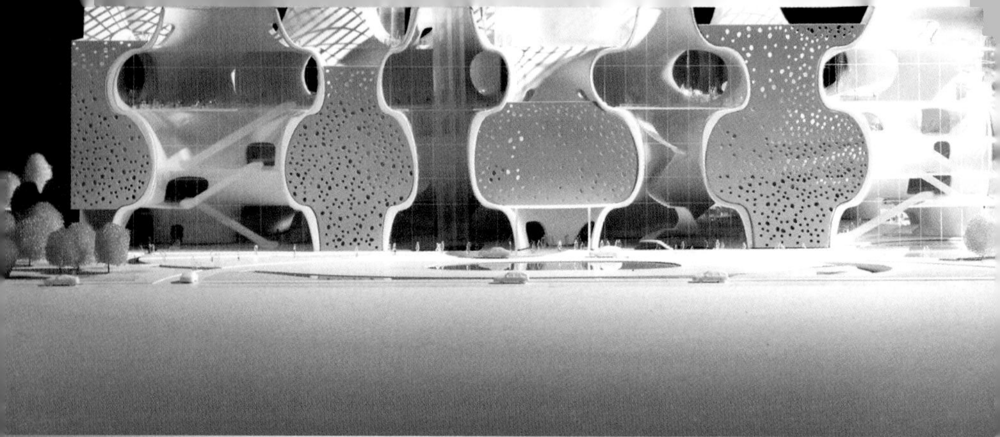

조정 그리드control grid
현수면은 다섯 레벨로 쌓여진 단순한 다각형 그리드에 의해 정의된다. 각 레벨에서 그리드는 미세하게 조정된다. 최종 형태는 74개의 변(직선) 혹은 423개의 조절점control point으로 조정된다. 국부적으로 각각의 현수면들은 비슷한 레벨의 4개의 다각형-아래쪽[1]과 위쪽[2], 그리고 오프셋 [1']과 [2']-으로 정의된다.

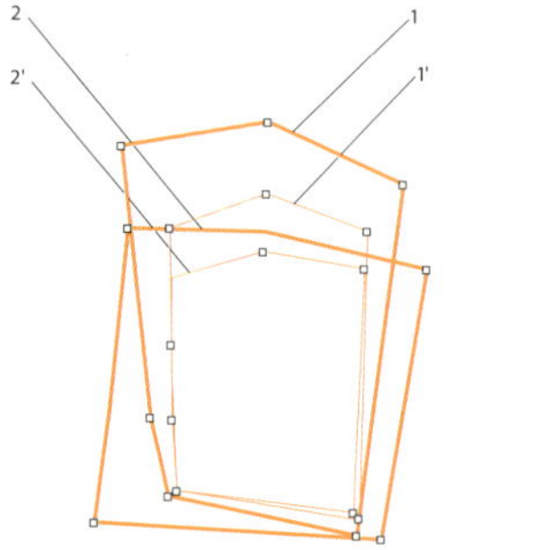

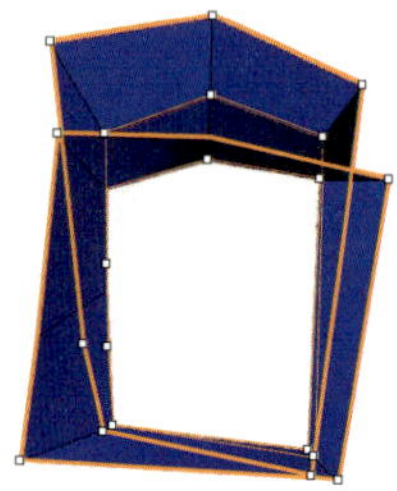

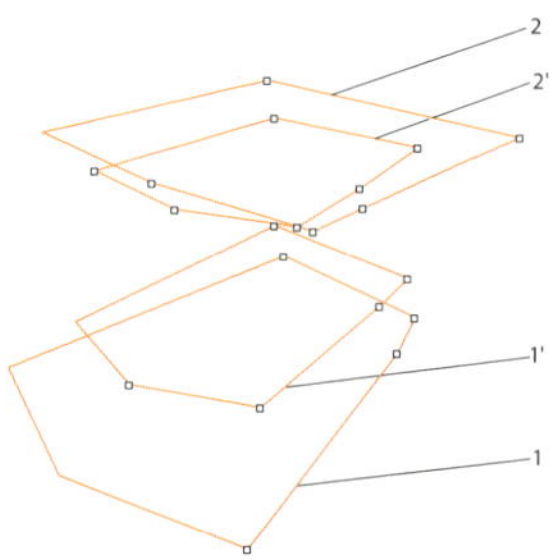

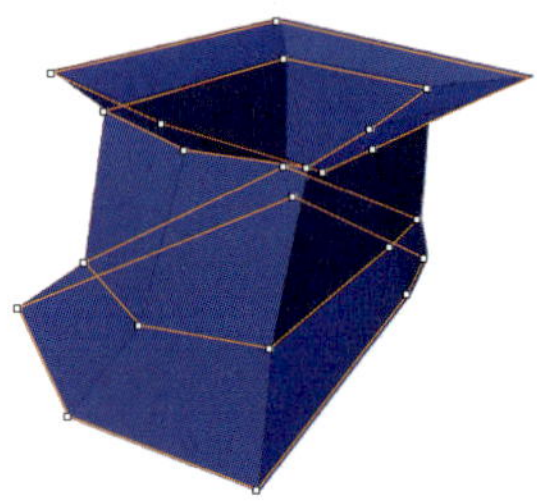

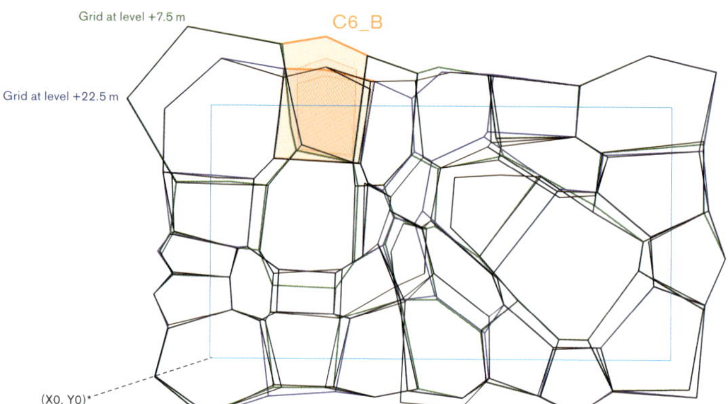

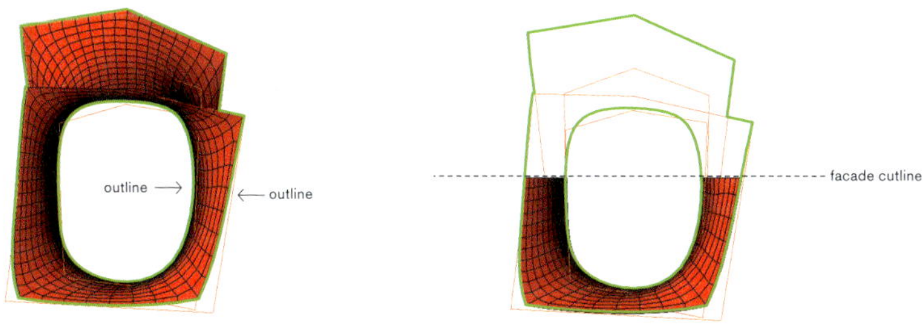
outline
outline
facade cutline

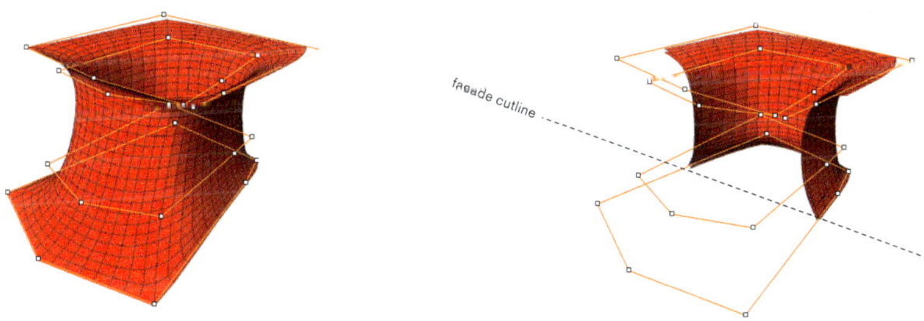
facade cutline

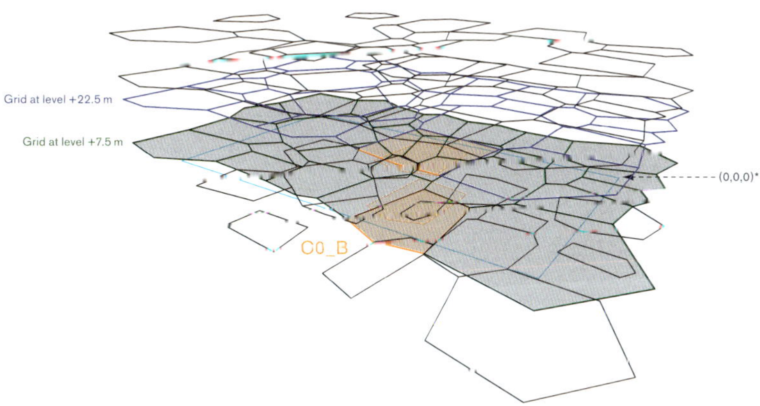
Grid at level +22.5 m
Grid at level +7.5 m
(0,0,0)*
C0_B

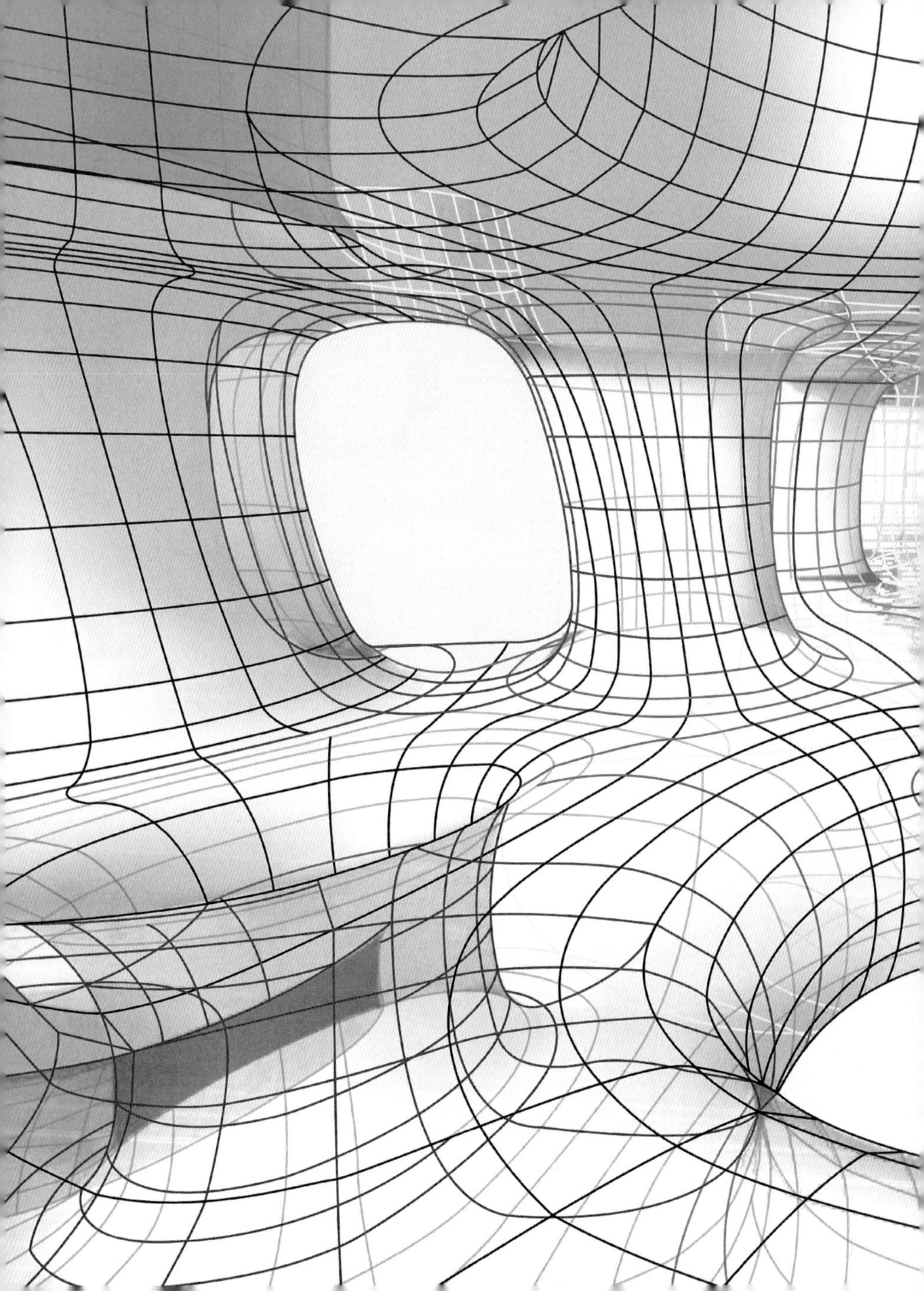

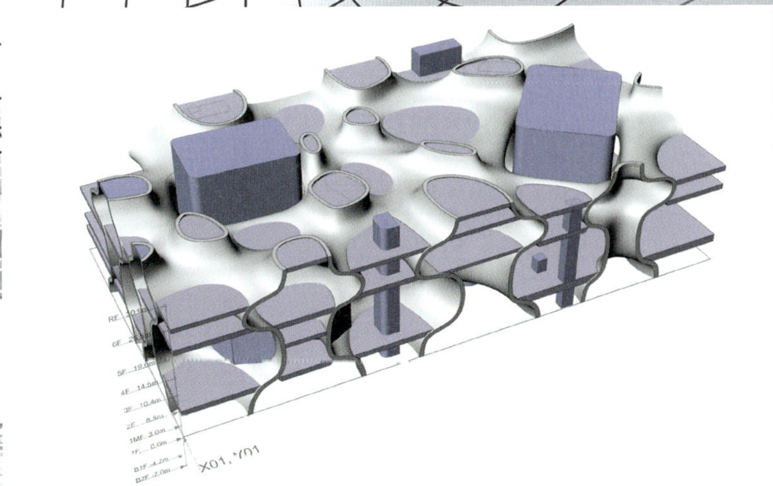

5F 19.0m
4F 14.5m
3F 10.4m
1MF 3.0m
B1F -4.2m
B2F -7.0m

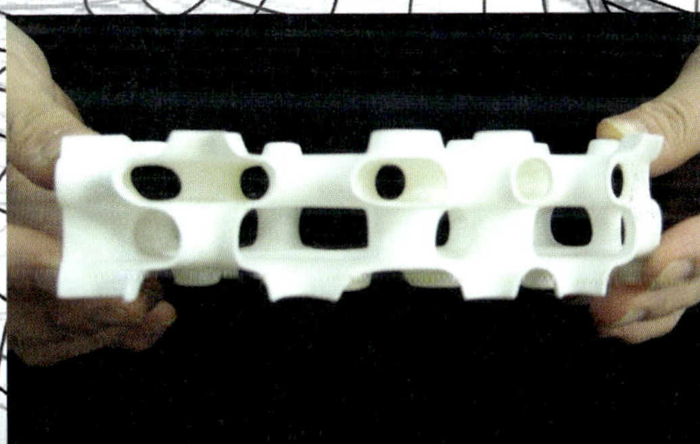

다듬기 smoothing

초기 형태의 각진 모서리들은 유연하게 물결모양으로 바뀌면서 결과적으로 혈관처럼 연결된 공간이 나타난다—자리를 찾아 침투하는 통로들. 구조 조직의 '숨결breathing'은 열림과 닫힘, 넓고 휑함, 작고 가느다란 리듬을 이어간다.
공간의 이야기는 확산되고 변화한다.

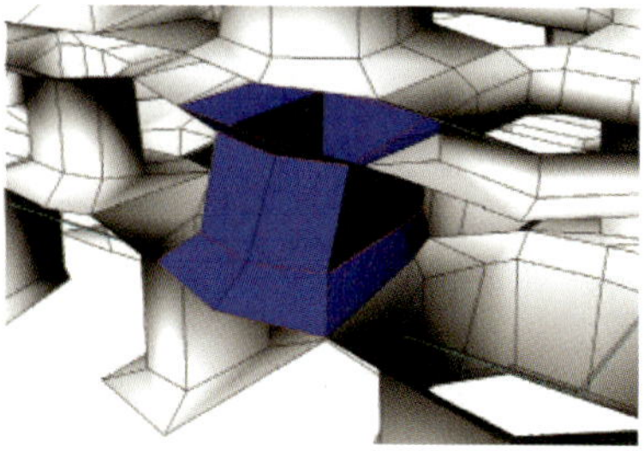

초기 메쉬
총 58개인 각각의 현수면들은 네 개의 다각형으로 정의된다. 최종 형태는 몇 번의 다듬는SMOOTHING 과정을 통해 완성된다.

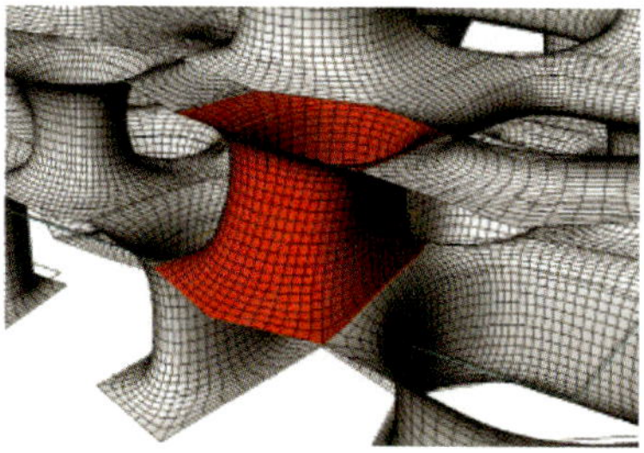

다듬어진 면
각 과정에서 초기 메쉬의 면들은 인접한 면들에 대응하여 반으로 나누어진다.

마치 전류처럼, 프로그램은 빈 공간 내에 갇혀 통로에 쌓이고 웅덩이에서 고정된다.

모든 공간은 개념적으로 매듭처럼 연결되어 있지만, 한번 연결되면 어떻게 풀리는지 어디서 다시 시작해야 하는지 결정하기 쉽지 않다. 국지적인 상황이 전체보다 중요하다.

접힌 듯한 형태는 인근의 영역을 안에서 밖으로 연결한다.

관습적인 평면과 단면 대신, 이 형태는 등고와 등방거동isomorphic behaviour으로 읽혀야 한다.

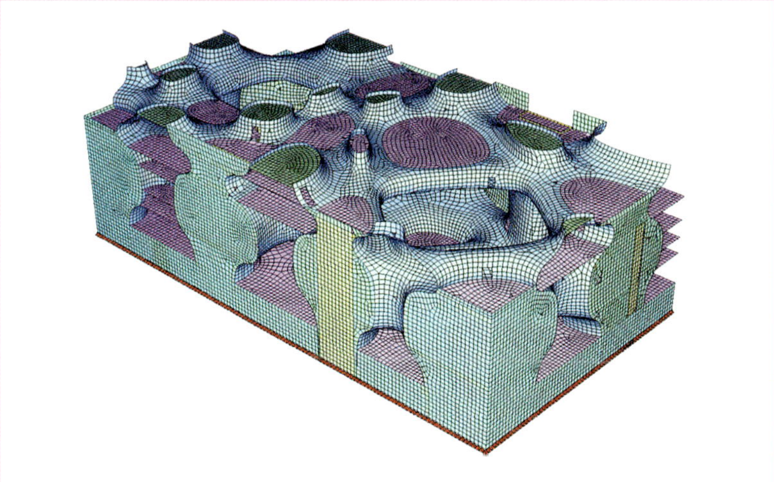

Norm
Norm vs Warp
Warp
Prismatic Fold
Norm vs Warp
Norm vs Fold

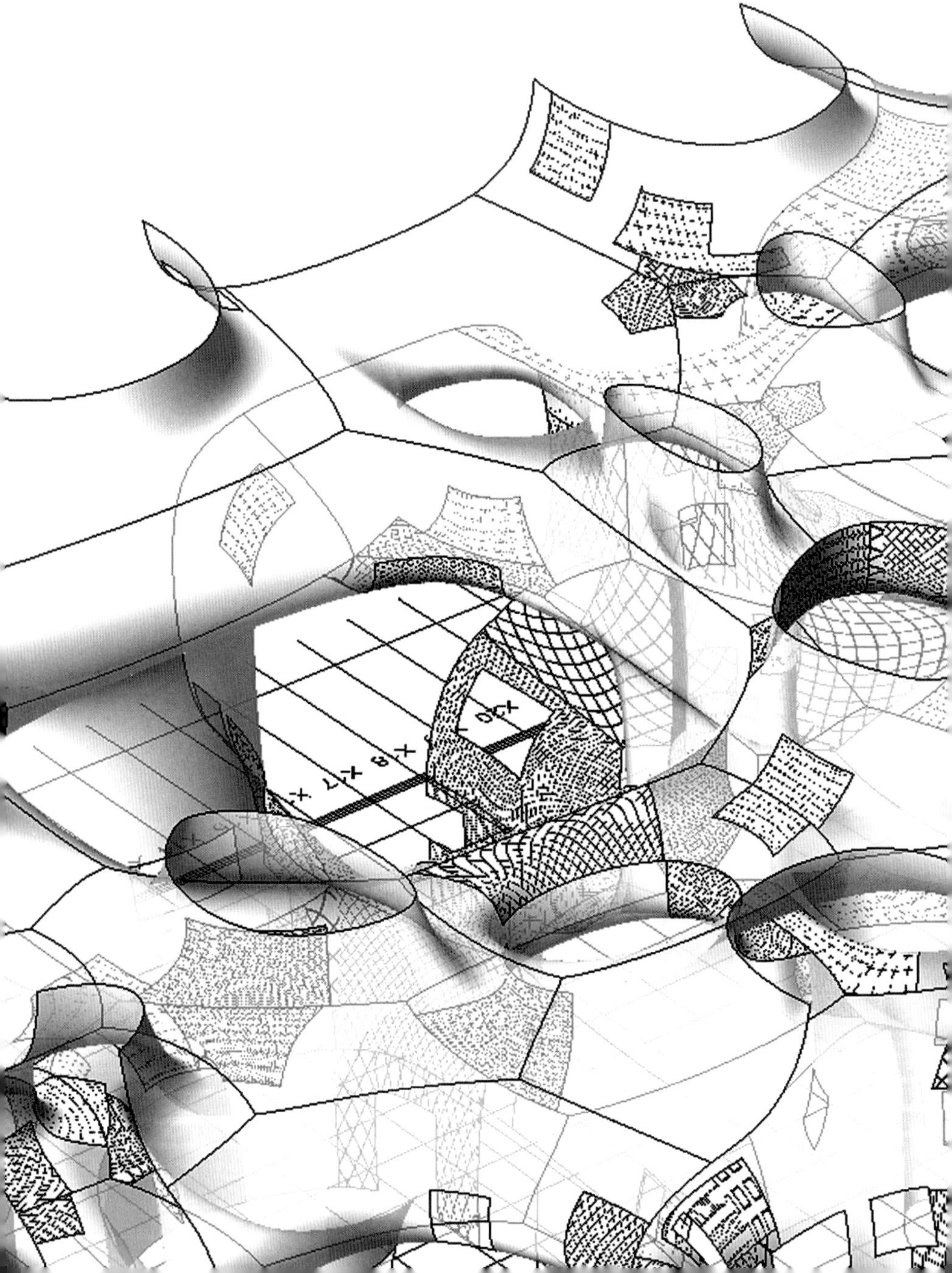

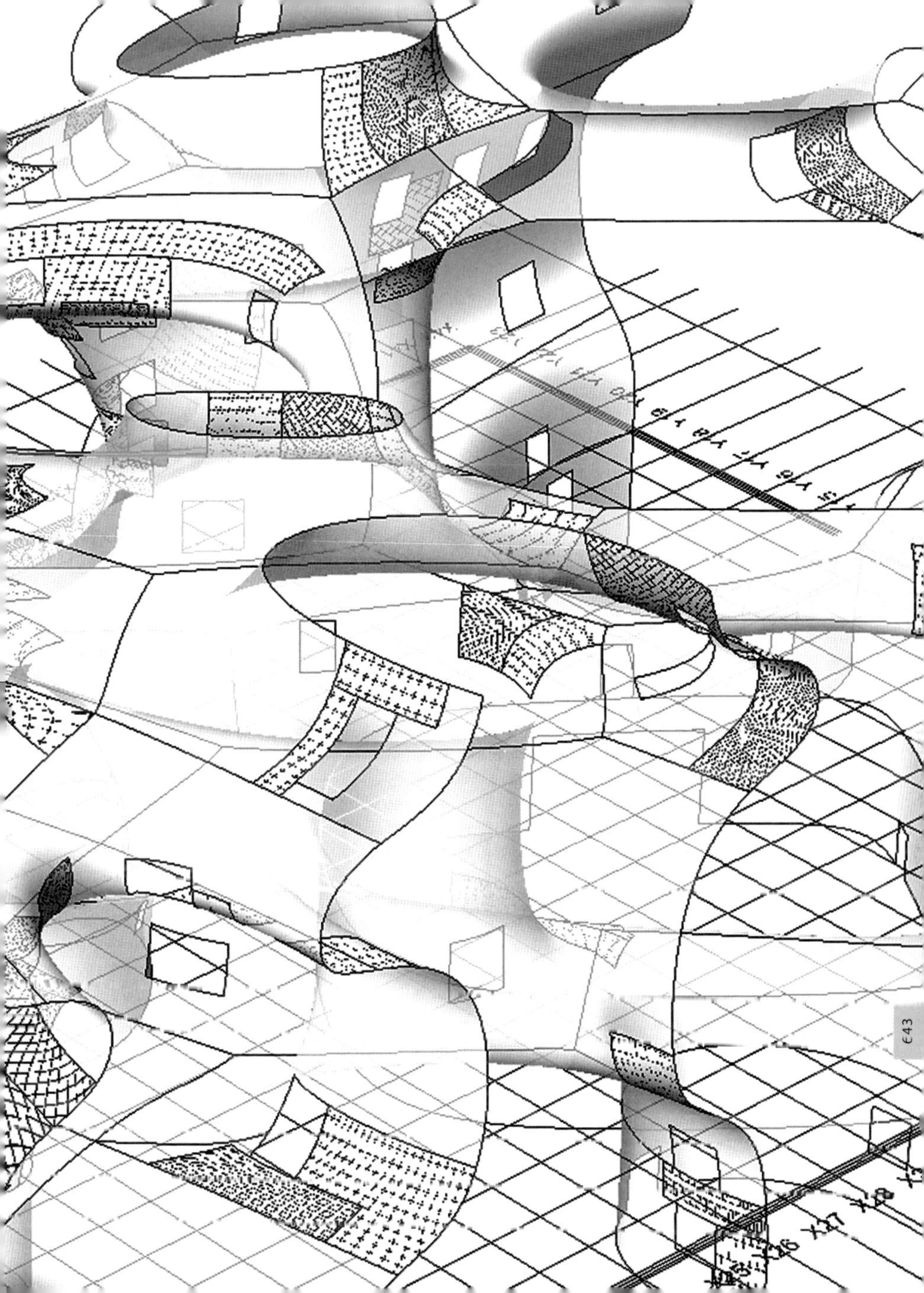

초기 안: 현수면의 구조를 곡선 강재 리브rib와 원주를 두르는 고리모양의 띠로 구성하는 것을 생각하였으나 후에 강재 트러스 벽과 콘크리트 충진으로 변경

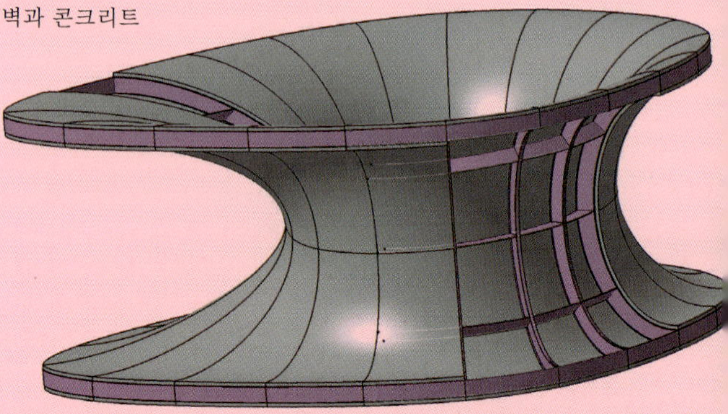

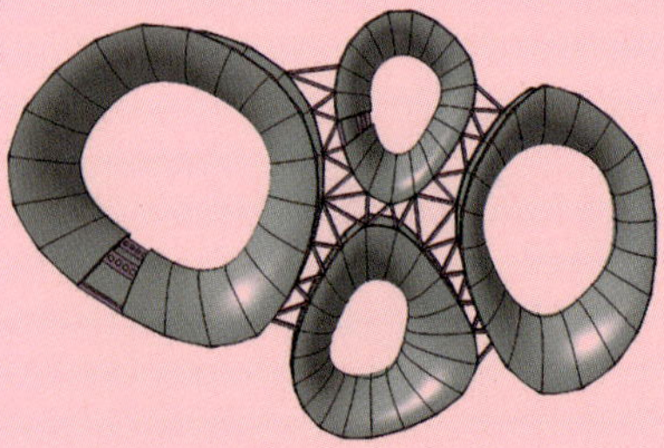

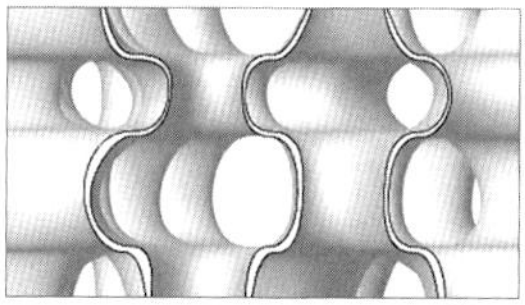

West

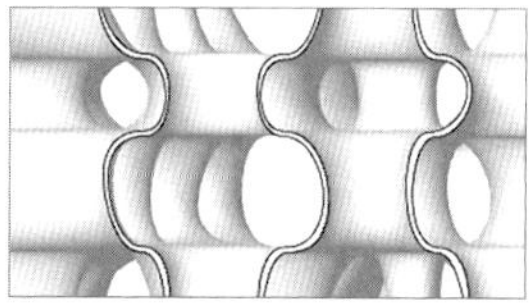

East

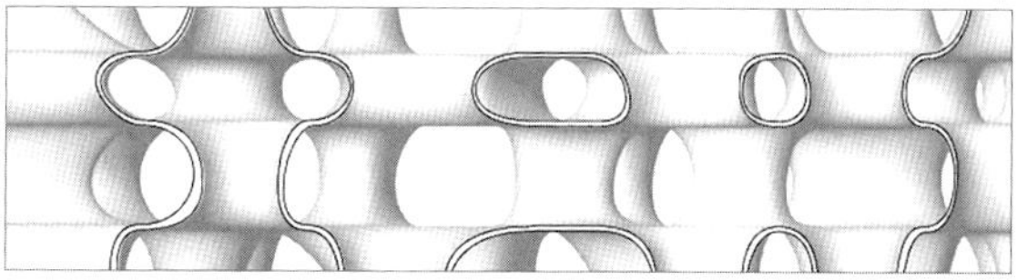

North

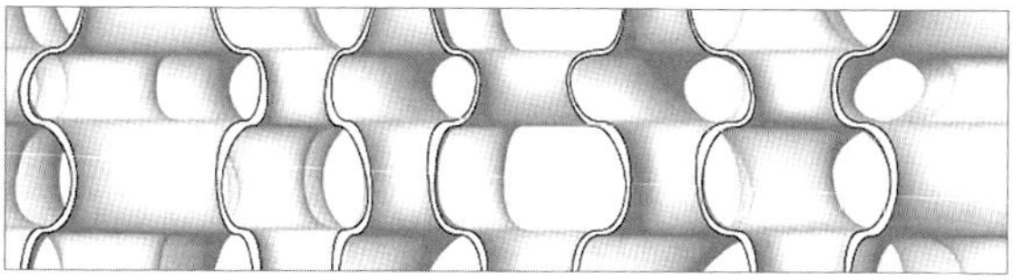

South

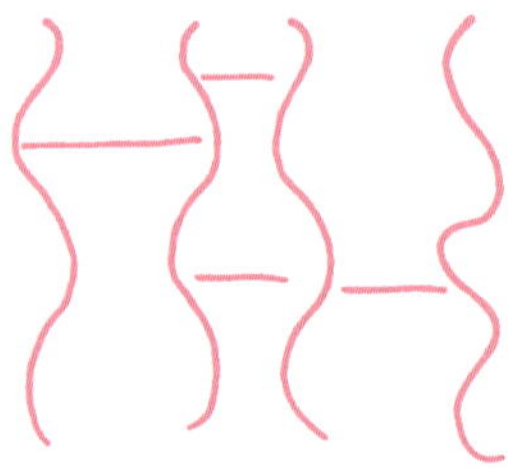

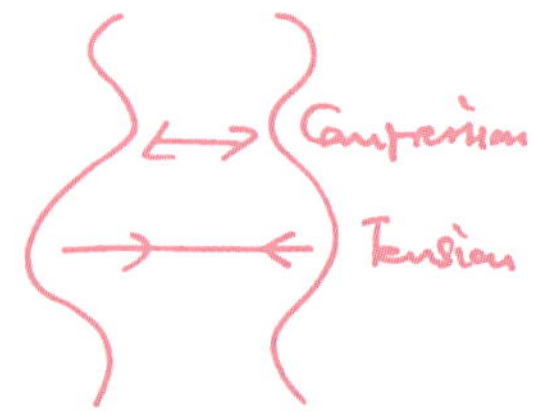

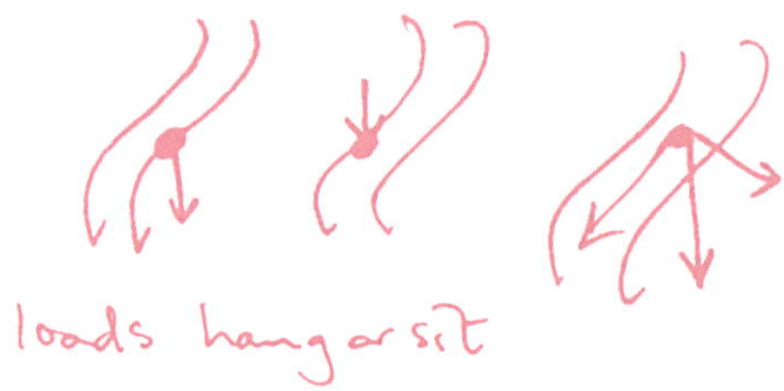

절점 하중pin load을 표면으로 전이시키면 휨 모멘트가 발생한다. 절점으로 전달된 수직하중은 둘로 나누어진다－하나는 쉘을 따라 흐르는 큰 힘, 다른 하나는 쉘의 면과 수직으로 작용하여 면외방향 휨bending out of plane을 일으키는 힘

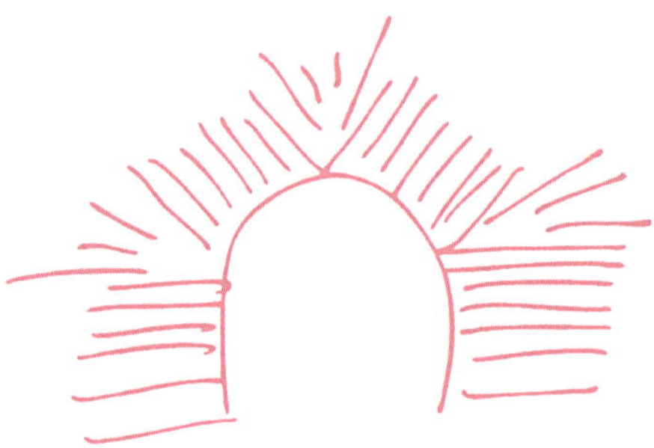

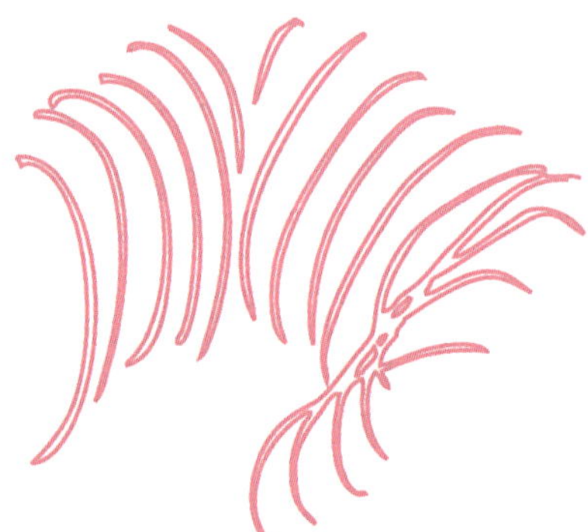

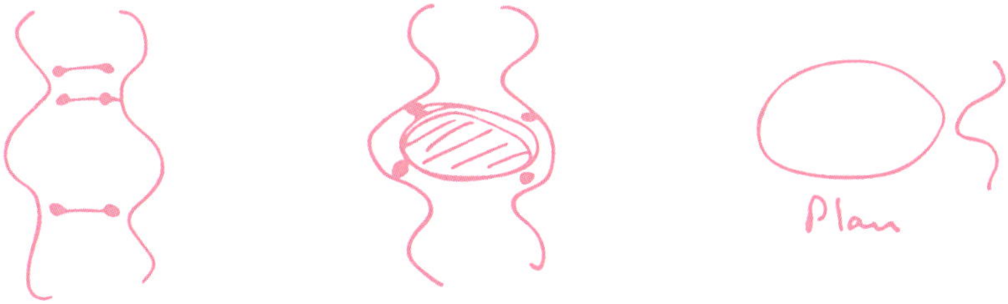

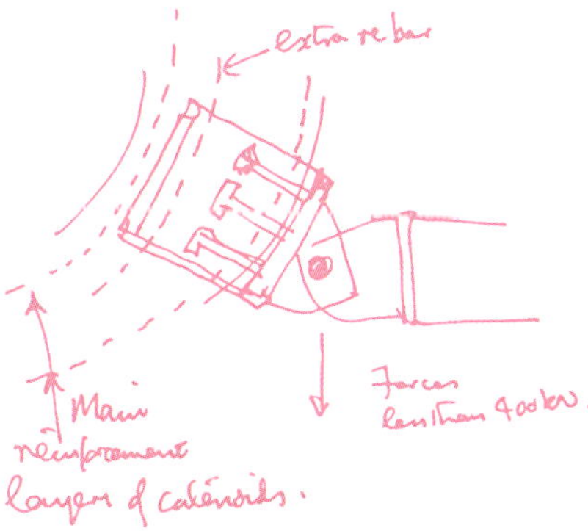

현수면에서 콘크리트 면이 과도한 응력을 받지 않도록 바닥 부재들은 벽에 힌지 접합으로 고정.

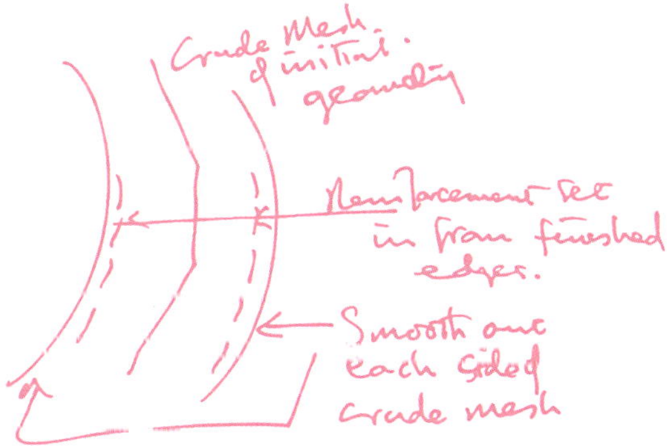

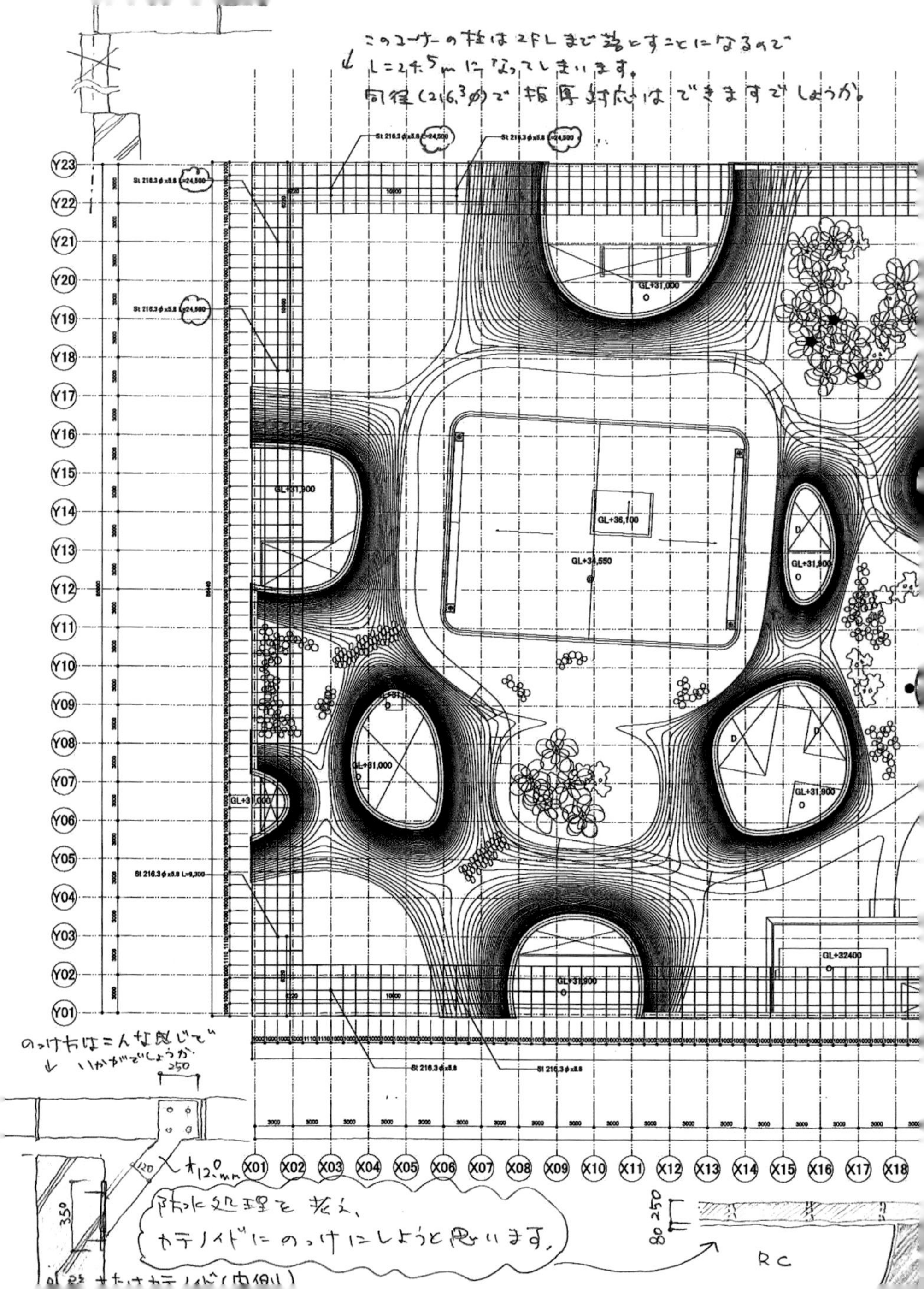

このコーナーの柱は2FLまで落とすことになるので
L=24.5mになってしまいます。
同径(216.3φ)で板厚対応はできますでしょうか。
St 216.3φx5.8 L=24,500
St 216.3φx5.8 L=9,300
St 216.3φx5.8
GL+31,000
GL+31,900
GL+36,100
GL+34,550
GL+32400
Y23
Y22
Y21
Y20
Y19
Y18
Y17
Y16
Y15
Y14
Y13
Y12
Y11
Y10
Y09
Y08
Y07
Y06
Y05
Y04
Y03
Y02
Y01
X01
X02
X03
X04
X05
X06
X07
X08
X09
X10
X11
X12
X13
X14
X15
X16
X17
X18
のっけ方はこんな感じで
いかがでしょうか。
防水処理を考え、
カテノイドにのっけにしようと思います。
RC

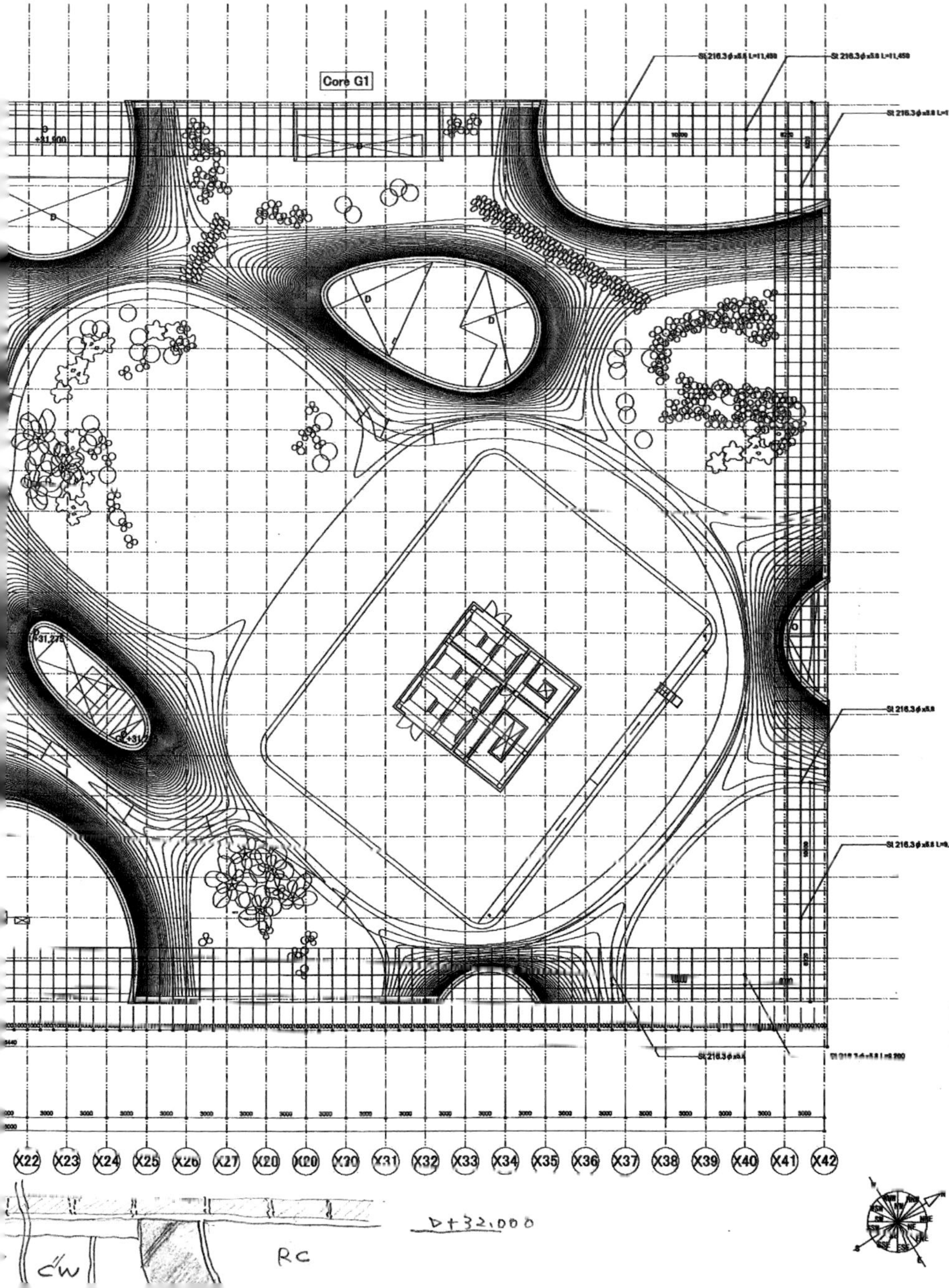
Core G1
X22
X23
X24
X25
X26
X27
X31
X32
X33
X34
X35
X36
X37
X38
X39
X40
X41
X42
D+32,000
RC

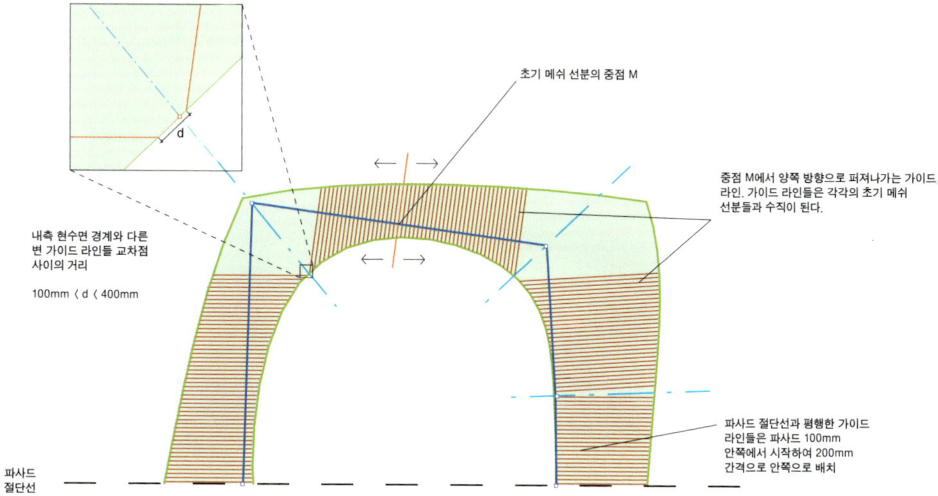

방사형의 트러스 벽
평행한 트러스 벽이 그려진 후, 모서리 부분의 빈 영역은 방사형의 선들로 채움

초기 메쉬
초기 메쉬는 초기 상태의 모든 현수면들을 조정 그리드로 나타낸 것이다. (네 개의 다각형으로 시작하여) 이 간단한 메쉬는 최종 형태를 위한 바탕이 된다.

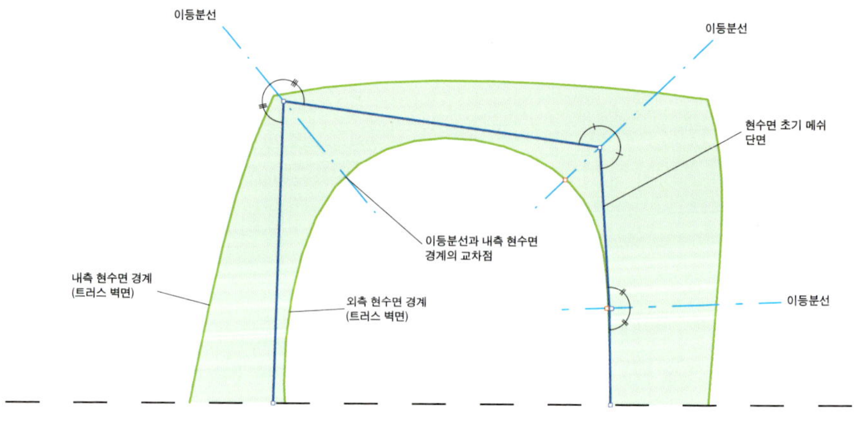

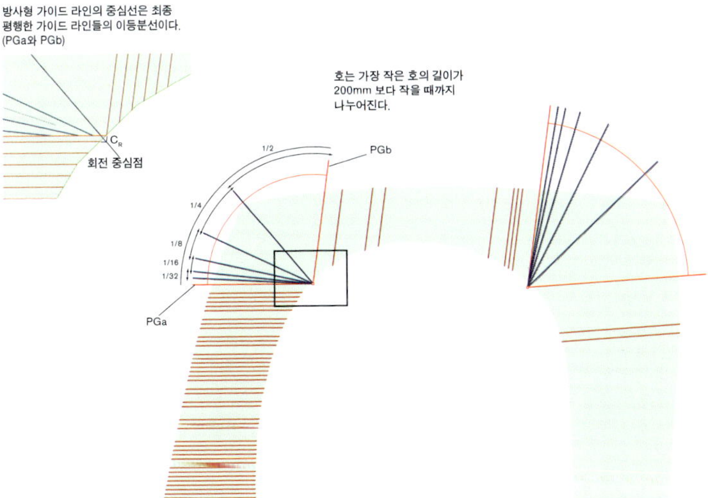
방사형 가이드 라인의 중심선은 최종
평행한 가이드 라인들의 이등분선이다.
(PGa와 PGb)
C_R
회전 중심점
호는 가장 작은 호의 길이가
200mm 보다 작을 때까지
나누어진다.
1/2
PGb
1/4
1/8
1/16
1/32
PGa

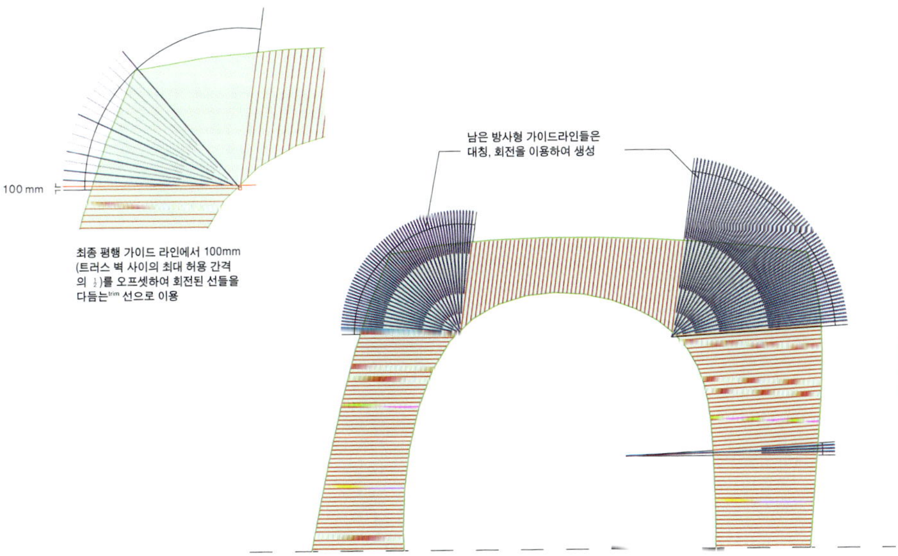
100 mm
최종 평행 가이드 라인에서 100mm
(트러스 벽 사이의 최대 허용 간격
의 ½)를 오프셋하여 회전된 선들을
다듬는trim 선으로 이용
남은 방사형 가이드라인들은
대칭, 회전을 이용하여 생성

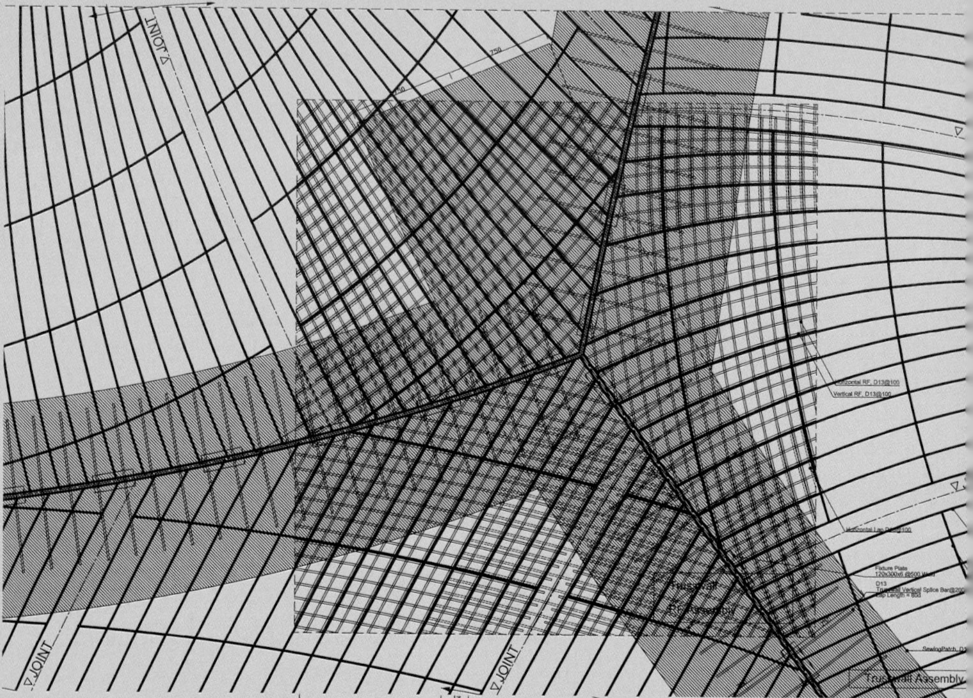

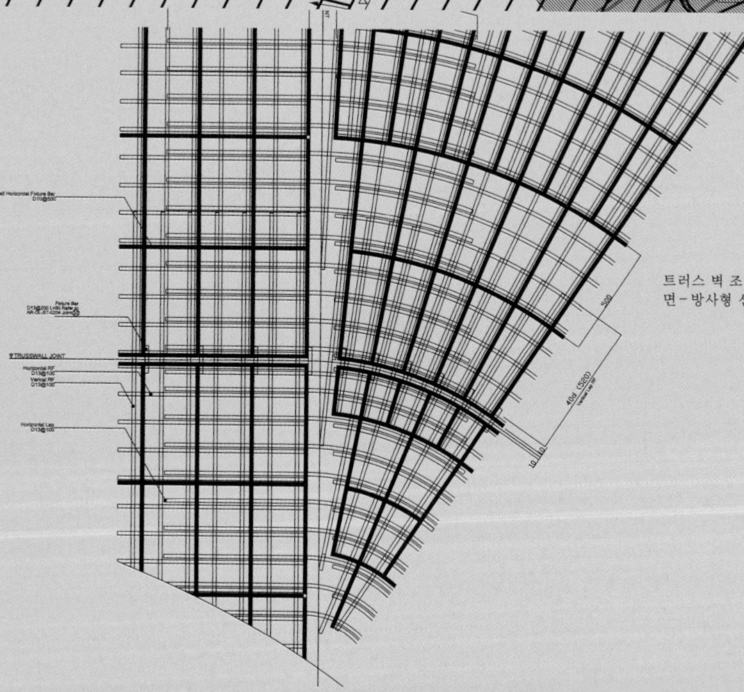

트러스 벽 조인트 기준 평면-방사형 선과 평행

논의 Discussion

사람들은 곡면의 형태를 이야기할 때 곡면의 특성은 관습적인 프레임과 대조될 때 가장 잘 드러날 수 있다고 이야기한다. (만약 건물의 모든 부분이 곡면이라면 혁신적인 것인가? 혹은 뒤틀어진 바닥과 계단으로 프로그램들을 배치하는 것을 추구하는 것은 에너지 낭비가 아닌가?) 혹자는 건축에서 프로그램은 혁신이 필요하고, 새로운 형태가 그 혁신을 가능하게 할 수 있다고 이야기한다. 또 다른 사람들은

프로그램의 속성상 연결성이나 사용의 패턴이 비선형적이고, 프로그램이 담기는 공간은 새로운 기능들을 해석하기 위해 발전될 수 있다고 이야기한다. 그러나 우리는 수직, 수평에 대한 가정 혹은 강권으로 다시 돌아온다. 좌우 대칭적인 존재로서, 그리고 직교 평면을 연결하는 것이 관습적으로 편리한 존재로서 건물을 설계하는 첫 번째 답은 직각으로 만드는 것이다.

이 기준으로부터 벗어나는 첫 번째 단계는 다루기 쉬운 프리즘 같은 모양의 날카로운 모서리로 접는 것이다. 이는 직교 체계의 공간에서 한발 나아간 것이다. 프리즘 모양에서 모서리는 넓은 면을 양쪽으로 가지고 있고, 우리의 눈은 접혀진 평평함을 연속적인 곡선보다 쉽게 인식할 수 있다. 모든 부분이 곡면이라면, 여기서는 평면에 대한 정의가 있을 수 없고 프로그램에 대한 전체적인 새로운 제안이 필요하다. 만약

곡면들이 직교체계와 병치되거나 충돌하고 있다면, 고정된 것과 대비되는 가변적인 혼합hybrid 형태가 나타난다. 오페라 하우스 프로젝트가 이것이다. 외곽의 평평한 박스에 대응된 곡면들은 벽, 바닥, 극장 무대 등이 삽입되면서 이 같은 논쟁과 토론을 유발시킨다. 직교체계의 프레임과 결합되면서 익숙한 규준을 흔들고 있는 것이다.

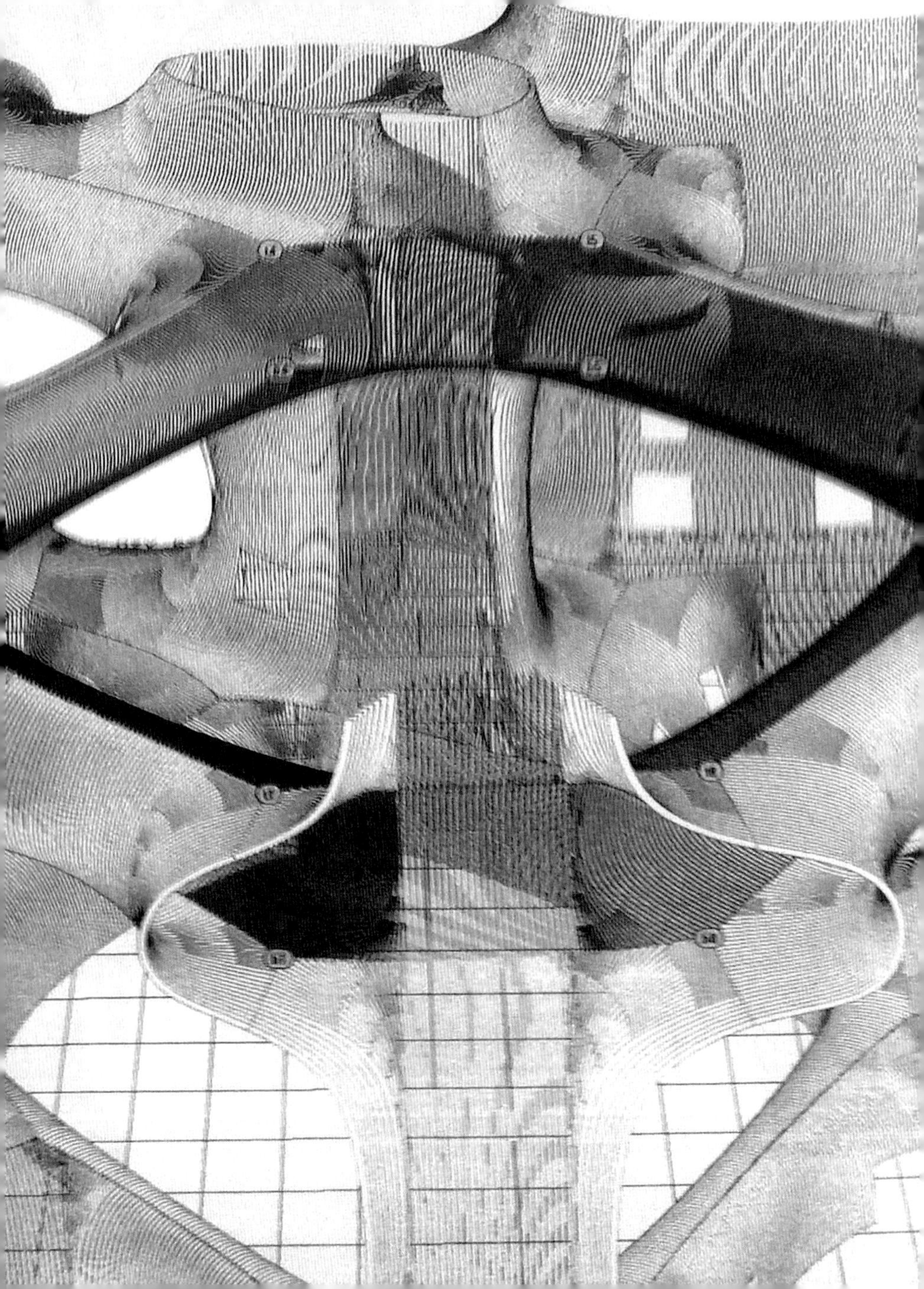

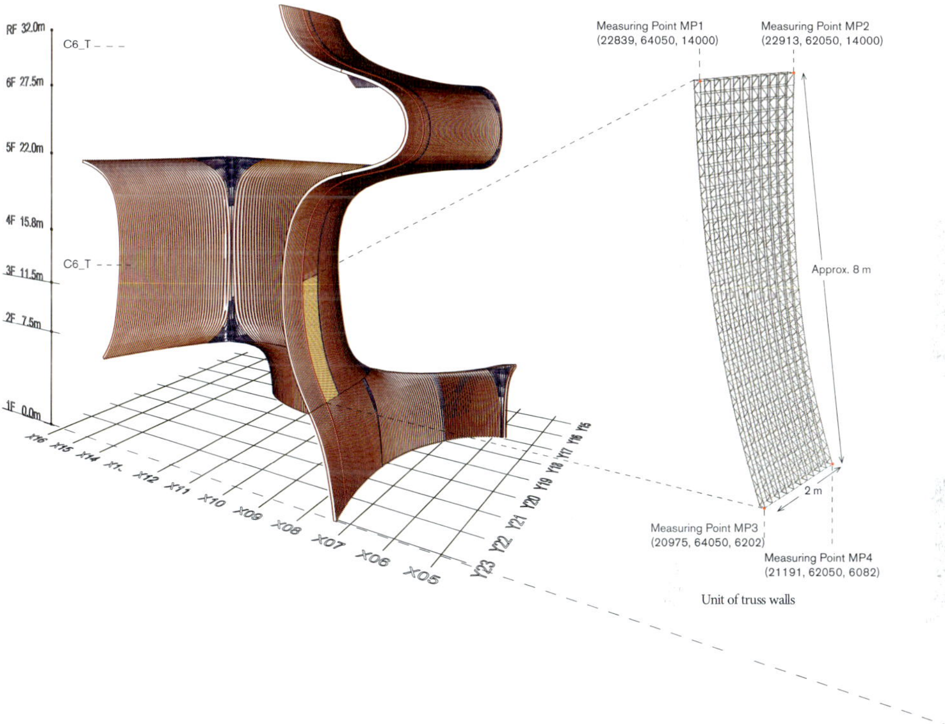

Parallel truss walls

Radial truss walls

Truss unit

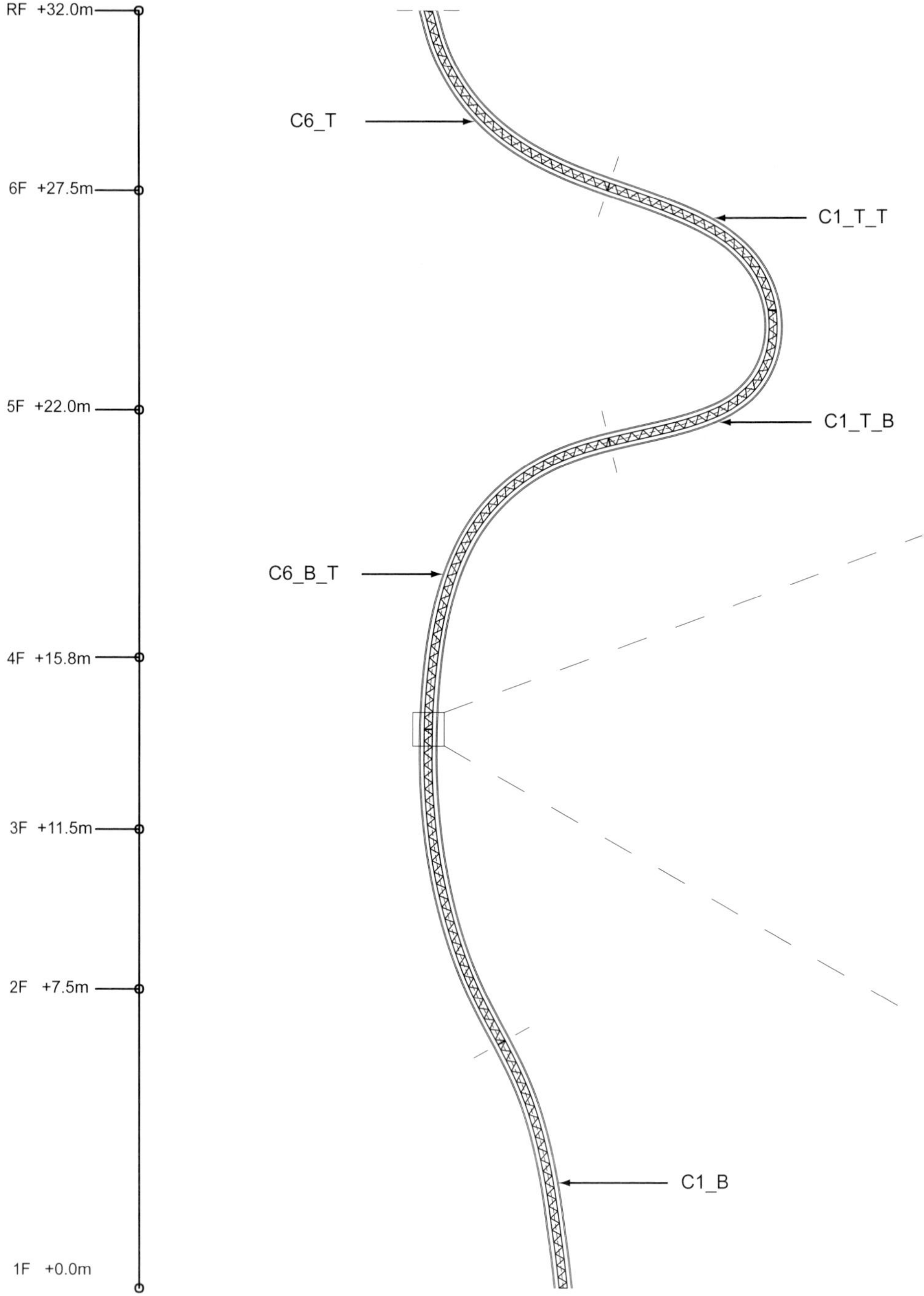

RF +32.0m
6F +27.5m
5F +22.0m
4F +15.8m
3F +11.5m
2F +7.5m
1F +0.0m
C6_T
C1_T_T
C1_T_B
C6_B_T
C1_B

정밀도 관리 Precision control

자재계획과 시공과정을 효과적으로 만들기 위해서 각각의 유닛들은 이름표(현수면의 이름과 유닛의 번호)와 건물에서의 x,y,z 좌표를 표시한 최소 네 개씩의 측정점(MP)이 붙여졌다. 이런 방식으로 선제작 과정에서의 높은 정밀도가 현장에서도 가능하게 되었다: 정밀도는 레이져 제어 기기를 이용하여 확보된다.

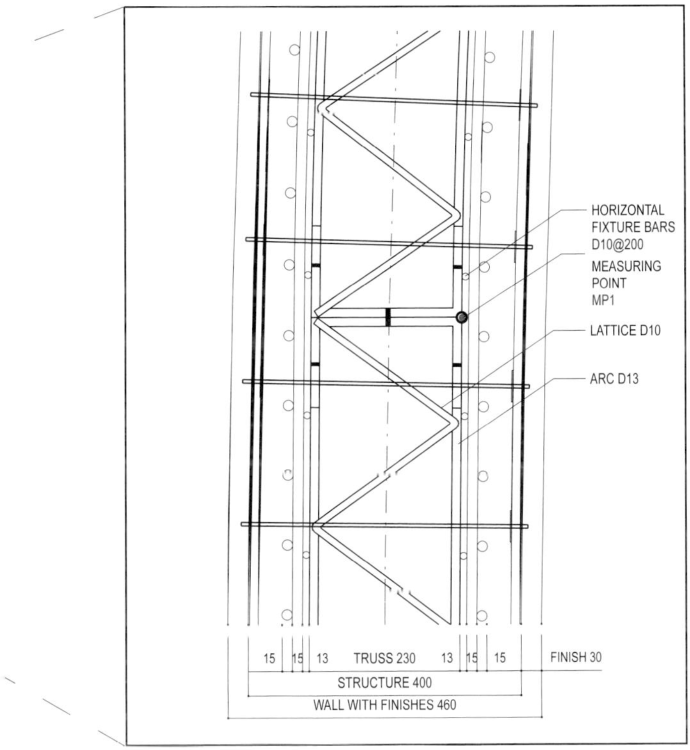

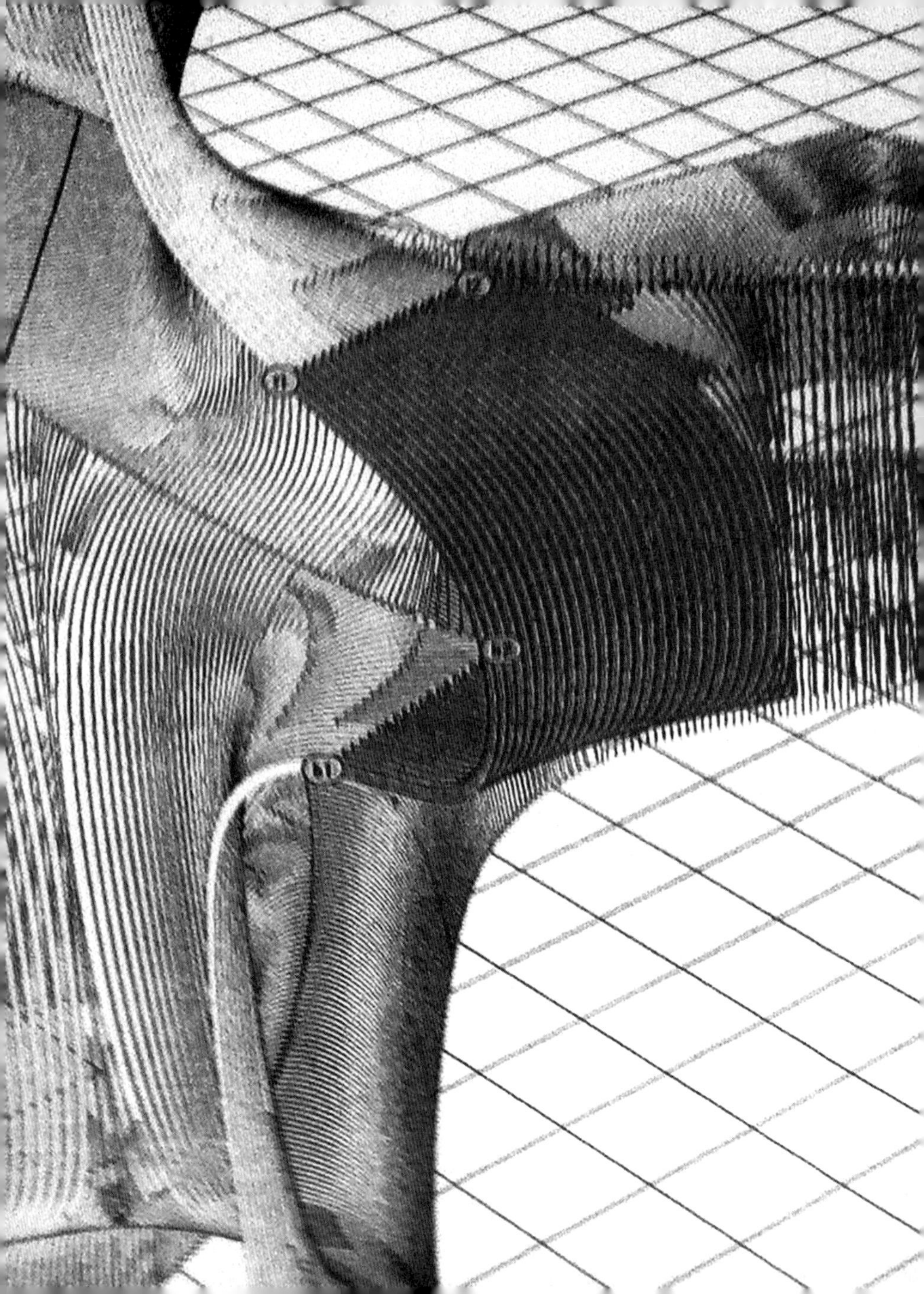

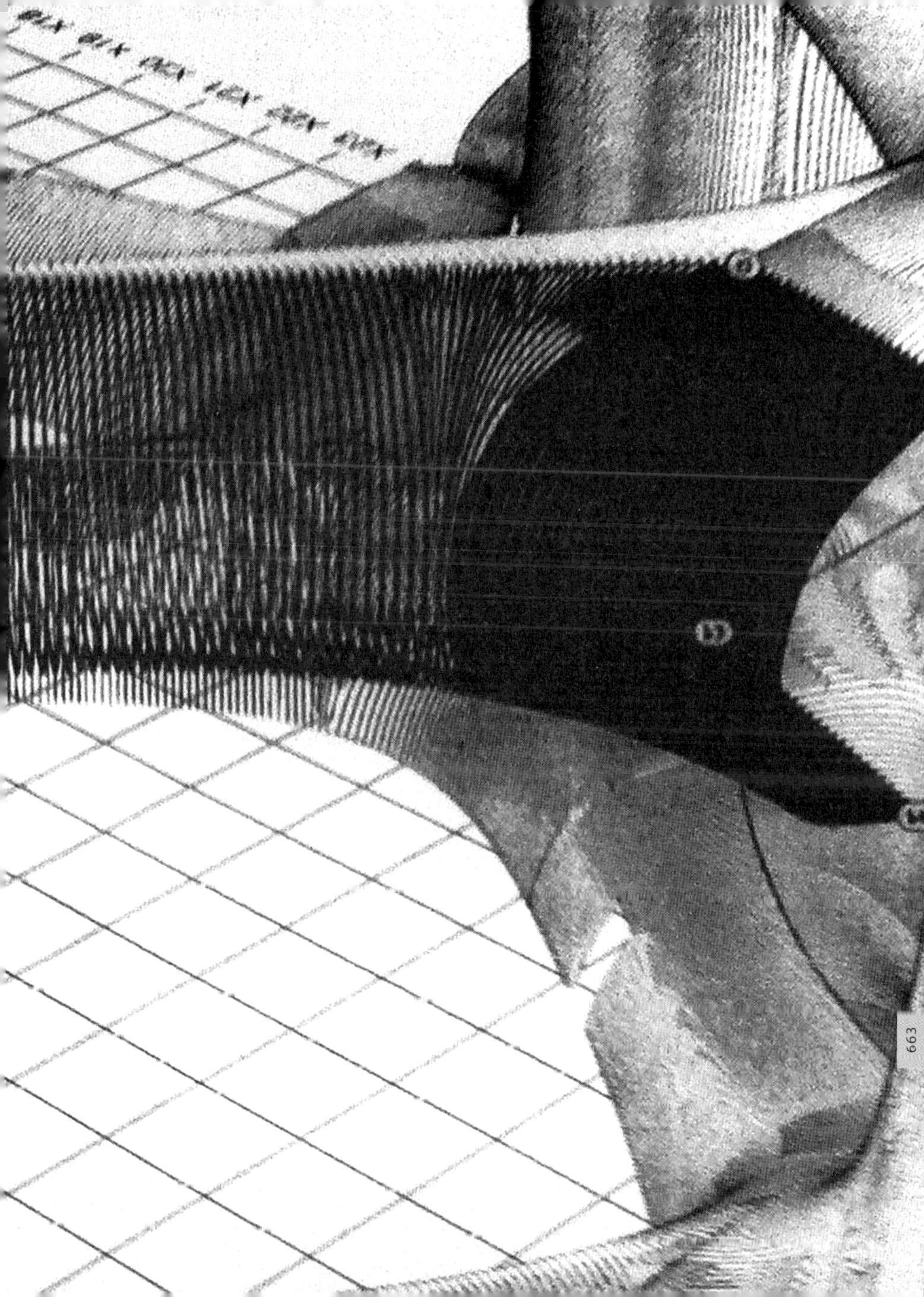

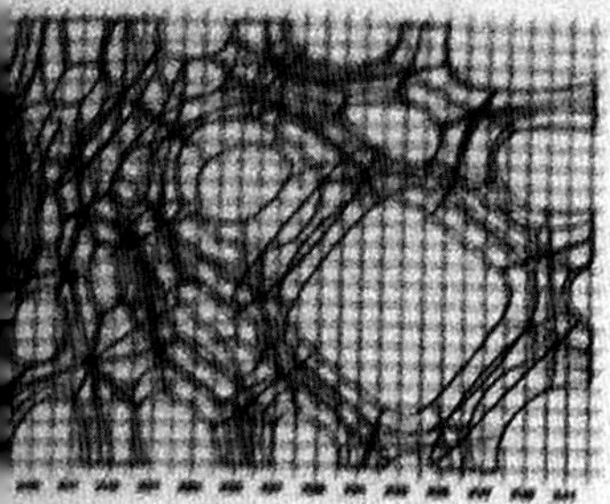

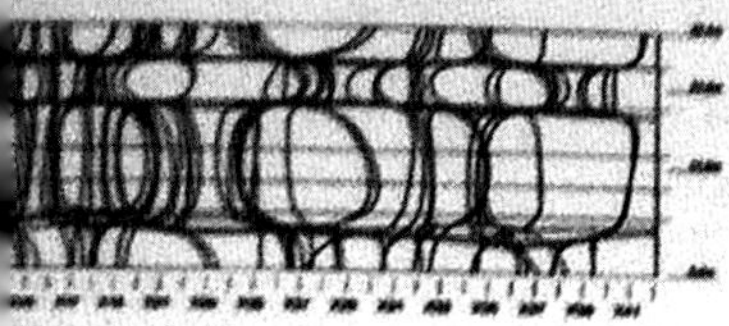

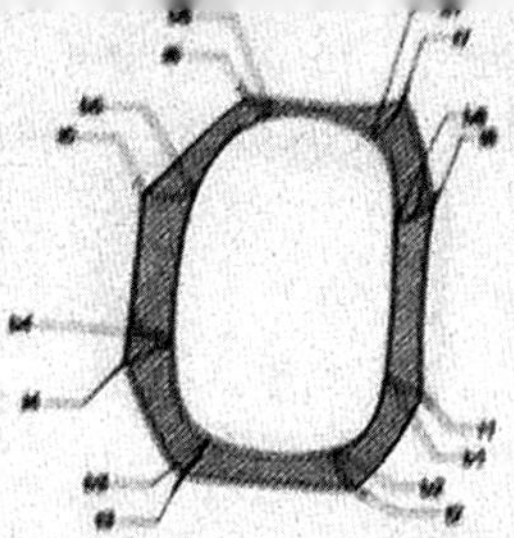

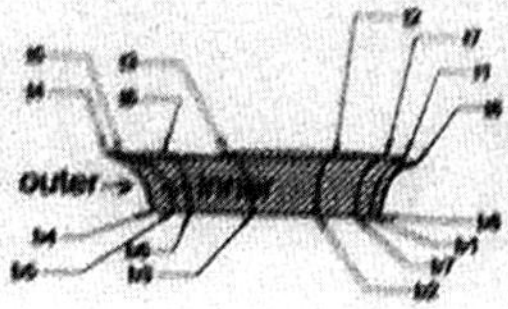

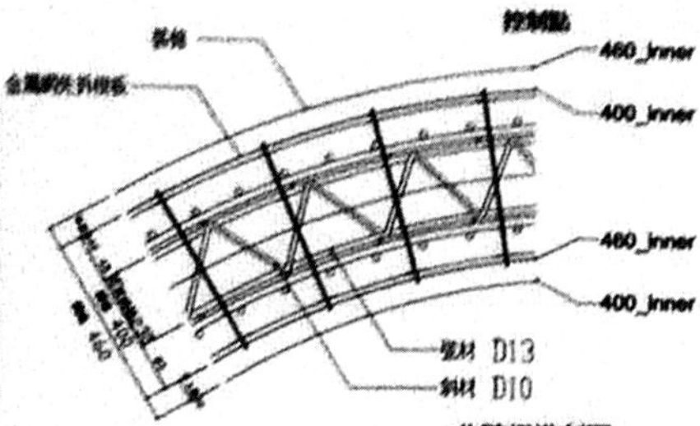

曲壁標準剖面

[illegible]	合計
39.65 ㎡	219.89 ㎡
45.59 ㎡	252.87 ㎡

[illegible]	合計
99.07 ㎡	546.66 ㎡

[illegible]	合計
1233. m	5798.7 m
1325. m	6231.2 m

控制點座標

Y	Z
27418	5650
18777	5397
19447	5364
29393	5322
44662	4933
53510	5477
53924	5606
44414	5145
29178	0
22315	0
22956	0
31431	0
44654	0
51852	0
50226	0
42911	0

400_outer	X	Y	Z
t1	39043	27365	5296
t2	32822	18717	5013
t3	17785	19392	4979
t4	12749	29357	4947
t5	14254	44639	4541
t6	23341	53677	5129
t7	37197	54040	5249
t8	40098	44365	4770
b1	35936	29101	0
b2	31156	21915	0
b3	20042	22597	0
b4	16716	31421	0
b5	18582	44783	0
b6	25528	52237	0
b7	34636	50541	0
b8	36785	42905	0

Y	Z
27422	5677
18782	5426
19451	5393
29396	5350
44664	4962
53497	5503
53916	5633
44418	5174
29183	0
22345	0
22983	0
31432	0
[illegible]	0

460_outer	X	Y	Z
t1	39056	27361	5269
t2	32827	18713	4964
t3	17779	19388	4950
t4	12739	29355	4919
t5	14249	44637	4511
t6	23345	53690	5103
t7	37188	54048	5223
t8	40107	44361	4742
b1	35966	29095	0
b2	31165	21885	0
b3	20027	22570	0
b4	16686	31420	0
b5	18553	44792	0

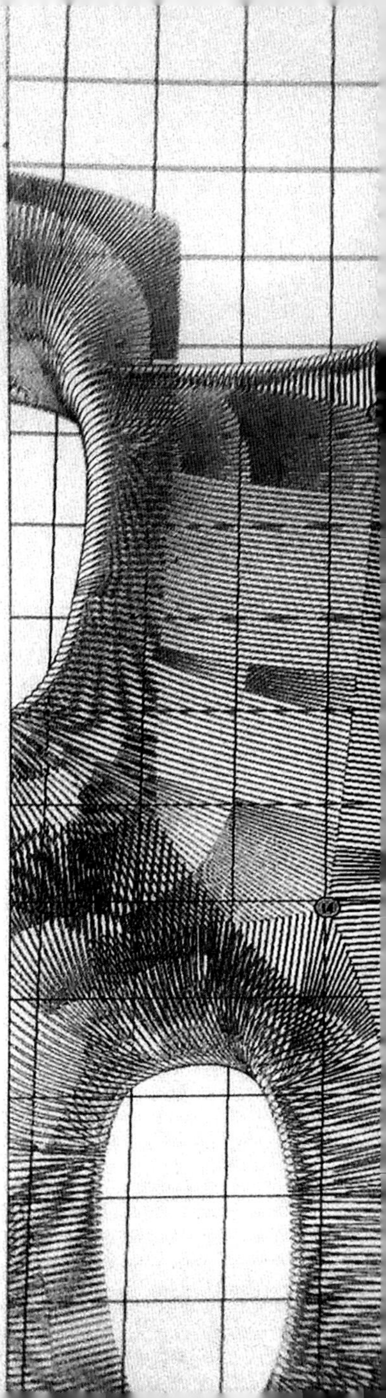

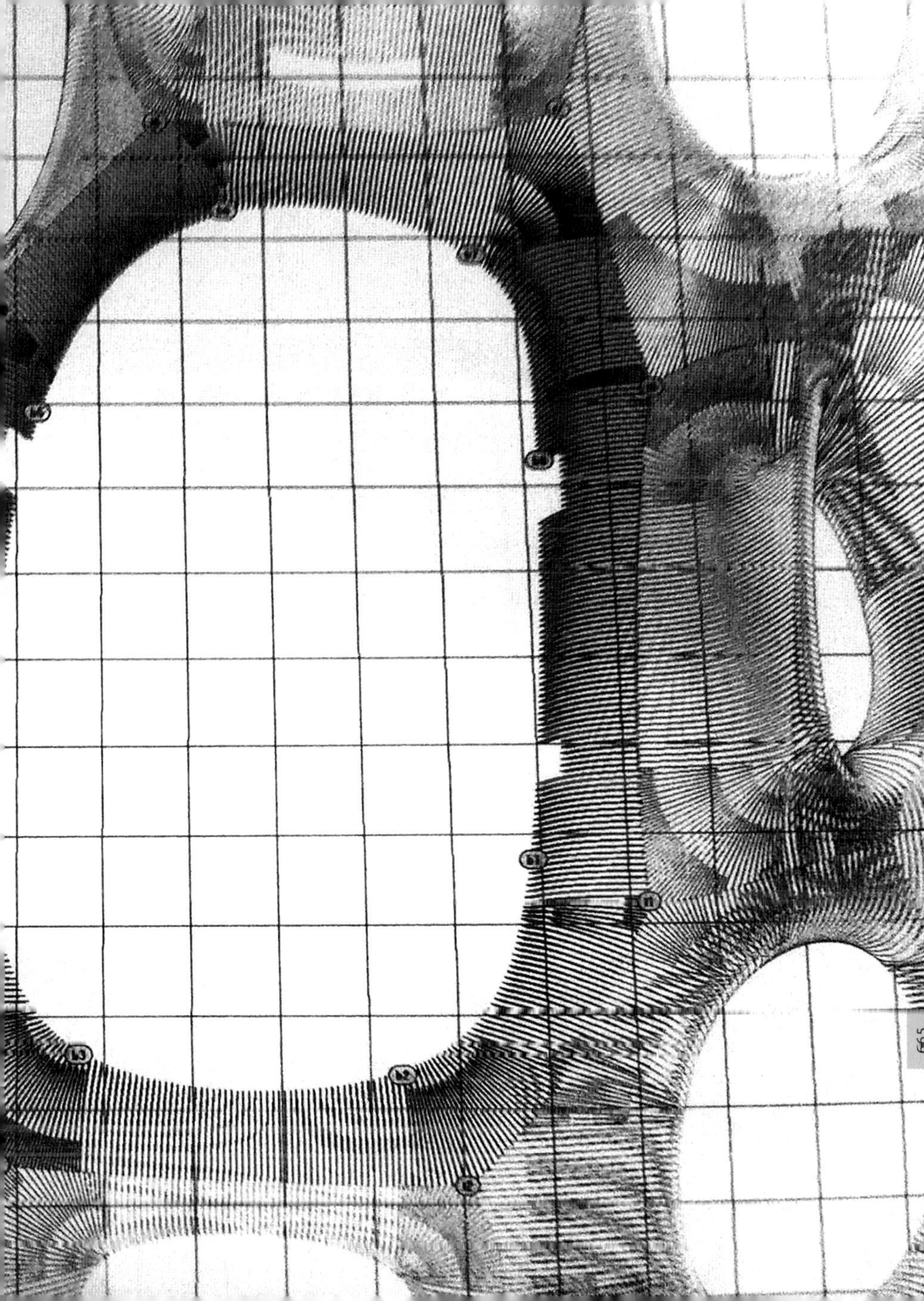

6
BERLIN

미로 Labyrinth

땅에 못을 박는 것처럼 그리드는 '고정장치fixing'이다. 확고한 제한으로 간격과 구획을 결정한다. 각 레벨에서 이 방법이 적용되면 보와 기둥들은 일련의 방으로 이루어진 것과 같은 건물을 형성한다.

고려사항들은 다음과 같다:

직교 모듈의 효율성
선재stick elements 내에서의
서브 그리드

초기 그리스 시대부터 찬양되어 왔던 그리드는 많은 디자이너들에 의해 수직과 수평이 만드는 리듬이 활용되어 왔다. 기둥은 주두를 가지게 되고 페디먼트를 지지하고, 아키트레이브는 가구식 구조를 촉발시키며 주요한 시각적 어휘가 되었다. 부재들을 조합하는 것은 조화와 비율을 결정하고 구성상의 비례를 만드는 것이다. 이것을 '테크네Techne'라고 불렀다 — 과학 + 예술. 관계의 비례들이 건물 전체를 지배한다 — 비례미eurythmia. 그러나 이것은 먼 예전의 이야기이고 지금의 우리에게는 그리 흥미롭지 않은 것들만 남아있다 — 그리드의 편리성. 비례와 성스러운 수에 대한 집착은 현재 우리에게는 그다지 고려의 대상이 아니기 때문이다.

그리드의 대안은 경로를 숨기고 방향성을 잃게 하는 전략이 가득한 미로이다. 한쪽 코너를 돌면 바로 막다른 골목에 다다른다: 더 이상 갈 곳이 없다. 하나의 경로로는 충분하지 않다 — 여러 경로가 필요한 미로.

초기 미로는 아주 간단한 알고리듬으로 만들어졌다는 것이 놀랍지는 않다; 여기서도 과정process 이 중요하다. 미로는 자연과도 같다: 숲에 빽빽하게 들어선 나무들, 부유하는 구름, 지도로 그려지지 않는 파도, 습지와 사막들은 끝없는 길 잃음이다.

여기에는 대칭이란 없고, 단지 마주치는 일happening을 통한 연속된 깨우침만이 존재한다. 방문자들은 시도와 시행착오를 통해 의미를 찾아간다. 이런 공간에 대한 인식은 부분적일 수 밖에 없다.

공간은 작은 발견들을 통해 인식된다. 목표는 지엽적이고 개별적이다. 미로의 입구에서 출구로 나올 때 즈음 방문자들은 변모transform되면서 공간을 빠져 나온다.

미로는 '찾기search'의 원형이다.

심포지움 *Symposium*

타이중 오페라 하우스에서의 미팅에 이어, 이토와 나는 도쿄와 오사카에서 각자 30분씩의 특강을 하고 이어 한 시간 정도의 토론시간을 가졌다.
이토는 유동적인 형태fluid geometry의 탐구에 대해 이야기하였고, 나는 생물체의 형태animate geometries를 통한 형태 만들기에 대해 이야기하였다. 사회자는 우리에게 자연과 건물에 대해 질문했다 — 우리의 선택은 무엇인가?

이토는 균질한uniform 그리드의 무분별한 사용은 건축공간의 고사로 이어진다는 점을 이야기하였다. 또한 이것이 점차적으로 비인간화를 초래할 것이라고 견해를 피력하며, 내부가 외부와 더 긴밀하게 연결될 수 있는 다양한 형태를 추구하고 있다고 이야기하였다. 그러면서 그는 프랙탈 형태로 나아가는 나무의 예를 들었다 — 건축도 아마 주위 환경에 긴밀한 접속이 필요하지 않을까?

나는 자연을 그대로 복사할 수는 없지만, 기계적인 평면과 단면의 반복을 피하기 위해, 성장의 조절 혹은 패턴을 만드는 자연의 전략에 대한 방법적인 연구는 가능하다고 이야기하였다. 자연은 환경에 대응하여 변형하는 방식을 가지고 있는 것처럼 보이기에, 형태를 만들 때도 비슷한 생각이 적용된다면 우리의 초점을 바꾸는 새로운 공간조직의 변화를 도출해 낼 수 있을 것이다.

또한 다음과 같은 것들도 토론하였다.

뿌리로부터 큰 줄기, 작은 줄기를 거쳐 잎까지 이어지는
'가지치기[branch]' 방법에 의한 나무의 생성적인 질서,
분기과정에서 스케일이 변화함에도 유지되는 비율

태양빛을 받기 위해 다른 잎들과 적당한 각도를 유지하는
소용돌이 같은 식물들의 나선형 성장, 조절된 도약을 통해
성장해 나가는 것 같은 자연

내/외부에 대한 생각들; 면이 접혔을 때, 반대쪽 면보다는
인접한 면이 문제가 된다.

디자인을 위해 세 가지 개념적인 모형을 분석하였다:

고정된 중심점

이동된[displaced] 중심점

경계의 바깥에서 자기조직화하며 정해지지 않은[informal]
경로를 따라 모아지는 중심점

나는 비대칭이라는 폭넓은 개념 안에 고정된 대칭이라는
좁은 개념이 포함되어야 한다고 주장한다. 혈구같이 생긴
낯선 형태를 가진 타이중 오페라하우스는 이 토론을 위한
물꼬를 틀 수 있을 것이다.

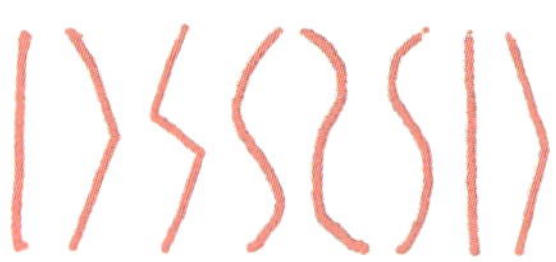

ARCELORMITTAL ORBIT　LONDON OLYMPICS　UK

ORB
IT

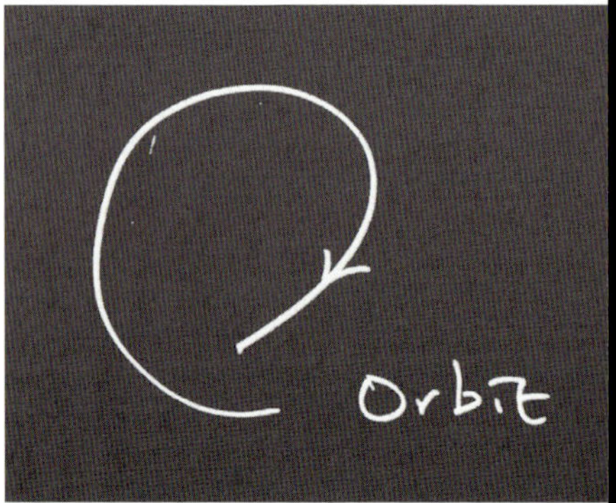

행성은 정해진 궤도를 돌며 일정하게 움직인다 – 안정성stability. 오빗Orbit의 아이디

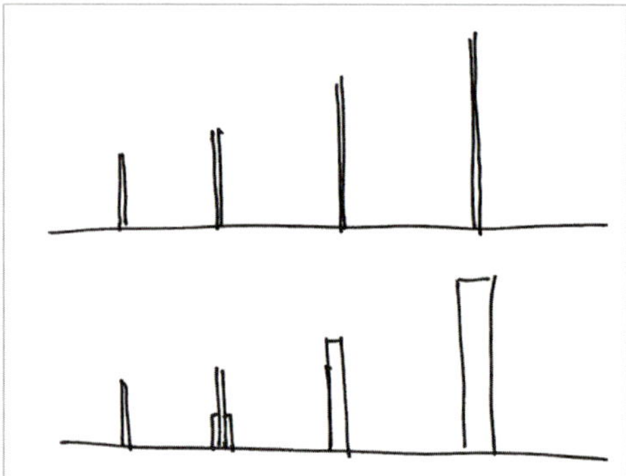

취약해질 가능성이 많고, 막대 모양 같을 것이며, 가새에 의해 지지되어야

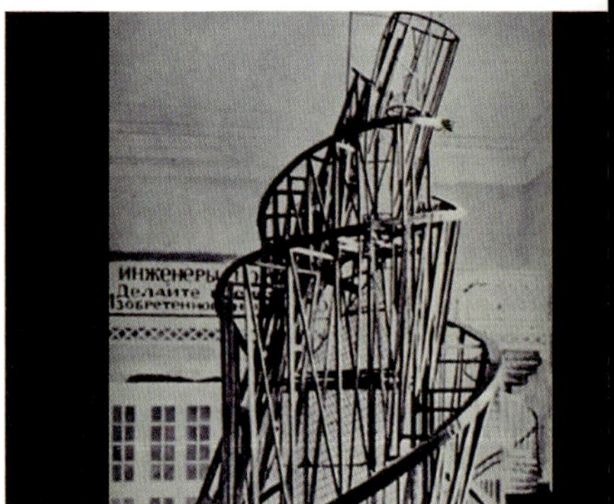

하나의 상승으로서 수직적으로 쌓인 것들. 우리가 좀더 관심을 둔 것은 안정적이

아니쉬 카푸어Anish Kappor와 나는 2012 런던 올림픽를 위한 랜드마크 타워를 함께 디자인하기로 하였다. 우리는 올림픽 공원에 불안정한 안정성을 표현하면서 비선형적으로 만들어진 형태를 제안하고자 했다. 사이트 밖의 런던은 새로운 사회적 문화적 형태로 변하고 있고, 오빗Orbit 은 이 현상들에 대한 은유로 엮어진다.

통적인 타워의 정적인 직립과 완전히 반대되는 회전encircling이다. 타워가 높아질수록

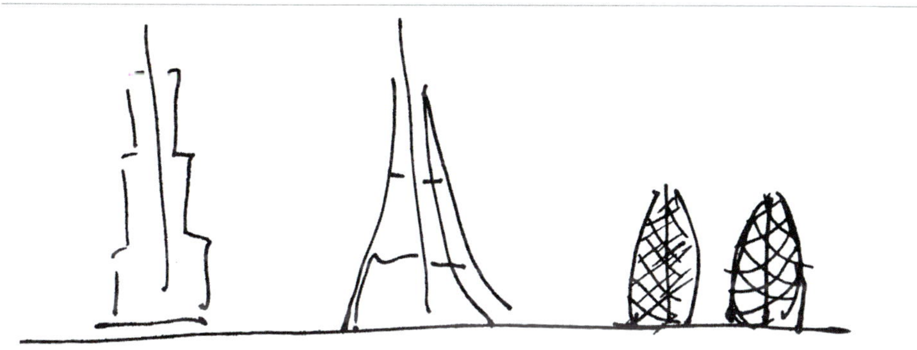

는 에펠타워, 타틀린의 타워, 신화 속의 바벨탑의 이미지를 본다; 하늘을 향한

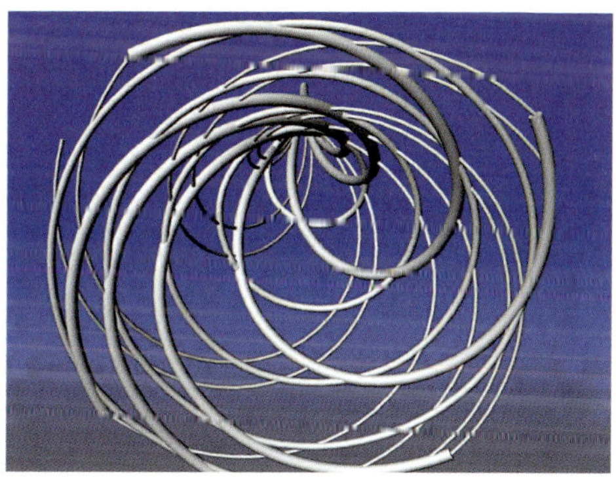

에 불안정한 취약성에 대한 것이었다.

오빗Orbit은 자신을 휘감으며 평형상태에 필요한 거리를 만든다. 겹쳐진 부분은 구조

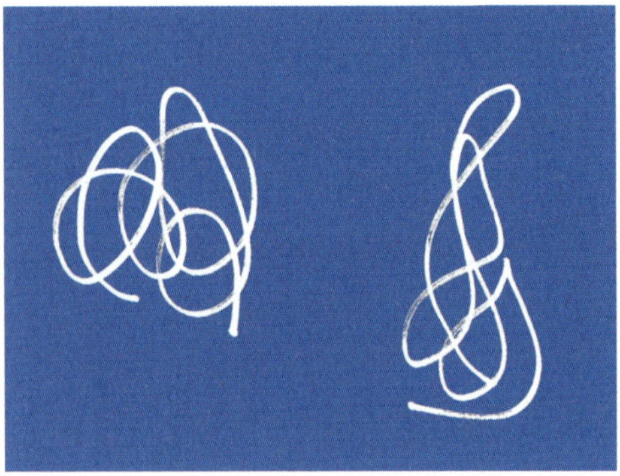

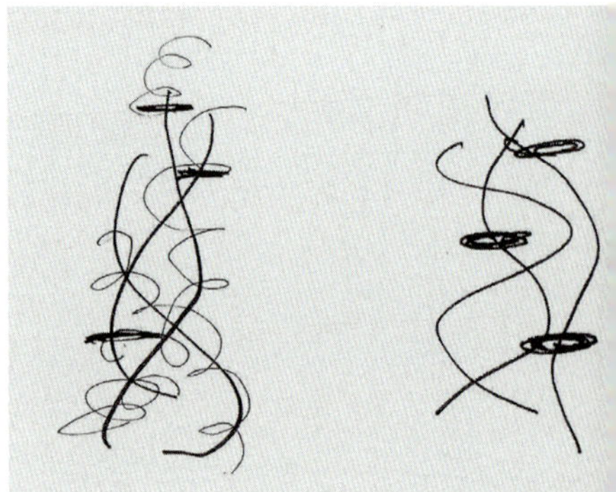

그러나 이 형태는 단지 한 가닥으로 만들어진 것이다. 이 가닥은 구조적 혹은 심미

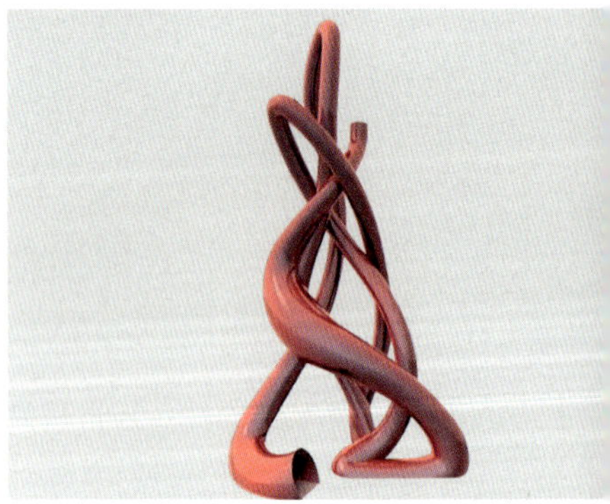

레벨에서의 입구가 되거나 최상층에서의 전망대나 식당 등이 위치하게 된다.

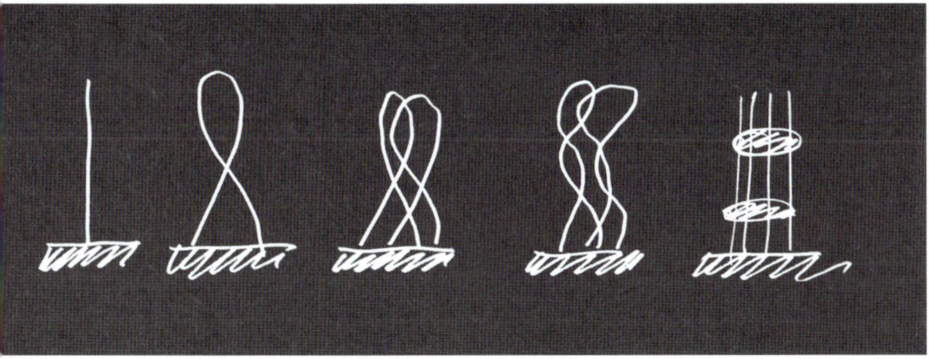

다. 매번 다른 경로로 올라갔다 내려오면서 삼차원 네트워크 형태를 형성한다.

우로 지름이 바뀌며 실용성을 얻는다. 가닥이 끝나는 지점에서 지름이 커지며 지상

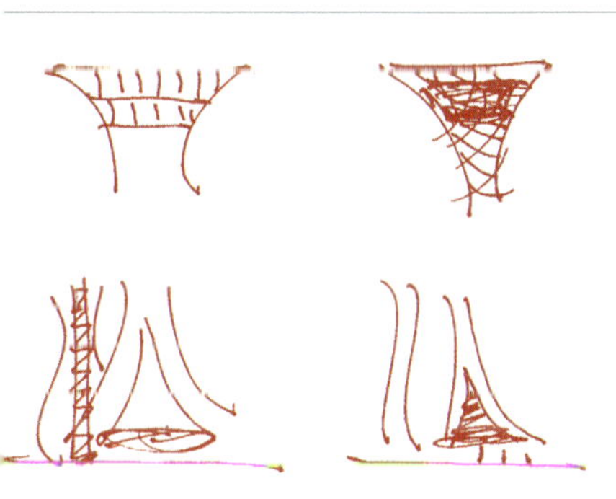

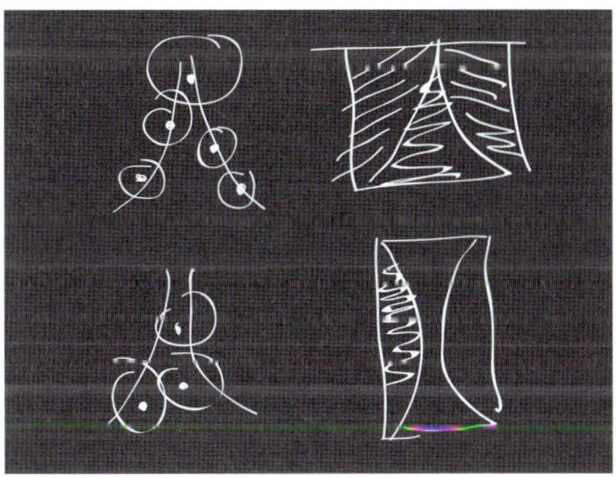

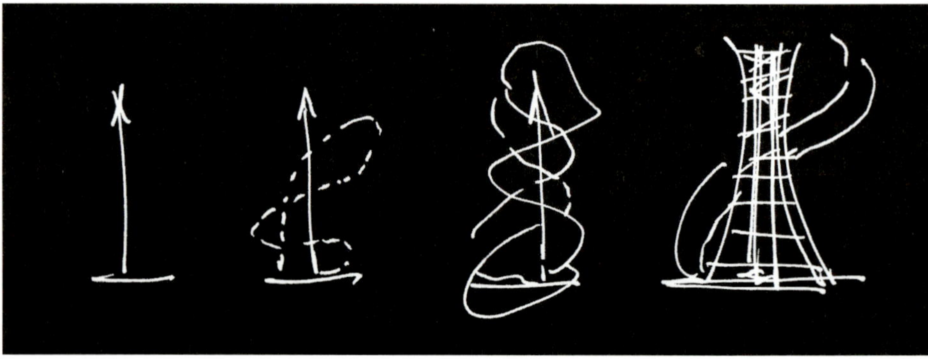

구조를 휘감으며 올라가는 코일형의 계단이 지상레벨과 최상층을 연결한다. 미로같은 오

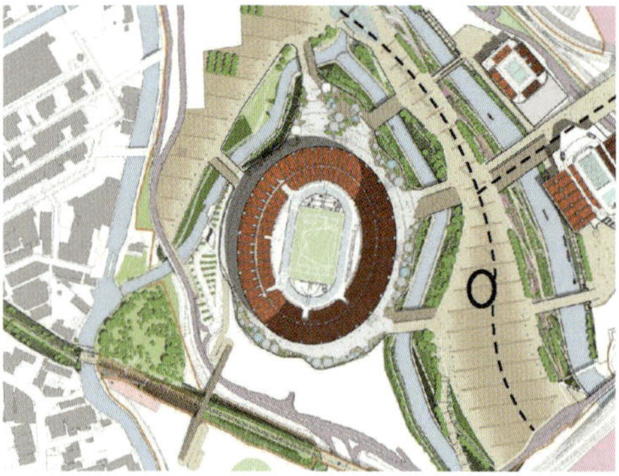

Orbit은 끊임없이 하늘로 올라가는 타워처럼 오만하지 않고, 다시 지상으로 내려오며 필요할

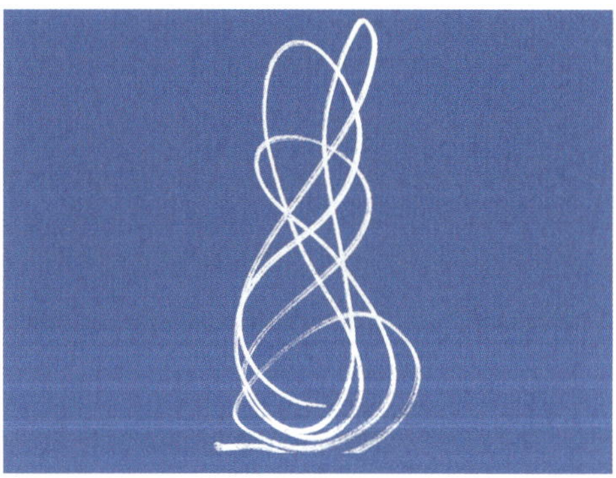

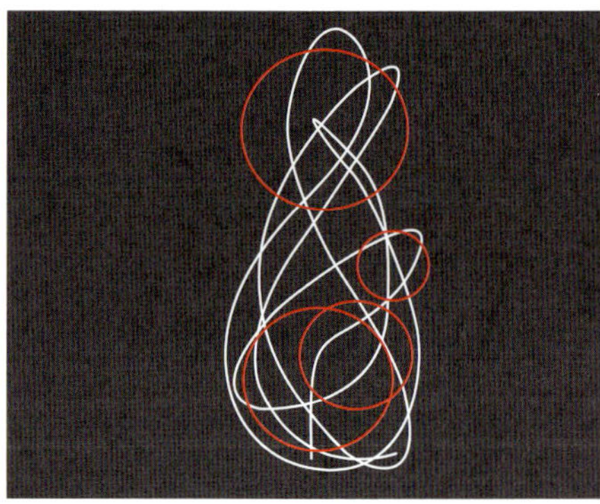

넓어지고 얽히고 반복되면서, 의도의 밀도와 강함을 표현한다.

플랫폼이 삽입된 오빗Orbit의 첫 번째 안.
후에 플랫폼들은 가닥들과 합쳐진다.

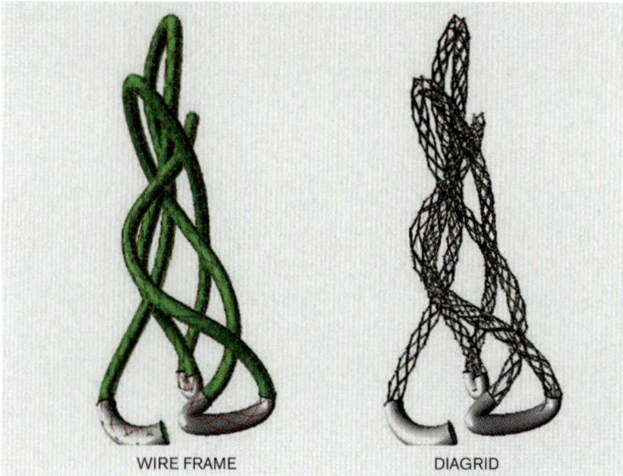

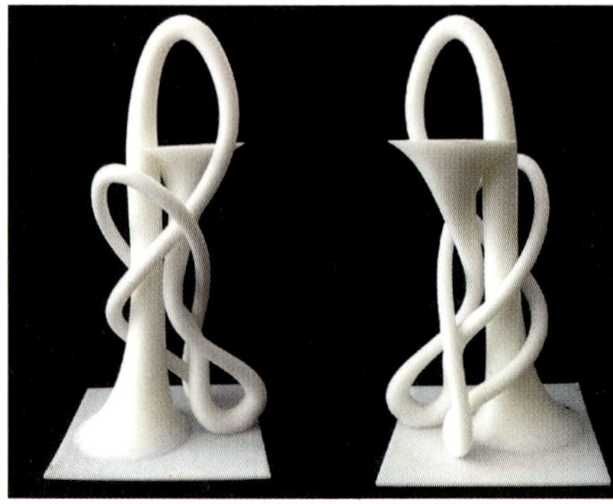

강철가닥의 연결은 올림픽 하늘에 수직으로 올라가는 덩굴장식arabesque을 수놓는다;

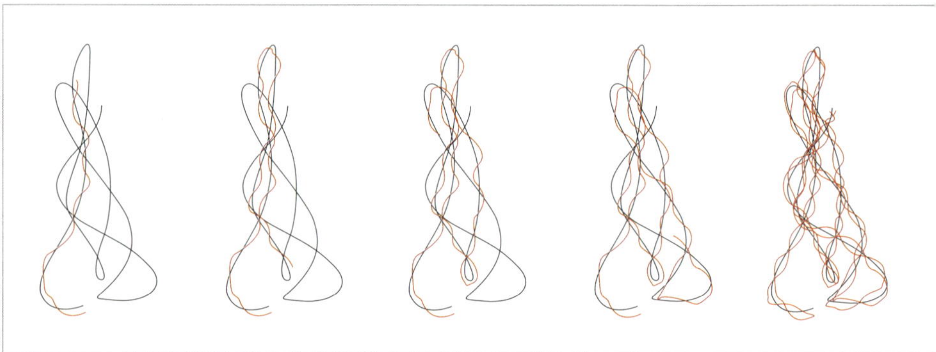

방향성을 바꿈으로써 많은 차원을 만들어낸다. 각각의 라인들이 소용돌이 모양으로 꼬아

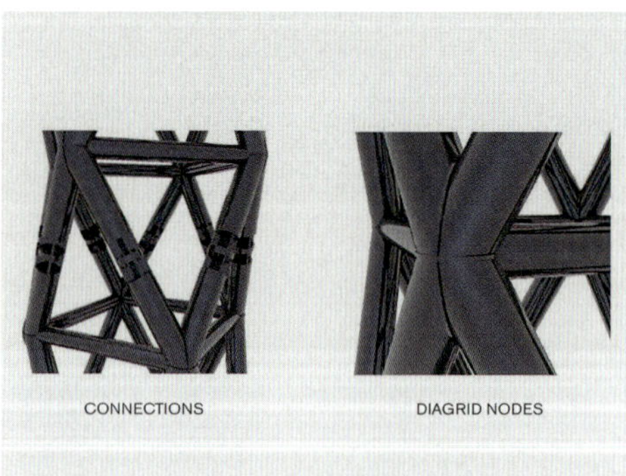

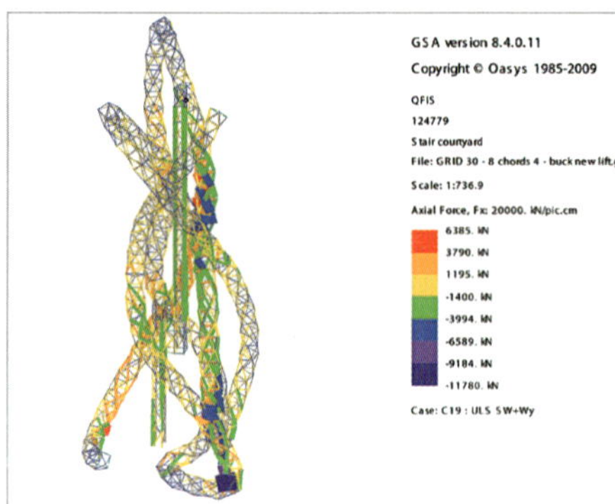

생각했던 것 보다 우리의 의도와 맞지 않았다. 입구에 위치한 부식 강판 캐노피는 우

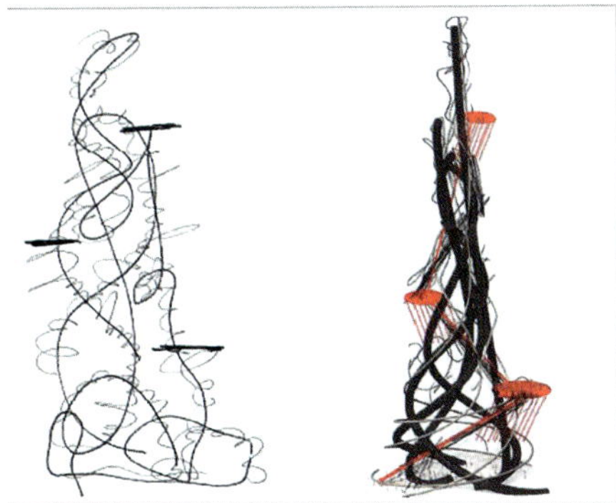

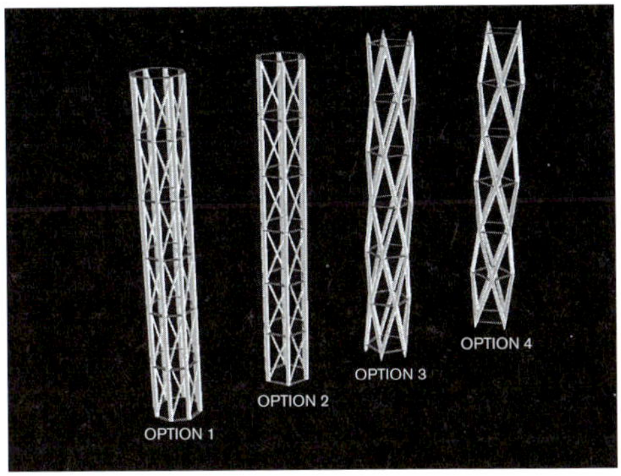

...가는 타워에서는 볼 수 없는, 계속되는 얽힘으로 오빗Orbit은 사람들의 공간 인식이나

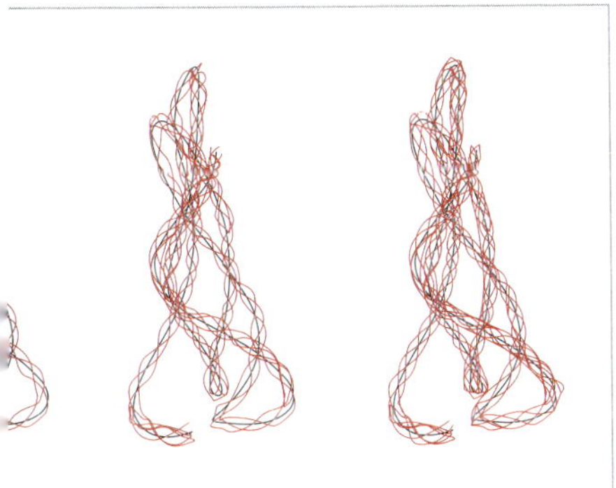

각 가닥은 초기에 위 그림 옵션 1과 같이 원형 단면으로 고려되었다. 그러나 각 변이 4m이고 45도씩 계속해서 회전하는 사각 단면이 된다면, 가닥이 로프처럼 보일 것 같았다; 모서리들이 지그재그 형태로 들어갔다 나왔다 하는. 이 방법은 미적으로도 중요했을 뿐 아니라 강철 부재의 강한 느낌을 덜어내는 역할도 한다. 옵션 4 참조

조를 만들어, 강함robustness과는 거리가 먼 '로프'의 느낌을 만든다. 단순한 원형 단면은

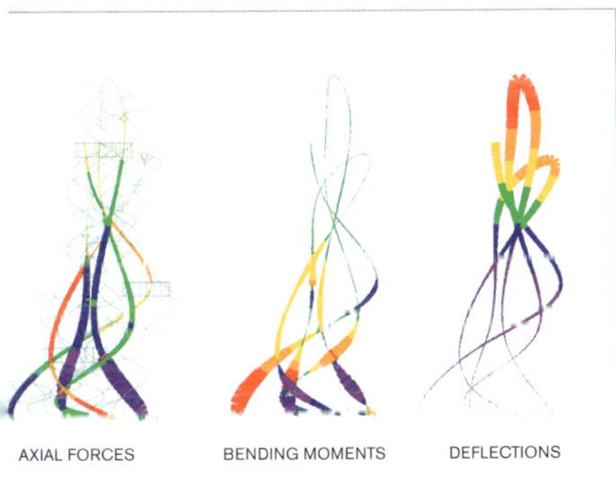

하는 시선을 차단한다.

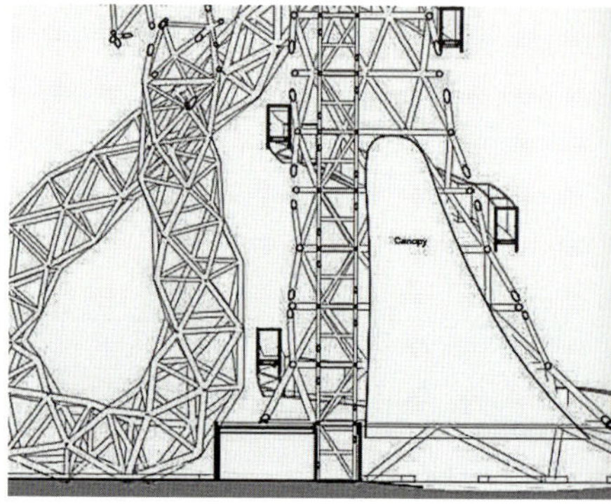

입구 부분에서 사람들의 발 밑에 있는 땅은 살짝 아래로 패여 있다. 그 곳으로의 접근은 금지

가는 엘리베이터가 출발한다. 꼬인 구조는 엘리베이터 외부에서 올라가고 있고 지표면은 보이

갤러리 벽에 있는 두 개의 오목한 거울에는 거꾸로 된 지평선이 방문자들과 함께 반사되

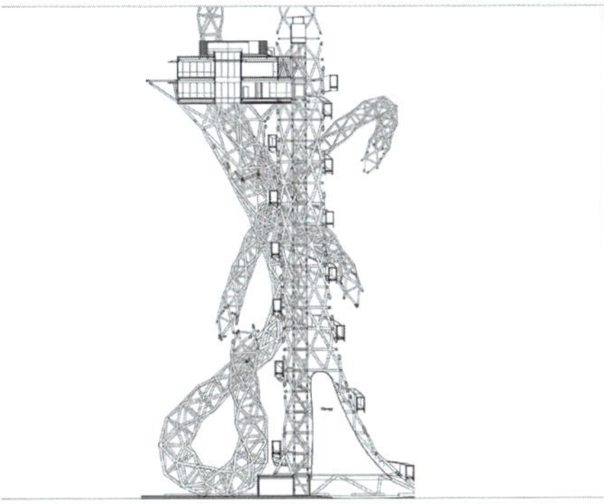

처럼 느껴진다. 방문자들의 머리 위에는 캐노피가 있다. 가닥이 넓어지는 이 부분에서 위로

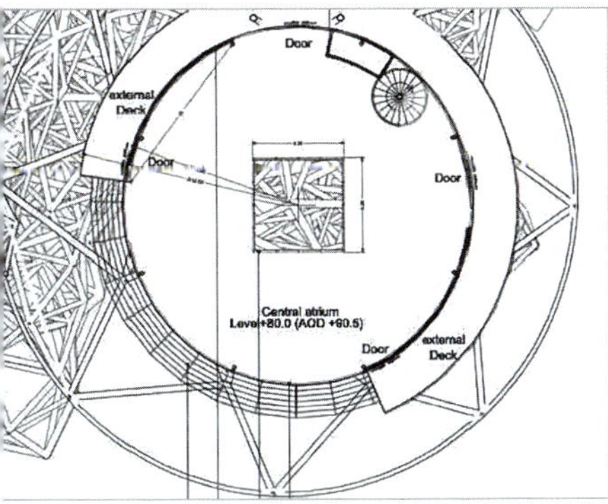

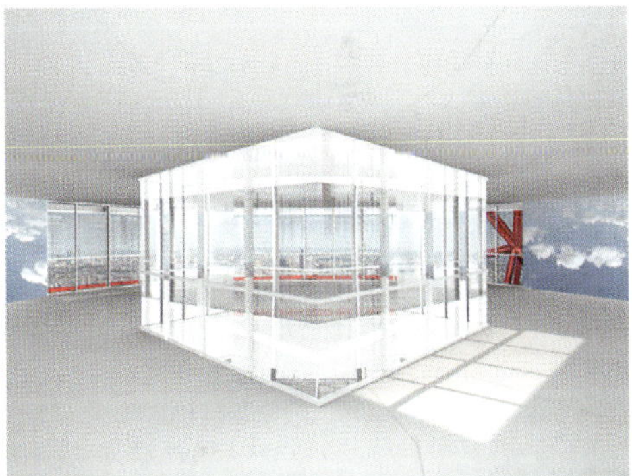

는다. 꼭대기 플랫폼 중앙에 큰 구멍이 뚫려 있으며 여기서 다시 지표면이 보인다. 위층

인다. 한영Hallucination!

오빗Orbit을 세우기 위해선 기본적으로 네 명이 필요했다. 크레인 기사, 이동용 크레인 위에 있

두 명의 조립자, 그리고 지상 인원 한 명, 이들이 4m 길이의 가닥들을 제자리에 위치시킨

지지를 위한 가설구조propping같은 것은 필요 없다. 각각의 부재들은 최종 형태가 만들어

까지 국부적으로 조명된다.

이 형태는 암흑 에너지dark energy 우주를 팽창시키는 에너지;옮긴이와 솟구치는 힘을 표현한다. 또한 지상에서 하늘로 올라갔다

내려오는 아찔한 여정의 이야기가 들어 있다. 미로 속에서의 아드리아네 테세우스의 미로 탈출을 도운 미노스의 딸;옮긴이의 희

끈처럼, 한 가닥이 모든 것을 엮어 잃어버린 길에서 발견으로 인도한다. 이렇게 나타난 오빗Orbit은 올림픽을 위한

니라 현재의 런던과 변화하고 있는 동시대를 위한 것이다.

주요 사항

높이: 114.5 m

구조: 560 m 길이의 연속된 한 가닥strand
계단과 플랫폼을 포함한 총 강재 무게: 2,000 톤 (57% 재활용 강재)

동조질량 감쇠기Tuned mass damper 무게: 40 톤

별모양의 연결점star nodes 개수: 366, 각 4 m 단면
총 볼트 개수: 35,000

나선형 계단: 길이 350 m (455단)

각 전망대 크기: 300 m^2
최대 조망거리: 20 마일 (약 32km)

색상 코드(적색): RAL 3003
사용된 페인트: 1,900리터

가능 방문자 수(일): 5,000명
시간당 방문자수: 770명
승객용 엘리베이터: 2개
탑승인원 (승강기 당): 21명

최상층 전망대의 부식강판 캐노피와 거울 디자인: 아니쉬 카푸어Anish Kapoor

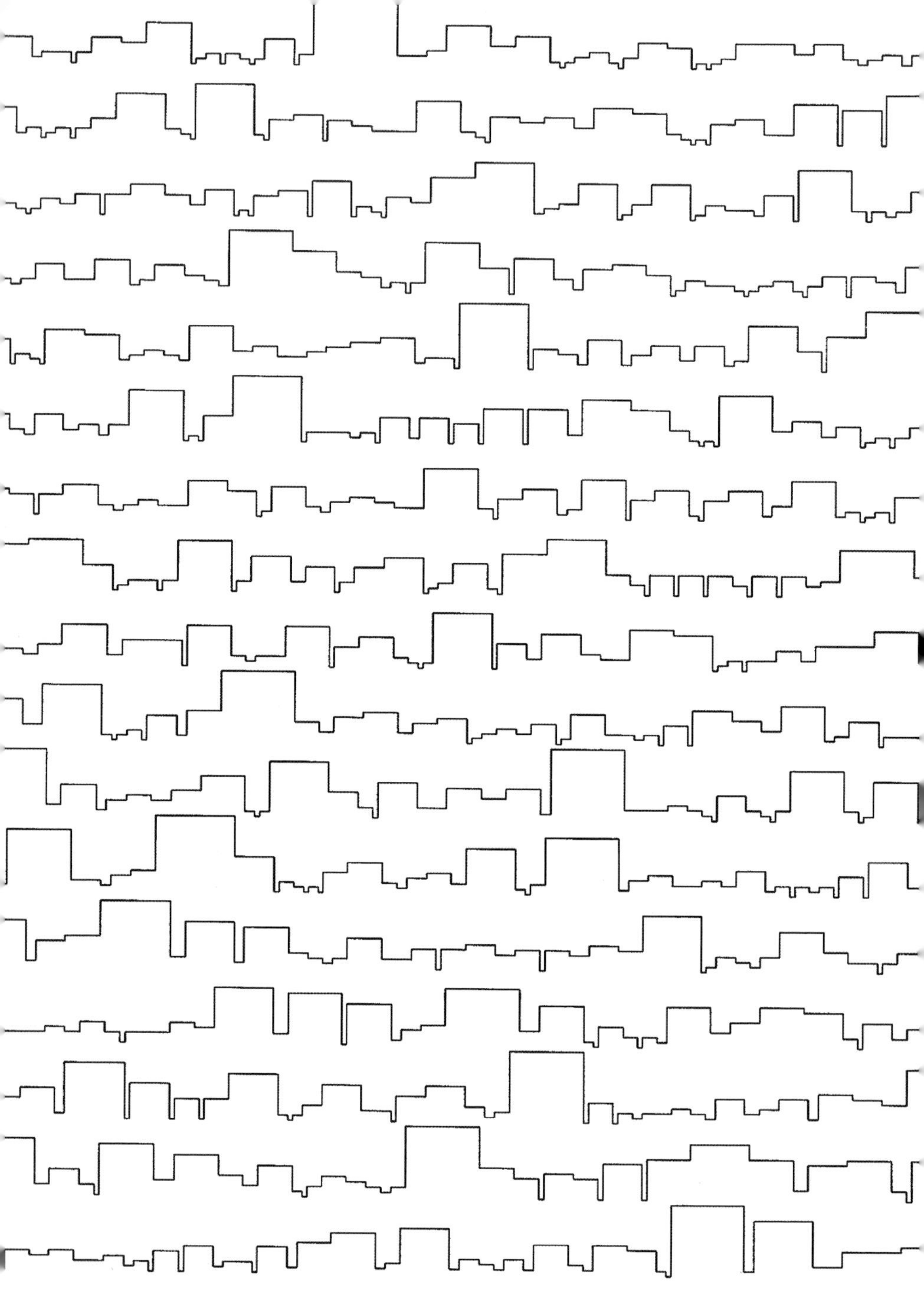

수열Sequence과 급수Series

나는 연속체를 단순히 개별체들로부터 이루어진 것이라고 생각해왔으나 지금은 약간 의심이 든다. 단순히 개별체의 범주 개념이나 모인 상태의 개념이라기 보다는 부분들partials을 더 살펴봐야 할 듯 하다.

세계가 연속적인 것이냐 아니냐는 질문은 열띤 논쟁을 일으킬 것이다: 눈과 머리는 훌륭하게 여러 겹쳐진 개체들을 하나로 엮어내고, 각각의 순간들은 연속적인 연결로 그 경계가 희미해진다; 반대로 연속적인 것은 기억할 만한 순간들punctuations로 이루어져 있다.

원자가 발견되었지만 곧바로 양성자, 중성자, 전자로 분해되었다. 최근의 연구들은 더 나아가 기본 입자들 아래 미립자를 발견했다; 위up와 아래down, 매력charm과 스핀spin 등의 성질들을 가지는 렙톤lepton과 쿼크quark.

이런 미립자들은 우리가 기본적으로 입자라고 생각하는 개체들의 가면
뒤에서 움직이고 있는 직소퍼즐 같은 것이다. 개별체들이 일련의 부분들의
개념으로 옮겨간다; 불편하게도 범주의 개념은 사라진다.
비이성적인 것irrational들이 압도하는 세계.

얼핏 보기에 수학은 엄격하고 확고한 구조 속에서 절대적인 힘을 발휘하는
것처럼 보인다. 그러나 한꺼풀 벗겨 살펴보면, 마치 우리가 만들어온
것들이 모호함에 기반을 둔 것처럼 불확실한 것들로 가득 차 있다.
불가침적인 진실로서의 현실은 저만치 멀리 있거나 숨겨져 있다.

소수素數 prime numbers를 한번 살펴보자. 소수의 배열을 예측하는 어떤 공식도
발견되지 않았지만 모든 수학적 계산의 기본이 되는 수이다. 소수의
무질서한 구조는 우리의 계산에 많은 영향을 미친다.

사람들은 무리수irrational 혹은 초월수transcendental라고 부르는 다른 수들이
분석과 정확한 측정을 방해한다고 이야기한다. 또한 이들이 정수나 소수점
아래가 유한인 분수들보다 훨씬 많다고 이야기한다. 때때로 수학이 전혀
기본적인fundamental 학문이라고 느껴지지 않을 때도 있지만, 패턴들을
기호화하고 혼란에 질서를 부여하며 가정된 공리들로 안정을 만들어내는
묘한 재주를 보면 우리가 만들어 낸 꽤 훌륭한 도구라고 느껴진다.

정의 *DEFINITIONS*

수열sequence은 추적해야 하거나 살펴봐야 할 여정을 보여준다. 급수series는 그때까지의 여정에 대한 러닝 카운트 카지노 용어로서 블랙잭 게임에서 일정한 카드들에 숫자 값을 준 후 더한 값;옮긴이이다. 만약 수열이 널뛰듯 움직이고 있더라도, 급수가 잠재적으로 보일 수도 있겠으나 역시 그때까지의 움직임의 합인 것이다.

숫자 1 2 3 4 5…는 정수 단계를 나타낸다.

숫자들 사이에 더하기 기호가 있다면 이 수열은 급수가 된다.

1 + 2 + 3 + 4 + 5 + . .

다섯 번째 단계에 왔을 때 급수는 15가 된다.

급수는 수렴과 발산의 성질을 가지고 있다. 수렴하는 급수는 확정된 값으로 접근한다; 그러나 발산하는 급수는 확정된 값에 대해 더 이상 이야기할 수 있는 것이 없다.

주: 체스에서 기사Knight의 움직임을 연속적으로 그려보면 겹쳐진 흔적으로 나타난다 — 사실상 급수라고 볼 수 있다 어디서 멈췄느냐에 따라 그때까지의 움직임의 길이는 움직임들의 합이 되고, 많이 움직일수록 미로처럼 보인다. 시각적으로 이 움직임은 수렴한다.

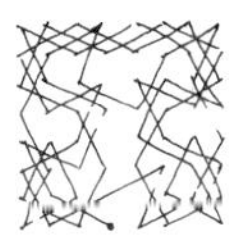

급수는 'U'로 표현되는 변수로 나타낼 수 있다.

$$U_0 \quad + \quad U_1 \quad + \quad U_2 \quad + \ldots U_n \quad + \quad U_{n+1}$$

급수에서 최대한 뒤쪽에 있는 앞뒤의 변수들을 나눠보면 발산하는지 수렴하는지를 테스트 할 수 있다. $\dfrac{U_n + 1}{U_n}$ 이 1보다 작다면 이 급수는 수렴하게 된다.

만약 1보다 크면 발산한다. 1이 된다면 이 테스트는 결론을 내릴 수 없다.

등차수열은 공차를 가진다.

2 5 8 11 14

등비수열은 공비를 가진다.

1 3 9 27 81

두 수열 모두 발산한다.

또한 등차수열의 덧셈과 등비수열의 도약의 성질을 동시에 가진 수열도 있다. 피보나치 수들이 그것이다.

1 1 2 3 5 8 13 21

이 피보나치 수들은 엄밀한 정의definition에서 보면 수렴되지 않는 것처럼 보이지만 정해진 값으로 접근한다. 연속된 숫자들을 서로 나누면 수열의 뒤로 갈수록 한 점 주위로—명확히 정할 수는 없지만—진동한다.

이 같은 수들이 또한 흥미롭게도 수열과 급수의 구조를 가지는 연분수continuous fraction에서도 발견된다.

예를 들어, 숫자 1을 1+1의 합으로 나누면 답은 그 반이 되고 이것은 유한분수definite fraction라고 부른다.

$$\frac{1}{1+1} = \frac{1}{2}$$

그러나 왼쪽 편의 분모가 확장되어 원래의 식이 계속 폭포처럼 반복되어 아래로 늘어선다면, 다음을 얻을 수 있다.

$$1 + \cfrac{1}{1 + \cfrac{1}{1 + \cfrac{1}{1 + 1}}}$$

얻어진 일련의 식은 연분수라고 부르며, 이는 무한적이고 확실한 분모 혹은 분자를 가지지 않는다. 우리는 부분partial 의 세계에 들어왔다.

이 급수가 어느 시점에서 끝난다면, 결과는 유한 분수가 된다.

중간에 끊어진 급수들은 다음과 같은 결과를 가진다.

$$1 + \cfrac{1}{1 + 1} = \frac{3}{2}$$

$$1 + \cfrac{1}{1 + \cfrac{1}{1 + 1}} = \frac{5}{3}$$

$$1 + \cfrac{1}{1 + \cfrac{1}{1 + \cfrac{1}{1 + 1}}} = \frac{8}{5}$$

이들 분수들의 분자와 분모들은 놀랍게도 또한 피보나치 수들이다.

$$\frac{3}{2} \quad \frac{5}{3} \quad \frac{8}{5} \quad \frac{13}{8} \quad \frac{21}{13} \quad \frac{34}{21} \quad \frac{55}{34} \quad \frac{89}{55}$$

이 일련의 식들이 많이 반복될수록 '황금비'라고 부르는 비율에 가까워진다. 이 황금비는 고전 건축에서 비례를 위한 규칙으로 사용되었고 또한 자연계의 현상에서도 발견된다. 동물의 뼈의 간격에서부터 식물의 넝쿨 성장 패턴까지, 심지어는 태풍이나 소용돌이의 형성에서도 이 황금비는 발견된다.

단순 피드백 규칙이 이 수열을 만든다. 이 수열 내의 임의의 숫자는 앞의 두 숫자의 합으로 만들어진다. .

1 1 2 3 5 8 13 21 34 . . .

앞으로 가기 위해 뒤로 가는 것은 이 시스템이 제한 없이 성장하는 것을 막는 일종의 제동장치처럼 작동한다. 아마도 과도함이 용납되지 않는 자연계에서 이 숫자가 발견되는 이유가 여기에 있는 것 같다.

이 규칙은 알고리듬적이며 시각적으로는 다음과 같이 나타낼 수 있을 것 같다.

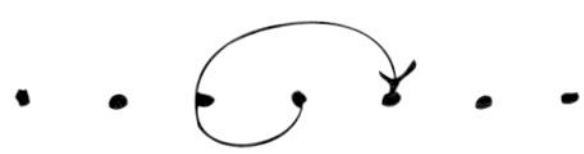

황금비는 특별한 성질을 가지고 있다. 계산상으로 이 황금비의 곱셈 연산은 덧셈의 규칙과 관련이 있다. 황금비를 기호 Φ 로 표기한다면 식은 다음과 같이 쓸 수 있다.

$$\Phi^0 + \Phi^1 = \Phi^2$$

*$\Phi^0 = 1$ 이고 $\Phi^1 = \Phi$ 이기 때문에 이 식은 이렇게 된다.

$$1 + \Phi = \Phi^2$$

즉 황금비에 1을 더한 것은 원래 값의 제곱 값이 되는 것이다.
Φ 에서 1을 뺀 값은 Φ의 역수와 같다.

$$\Phi - 1 = \frac{1}{\Phi}$$

$$\text{or} \qquad \Phi^1 - \Phi^0 = \Phi^{-1}$$

이것들은 주목할 만한 특징이다. 다른 숫자들로 똑같은 연산을 해보면 위의 식들을 만족할 수 없을 것이다. Φ (황금비)에서만 이 식들이 참이 된다.

$1 + \Phi = \Phi^2$ 은 또한 다음과 같이 표현할 수 있다.

$$\Phi^2 - \Phi - 1 = 0$$

즉 이것은 이차방정식의 기본형이 된다. 이 방정식의 양의 해는;

$$\Phi = \frac{1 + \sqrt{5}}{2}$$

*주: Φ0 = 1 과 Φ1 = Φ. 어떤 수의 0제곱은 수학연산에서 1이 되고 1제곱은 자신과 같다. 예를 들어 $3^1=3$이고 $3^2=9$가 되지만 $3^0=1$이 된다.

이상하게 보이는 식이지만 황금비의 정확한 수학적 표현이다. 이는 유리수가 아니다. 우리가 아는 한 이 값은 소수점 아래가 유한하지 않은 Φ = 1.6180339887498948482045868 . . .이다. 이 값은 어떤 수렴하는 값 주위로 진동한다.

단순 계산을 위해 종종 1.618의 근사값이 사용된다.

대수 계산에서 많은 핵심적인 수들도 소수점 아래가 무한한 비슷한 성질을 가진다.

절대적인 이성에 의해 세워진 수학도 불확실성에 연결된 것처럼 보인다.

가장 이상한 방정식들

$$e^{-i\pi} = 1$$

알려지지 않은 것들로만 되어있으나, 확실함과 같은 값. 이 놀랄만한 방정식은 임의적인 것들randomness을 엮어서 1로 만들어낸다. 기호들이 추상적인 구조를 만드는 삭막한 수학의 세계에서 놀랄만한 것은 없다.

π, e 그리고 i는 모두 무리수들이다 — 모두 그 값들이 유한한 값으로 계산되지 않는다.

π = 3.1415926535897932384626433 . . . 소수점 아래 숫자가 끝이 없이 계속된다.

π 는 임의성의 끝없는 지류와 같다. 불확실성이 지배하는 어느 곳이건 π 가 관련이 된다. 하늘의 어느 부분을 정하고 밝은 별들을 어두운 별들과 구별하여 그 각의 비율을 보면 π 와 관련이 된다. 성냥을 집어 성냥의 길이보다 큰 간격으로 그려진 평행하게 그려진 선들에 던지면 성냥이 그 선들에 걸릴 확률 역시 π 와 직접적으로 관련이 있다.

우리가 여기 없었다면 π 도 존재했을까?

만약 우리가 없는 세계에 완전한 원이 존재하고 다른 지각 있는 존재가 반지름과 원주의 관계를 찾으려고 했다면 π 는 발견한 것이 되는가? 혹은 완전한 원이 존재하지 않는데 우리가 완전하게 그리기 때문에 그 특성을 파악하고, 그래서 그 결과로 우리가 π 를 창조해 낸 것인가?

상상은 우리 현실의 부분이 될 수도 있다. 주목할만하게도 우리가 관찰하는 세계에는 어디나 π 가 존재하는 것 같다.

e는 자연로그의 밑(자연상수)이고 다음 급수에 의해
표현될 수 있다.

$$e = 1 + \frac{1}{2!} + \frac{1}{3!} + \frac{1}{4!} + \frac{1}{5!} + \ldots$$

분모의 느낌표는 계승[factorial]을 축약해서
나타내는 기호이다.

$$e = 1 + \frac{1}{1 \times 2} + \frac{1}{1 \times 2 \times 3} + \frac{1}{1 \times 2 \times 3 \times 4} + \frac{1}{1 \times 2 \times 3 \times 4 \times 5} + \ldots$$

위 식으로부터 얻어지는 결과는
$e = 2.718281828459045235360287 4 \ldots$

다음으로 기호 i는 허수이다. -1의 루트 값으로 계산이 불가능하다.

$$i = \sqrt{-1}$$

i 는 가상적[virtual]이다.

그러나 i는 복소수라고 부르는 수 내에 포함되어 수학에서 광범위하게
사용된다. 복소수는 실수부와 허수부로 구성되어 있고 (a+ib)로 표기되며
a와 b는 실수지만 ib는 가상의 수이다.
누구도 -1의 루트값이 무엇인지 알지 못한다.

복소수는 과학의 많은 응용분야에서
사용되며 허수부를 교차 곱셈하여 없애는
방법으로 실수해를 얻는다.

이 세 가지 불확실한 것들이 모여
실수-숫자 1을 만든다.

이것이 어떻게 가능한가?

이 식은 우리 세계의 구조에서 이해할 수 없는 수수께끼로 남아 있고,
분명하게도 임의적인 것들로부터 현실적인 것을 만들어낼 수 있다고
이야기하고 있다.

어딘가에 훌륭한 개별체가 있다면, 그것은 많은 분리된 것으로 만들어진
신기루 임에 틀림없다. 그것들 없이 개별체 자체만인 것은 독특할 수 없다.

논쟁 *Debate*

세계는 비이성적irrational이다.
- 그리고 측정되었을 때 아름다움을 얻는다.

세계는 비이성적irrational이다.
- 그리고 측정되지 않고 아름답지도 않지만 필요하다.

첫 번째 서술은 생각에서 실행하는 것까지의 연결을 어떻게 이해하여야 하는 지를 이야기하고 있다. 사람들의 상상을 통하여 조화를 만든다; 질서의 흔적은 아무리 잠시 동안만 존재하더라도 연약한 아름다움을 만들어내는 근원이 된다. 이런 내부적인 고려는 사실들의 축적에 초점을 맞추는 외부적인 지식과는 달리 결정적이다.

두 번째 세계에 대한 견해는 신화 같은 것은 쓸데없는 생각이고 명백한 사실 만이 과학적 지식들을 지배하고 있음을 이야기한다. 세계는 자기 충족적self-sufficient이다. 과거의 역사는 단지 현재를 만들어낸 것들에 대한 필연성 그 이상을 이야기해 주지 않는다 — 의미는 순간적이다. '필수적인 necessary' 조건은 최소한의 조건이다. 우리가 밝혀낸 감정이 없는 자연은 이런 식으로 작동한다.

그러나 우리의 정신은 우리가 관찰하는데 있어 내적인 주관성을 불러온다.

필요함 대신 불필요함을 받아들이는 것은 기본적인 인간의 특성인 것 같다. '쓸데없는useless' 것은 때때로 아름다워 보인다. 사실을 넘어서서 상상하는 끊임없는 싸움tussle은 생각을 발전시킨다. 우리의 직관에 의한 내부의 생각들은, 결과물이란 그 가능성을 탐구하는 것이라고 이야기하며 우리를 소위 아름다움으로 다가가게 한다. 내부의 의욕에 대응하여 만들어진 성취는 우리가 결과물을 쉽게 읽고 비평적으로 판단할 수 있는 균형추가 된다.

은유는 실체와 대화한다.

세계를 보는 두 가지 견해는 상상하면서도 이성의 지배를 받는
정신에 달려 있다.

실무에서의 이론 *Theory in Practice*

이론에 대한 의례적인 의심과 실천에 대한 참작 없이는 형태와 그 형성 과정, 기능에 대한 깊은 이해는 불가능하다.

수학적인 아이디어를 건축적으로 이용하는 것은 순수하게 과학적이라고 볼 수는 없지만, 건축에서 가질 수 있는 이야기의 힘은 실증적인 사고에 생산적인 토양을 제공하는 것이다. 과학을 준[準]-감정적인 힘들로 바꾸는 것은 건축을 활기를 되찾은 매체로 만들 수 있다. 만드는 것은 이론을 포괄하고 뛰어넘는다.

건축은 수학과 마찬가지로 불확실한 것들로부터
좋은 결과를 얻는 수가 많다.

물질 세계에서 변화도[gradient]는 방향이 없는 크기의 양[scalar] 및 점진적인 변화와 관련되어 있지만, 접힘[fold]과 휨[wrap]은 분열[schism]을 일으키고 변화를 만들어낸다 — 운동성[the kinetic].

균형 잡힌 디자인을 위해서는 스칼라[scalar]와 운동성[kinetic]은 물리학의 보존법칙이 적용되는 것처럼 하나로 합쳐져야 한다. 미는 힘은 당기는 힘에 의해 균형이 잡히지만, 일대일 대응에 그치는 것이 아닌 다자간 대응.

한쪽 양상이 두드러진다면 다른 쪽은 수축될 수 밖에 없다. 운동성이 전부가 되면 가능성이 줄어든다; 너무 높은 가능성도 역동성[dynamic]이 없다.

요소들 간의 연결이 리듬과 흐름을 만들어내면, 그 작업은 이야기를 만들어내기 시작한다. 일반적인 것에서 벗어난 새로운 인식이 생기고 감정에 둘러싸이게 된다.

단계별 순간적인 생각들은 우리의 즉흥성[improvisation]을 테스트한다.

생각들이 수렴한다면, 작업은 밀도가 높아지고 인상에 남는 집중된 경험으로 다가갈 수 있다. 만약 단계단계 발산한다고 느껴지면 어떤 인상이나 특징도 남아 있을 수 없다 — 도시에서의 어떤 장소이건, 어떤 디자인 작품의 감상이건.

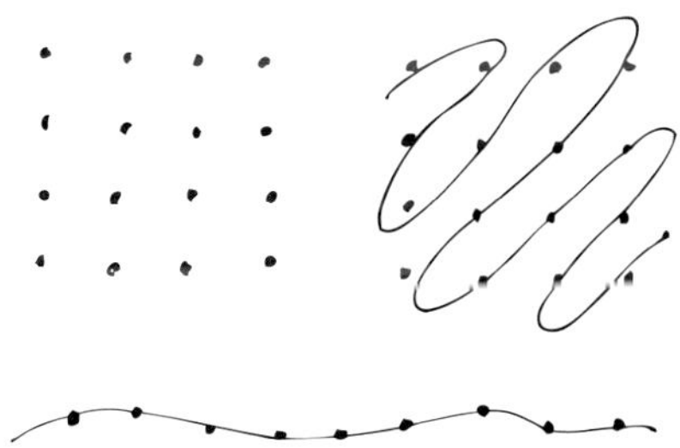

편안하건, 불편하건, 혹은 그 중간이건, 이성은 훨씬 더 큰 상태로 그것을 포함하고 있는 비이성 사이와의 긴장을 유지해야 한다.

우리는 과연 논리 정연한가, 혹은 부분들의 세계에서 일어나는 혼란으로부터 더 많은 것을 배우고 있는가?

DESIGN CREDITS AND KEY TECHNICAL CONTRIBUTIONS

Projects are listed in the same order as the chapters of the book and with the year when the design or competition commenced; the year of completion is noted in parentheses.

***Marsyas*, Sculpture, Tate Modern Unilever Series, London, UK, 2002**
Artist: Anish Kapoor
Arup AGU: Tristan Simmonds, Chris Carroll, Brian Forster

***Serpentine*, Serpentine Gallery Pavilions, Kensington Gardens, London, UK, 2002**
Design: Toyo Ito and Cecil Balmond
Arup AGU: Daniel Bosia, Charles Walker, Francis Archer

***Danzer*, Art installation**
Concept developed with Arup AGU: Daniel Bosia, Francis Archer
See exhibitions

***Weave*, Footbridge, University of Pennsylvania, Philadelphia, USA, 2005 (2007)**
Arup AGU: Daniel Bosia, Veronika Schmid, Toby Clark
Engineering: Ammann & Whitney

***Coimbra*, Pedro e Inês Footbridge, Mondego River, Coimbra, Portugal, 2003 (2006)**
Arup AGU: Daniel Bosia, Charles Walker, Lip Chiong
Engineering: AFAssociados – António Adão da Fonseca, Renato Bastos

***Gretna*, Star of Caledonia, Scotland-England Border, Gretna, UK, 2012 (2015)**
Balmond Studio: Jenny MacDonald, Emmanouil Matsis, Laura Vincent, Tyson Hosmer, Will Shapiro, Nicola Vascellari
Landscape Design: Charles Jencks

***H_edge*, Art installation**
Concept developed with Arup AGU: Francis Archer, Daniel Bosia
See exhibitions

***CCTV*, Central China Television Headquarters, Beijing, China, 2003 (2012)**
Architect: Office for Metropolitan Architecture (OMA)
Arup key staff: Rory McGowan, Chris Carroll, Dr. Craig Gibbons, Dr. Goman Ho, Michael Kwok, Richard Lawson, Alexis Lee, Ronald Li, Andrew Luong, Chas Pope

***Pavilion*, Serpentine Gallery Pavilions, Kensington Gardens, London, UK**

2001 Design: Daniel Liebskind with Arup

Arup AGU: Charles Walker, Francis Archer

2005 Design: Álvaro Siza and Eduardo Souto de Moura with Cecil Balmond

Arup AGU: Martin Self, Lip Chiong, Hamish Nevile

2006 Design: Rem Koolhaas and Cecil Balmond

Arup AGU: Tristan Simmonds, Carolina Bartram

***Masterplan*, Battersea Power Station, London, UK, Detailed Planning permission, 2005**

Matsterplan Design: Arup AGU – Charles Walker, Allan Bell, Carol Patterson, Daniel Bosia, Annie Chung, Rob Corser, Lip Chiong, Rob Gregory

Theatre 'Crystal': Arup AGU – Francis Archer

Office Building 'Weave': UN Studio

Office Product Showcase 'Twist': Arup AGU – Daniel Bosia, Annie Chung

Power Station: Nicholas Grimshaw & Partners

Power Station Roof Hotel: Ron Arad Associates

West Hotel: Arup Associates

East Hotel: Arup AGU – Daniel Bosia, Lip Chiong

Residential: Benson + Forsyth

Landscape: Gustafson Porter and West 8

Landscape Lighting: Keiichi Tahara

***Temenos*, Sculpture, Middlesbrough, UK, 2010**

Design: Artist Anish Kapoor and Cecil Balmond

Arup AGU: Florian Gauss, Tristan Simmonds, Daniel Bosia

***Taichung*, Opera House, Taichung, Taiwan, 2006 (Ongoing)**

Architect: Toyo Ito and Associates

Concept: Arup AGU – Mitsuhiro Kanada, Florian Gauss

Detailed design: Arup Tokyo

***Orbit*, ArcelorMittal Orbit, Olympic Site, London, UK, 2010 (2012)**

Design: Artist Anish Kapoor and Cecil Balmond

Schematic design: Arup – Daniel Bosia, Florian Gauss

Detailed design: Folger Halter

Project management: Richard Henley

Architectural subconsultant: Ushida Findlay

EXHIBITIONS

***H_edge*, Artists Space, New York, USA, 2007**

Curator: Christian Rattemeyer

Built by Jenny Sabin and students of UPenn

***Frontiers of Architecture 1*, Louisiana Museum of Art, Denmark, 2008**

Curator: Keljd Keljdsen

Research: Dr. Vesna Petresin Robert

Danzer developed by Daniel Bosia and Rob Gregory

***Solid Void*, Graham Foundation of Fine Art, Chicago, USA, 2009**

Curator: Sarah Herde

Danzer and *H_edge* built by Eric Ellingsen and students of Illinois Institute of Technology

***Forum 64*, Carnegie Museum of Art, Pittsburgh, USA, 2009**

Presented by the Heinz Architectural Center

Curator: Raymund Ryan

H_edge built by Diba Salimi and Carnegie Mellon Students

***Element*, Tokyo Opera City Art Gallery, Tokyo, Japan, 2010**

Curator Shino Nomura

Architectural exhibition consultant: Kenichi Shinozaki

Exhibition graphics: Tony Eräpuro

H_edge built by Mitsuhiro Kanada and Tokyo University students with Diba Salimi and Tony Eräpuro

Danzer built by Tokyo Opera City Art Gallery and Inoue Industries

***Nebula*, Targetti + Louis Poulsen Spazio Luce, Salone del Mobile, Milan, Italy, 2011–2012**

Built by Nicola Vascellari, Kamil Dalkir and Tony Eräpuro with students from Politecnico di Milano

ILLUSTRATION CREDITS

p.15; 16-17; 54-55; 66-67; 98; 102-109; 116; 121; 124-125; 230-233; 242-243; 259; 263 (bottom right); 270-275; 278-279; 346-349; 354-355; 370-371; 494 (top); 495; 572-573; 598-615 © Cecil Balmond

p.18-19; 20-21; 44-45 (background) © Anish Kapoor Studio

p.74-75 © Dennis Gilbert / View

p.130-131 © Toyo Ito & Associates

p.164-167; 180-185; 188-189; 196-197 (top row); 200-202; 206-207; 330-331; 362-365; 368-369; 372-373

(middle row: 4th from left; bottom row: 3rd & 12th from left) © Alex Fradkin
p.186-187; 372-373 (bottom row: 1st from left) © Masao Nishikawa
p.204-205; 282-285 © John Balmond
p.263; 265 © CoimbraPolis
p.276-277; 286-287 © James Balmond
p.280-281 © Leonardo Finotti
p.292-293 © Departamento de Cultura da Câmara Municipal de Coimbra
p.472-473 © Rem Koolhaas
p.474-475 © Philippe Rulaut
p.484-487; 507 © Iwan Baan
p.508-509: 1. © Hélène Binet; 4. © Richard Bryant / Arcaid Images; 8. © John Offenbach; 10. © Philippe Ruault; 11. © John Offenbach; 12. © Iwan Baan
p.634 (top left) © Tomio Ohashi
p.666-667 © Kozo Ikeda
p.668-669 © Ryan Szanyi
p.684 (top left and middle left) © Alexandra Wilk
p.685 (bottom left and bottom right) © Simon Kennedy
p.687 © Jennifer Kean
p.688 (middle row) © Carolyn Rogers
p.690-691 © Andrew Meradith
p.710-713 © Balmond Studio

참가한 프로젝트에 관한 사진, 관련서류, 컴퓨터 이미지와 도면들을 제공해주었던 아럽Arup, AFA사무소AFAssociados, 토요 이토 사무소Toyo Ito & Associates에 감사를 드린다.

저자소개

세실 발몽은 우리 세대의 가장 영향력 있는 창작자들 중의 한명으로 알려져 있으며, 디자이너, 공학자, 이론가, 작가로서 다방면의 활동을 하고 있다. 건축, 음악, 과학, 비선형적 구조를 이용하여 형태를 생성시키는 연구를 사십년간 해오고 있다. 그는 현재 펜실베이니아 대학 디자인 스쿨PennDesign 건축교수이며, 예일대학에서는 사리넨Saarinen 방문교수로서, 하바드대학에서는 겐조 단게Kenzo Tange 크리틱으로 교육을 해오고 있다. 또한 영국 왕립 건축가협회Royal Institute of British Architects와 왕립공학학회Royal Academy of Engineering의 펠로우이다.
스리랑카에서 태어나 나이지리아로 이주하여 그곳의 예술과 음악 등의 문화 속에서 교육을 받았으며, 추후 그는 이 점이 그의 개념적인 어휘정립에 많은 영향을 미쳤다고 밝힌 바 있다. 00년대 후반 영국에 있는 아럽Arup에 근무하기 시작하여 추후 부사장을 역임하였으며, 2010년 자신의 회사 발몽 스튜디오Balmond Studio를 설립하였다. 그의 스튜디오는 건축, 공학, 예술 등의 분야에서 활동하며 여러 공공 예술 프로젝트와 컨설팅을 수행해오고 있다. 그의 저술인 인포멀Informal은 2005년 건축부문 올해의 책으로 선정되어 바니스터 프레쳐 상Sir banister Fletcher Prize을 수상하였다. 현재 런던에 거주하고 있으며 LP 수집과 기타 연주로 여가를 즐기고 있다.

책이 출판되기까지 글쓰기, 자료 찾기, 그리고 내용과 이미지의 균형을 맞추기 위한 끊임없는 편집과 그래픽 디자인 등의 다양한 과정을 거친다. 우선 이 과정에서 노력해 준 두 명의 이름을 거론해야 하겠다—토니 에라푸로Tony Erapuro와 알렉산드라 윌크Alexandra Wilk, 토니는 이 책의 시작에서부터 분량의 3/4이 진행될 때까지 다른 전시, 도록, 스튜디오 프로젝트 작업들과 병행하면서도 훌륭하고 속도감있게 작업을 맡아주었다. 그가 회사를 떠난 후, 알렉산드라가 임무를 이어받아 이 책의 디자인이 완성되었다. 또한 편집 및 조판, 협력업무도 맡아주었다. 끊임없는 변경에도 불구하고 그녀는 내내 열정을 보여주었으며, 이 책이 나올 수 있었던 1등 공신이었다. 또한 최종 편집을 맡아 원고를 수정해주고 전체적인 일관성을 위해 큰 도움을 준 클레어 로더Claire Lowther에게도 감사의 말을 전한다. 가야트리 태커Gayatri thacker는 이 책의 모든 그래픽을 담당하며 엄청난 조언자가 되었다. 그녀와 알렉산드라, 클레어는 마지막 작업을 위한 환상적인 팀이었다. 사라 곰리Sarah Gomley 편집고문editorial advisor으로서, 일반 대중이 이 책을 어떻게 접할 것인가에 대한 견해를 제공하며 이 책의 전체적인 방향설정을 해주었다. 또한 초고를 검토해주며 많은 조언을 해주었던 분들—특히 마가렛 카신Margaret Casjin—에게도 감사를 전한다.

역자후기

'문화산업'은 언제나 결국 똑같은 것들 중에서 고를 수 있는 자유를 준다.
- 테오도어 아도르노

세실 발몽은 쉽게 얘기해 우리가 알고 있는 대부분의 스타키텍트[Starchitect]—렘 콜하스, 다니엘 리베스킨트, 도요 이토, 시게루 반, 알바로 시자 등—의 구조를 담당한 공학자이다. 아니, 기실 그들과 함께 디자인을 같이 한 건축가이라고 불러야 함이 마땅할 지도 모른다.

1999년 유학시절에 학교에서 본 세실 발몽은 이미 구조공학자의 영역을 넘은 건축가였다. 그가 구조를 전공한 사람으로서는 최초로 예일건축대학[Yale School of Architecture]에서 스튜디오를 가르치던 때, 옆에서 곁눈질하면서 대체 그가 향하는 곳은 어디인지를 궁금해 하던 기억이 난다. (스튜디오는 아무런 기능을 가지지 않은 공간을 만들어내고 있었다.) 기능과 합리를 넘어 생소한 공간을 학생들과 만들어 내는 것을 보며 뭔가 아리송하면서도 흥분되었던 기억이 생생하다. 그리고 지금 그의 책을 읽으며 우리가 가지고 있는 기능, 혹은 합리의 정의가 얼마나 편협한지를 다시 한번 느끼게 된다.

또한 이 책에서, 그 때 그의 스튜디오에서 본 실험적인 측면의 작업 하나가 대만 타이충 오페라 하우스에 (거의 그대로) 적용되어 있는 것을 보고 다시 한번 놀랐다.

몇 년 뒤 그의 비형식[informal]을 읽으면서 희열에 차던 순간도 기억한다. 현대건축의 내용을 떠나 그 형식의 의미, 이유, 근간을 어디에 두어야 할 지 모르던 혼란스러움의 한 부분을 깨 주었던 책이었다. 비형식에서, 발몽은 구조학자로서는 아이러니하게도 현시대의 아름다움이 어디에 있는 지를 묻고 답한다. 비형식의 서문은 좋은 번역이나 원문으로 꼭 읽어보기를 추천한다.

저서 비형식까지의 그의 작업이 건축가를 '보조'하거나, 건축가의 의도를 명쾌하게 실현시키는데 역량이 집중되었다면, 이 책 〈크로스오버〉에서부터는 온전한 작가로서 건축가/미술가들과 함께 작업을 하거나, 홀로 작업을 완성시키는 그의 프로젝트들이 소개된다. '의도'나 '초기조건'마저도 본인이 만들어내기 시작하면서, 그의 작업은 이제 언뜻 보면 합리를 떠난 듯이 보인다. 아마도 독자가 읽으면서 비판적으로 생각해 보아야 할 부분일 듯 하다. (개인적으론 조각가 애니쉬 카푸어와 함께 만든 런던 올림픽 소형물은 안타깝다고 생각을 한다.) 그러나 동시에 자신에게 부여된 자유를 통해 새로운 사유를 통해 만들어진 그의 구조물들은 이전에 보지 못했던 힘이 있다. 특히 개인적으론 H-Edge에서 보이는 가능성과 Marsyas의 비물질성이 가장 매력적이다.

수많은 시도가 보여지는 이 책은, 하나의 구조/건축/물체를 만들기 위해 얼마나 새로운, 다양한 시도가 가능한지, 그리고 그런 시도를 위해선 시적인 사고가 반드시 바탕이 되는 지를 보여주고 있으며, 숨기는 것 없이 다양한 자세한 기록과 생각의 흐름은 프로젝트의 초기단계에서부터 완성까지의 이야기를 완벽하게 볼 수 있다는 점에서 창조를 직업으로 삼는 모든 이들에게 도움이 될 것이다.

만드는 것에 대한 고민의 깊이. 그것이 좋은 작업을 만드는 기초임을 이 책을 얘기해 주고 있다. 실제 프로젝트에서 이런 자유를 누릴 수 있는 그가 너무도 부럽다.

세실 발몽은 선과 형태와 대화를 한다. 이는 마치 건축가 루이 칸을 떠올리게 하기도 한다.

그림을 훑어 보는 것 만으로는 절대 그 가치를 이해할 수 없는 책이다. 이 책을 구입하셨다면 일독을 필히 하시기를 간절히 바란다. 그래야만 프로젝트를 진행하는데 있어 대두되는 문제들과 해결방법, 관심, 열정을 읽을 수 있다. 이런 '유사 경험'은 본인의 프로젝트를 진행하는데 있어 큰 힘이 될 것이다.

어려운 출판의 시대에 좋은 책을 출간해 주시는 시공문화사 김기현 대표와 박종호 이사께 감사를 표하며, 구조의 어려운 어휘들을 올바르게 번역하는데 도움을 주신 명지대 김영민 교수께도 감사를 드린다. 번역에 대해 변명을 하자면, 독자가 느끼시듯이 그의 글은 구조적인 설명일 때도 있고, 프로젝트에 대한 시에 가까운 아름다운 감상일 때도 있으며, 때로는 추상적인 해석이기도 한, 모든 장르를 포함한 복합적인 문장들의 합이다. 최대한 원문의 뜻을 전달코자 노력하였으나, 그래도 조금 부자연스럽더라도 오역은 하지 말자는 쪽으로 다짐을 하고 문장을 다듬고 원어를 남겨 놓았다. 한글의 아름다움을 살리지 못해 죄송스럽다.

마지막으로 이 책이 문화산업을 넘어 문화를 만들어 낼 창작자 여러분께 도움이 되길 바라며, 응원한다.

—남수현, 김정수

역자소개

남수현

명지대학교 건축학과 부교수. 서울대학교 건축학과 학사(B.S.), 석사(M.S.), 예일대(M.Arch, Yale School of Architecture)를 졸업하였고 건축사이다. 이로재에서 실무경험을 쌓고, 뉴욕 Gruzen Samton Architects에서 건축설계 후 귀국, HAUS2, 온고당에서 소장을 역임하였다. A-house, 더원빌딩, High-rise on 42nd, Thurgood Marshall Academy 등의 작업을 하였으며 근대건축가의 합리성에 대해 연구를 하였다. 2009년 서울대공원 재조성을 위한 기본구상 및 타당성 국제현상공모에서 3등에 입상하였다.

저서로 『HOUSE CONTENTS (공저, 2009)』 『MEDIUMNESS (중형성, 2012)』 역서로 『르 꼬르뷔제: 200분의 1 주택편 (2013)』 『설계와 주거공간의 기초 (2012)』 『인터랙티브 건축공간 (2010)』 등이 있다.

김정수

서울대학교 건축학과 (학사), 영국 AA School (AA Diploma)에서 건축을 공부하였으며, 영국 건축사 (ARB) 및 영국 왕립건축가협회 정회원 (RIBA) 이다. 서울의 희림건축 및 런던의 KPF 등에서 실무를 익힌 후 런던에서 DRMA 건축사무소를 설립하고 다수 설계경기와 프로젝트를 수행하였다. 주요 작품으로 London Imperial College Southside & Eastside, Aerospace Qatar 등이 있고 2012 런던 올림픽 파빌리온, WTM 페루 파빌리온 공모전 등에서 입상하였다. 현재 명지대학교 건축대학 건축학부에서 조교수로 재직중이다.

건축, 경계를 넘다(CROSSOVER)

Cecil Balmond 지음

남수현·김정수 공역

1쇄 2015년 6월 17일

발행인 김기현

발행처 시공문화사 ***(Spacetime)***

등 록 1993년 3월 12일

주 소 서울시 서대문구 독립문공원길 13 극동프라자 5층(120-796)

전 화 02) 3147-1212, 2323, Fax 02) 3147-2626

ISBN 978-89-5592-325-0

http://www.spacetime.co.kr, spacetime@korea.com